BEITRÄGE ZUR GESCHICHTE DER TECHNIK UND INDUSTRIE

JAHRBUCH DES VEREINES DEUTSCHER INGENIEURE

HERAUSGEGEBEN

VON

CONRAD MATSCHOSS

ERSTER BAND

MIT 247 TEXTFIGUREN UND 5 BILDNISSEN

BERLIN
VERLAG VON JULIUS SPRINGER
1909

ISBN-13: 978-3-642-48479-7   e-ISBN-13: 978-3-642-48546-6
DOI: 10.1007/978-3-642-48546-6

Vorwort.

Die Technik hat unserer Zeit ihr Gepräge gegeben. Aus dem Leben der Kulturvölker lassen sich die Meisterwerke der großen Ingenieure nicht mehr hinwegdenken. Dampfschiff und Lokomotive haben dem Menschen die Welt erobert. Vereint mit dem Telegraphen und dem Telephon verkürzen sie Raum und Zeit in früher nie gekanntem Maße. Und heute arbeitet man unter der begeisterten Anteilnahme der ganzen Welt daran, mit Luftschiff und Flugmaschine das uns umgebende Luftmeer zu erobern.

Seitdem es dem Menschen gelungen ist, die gewaltigen Energiequellen unserer Brennstoffe zuerst in der Dampfmaschine und dann neuerdings in den Verbrennungskraftmaschinen in Arbeit umzusetzen, ist das Heer der eisernen Sklaven, die, ohne müde zu werden, willenlos dem Willen des Menschen gehorchen, ins Riesengroße gewachsen. Damit haben sich die Grundlagen aller gewerblichen Tätigkeit von Grund aus verändert. In alle Arbeitsgebiete des Menschen ist seitdem die Maschine eingedrungen und hat das wirtschaftliche Leben in vorher nicht geahnter Weise gesteigert.

Das Zeitalter der heutigen Technik hat gewaltige soziale Verschiebungen heraufbeschworen. Der Tätigkeitsbereich von Staat, Stadt und Gemeinde ist durch die Technik in gewaltiger Weise ausgedehnt worden. Die großen Städte können ohne Wasserwerke, Kanalisationsanlagen, Licht- und Kraftwerke nicht mehr bestehen. Der Staat benutzt für Heer und Flotte in ausgedehnter Weise die Errungenschaften der Technik. Das heutige Geistesleben ist undenkbar ohne Buch- und Zeitungsdruck, und das gedruckte Wort wird durch die Verkehrsmittel erst zu größter Wirkung gebracht.

Von Grund aus umgestaltet haben die großen technischen Erfindungen des 18. und 19. Jahrhunderts die gesamte Textilindustrie. Bei der Herstellung unserer Nahrungs- und Genußmittel ist die heutige Technik ebensowenig entbehrlich wie bei der Gewinnung und Bearbeitung unserer heute so mannigfach verschiedenen Baustoffe. Das letzte Viertel des vergangenen Jahrhunderts hat vor unseren Augen die Wunder der Elektrotechnik entstehen lassen. In das Gebiet der Landwirtschaft dringt die Technik unaufhaltsam vor.

So kann man, wohin man auch seinen Blick richten mag, über die Werke der gestaltenden Technik nicht mehr hinwegsehen. Wenn diese allgemeine Bedeutung der Technik für unser gesamtes Kulturleben Tatsache ist, so wird sie auch in immer gesteigertem Maße die Grundlage unserer allgemeinen Bildung beeinflussen müssen.

Wer die Größe der Technik anerkennt und sie ganz verstehen lernen will, wird sich nicht damit begnügen, nur die jetzt vorliegenden Ergebnisse technischer

Arbeit als gegebene Tatsache hinzunehmen, er wird nach ihrem Werden und Entstehen fragen müssen. Die geschichtliche Erfassung des technischen Entwicklungsganges ist in ganz besonderem Maße geeignet, auch dem der Technik ferner Stehenden eine Vorstellung von der weltgeschichtlichen Bedeutung der Technik zu geben.

Die geschichtliche Behandlung der Technik kommt damit zugleich auch den Bestrebungen unserer Tage entgegen, die bemüht sind, das Gemeinsame der so ungeheuer verschiedenen technischen Tätigkeitsgebiete zu erfassen. Je mehr man anerkennt, daß trotz der Notwendigkeit eines in die Tiefe gehenden Erforschens kleiner Teilgebiete es ebenso erforderlich ist, sich eine allgemeine technische Bildung anzueignen, um so mehr wird man den Wert der technischen Geschichte nach dieser erzieherischen Seite hin zu schätzen wissen.

Das Bedürfnis nach technisch-geschichtlichen Arbeiten wird deshalb heute in und außerhalb der Ingenieurkreise von berufener Seite anerkannt, und mehrfach wird bereits hervorgehoben, daß der Mangel an technisch-geschichtlichen Darstellungen sich auch für die Forscher auf allgemeineren geschichtlichen Gebieten, besonders auch auf dem Gebiete der Wirtschaftsgeschichte fühlbar mache. Das Interesse an der technischen Geschichte wächst. Das groß angelegte Deutsche Museum von Meisterwerken der Naturwissenschaft und Technik in München trägt nicht zum wenigsten dazu bei, das Verständnis für die Großtaten der Technik und ihre Geschichte in weite Kreise zu tragen.

Das gewaltige Gebiet der technischen Geschichte ist noch sehr wenig erforscht. Die fast ins Uferlose gehenden Untersuchungen über Literatur- und Kunstgeschichte haben scheinbar keine Zeit für technische Geschichte übrig gelassen. Nur da, wo sich die technischen Erzeugnisse in diese Gebiete eingeschlossen vorfinden, also ein kunsthistorisches oder kunstgewerbliches Interesse bieten, oder wo sie in überkommenen Werken alter Schriftsteller beschrieben sind, hat man sie in Büchern, die der Ingenieur meist nicht zu Gesicht bekommt, auch geschichtlich kurz erwähnt. In der Technik der vorgeschichtlichen Zeit kennt man sich aus. Die technischen Werkzeuge der Steinzeit werden sorgfältig in unseren Museen gesammelt. Von der Geschichte der Technik des 18. und 19. Jahrhunderts will man nichts wissen. Hier kann nur der Ingenieur selbst Wandel schaffen. Er muß die Geschichte seiner Kunst schreiben. Es gibt niemanden, der ihm das abnehmen kann, weil nur in dem innigsten Zusammenhang mit der Technik sich die Geschichte der Technik schreiben läßt.

Wenn die Überzeugung von der Notwendigkeit technischer Geschichte Allgemeingut geworden sein wird, wird es als ein besonderes Verdienst des Vereines deutscher Ingenieure angesehen werden müssen, daß er schon seit vielen Jahren die technisch-geschichtliche Forschung in sein Arbeitsgebiet mit aufgenommen hat. Der neuste Schritt auf diesem Wege ist das vorliegende Jahrbuch des Vereines: Beiträge zur Geschichte der Technik und Industrie, dessen Herausgabe der Verein auf seiner letzten Hauptversammlung in Wiesbaden 1909 beschlossen hat.

Das Jahrbuch ist aus der Aufgabe erwachsen, die der Verein dem Herausgeber nach Beendigung seiner im Auftrage des Vereins verfaßten „Entwicklung der Dampfmaschine" gestellt hatte und die dahin ging, in der gleichen Weise, wie es bei der Dampfmaschinengeschichte geschehen war, Stoff für die Bearbeitung anderer wichtiger technischer Gebiete zu sammeln. Beim Fortschreiten dieser Arbeit, die von den verschiedensten Seiten in entgegenkommender Weise unter-

stützt wurde, ergab sich die Notwendigkeit, für die Veröffentlichung in geeigneter
Form Sorge zu tragen. Ähnlich wie bei den „Mitteilungen über Forschungsarbeiten",
die der Verein herausgibt, erschien es auch bei den Aufsätzen rein geschichtlicher
Art dauernd nicht durchführbar, umfangreiche Arbeiten, die zum Teil nach der Art
ihrer Bearbeitung und nach ihrem Inhalt aus dem Rahmen der Zeitschrift des
Vereines deutscher Ingenieure herausfallen, in dieser zu veröffentlichen. So entstand der Gedanke, diese Beiträge in Form eines Jahrbuches zusammenzufassen,
wodurch zugleich die Gelegenheit und die Möglichkeit geboten war, auch weitere
Kreise zu technisch-geschichtlichen Arbeiten anzuregen, und diese Arbeiten, von
dem rein technisch-wissenschaftlichem Inhalt der Zeitschrift getrennt, auch der
Allgemeinheit zugänglich zu machen.

Für die technische Geschichtschreibung fehlen noch wohlgeordnete Archive,
die anderen Zweigen geschichtlicher Forschung zur Verfügung stehen. Es ist deshalb
unbedingt erforderlich, in erster Linie auch die persönlichen Erinnerungen unserer
großen Ingenieure planmäßig für diese technisch-geschichtlichen Forschungen
heranzuziehen. Am wünschenswertesten wäre es naturgemäß, wenn es zu erreichen
wäre, die Männer, die maßgebend in die technische und industrielle Entwicklung
eingegriffen haben, zu veranlassen, ihre Erinnerungen selbst festzulegen. Ich
erinnere nur an die Lebenserinnerungen von Werner von Siemens, die einen
hohen geschichtlichen Wert mit einer außergewöhnlich reizvollen persönlichen Darstellung verbinden. Solche Erinnerungen müßten durch ihre Unmittelbarkeit, mit
der sie das Selbsterlebte auf den Leser übertragen, besonders wertvoll sein. Nach
dieser Richtung hin anregend zu wirken, wäre eine besonders dankenswerte Aufgabe der vorliegenden „Beiträge zur Geschichte der Technik und Industrie". Wenige
Beispiele hierfür sind leider erst vorhanden. Wie wertvoll derartige persönliche
Erinnerungen sein können, zeigen u. a. die vor Jahren in amerikanischen Zeitschriften erschienenen Erinnerungen des großen amerikanischen Ingenieurs Charles T. Porter, die jetzt in einem stattlichen Band im Buchhandel erschienen sind.
In der Vorrede erzählt uns Porter, wie Low, der Herausgeber der technischen
Zeitschrift „Power" ihn gebeten habe, seine Lebenserinnerungen zu veröffentlichen,
und wie er dies zuerst abgelehnt habe, da es ihm nicht zusage, eine Geschichte zu
schreiben, in der er die Hauptfigur spielen müsse. Der Herausgeber aber erwiderte,
daß er es als seine Pflicht auffassen müsse, die man seinem eigenen Berufe schulde.
Diese Begründung schlug durch.

Dieses Festlegen der persönlichen Erinnerungen unserer großen Ingenieure ist
auch die notwendigste, unaufschiebbare Arbeit, die der technisch-geschichtlichen
Forschung heute erwächst, denn der Tod reißt jedes Jahr neue für die geschichtliche Forschung unersetzliche Lücken. Deshalb ist es notwendig, die Geschichte der
neueren Zeit, wo diese Quellen noch fließen, in erster Linie zu bevorzugen. Es ist
aber ferner noch nötig, auf breiter Grundlage zu arbeiten, um möglichst alles das,
was sich heute noch festlegen läßt, zu sammeln und durch die Veröffentlichung
der Allgemeinheit zur Berichtigung und Ergänzung vorzulegen. Ohne die Mitarbeit
weiter Kreise läßt sich die technische Geschichte der neueren Zeit nicht schreiben.
Nur wenn sich auf allen Fachgebieten die Männer, die den geschichtlichen Werdegang miterlebt haben, an der Sammlung und an der Richtigstellung des ge-
sammelten Stoffes beteiligen, wird es in absehbarer Zeit möglich sein, brauchbare
Grundlagen der technischen Geschichte unserer Zeit zu schaffen. In diesem Sinne

wollen die „Beiträge zur Geschichte der Technik und Industrie" wichtige Bausteine
liefern für das Verständnis unserer Zeit und der sie kennzeichnenden technischen
Kultur.

Möge es dieser ersten regelmäßig erscheinenden Veröffentlichung, die ausschließlich der geschichtlichen Forschung der Technik und Industrie gewidmet ist, gelingen, sich in den Kreisen der Ingenieure und darüber hinaus bei allen denen, die
der Bedeutung der Technik Verständnis entgegenbringen, viele Freunde und Mitarbeiter zu erwerben.

Berlin, im Oktober 1909.

Der Herausgeber.

Inhaltsverzeichnis.

Aufsätze.

Kurze Mitteilungen.

Die Maschinen des deutschen Berg- und Hüttenwesens vor 100 Jahren.

Von

Conrad Matschoß, Berlin.

Der Bergbau und das Hüttenwesen sind von jeher große Anreger und Auftraggeber für den Maschinenbau gewesen. Auf diesen Gebieten entwickelte sich schon frühzeitig ein gewisser Großbetrieb, der zur Benutzung von Maschinen für die wichtigsten Aufgaben drängte. Wer die ausführlichen Schriften des einstigen Arztes und Chemnitzer Bürgermeisters Georg Bauer liest, die er unter dem Namen Agricola mit dem Titel „De re metallica" 1556 veröffentlichte, muß staunen über die Reichhaltigkeit der maschinellen Hilfsmittel, die schon damals der Maschinenbau dem Berg- und Hüttenwesen zur Verfügung stellen konnte. Deutschland war das Land der Maschinen. „In den mechanischen Künsten sind die Deutschen außerordentlich erfindsam", schrieb 1563 ein Gesandter nach Venedig. Die berühmten deutschen Bergbaustätten dieser Zeit waren zugleich auch die Mittelpunkte des Maschinenbaues. Der sächsische Bergbaubezirk, dann die Bergwerke im Harz und in den österreichischen Alpenländern, auch die von Deutschen betriebenen Bergwerke der Karpaten bei Schemnitz waren besonders berühmt durch ihre Betriebseinrichtungen. Die deutschen Kunstmeister der genannten Bergbaubezirke waren zu der Zeit die Lehrmeister Europas im Maschinenbau.

Die Bergwerke im Harz waren noch am Ende des 18. Jahrhunderts ihrer maschinellen Einrichtung wegen so berühmt, daß selbst ein James Watt es der Mühe für wert hielt, sie zu besuchen, um hier zu lernen[1]). Zu diesen von alters her berühmten Stätten des Berg- und Hüttenwesens kam dann am Ende des 18. Jahrhunderts Oberschlesien hinzu. Hier hatten, unmittelbar veranlaßt durch Friedrich den Großen, der preußische Bergwerksminister von Heinitz und vor allem dann Freiherr von Reden mitten in unwirtlicher einsamer Gegend unter weitgehender Benutzung aller zur Verfügung stehenden technischen Hilfsmittel Betriebe geschaffen, wie man sie damals nur noch in England kannte. Englische Ingenieure, in erster Linie John Wilkinson, der berühmte Eisenhüttenmann, hatten tätig

---

[1]) In dem Fremdenbuch der Grube Dorothea bei Clausthal 1776—1787, das in der Bergakademie aufbewahrt wird, findet sich von seiner Hand die Eintragung: „The 23 July, J went down the Carolina and came up the Dorothea James Watt from Birmingham England". Da auf den vorhergehenden und nachfolgenden Seiten das Jahr 1786 vermerkt steht, ist anzunehmen, daß Watts Besuch auch in dieses Jahr fällt. Die Carolina ist noch heute der Wetterschacht am östlichen Ende des Burgstätter Grubenreviers, die Dorothea war ihr benachbart und ist heute verschüttet. (Die Angaben verdanke ich Hrn. Prof. O. Hoppe, Clausthal).

hierbei mitgeholfen. Deutsche Ingenieure, unter ihnen auch Reden und der spätere Staatsminister vom Stein, waren in England gewesen und hatten dort die neue Technik studiert. Auch englische Arbeiter und Kunstmeister, von denen besonders der Schotte Baildon, dessen Name noch heute in der Baildonhütte fortlebt, genannt sei, hatten sich um die Einführung neuer Betriebsarten verdient gemacht. So kommt es denn, daß der Stand des deutschen Maschinenwesens im Berg- und Hüttenwesen vor 100 Jahren kaum irgendwo besser und vollständiger studiert werden kann, als in den Verhältnissen, wie sie in Oberschlesien damals vorhanden waren. Als ein ganz besonders günstiger Umstand ist es deshalb zu betrachten, daß im Königlichen Oberbergamt in Breslau noch Hunderte von alten Originalzeichnungen aus dieser Zeit zu finden waren, die uns auf das ausführlichste über die Beschaffenheit der alten Maschinen Auskunft geben. In meiner „Entwicklung der Dampfmaschine" habe ich von diesem reichhaltigen Schatz schon weitgehenden Gebrauch machen können; bei den folgenden Ausführungen werde ich mich ebenfalls fast ausschließlich auf diese Originalzeichnungen, die bisher noch nicht veröffentlicht wurden, stützen können, besonders da sich bei dem regen Verkehr der oberschlesischen Kunstmeister mit den andern Bergbaubezirken unter diesen Breslauer Zeichnungen auch Studienblätter zahlreicher Maschinen, die außerhalb Schlesiens im Betriebe waren, vorfinden[1]).

I. Die Maschinen im bergbaulichen Betriebe.

1. Die Wasserhaltungen.

So alt wie die Technik des Bergbaues ist auch das Lied von der Wassersnot. Überall wo das einfache Abgraben, der Tagebau, in seiner ursprünglichsten Form nicht mehr zum Ziele führte, mußte man tiefer gehen. Unter der Erde aber traf man auf die Wasser, deren „Gewalt", wie man aus den alten Schriften entnehmen kann, nur zu oft zum vollständigen Aufgeben des Betriebes führen mußte. Not macht erfinderisch, und so verdankt die Technik gerade dieser Wassersnot eine ganze Reihe der wichtigsten Erfindungen, ist ja auch unsere Dampfmaschine, die in so ungeahnter Weise in die gesamte Menschheitsentwicklung eingreifen sollte, unmittelbar aus dieser dringendsten Aufgabe, die der Bergbau zu stellen hatte, hervorgegangen.

Überall da, wo man sich nicht durch Abzugstollen von dem Wasser befreien konnte, mußte man sehr bald zu maschinellen Vorrichtungen übergehen. Zuerst hat man versucht, das Wasser in der gleichen Weise wie das Erz herauszuschaffen. Die Fördergefäße waren große lederne Wassereimer, Bulgen genannt, und die Betriebskraft war Menschenkraft. Bald aber kam man dazu, einen einfachen Haspel anzuwenden, mit dem man dann die gleichen Gefäße aus dem Schacht emporzog. Ein Schritt weiter führte zur Einführung der tierischen Betriebskraft. Man trieb den Haspel durch einen Göpel an und erhöhte dadurch die Leistungsfähigkeit bereits sehr erheblich. Immer aber war noch die Förderung und die Wasserhaltung in einer Maschine vereinigt. Man kam dann dazu, das als Schöpfwerk für Bewässerungszwecke seit uralten Zeiten bekannte sogenannte Paternosterwerk als

---

[1]) Dem Königlichen Oberbergamt in Breslau habe ich auch an dieser Stelle für die liebenswürdige weitgehende Unterstützung meiner Arbeiten, wodurch mir ein sehr eingehendes Studium des gesamten Materials erst ermöglicht wurde, zu danken. Sämtliche Figuren des Aufsatzes, nur ausgenommen die Figuren 31 bis 34, sind den Breslauer Originalzeichnungen entnommen.

besondere Wasserhaltungsmaschine für Bergwerkszwecke auszubilden. Diese maschinellen Vorrichtungen haben es schon im 16. Jahrhundert, wie man aus den Ausführungen Agricolas ersehen kann[1]), zu recht bedeutsamer Ausbildung gebracht.

Das Paternosterwerk bestand aus zwei Kettenrädern, von denen das eine über dem Schacht, das andere unten drehbar gelagert war, eine endlose Kette lief über sie hinweg. An der Kette waren hölzerne Kästen, sogenannte Taschen oder Becher angebracht. Der Antrieb geschah entweder von Hand, wobei mehrfach auch schon Vorgelege benutzt wurden, oder vom Göpel aus, später vielfach auch durch Wasserräder. Der Wirkungsgrad war sehr gering, da die Ketten gewöhnlich so schwankten, daß kaum die Hälfte des Wassers, das man unten einschöpfte, oben zum Ausfluß gelangte. Neben diesen Becherwerken benutzte man sogenannte Scheiben- oder Püschelkünste, bei denen Scheiben oder lederne mit Haaren ausgefüllte Kugeln an einer endlosen Kette in Abständen so angebracht waren, daß sie beim Hinaufgehen durch eine entsprechend angeordnete senkrechte Röhre das Wasser mit hinaus zogen, eine Vorrichtung, wie sie dann später bei Jauchepumpen Verwendung fand.

Die Becherwerke soll man 1535 zuerst für die Wasserhaltung des Harzer Bergbaues benutzt haben[2]). In sächsischen Bergbaubezirken waren sie aber schon lange vorher bekannt und wurden in ziemlich großem Umfange angewandt. Agricola erzählt, daß man mit ihrer Hilfe bis zu 240 Fuß Tiefe gekommen sei, 32 Pferde dienten hierbei zum Antrieb. Bei solchen Tiefen wurden dann mehrere solcher Becherwerke übereinander angeordnet, und die Pferde, die das tiefliegende Werk zu betreiben hatten, wurden auf wendeltreppenartigen Anlagen in den Schacht befördert.

Auch Pumpen wurden im 16. Jahrhundert im Bergbau vielfach benutzt. Sie spielten aber gegenüber den Paternosterwerken eine untergeordnete Rolle, da sie noch sehr unvollkommen waren und recht geringe Leistungsfähigkeit aufwiesen. Das wurde erst anders, als es den Kunstmeistern gelang, die Pumpen durch Wasserkraft anzutreiben. Calvör berichtet, daß man derartige Stangenkünste zuerst 1550 im Joachimsthaler Bergbau benutzt habe, wodurch es möglich geworden sei, mit den Schächten bis auf fast 400 m Tiefe zu gehen, während man es mit den alten Bulgenkünsten nur bis auf etwa 180 m Tiefe brachte. Hierbei lag das Wasserrad unmittelbar über dem Schacht. An den beiden Enden der Wasserwelle waren Kurbeln, die um 180° gegeneinander versetzt waren, angebracht, von denen mit langen Schubstangen die Gestänge auf und nieder bewegt wurden. Seitlich an den Gestängen waren die Pumpenstangen angebracht. Da man jahrhundertelang nur Saugpumpen zu benutzen verstand, so mußte bei tiefen Schächten eine große Zahl derartiger Pumpen in entsprechenden Abständen übereinander angeordnet werden, und da man bei den ausschließlich verwendeten hölzernen Röhren mit der Leistungsfähigkeit einer Pumpe an sehr enge Grenzen gebunden war, so mußte man, wenn man die Leistung erhöhen wollte, mehrere Pumpen nebeneinander anordnen. Im Eschweiler Bergbaubezirk waren vor 100 Jahren in einem Schacht von 150 m Tiefe 72 Pumpen tätig[3]). Die Wasserhaltung eines größeren Bergwerkes mit tiefen

---

[1]) s. Th. Beck, Beiträge zur Geschichte des Maschinenbaues, Berlin 1900, S. 134.

[2]) s. Calvör, Das Maschinenwesen beim Bergbau auf dem Oberharz, Braunschweig 1763, S. 35.

[3]) Interessante Zeichnungen von den Wasserhaltungsanlagen im Eschweiler Bergbau aus dem Anfang des vorigen Jahrhunderts s. Riedler, Schnellbetrieb. Berlin 1899. Es sind das gegenüber den eben erwähnten Anlagen bereits schon technisch sehr fortgeschrittene Bauwerke, aus denen sich aber doch noch die ganze Unbeholfenheit des alten Maschinenbaues ersehen läßt.

Schächten stellte sich somit als eine außerordentlich verwickelte Anlage dar, und die Männer, die es fertig brachten, mit den denkbar einfachsten Hilfsmitteln ein solches Werk zustande zu bringen und, was oft noch schwerer war, in dauerndem Betrieb zu erhalten, konnten wohl mit Recht sich „Kunstmeister" nennen. Derartige Stangenkünste mit Wasserradantrieb soll in den Harzer Bergbau 1565 „ein Ausländer aus dem Lande Meißen" eingeführt haben. In einem Bericht über diese Kunst aus diesem Jahre heißt es, „diese Wasserkunst wird mit wenigen Menschen regieret, allein, daß man Tag und Nacht darauf wartet, damit, so was bricht, alsbald wiederum zurechte gemacht wird, derohalb alle solche in Vorrath seyn". Auf das „Brechen", was sehr oft vorgekommen sein mag, war man also besonders eingerichtet[1]).

Die Pumpen selbst bereiteten den alten Kunstmeistern große Schwierigkeiten. Jeder Pumpensatz bestand, wie uns Calvör aus dem Jahre 1763 beschreibt, aus zwei hölzernen und einer eisernen Röhre, in der sich der Kolben bewegte. Die hölzernen Röhren waren je 4 m und die eiserne 1,50 m lang. Die kleinsten eisernen Pumpenröhren hatten einen Durchmesser von 110 mm, die größten 340 mm, sie wogen 2 bis 4 Zentner. Nach der Größe der eisernen Röhren richteten sich auch die hölzernen Röhren. Man unterschied hier, jenachdem man hintereinander Bohrer von verschiedenem Durchmesser verwendet hatte, ein-, zwei- und dreibohrichtige Röhren, deren Durchmesser rd. 50, 65 und 85 mm betrug. Der hölzerne Kolben war rd. 70 bis 140 mm stark. Eine Anzahl Bohrungen, gewöhnlich 6, ließen das Wasser durch den Kolben treten, über den eine dicke Lederscheibe angebracht war. Diese Scheibe hatte zwei Aufgaben zu erfüllen: einmal als Ventil zu dienen, dann vor allem aber auch die Abdichtung gegen die Pumpenröhre zu besorgen. Deshalb war sie im Durchmesser etwas größer als die Pumpenröhre, so daß sie sich bei der Kolbenbewegung stark an die Wandung anpreßte, sich auch dementsprechend so schnell abnutzte, daß die Ausgaben für das Pumpenleder sehr erheblich die Betriebskosten des ganzen Maschinenbetriebes beeinflußten. Die Schwierigkeiten, die der Pumpenkolben machte, kann man aus den langen Beschreibungen und aus den zahlreichen Verbesserungsvorschlägen ersehen, die in den alten Quellen über Herstellung und Betrieb gegeben werden. Bemerkenswert ist, daß man bereits vor 200 Jahren versuchte, den Pumpenkörper am Umfange abzudichten und die Lederscheibe auf dem Kolben nur als Ventil zu benutzen. Die Versuche befriedigten aber nicht, und noch lange blieb man bei der alten Bauweise.

Die weiteren Fortschritte lagen in der Verbesserung der Antriebsmaschine. Man lernte es, die Roßkünste nicht minder wie die Wasserkraftanlagen betriebssicherer auszuführen. Besonders die Wasserräder gewannen mit jedem Jahrzehnt eine größere Bedeutung für den ganzen Bergbaubetrieb. War man zuerst darauf angewiesen, das Aufschlagwasser unmittelbar an den Schacht heranzuführen, was oft nur schwer sich machen ließ, so lernte man nach und nach durch mächtige Gestängeanlagen die Kraft weiter zu leiten. Man machte dann die Erfahrung, daß es zweckmäßiger sei, statt mehrerer kleiner Räder ein großes zu verwenden, und lernte es, verschiedene Antriebmaschinen von einer Kraftmaschine aus zu betreiben.

Um die Mitte des 18. Jahrhunderts waren die Kunsträder im Oberharz rd. 4,5 bis 10 m groß und hatten 450 bis 650 mm breite Schaufeln. Sie liefen mit $6^1/_2$ Umdrehung in der Minute. Die ganze Wasserwirtschaft eines größeren Bergbaubezirkes

---

[1]) s. Calvör, Bd. I.

verursachte naturgemäß beträchtliche Kosten, denn zu den eigentlichen Maschinenanlagen kamen fast stets noch sehr erhebliche Wasserbauten hinzu. Meist mußten zahlreiche Sammelteiche angelegt werden, damit man auch in wasserarmer Zeit den Betrieb noch aufrecht erhalten konnte. So waren z. B. um die Mitte des 18. Jahrhunderts die Clausthaler Teiche so groß, daß sie gefüllt ausreichten, fast ein ganzes Vierteljahr die Maschinen des Bezirkes mit Wasser zu versorgen. Schließlich aber wollten auch die Wasserkräfte, deren Einführung s. Zt. einen so mächtigen Fortschritt zuwege gebracht hatten, den gesteigerten Anforderungen nicht mehr genügen. Nur mit Hilfe einer neuen leistungsfähigen Kraftmaschine konnte man den Bergbau vor dem Stillegen retten. In dieser Not entstand damals in England die Feuermaschine. Bald drang auch nach Deutschland das Gerücht, in England sei es gelungen, „mit Feuer Wasser zu heben". Hier und da, wo die Not am größten erschien, machte man wohl auch in Deutschland Versuche mit der neuen Kraftmaschine. Zukunftsfrohe Erfinder, an denen es in den früheren Jahrhunderten ebensowenig gefehlt hat, wie heute, versprachen mit ihren neu erfundenen Maschinen die größte Leistung für den geringsten Entgelt. Aber überall blieb es zunächst bei den Versprechungen. Wie am Ende des 18. Jahrhunderts zuerst die Dampfmaschine im Mansfelder Bergbau 1875, dann vor allem durch die Tatkraft des großen Kunstmeisters August Friedrich Holtzhausen in Oberschlesien eingeführt wurde,

darüber konnte ich in meiner „Entwicklung der Dampfmaschine" ausführlich berichten. Von Holtzhausen, dessen Verdienste zu ehren, der Oberschlesische Bezirksverein deutscher Ingenieure vor wenigen Jahren eine würdige Gedenktafel an der Königlichen Maschinenbau- und Hüttenschule in

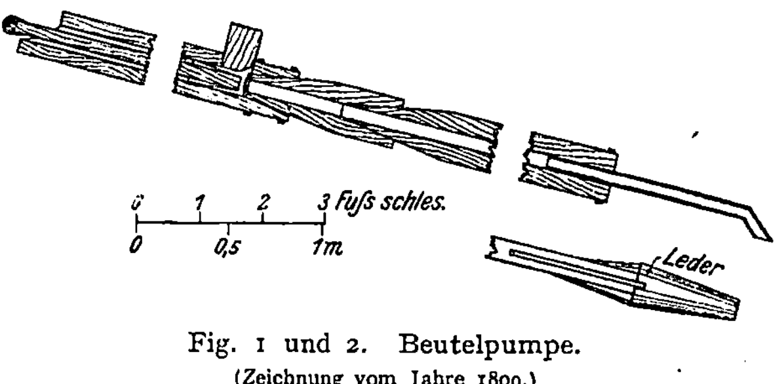

Fig. 1 und 2.   Beutelpumpe.
(Zeichnung vom Jahre 1809.)

Gleiwitz angebracht hat, ist auch, abgesehen von den Dampfmaschinen, eine große Anzahl anderer maschineller Anlagen ausgeführt worden, die mehr oder weniger denen entsprechen, die hier in den folgenden Abbildungen noch näher dargestellt werden.

Wie heute, so fanden sich auch vor 100 Jahren alte und neue Betriebseinrichtungen oft unmittelbar nebeneinander in einem Betriebe vor. Feuermaschinen der neuesten englischen Konstruktion arbeiteten oft neben Maschinen, die man in Deutschland schon im 15. Jahrhundert gekannt hatte und die sich im Laufe der Jahrhunderte oft nur wenig verändert hatten. Hierhin gehören auch die beiden Pumpen, die in Fig. 1 bis 3 abgebildet sind. Es sind Pumpen, wie sie, von Hand betrieben, vor 100 Jahren noch vielfach im Bergbau benutzt wurden. Die Fig. 1 zeigt eine sogenannte Beutelpumpe. Sie bestand aus einem hölzernen Pumpenrohr, das schräg in die Wassergrube unten im Schacht gelegt wurde. Ein Arbeiter stand davor und griff unmittelbar mit einem Querstück an die Kolbenstange an. Der Kolben war ein lederner Sack — Fig. 2 —, der in das Wasser gestoßen sich etwas zusammendrückte, sich dann mit Wasser füllte und nun vom Arbeiter herausgezogen wurde. Das war die billigste Wasserhaltungsmaschine; sie kostete nur 18 M. Ihre täglichen Betriebskosten werden mit 1 M. bis 1,80 M. angegeben. Neben

diesen Pumpen wurden dann einfache Hubpumpen, sogenannte „Drückelpumpen"
benutzt, bei denen der Arbeiter in der üblichen Weise an einem Schwengel arbeitete.
Eine solche Pumpe kostete schon 120 bis 150 M., und die täglichen Betriebsausgaben
beliefen sich auf 1,80 M. Fig. 3 läßt die Konstruktion eines solchen Pumpensatzes
erkennen. Besonders schwierig war auch die Abdichtung der hölzernen Röhren
gegeneinander. Anfangs hatte man sie stumpf gestoßen und die Dichtung durch
einen eisernen Ring, den man hochkantig so dazwischenlegte,
daß er sich in das Stirnholz beider Röhren eingrub, zu erreichen
versucht. Später war man zu dem in der Figur dargestellten
konischen Einsetzen gekommen. Eiserne Ringe wurden an den
Enden um die Röhren gelegt. Die Saugklappe bestand aus
einem an die Röhre einseitig angenagelten Lederteller, der durch
ein Stück Holz oder Eisen beschwert war. Um dieses Saug-
ventil, das man im Harz wohl auch das „Türel" nannte,
nötigenfalls reinigen zu können, hatte man in den hölzernen
Ventilkästen eine Öffnung angebracht, die durch einen kräftigen
hölzernen Pfropfen verschlossen ward. Dieser Stöpsel diente
gleichzeitig als eine Art Sicherheitsventil, denn bei plötzlich
auftretenden Widerständen in der Pumpe flog er gewöhnlich
mit großer Gewalt heraus, wodurch vielfach gefährliche Brüche
vermieden wurden. Neben diesen Pumpen mit Handbetrieb
wurde dann durch „zwei- und viermännige" Haspel mit Tonnen
in der schon beschriebenen Weise das Wasser herausgebracht.
Ein zweimänniger Haspel für Tonnenförderung kostete vor
100 Jahren in Oberschlesien etwa 60 M. Die Betriebskosten,
d. h. Lohn für zwei „Zieher", betrugen etwa 1 M. in 24 Stunden.
Natürlich wurden bei der Tonnenförderung auch Pferde am
Göpel benutzt. Dabei finden sich auch schon Vorrichtungen,
mit denen man die Tonne beim Aufgang selbsttätig umkippte,
wodurch man die Pausen kürzte, den Betrieb also ununterbrochener gestaltete. Diese Pferde- oder Tonnengöpel kosteten
schon 1200 M., und ihr Betrieb erforderte etwa 11 M. täglich.

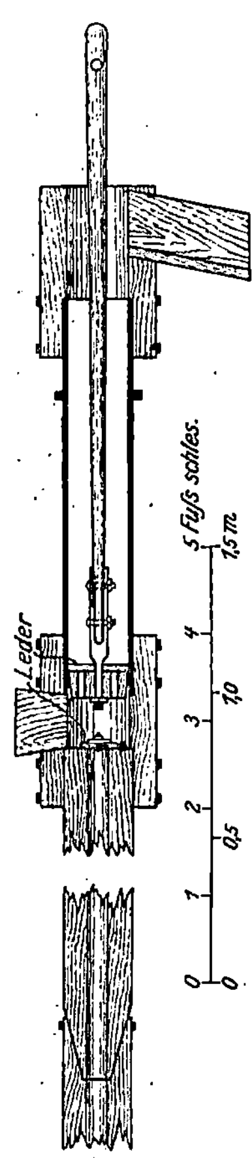

Fig. 3. Pumpensatz.
(Zeichnung v. Jahre 1822.)

Das größte Kunstwerk vor Einführung der Dampfmaschine
in Oberschlesien war dann eine sogenannte Roßkunst, wie sie
nach einer Originalzeichnung aus dem Jahre 1785 in Fig. 4 und 5
dargestellt ist. Die Kraft der von den Pferden angetriebenen
stehenden Welle wurde mit Hilfe eines am oberen Ende an-
gebrachten Kurbelzapfens, der sich somit in wagerechter Ebene bewegte, von einem
Gestänge mit zwei Kunstkreuzen auf die im Schachte eingebauten hölzernen
Pumpen übertragen. Die Maschine kostete schon fast 5000 M. und erforderte an
täglichen Betriebskosten etwa 24 M.[1] Auch die Fig. 6 und 7 zeigen eine Anlage,
bei der von einem Göpel aus mit Hilfe zweier über den Schacht gelagerter Kunst-
kreuze die Pumpen betrieben werden.

Sehr bemerkenswerte Anlagen entstanden dann überall da, wo Wasserkraft
zur Verfügung stand. Eine derartige größere Anlage, bei der die Wasserhaltung,

---

[1] Über Betrieb und Betriebskosten s. Akten des Königlichen Oberbergamtes in Breslau,
Nr. 918, Acta Generalia über die Errichtung sowie den Betrieb der Feuermaschinen auf dem
Tarnowitzer Bergbau 1814 bis 1818.

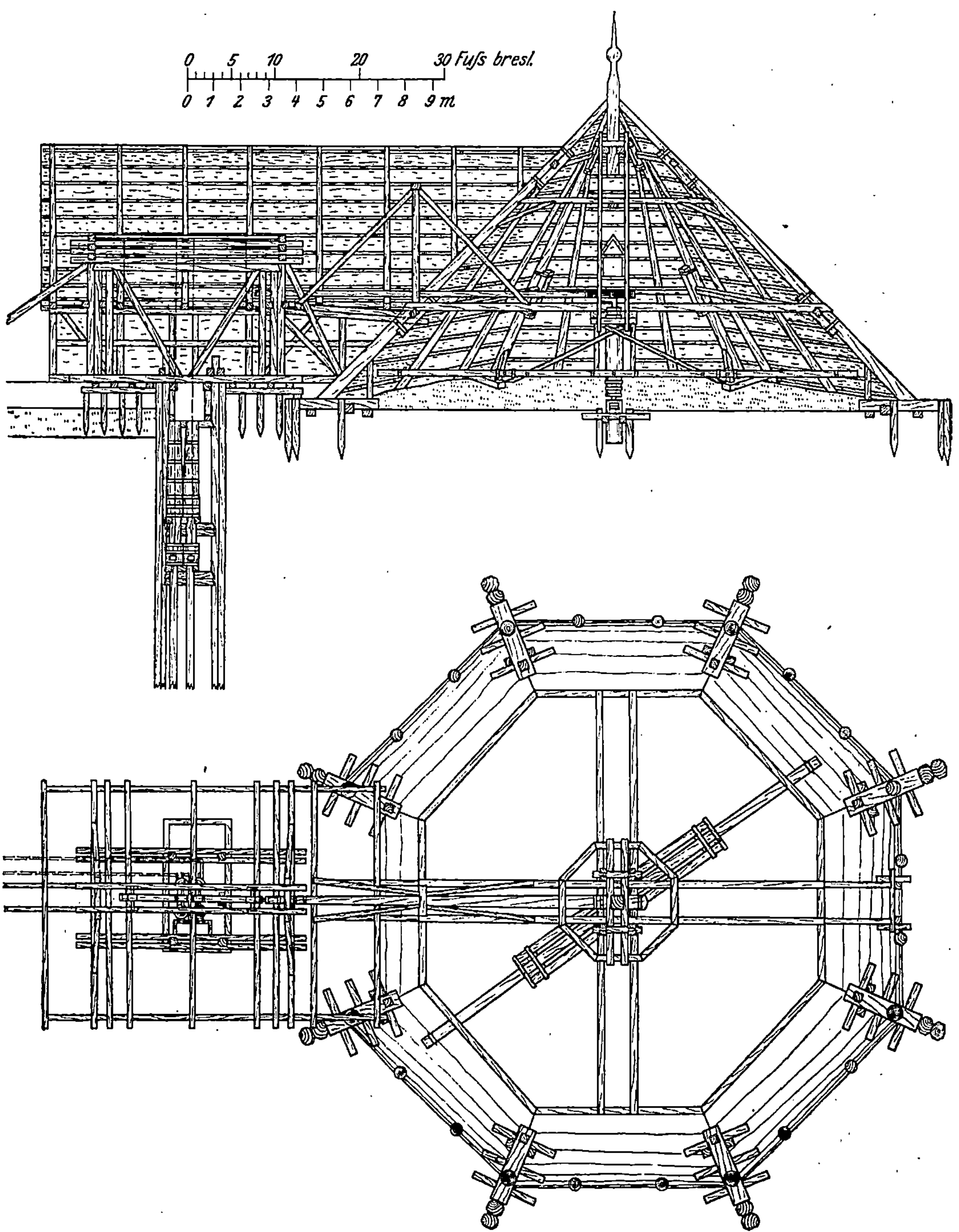

Fig. 4 und 5.　Roßkunst zu Tarnowitz, 1784/85 erbaut.

(Zeichnung vom Jahre 1785.)

die Förderung und ein Pochwerk von zwei großen Wasserrädern betrieben wurden,
zeigen die Fig. 8 bis 10. Von einem sogenannten Kehrrade, das, je nachdem die
eine oder andere Seite beaufschlagt wurde, nach der einen oder andern Richtung
umlief, werden unmittelbar die Fördergefäße zutage gefördert. Von der gleichen
Welle empfängt auch das Pochwerk seinen Antrieb. Das Wasser dieses Kehrrades
wird dann auf ein zweites oberschlächtiges Rad geleitet, von dem aus durch Kurbel
und Kunstkreuz die Drehbewegung in die hin- und hergehende Bewegung der
Pumpen übergeleitet wird. Die alten Schächte gingen nur selten in gerader Richtung in die Tiefe. Richtungsänderungen kamen vielfach vor, sehr „bucklige"
Schächte waren durchaus nicht selten. Daß derartige Schächte den maschinellen
Betrieb besonders schwierig gestalten mußten, liegt klar zutage. Wie man sich
hier zu helfen suchte, zeigen die Fig. 9 und 10. Manchmal aber überließ man bei
geringen Unebenheiten es den Gestängen, sich etwas durchzubiegen, und die Fördergefäße sowie die Förderkette ließ man über die Buckel, die man mit Eisen und

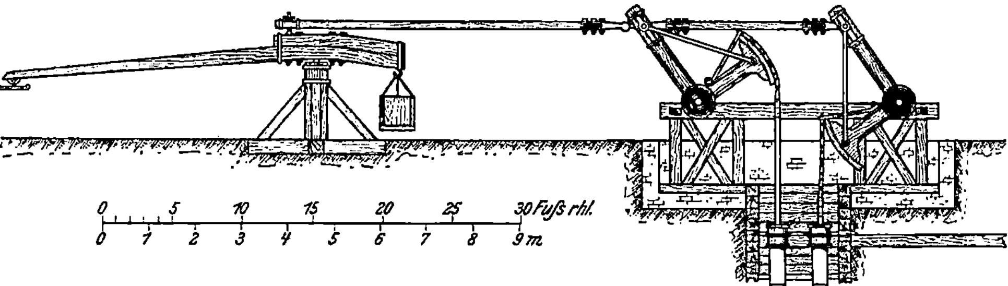

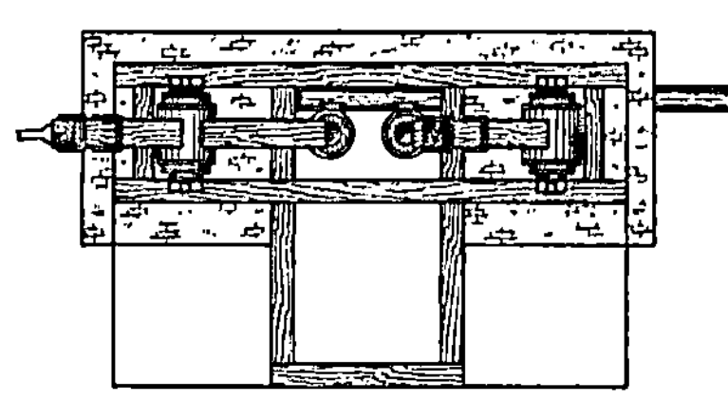

Fig. 6 u. 7. Roßkunst zur Wasserhaltung durch Pumpen.
(Zeichnung vom Jahre 1804.)

Holz bedeckte, hinweggleiten, höchstens daß man
durch Wasserberieselung versuchte, die Reibung
etwas zu vermindern. Die außergewöhnlich starke
Abnutzung nahm man dann ruhig in Kauf.

Große Anforderungen an die Gestänge und Pumpen wurden mit Einführung
der Dampfkraft gestellt. Fig. 11 zeigt einen Teil des Gestänges sowie die Pumpen
der größten von Holtzhausen erbauten Wasserhaltungsmaschine. Die Maschine
hatte 60 Zoll (1524 mm) Zylinder-Durchmesser und 8 Fuß (2,44 m) Hub. Bei 9 bis
12 Hüben in der Minute hob sie 6,23 bis 7,36 cbm Wasser minutlich auf 50,2 m
Höhe, was einer Leistung, in gehobenem Wasser ausgedrückt, von rd. 75 PS entspricht. Die täglichen Betriebskosten stellten sich auf 16 Taler. Das Gestänge
hatte besondere Schwierigkeiten gemacht. In einem der ersten Betriebsmonate
war es fast täglich einmal gebrochen.

Eine im Mansfeldischen Bergbau unterirdisch eingebaute Saug- und Druckpumpe, die von Hand betrieben wurde, zeigt Fig. 12. Die Anlage stammt aus den
20er Jahren des vorigen Jahrhunderts und zeigt schon eiserne Rohrleitungen sowie
einen Druckwindkessel. Die Pumpe wurde durch zwei „Pumper" bedient, die dabei
„hinreichende, aber keine zu schwere Arbeit" hatten. Der Mann erhielt 4 gute
Groschen, 6 Pfennige für die achtstündige Schicht. Es wurden 410 Reichstaler,
15 gute Groschen jährlich für Löhne ausgegeben. Die Pumpe hatte 157 mm Durchmesser und 575 mm Hub. Ohne die Kolbenverluste förderte sie minutlich 210 l.

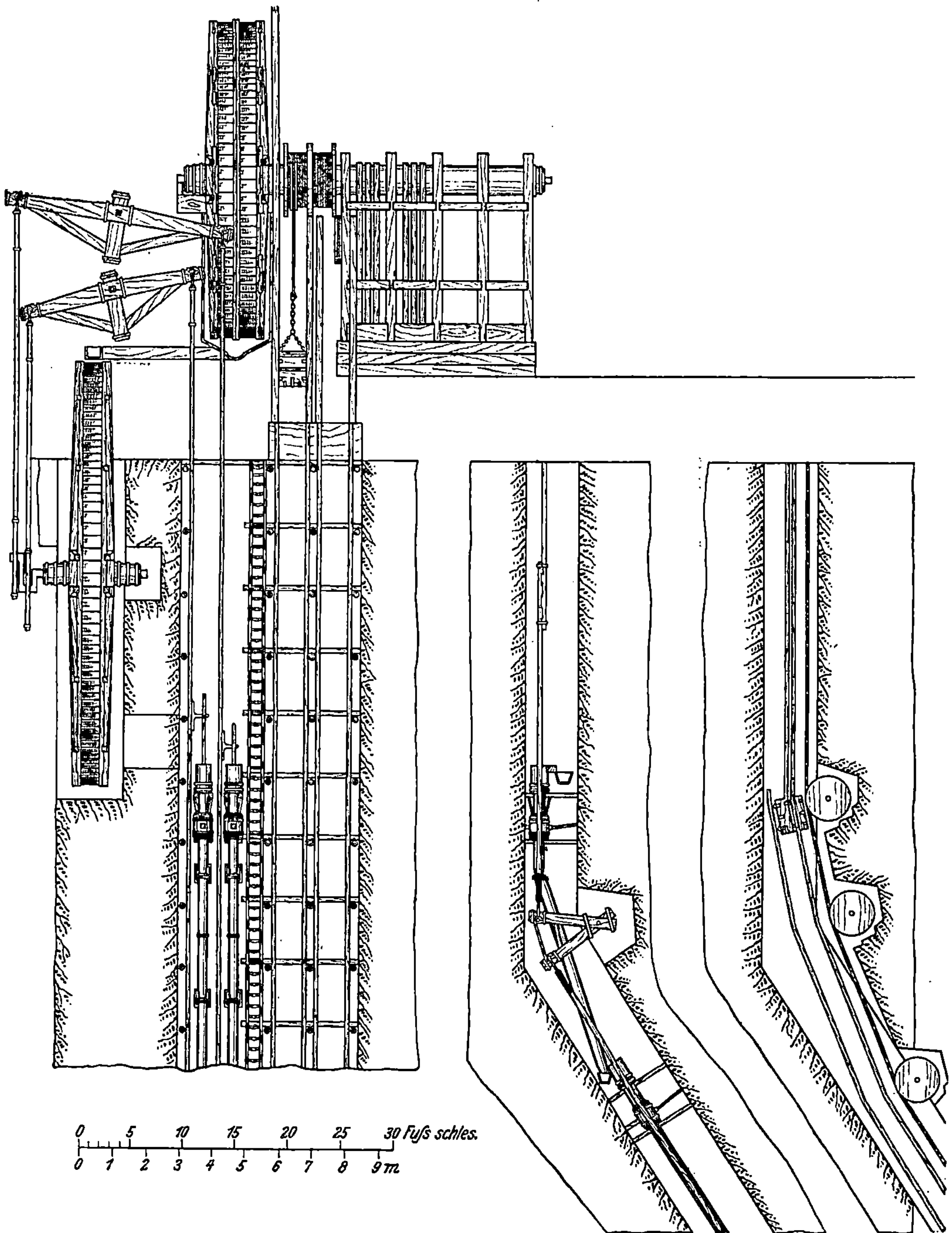

Fig. 8 bis 10. Kunst- und Treibwerk auf dem Hundsrücker Zwittergebäude in Giehren.

(Entworfen von Dunemann 1783. Zeichnung vom Jahre 1812.)

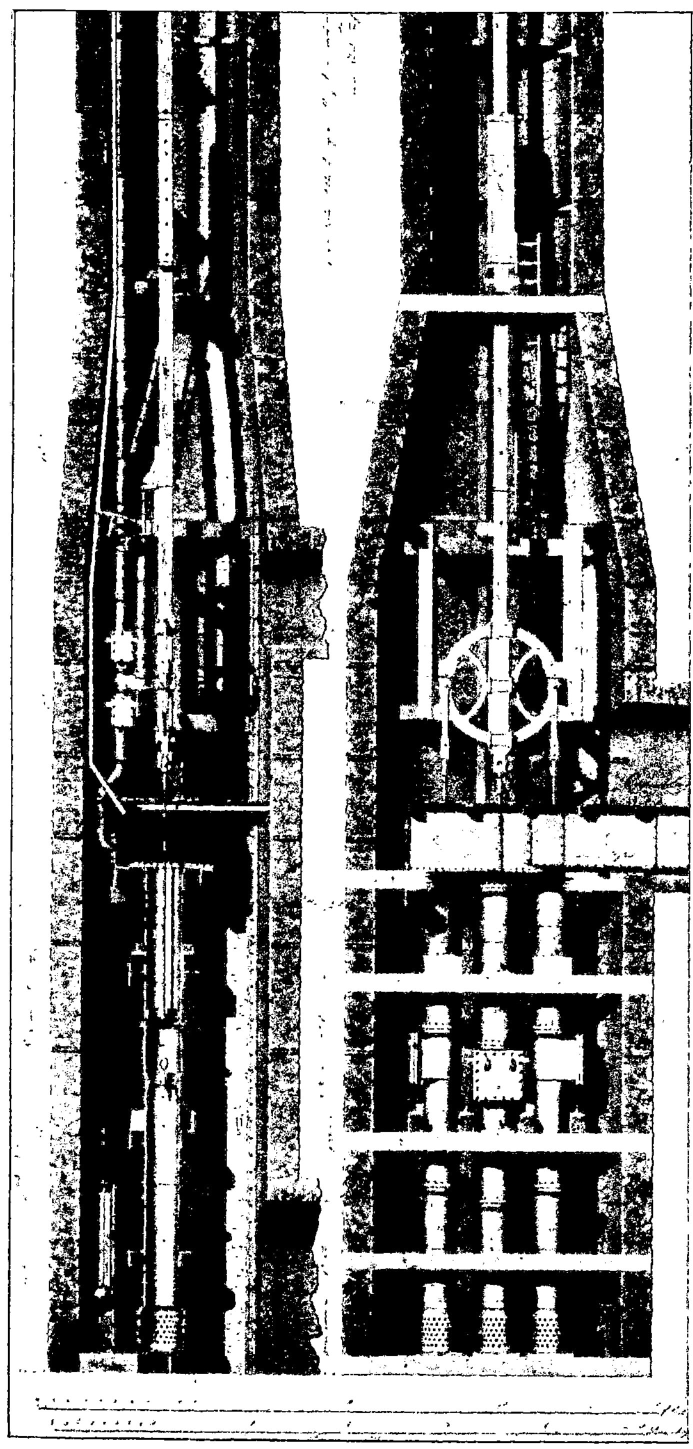

Fig. 11. Pumpen und Gestänge zu der von Holtzhausen 1800 erbauten Wasserhaltungsmaschine.

2. Die Fördereinrichtungen.

Neben der Wasserhaltung waren die Fördermaschinenanlagen, die wir, wie vorher erwähnt, anfangs noch oft unmittelbar mit der Wasserhaltung vereint finden, die wesentlichsten maschinellen Hilfsmittel des Bergmannes. Solange die

Fig. 12.   Pumpe mit Handbetrieb.
(Zeichnung vom Jahre 1830.)

Schächte noch nicht tief waren, genügte ein einfacher Haspel, um das Erz mit Menschenkraft in großen Fässern herauszuziehen. Fig. 13 veranschaulicht einen solchen Förderhaspel mit Vorgelege. Die Arbeiter übertragen von einer Wippe aus

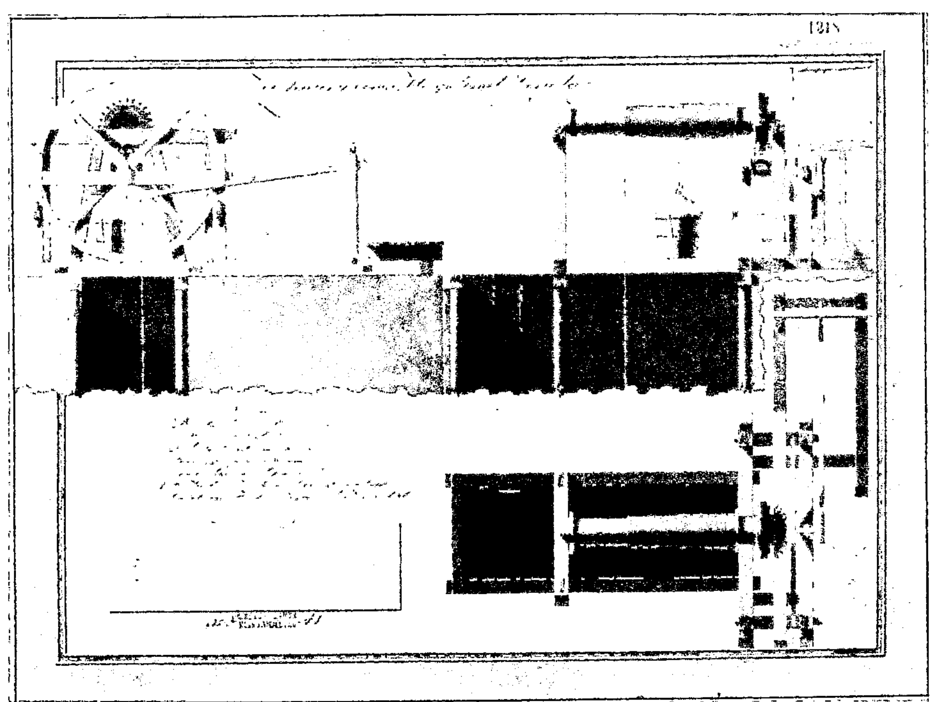

Fig. 13.   Förderhaspel mit Vorgelege.
(Zeichnung vom Jahre 1808.)

mit Schubstange und Kurbel ihre Kraft auf die Vorgelegewelle. Ein Schwungrad
mit eisernem Schwungring und hölzernen Armen dient zum Ausgleich der Bewegung. Ein Förderhaspel, mit dem die Wagenkasten einer Art Kippwagen befördert werden, gibt Fig. 14 wieder. Zwei „Haspelknechte" arbeiteten hier mit
doppeltem Vorgelege auf die Seiltrommel.

Bei größeren Tiefen nahm man dann mit Pferden betriebene Göpel, auf deren
stehender Welle oben 2 Seilkörbe angebracht waren, von denen aus die beiden

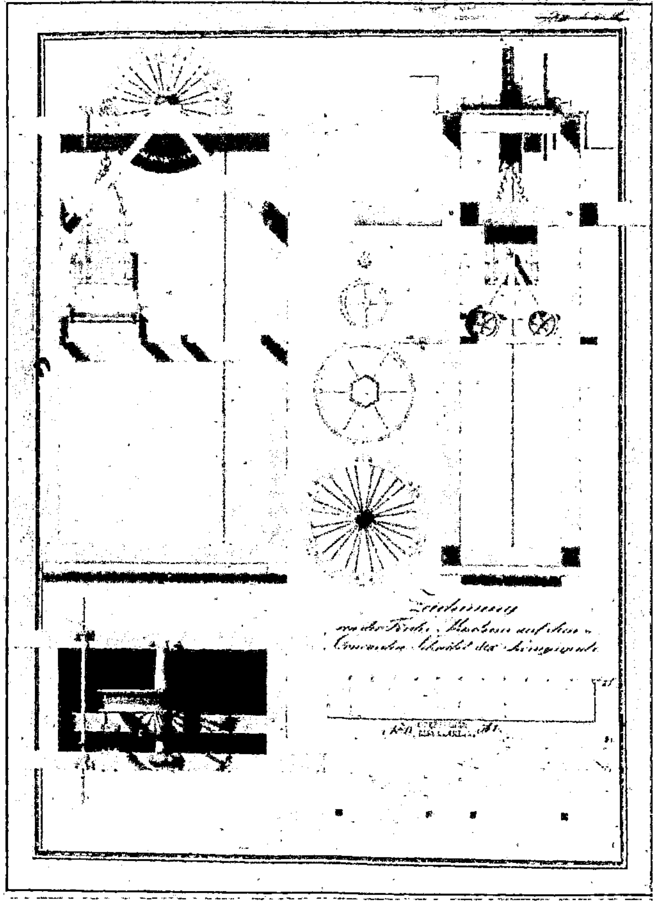

Fig. 14. Förderhaspel.
(Zeichnung vom Jahre 1804.)

Fördergefäße so bewegt wurden, daß die eine Tonne hinaufgezogen, die andere
hinabgelassen wurde. Die Fig. 15 zeigt nach einer Originalzeichnung einen solchen
Pferdegöpel, wie er zu Freiberg i. Sachs. betrieben wurde. Das links neben der
Treppe sichtbare Gestänge führt mit Hilfe eines Kunstkreuzes zu der zwischen den
beiden Seilscheiben auf der stehenden Göpelwelle angeordneten Bremsscheibe.

Calvör schildert uns die Fördermaschinen des Harzes, wie sie um die Mitte
des 18. Jahrhunderts im Betriebe waren. Seine Mitteilungen gelten in vielfacher

Beziehung noch für die Zeit, die wir hier zu betrachten haben, denn einige Jahrzehnte machten vor Einführung der Dampfmaschine noch wenig aus in der Entwicklung der alten Maschinen. Anfangs hat man nur Hanfseile benutzt, die sich aber so schnell aufbrauchten, daß die Ketten, die man im Harz 1568 unter allgemeinem Widerstand der Kunstverständigen an die Stelle der Hanfseile gesetzt hatte, sich doch bald einführten. Von den Hanfseilen brauchte man jährlich 2 oder 3; eine Kette hielt 5 bis 6 Jahre, und dabei kostete sie nur 120 Gulden, während man für ein entsprechendes Hanfseil 130 Gulden zahlen mußte. Die Tonnen, die damals im Harz als Fördergefäße benutzt wurden, waren etwa 1 m hoch und hatten 500 und 700 mm Durchmesser. Durch 4 starke eiserne Reifen hielt man die Tonne zusammen, und inwendig auf dem Boden brachte man ebenfalls eiserne Stäbe an, um das Holz vor Beschädigung zu schützen. Eine leere Tonne wog etwa einen

Fig. 15. Pferdegöpel zu Freiburg um 1800.

Zentner, das Beschlageisen allein 80 bis 82 Pfund. Das Erz füllte man in die Tonne mit Hilfe von Trögen, und man rechnete 12 bis 13 solcher Tröge auf eine Tonne. Den Inhalt von 40 Tonnen nannte man ein Treiben. Ein Nachzähler hatte bei der Sturzbank die Tonnen zu zählen und aufzuschreiben. Gewöhnlich wurde mit 4 Pferden gearbeitet. Beim Anhub der Tonne wurden alle 4 Pferde vorgespannt. Wenn sich dann die Kette etwa viermal um den Korb gewickelt hatte, was etwa einer Schachttiefe von 32 m entsprach, so spannte man 2 Pferde aus und ließ sie zur Futterstelle, weil dann durch das Gewicht des niedergehenden Seiles die Arbeit so viel erleichtert war, daß man mit 2 Pferden auskam. Die Stelle, wo leere und volle Tonnen sich begegnen, nannte man den Wechsel der Tonnen. War die Tonne noch einige Meter tiefer gekommen, so mußten die Pferde schon anfangen, den Göpel aufzuhalten. Der Fuhrmann trat auf einen hinter ihm schleifenden Block, den Hund genannt, d. h. er setzte die denkbar einfachste Bremse in Tätigkeit.

Ein großer Fortschritt wurde auch hier wieder durch Einführung der Wasserkraft erreicht. In der Mitte des 16. Jahrhunderts hat man im sächsischen Bergbau schon überall sogenannte Kehrräder benutzt. Man legte hierbei die Wasserradwelle unmittelbar über den Schacht. Im Harz wurden die ersten Kehrräder um 1620 eingeführt.

Als man mit den Schächten tiefer ging, wurde die Frage des Seilausgleichs immer wesentlicher. Der große schwedische Ingenieur und Hüttenmann Polhem, der die maschinellen Anlagen des Harzer Bergbaues am Anfang des 18. Jahrhunderts eingehend untersuchte, hat schon 1707 einen Seilausgleich mit Unterseil vorgeschlagen; auch Fangeisen, die verhüten sollten, daß bei Kettenbrüchen die Trümmer in den Schacht fielen, hat Polhem damals bereits angebracht. Ein Erfolg war aber damit noch nicht zu erzielen. Calvör berichtet, daß der Betrieb mit den Polhemschen Verbesserungen viel langsamer und beschwerlicher gewesen sei, weil die Ketten Knoten gebildet hätten und die Reibung sehr groß gewesen sei. Man habe es auch als Übelstand empfunden, daß bei diesem Ausgleich die Pferde

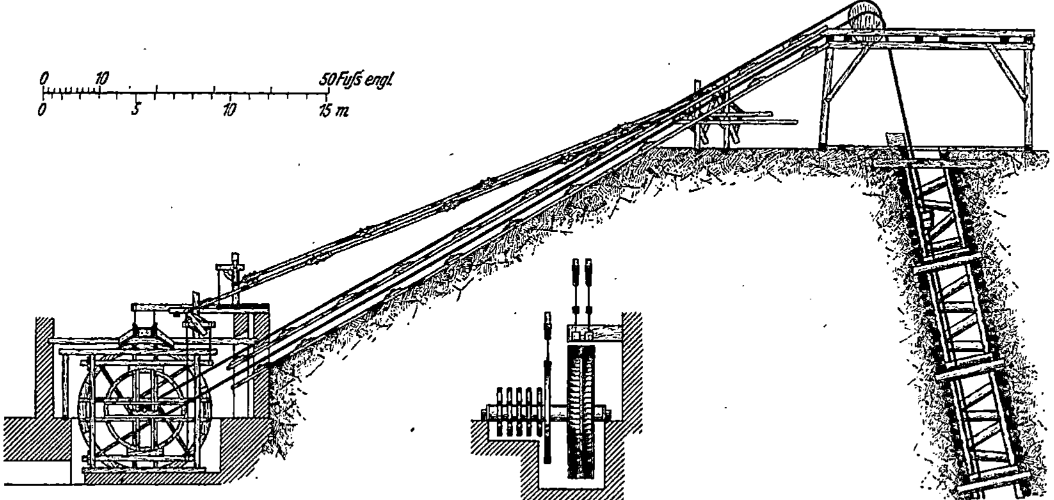

Fig. 16 und 17.   Das Dorotheer Treibwerk auf dem Harz.
(Zeichnung vom Jahre 1811.)

stets mit der vollen Last arbeiten mußten. Vor Polhem hat sich auch schon 1685 Leibniz mit dem Gewichtsausgleich beschäftigt, aber auch seine Vorrichtungen waren für den alten Betrieb zu verwickelt, um Erfolg haben zu können. Konische Seiltrommeln als Mittel zum Gewichtsausgleich hat dann bei Pferdegöpeln schon 1793 Gerstner für die Eisengrube Krussna Hora in Böhmen ausgeführt[1]). Besonders schwierig gestalteten sich die Verhältnisse, wenn, wie es oft der Fall war, der Schacht sehr ungleichmäßig angelegt war. Die Ketten zerrissen nur zu häufig, und manchmal mußte man, um nicht zu lange Ketten zu erhalten, in zwei Absätzen fördern. Mit Rücksicht auf das Gewicht der Ketten hat man dann besonders bei sehr tiefen Schächten öfter wieder Hanfseile benutzt. Einen Ausweg aus diesen großen Schwierigkeiten, die man mit den Seilen und Ketten der alten Zeit hatte, bot erst die Erfindung des Drahtseiles durch Oberbergrat Albert zu

---

[1]) Selbst in Belidors Architectura hydraulica, die in den Jahren 1740 bis 1770 in deutscher Übersetzung erschien, sowie in Poda, Bergbau-Maschinen zu Schemnitz, Prag 1771, finden sich konische Trommeln angegeben. s. Rühlmann, Allgemeine Maschinenlehre Bd. IV, S. 419.

Clausthal, der ein Drahtseil in unserm heutigen Sinne 1834 zuerst auf der Grube Caroline bei Clausthal benutzt hat[1]).

Wo Wasser in genügender Menge vorhanden war, ging man zu Wasserrädern als Kraftmaschinen über. Anfang des 18. Jahrhunderts lernte man es auch, mittels Feldgestängen von einem nicht in unmittelbarer Nähe des Schachtes liegendem Wasserrade aus die Förderung zu betreiben. Als Polhem 1707 zuerst im Harz darauf hinwies, daß es möglich sei, die Förderung mit einem Kehrrade, das eine

Fig. 18. Pferdegöpel auf der Königsgrube in Oberschlesien um 1800.

Meile vom Schacht entfernt sei, zu bewirken, hielt man dies für unmöglich und lachte ihn aus. Die beiden Grubenleute aber, die man ihm mit nach Schweden gab, überzeugten sich, daß dort derartige Einrichtungen vorhanden waren, lernten sie bauen und führten sie auch im Harz ein. Man ging gewöhnlich von dem Kehrrad mit 2 Kurbeln, die um 90° gegeneinander versetzt waren, und 2 Feldgestängen zu der Triebwelle im Grubenhause. Die erste derartige Anlage soll im Harz 1710 in Betrieb gekommen sein[2]).

Natürlich wurde es hierbei notwendig, auch Signalvorrichtungen anzuwenden, die dem Wärter des Wasserrades über den Stand der Förderung Aufschluß gaben.

---

[1]) s. Zeitschrift d. Ver. d. Ing. 1908, S. 885.
[2]) s. Calvör, Bd. II, S. 52.

Hierzu dienten sogenannte Klopfgestänge, mit denen man einen Hammer auf ein
Blech schlagen lassen konnte. Die Anzahl der Schläge hatte verschiedene Bedeutungen. Auch einen Teufenanzeiger hat man damals schon benutzt. Calvör
erzählt von einem Räderwerk mit Scheibe und Weiser, das wie ein Uhrwerk aus-
sähe und das so mit dem Gestänge in Verbindung gebracht werde, daß man daraus
die Lage der Tonne im Schacht ersehen könne.

Die Fig. 16 und 17 zeigen ein solches Harzer Treibwerk aus dem Anfang des
vorigen Jahrhunderts. Neben dem Kehrrad ist die hölzerne Bremsscheibe angebracht, die von dem Maschinenstande in unmittelbarer Nähe des Schachtes
mit Hilfe eines kräftigen hölzernen Gestänges bedient werden konnte. Ein zweites
ähnliches Gestänge machte es dem Wärter möglich, durch Veränderung der Be-
aufschlagung die Drehrichtung des Wasserrades zu ändern.

Ein Bild der Förderanlage auf der Königsgrube in Oberschlesien gibt Fig. 18.
Mit dem Pferdegöpel werden die Wagenkästen der Kippwagen emporgezogen.
Diese Wagen werden dann auf Schienen über die Transportwagen gefahren und
hier durch Umkippen entleert.

Eine neue Zeit brach für dieses Gebiet durch Einführung der Dampfkraft an.
Wie die ersten von Holtzhausen erbauten Dampffördermaschinen des oberschlesischen Bergbaues aussahen, habe ich in meiner „Entwicklung der Dampfmaschine" an Hand von alten Originalzeichnungen, Band 1, S. 544 bis 547, schildern können.

3. Die Bewetterungsanlagen.

Als drittes großes Gebiet, das sich der Maschinenbau allerdings erst in neuerer
Zeit in großem Umfang erobert hat, ist die Bewetterung der Grube zu betrachten.

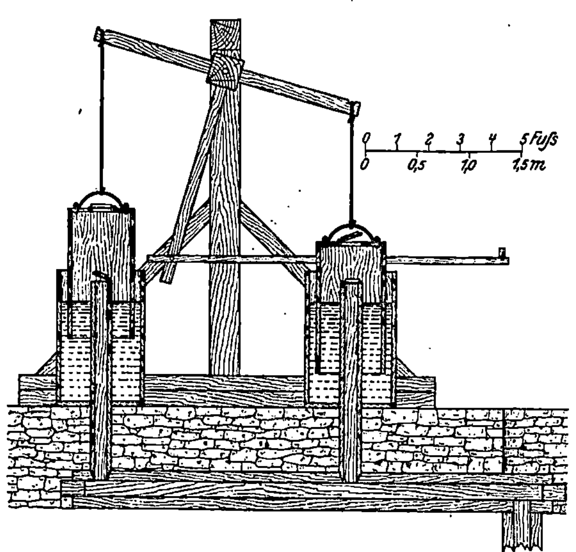

Fig. 19.   Harzer Wettermaschine.
(Zeichnung vom Jahre 1803.)

Solange der Bergbau noch nicht
umfangreich war, auch noch
nicht sehr in die Tiefe ging, genügten einfache Luftleitungen,
die in die Sohle der Stollen eingebaut wurden. Ferner brachte
man sogenannte Windschächte
oder Lichtlöcher an und setzte
über diese haubenartige Vorrichtungen, die sich nach dem
Winde einstellten und den Zweck
hatten, die Luft unter eigenem
Druck nach der Grube zu führen.
Es lag auch nahe und wurde
schon sehr früh versucht, mit
Hilfe der Gebläse, wie man sie
vom Hüttenbetrieb her kannte,
Luft in die Schächte zu führen.
Man ordnete Blasebälge an, die
man, wie die Orgel in der Kirche,
mit den Füßen bewegte, trieb

sie wohl auch mit Pferden oder Wasserkraft an, ohne jedoch viel Erfolg mit ihnen
zu haben. Auch die sogenannten Windkugeln, Aeolipylen genannt, sind Dampf-
gefäße mit einer düsenartigen Öffnung, hat man zuerst im sächsichen Bergbau-

bezirk, dann auch im Harz vergeblich versucht, zur Luftverbesserung in den Gruben heranzuziehen. Man suchte sich ferner so zu helfen, daß man unmittelbar an die vorhandenen Wasserhaltungsgestänge Windsätze, d. h. Luftpumpen anhängte, durch die man die schlechten Wetter abzusaugen versuchte. Calvör berichtet, daß in dieser Weise 1745 von einem 2,4 m hohen Wasserrad 4 hölzerne Luftpumpen bewegt wurden. Die Luftleitung bestand aus $3^1/_2$ zölligen hölzernen Röhren. Die Maschine kostete rd. 70 Taler. Ähnliche Anlagen wurden in den späteren Jahren mehrfach benutzt. 1716 hat man dann im Harz steinerne Öfen zum Wetterzuge benutzt. Diese Wetteressen, die man damals auch Feuer- oder Feuerwettermaschinen nannte, gehörten lange Zeit zu den einfachsten Mitteln, den natürlichen Wetterzug in einfachster Weise zu verstärken.

Von den Wettermaschinen wurde dann besonders bekannt und vielfach verwendet der sogenannte Harzer Wettersatz, den der Kunstmeister Bartels am Anfang des 18. Jahrhunderts einführte. Wie aus Fig. 19 zu erkennen ist, stellt sich diese Maschine als eine durch Wasser gedichtete glockenförmige Luftpumpe dar, wie sie, entsprechend verändert, hier und da als Gebläse im Hüttenbetriebe benutzt wurde. Auch rotierende „Wassertrommeln", die zu den heutigen Gebläsen überleiten, sind schon frühzeitig verwendet worden. Einen solchen noch sehr wenig leistungsfähigen Vorläufer unserer heutigen Ventilatoren veranschaulicht Fig. 20.

Mit dem bergbaulichen Betrieb waren gewöhnlich auch einfache Aufbereitungsanlagen verbunden, zu deren wichtigsten Maschinen das Pochwerk, die jahrhundertelang gebräuchlichste Zerkleinerungsmaschine, gehörte. Die Anlage bestand aus mehreren nebeneinander angeordneten Pochstempeln, die aus Buchenholz angefertigt etwa 3,5 m lang und 16 bis 19 cm stark waren. Unten

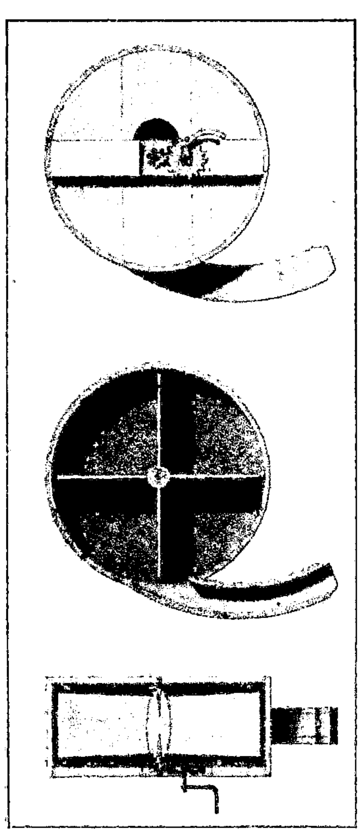

Fig. 20. Wettertrommel.
(Zeichnung vom Jahre 1809.)

an jedem Stempel war das Pocheisen, das etwa einen Zentner wog, befestigt. Diese Stempel wurden vielfach unmittelbar von der Wasserradwelle mit Hilfe von Hebedaumen oder entsprechend geformten Kurvenscheiben gehoben. Durch ihr Eigengewicht fielen sie auf das in den Pochtrögen angehäufte Erz und zerkleinerten es.

II. Die Maschinen im Hüttenwesen.

1. Die Gebläse.

Mit dem bergbaulichen Betrieb war in alter Zeit aufs engste verbunden der Hüttenbetrieb, der frühzeitig dem Maschinenbau wichtige Aufgaben stellte. In erster Linie kommen hier die Gebläse in Frage, von deren Vervollkommnung die wichtigsten Fortschritte im Hüttenwesen unmittelbar abhängig waren. Als in der ersten Hälfte des 15. Jahrhunderts zuerst im Rheingebiet der Hochofen aufkam, der sich sehr langsam verbreitete und erst im 16. und 17. Jahrhundert allgemeiner benutzt wurde, war ein leistungsfähiges Gebläse notwendig, die Vor-

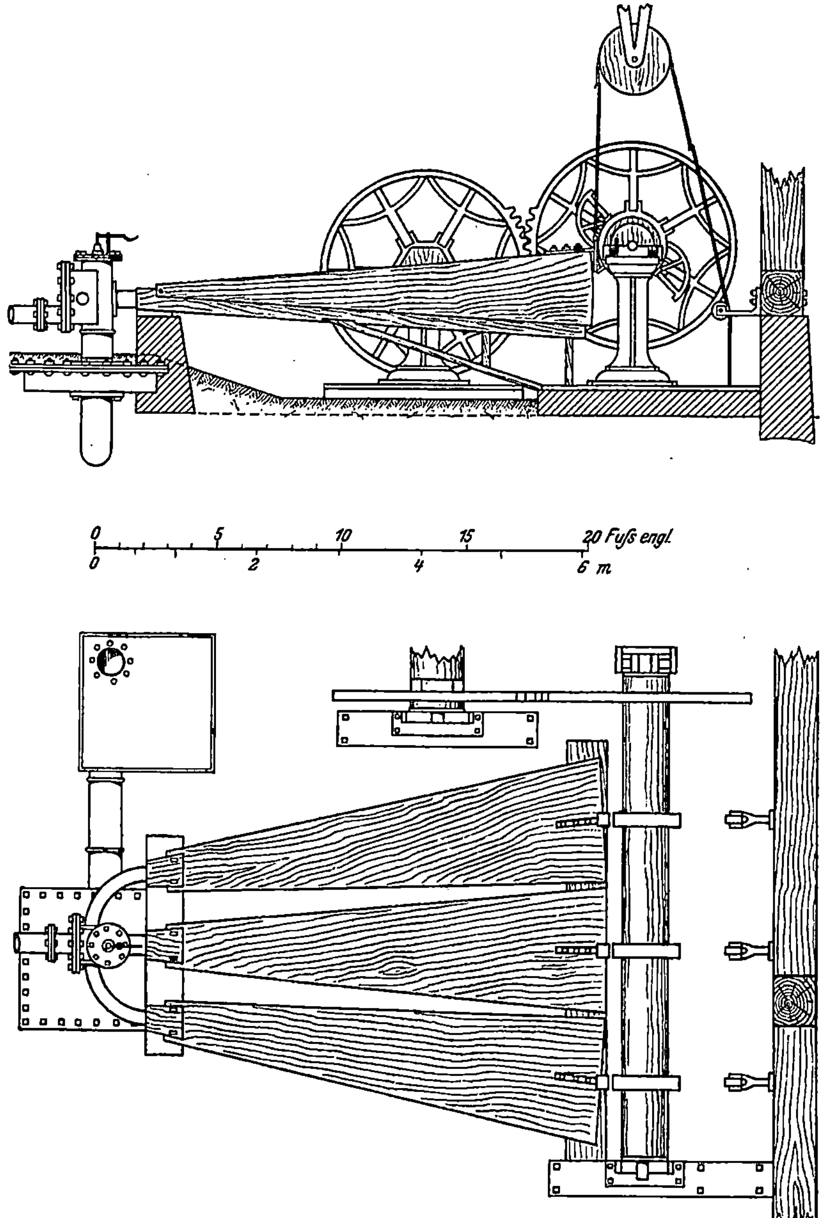

Fig. 21 und 22. Dreibalgengebläse nebst Wasser-Regulator zu Malapane 1800.

teile der neuen Eisendarstellung auszunutzen. Als man dann im 18. Jahrhundert zuerst in England beim Hochofenbetrieb Steinkohlenkoks verwendete, war dieser große Fortschritt auch nur erfolgreich durchzuführen, als man ein hierfür ausreichendes Gebläse geschaffen hatte.

Zu den ältesten Gebläsen des Hüttenwesens gehört der den Römern und wahrscheinlich auch den Griechen schon bekannte lederne Spitzbalg, wie er noch heute in einfachen Schmieden zu finden ist. Der erste große Fortschritt bestand in dem Ersatz der ledernen Seitenwände durch Holz. Diese Holzbälge sollen im 16. Jahrhundert zuerst in Deutschland aufgekommen sein. Man erzählt, sie seien 1550 in Nürnberg erfunden worden. Sie waren zunächst den üblichen ledernen Bälgen durchaus nachgebaut. Ein hölzerner Oberkasten bewegte sich über dem feststehenden Boden. 1621 hat ein gewisser Ludwig Pfannenschmid, der aus Thüringen stammte, diese hölzernen Bälge im Harz eingeführt, worauf „ihm — wie Calvör erzählt — die allda schon befindlichen Balgmacher den Tod schworen; er ist aber von der Obrigkeit geschützet worden und sind die hölzernen Bälge zum ersten am Unterharze und da man sie sehr vorteilhaft gefunden, auch am Ober-

harz eingeführet worden". Dieser erste Erbauer der hölzernen Bälge im Harz verstand es auch, seiner Familie das Monopol für Verfertigung dieser Maschinen auf lange Zeit zu sichern. Noch sein Enkel war der einzige Balgmacher für alle Harzer Hüttenwerke. Man zahlte ihm jährlich 50 Taler für Instandhaltung einer Gebläseanlage. Als man dann aber sah, daß die Bälge sehr lange hielten, suchte man den Preis herabzusetzen. Da er sich jedoch darauf nicht einlassen wollte, ließ man sich einen Balgmacher aus Schmalkalden kommen, der aber mit den Maschinen nicht zurecht kam, weshalb man sich schließlich mit dem alten Balgmacher einigte, der nun auch mit 40 Talern zufrieden war. Für ein Paar neue

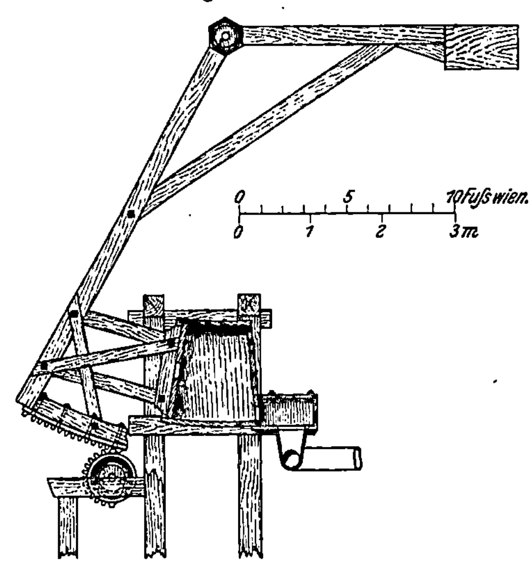

Fig. 23.   Zirkelkastengebläse zu Mariazell.
(Zeichnung vom Jahre 1810.)

Bälge, die 30 bis 40 Jahre hielten, zahlte man 1651 im Harz 30 Taler, 10 Jahre später war der Preis auf 25 Taler herabgegangen.

Die großen Vorteile des Holzbalges gegenüber den alten Lederbälgen bestanden darin, daß man mit stärkerem Luftdruck arbeiten und daß man die Bälge selbst viel größer bauen konnte. Dabei waren sie viel billiger, sie kosteten nur etwa ein Fünftel vom Wert der Lederbälge und hielten zehnmal so lange, gewiß Vorteile, die ihre allgemeine Einführung und den großen Fortschritt, den sie darstellten, erklärlich machen[1]).

Um eine gleichmäßigere Luftzuführung zu erhalten, wurden immer zwei, vielfach auch drei derartige Bälge nebeneinander angeordnet. Ein solches Dreibalgengebläse, wie es 1800 auf der Hütte zu Malapane benutzt wurde, zeigen die Fig. 21 und 22. Der Oberkasten wird von der Wasserradwelle unter Benutzung eines Vor-

---

[1]) s. Karmarsch, Geschichte der Technologie, München 1872, S. 244; Rühlmann, Allgemeine Maschinenlehre, Bd. IV, Braunschweig 1875, S. 727 und Dr. L. Beck, Geschichte des Eisens, Bd. II, Braunschweig 1893, S. 938 und Bd. III, Braunschweig 1897, S. 547. In den beiden zuletzt genannten Quellen finden sich auch wichtige geschichtliche Angaben über andere Gebläsebauarten, die zum Teil in den folgenden Ausführungen mit benutzt worden sind.

geleges mit Hilfe von Wellfüßen, die auf den Streichspan, der auf dem Balgen-
deckel angebracht ist, drücken, abwärts bewegt. Gehoben wird er hier durch ein
Gewicht.

Vielfach wurde hierzu auch eine elastische Balgenlatte, die durch ihre Feder-
kraft wirkte, benutzt, oder man ordnete einen zweiarmigen Hebel, die Balgwage,
so über den Balgkästen an, daß, wenn der eine niedergedrückt wurde, diese Wage

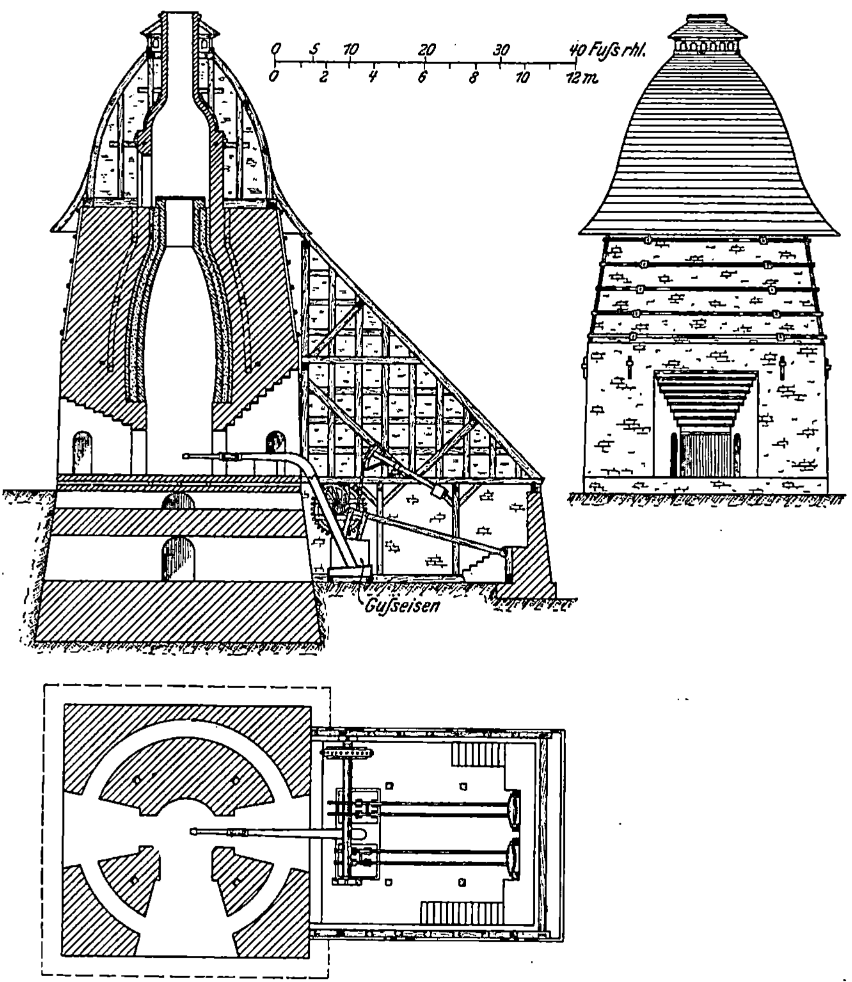

Fig. 24 bis 26. Hochofen zu Wandollok in Lit. Masuren.

(Zeichnung vom Jahre 1804.)

den andern in die Höhe zog. Im Harz waren die Bälge gewöhnlich etwas über
4 m lang; sie gaben bei jedem Niedergang etwa 1,14 cbm Luft. Der schädliche
Raum war sehr groß; er betrug etwa 0,3 cbm. Die größten Bälge, die schon sehr
schwer zu regieren waren, hatten eine Länge von etwa 7,5 m.

Um den schädlichen Raum zu verringern, soll dann 1724 ein Schlosser Frei-
tag in Gera einen Doppelbalg mit parallelen Wänden gebaut haben. Aus dem
gleichen Grunde baute man auch sogenannte Zirkelkastengebläse, deren Konstruktion sich aus Fig. 23 ergibt. Das Gebläse macht 10 bis 11 Hübe in der Minute.

Es lagen auch hier mehrere derartige Gebläse nebeneinander. Ein ähnliches Gebläse, bei dem aber bereits der Windkasten aus Gußeisen bestand, zeigen die Fig. 24 bis 26, die auch den Einbau des ganzen Gebläses und den zugehörigen Hochofen erkennen lassen.

Es lag nahe, in gleicher Weise auch Kästen mit vollständig parallelen Wänden zu Gebläsen zu benutzen. Ein solches „Kubisches" Gebläse zeigt Fig. 27. Diese Windkastengebläse, die am Ende des 18. Jahrhunderts besonders in Süddeutschland Verwendung fanden, haben ihr Vorbild in der schon vorher erwähnten Harzer Wettermaschine.

Während diese Gebläse in Deutschland noch überall angewendet wurden, hatte man in England durch Erfindung des Zylindergebläses einen weiteren

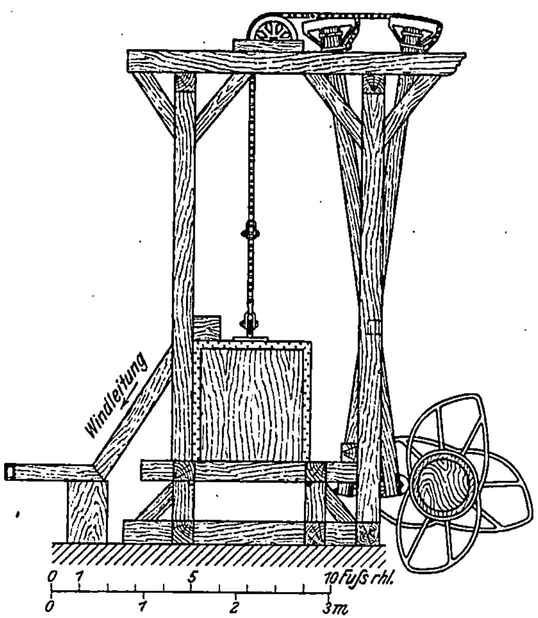

Fig. 27. Windkastengebläse zu Horsowitz bei dem alten Hochofen.
(Zeichnung vom Jahre 1802.)

großen Fortschritt angebahnt. Gewöhnlich nimmt man an, daß Smeaton schon 1760 das erste Zylindergebläse auf dem Eisenwerk in Carron erbaut hat. Dr. Beck macht in seiner Geschichte des Eisens, Bd. III, S. 561, mit Recht darauf aufmerksam, daß diese Jahreszahl anderen sehr gut beglaubigten Tatsachen widerspreche. Er nimmt deshalb an, daß Smeaton erst im Jahre 1768, als er ein neues großes Gebläse zu Carron erbaute, die neue Konstruktion benutzt habe. Vermutlich sind diese Gebläse unmittelbar aus der Konstruktion der Feuermaschinen, mit denen man damals in England schon recht vertraut war, entstanden. Vielleicht war auch ein alter Feuermaschinenzylinder der erste Gebläsezylinder. Die Zylindergebläse wurden ebenso wie die alten Gebläsearten zuerst ausschließlich von Wasserrädern angetrieben. Erst John Wilkinson hat dann 1775 eine Wattsche Dampfmaschine von 36 Zoll Zylinderdurchmesser benutzt. Die eisernen Zylindergebläse hatten gegenüber den alten Konstruktionen den großen Vorteil, daß sie leichter zu betreiben waren, geringere Windverluste hatten und größeren Winddruck, auf

den man früher eine Zeitlang besonderen Wert legte, ermöglichten. Diese neuen
englischen Gebläse verbreiteten sich deshalb auch sehr schnell auf dem Festlande.

Anfangs allerdings suchte man hier, wo es noch sehr schwierig war, größere
Gußstücke herzustellen, die eisernen Zylinder durch hölzerne Kästen, ähnlich
wie bei den Windkastengebläsen, zu ersetzen. Die Fig. 28 bis 30 zeigen drei
solche nebeneinander liegende Kästen, die von der Wasserradwelle aus mit un-
runden Scheiben bewegt werden.

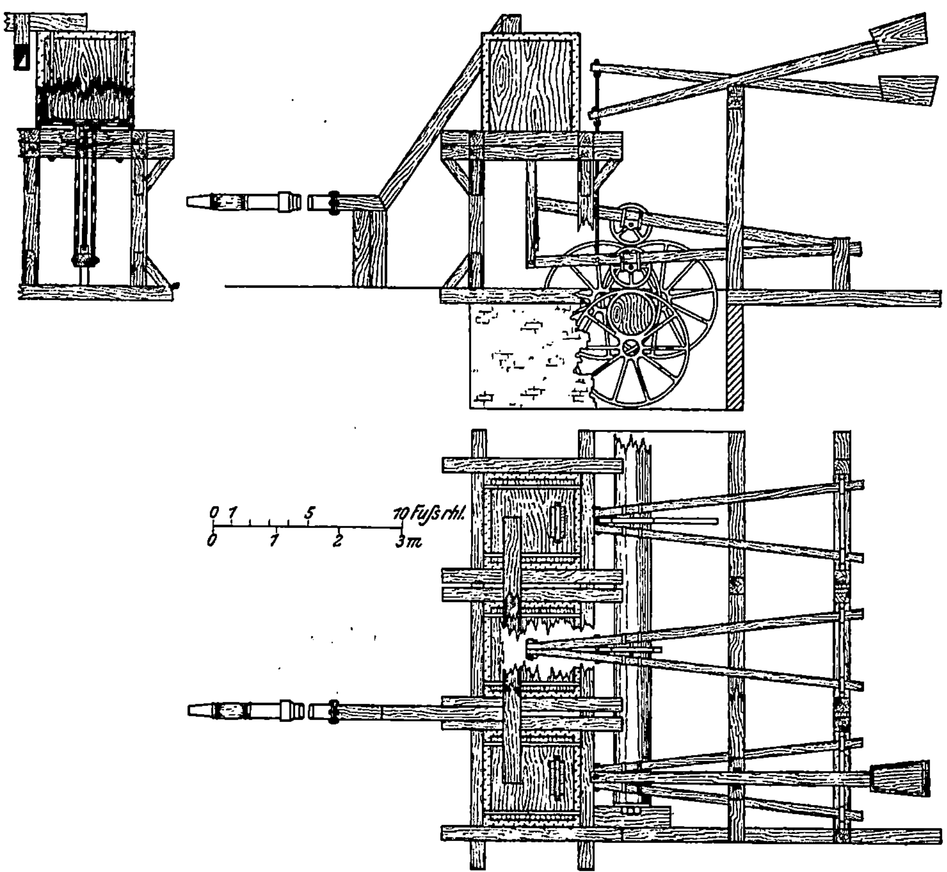

Fig. 28 bis 30.   Kastengebläse zu Horsowitz bei dem neuen Hochofen.
(Zeichnung vom Jahre 1807.)

Die Fig. 31 und 32 zeigen ein Gebläse zu Altenau im Harz. Die Kraft des
Wasserrades wird unmittelbar von der Welle mit mächtigen gußeisernen Kurvenscheiben unter Zwischenschaltung eines Balanciers auf die Kolben der drei nebeneinander angeordneten Windkästen übertragen.

Auch doppeltwirkende Gebläse ähnlicher Art hat man am Anfang des vorigen
Jahrhunderts zu bauen versucht. Ein Beispiel hierfür bieten die Fig. 33 und 34.
Vom Wasserrad aus wird hier die Kraft mit Kurbel und Balancier auf die Kolben
der Gebläsekästen übertragen[1]).

---

[1]) Die Fig. 31 bis 34 sind dem Werke Héron de Villefosse, De la richesse minérale,
Paris 1819, Bd. III, entnommen.

Das Holz konnte sich als wesentlicher Maschinenbestandteil hier ebensowenig wie auf anderen Gebieten auf die Dauer halten. Bald begann man auch in Deutschland, die hölzernen Kästen durch eiserne Zylinder zu ersetzen. Ein normales Zylindergebläse aus dem Anfang des 19. Jahrhunderts, von einem Wasserrad angetrieben, zeigt Fig. 35. Zwei Zylinder sind nebeneinander angeordnet, ihre Kolben werden mit um 90° versetzten Kurbeln und Balanciers bewegt. Die Bauart eines einfachwirkenden Gebläses mit drei kurzhubigen Zylindern, deren Kolben von einer Daumenwelle abwärts gedrückt, von einem Balancier mit Gegengewicht ge-

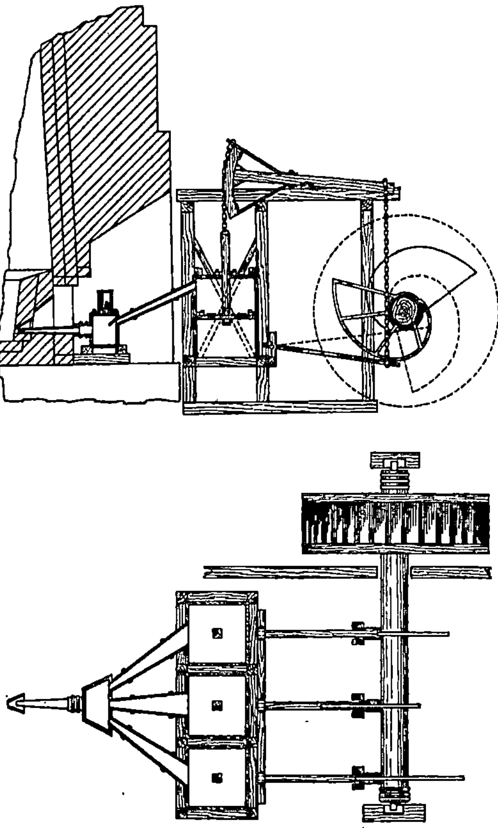

Fig. 31 und 32. Hochofengebläse zu Altenau im Harz um 1800.

hoben wurden, lassen die Fig. 36 und 37 erkennen. Ein gewichtbelasteter zylindrischer Druckregler ist vor den Zylindern angeordnet.

Die ersten Dampfgebläsemaschinen waren in ihrer ganzen Bauart den Wasserhaltungsmaschinen nachgebildet. Eine derartige Gebläsemaschine wurde schon 1802 von Holtzhausen für die Königshütte in Oberschlesien erbaut[1]).

Neben den besprochenen Gebläsekonstruktionen hatten andere Bauarten nur vorübergehende lokale Bedeutung. Hierhin gehört auch das Wassertrommelgebläse, von dem man zeitweise sehr viel erhoffte. Es beruht auf der Saugwirkung in Röhren abwärtsfallender Wasserstrahlen und gehört jedenfalls zu den einfachsten Gebläsen, da es keine beweglichen Maschinenteile nötig hat. Auch bot es den großen

---

[1]) Matschoß, Entwicklung der Dampfmaschinen, Berlin 1908, Bd. I, S. 560.

Conrad Matschoß.

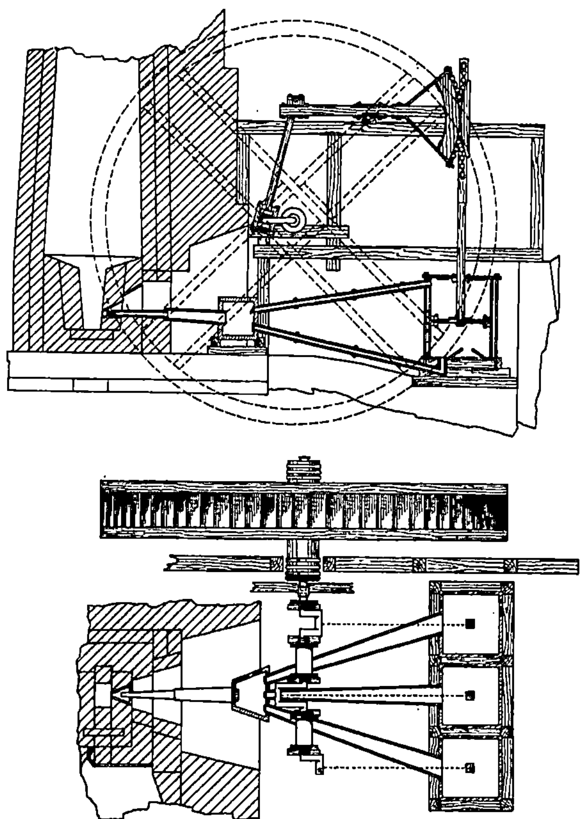

Fig. 33 und 34. Doppeltwirkendes Hochofengebläse zu Elend im Harz, 1800.

Fig. 35. Gebläse der Bulkowitzer Frischhütte um 1800.

Vorteil der gleichmäßigen Luftzuführung. Der Wasserbedarf aber war so groß, daß es sich auch schon früher nur in Gebirgsgegenden, wo genügend Wasser und ausreichendes Gefälle zur Verfügung stand, einführen konnte. Man scheint es in Italien zuerst benutzt, bzw. erfunden zu haben. Schon Giambattista della Porta beschreibt 1589 ein Wassertrommelgebläse[1].

Aus dem Harzer Wettersatz (s. S. 18, Fig. 19) entwickelte sich dann das sogenannte Glockengebläse. Auf den gleichen Ursprung läßt sich auch das von Baader mit großen Versprechungen in den letzten Jahren des 18. Jahrhunderts in die Welt gesetzte hydrostatische Gebläse zurückführen. 1799 von Baader zuerst auf dem Eisenwerk Weyerhammer in der Oberpfalz ausgeführt, vermochte es in keiner Weise die großen Erwartungen, die man eine Zeitlang gerade auf diese Konstruktion gesetzt hatte, zu erfüllen[2]. Das Zylindergebläse blieb Sieger.

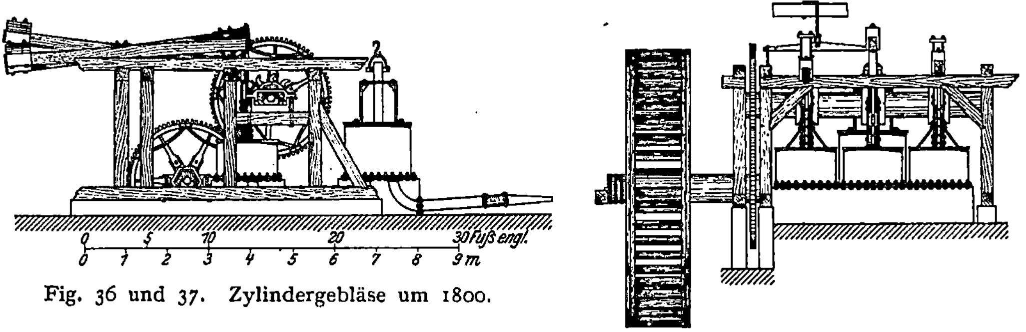

Fig. 36 und 37. Zylindergebläse um 1800.

2. Gichtaufzüge.

Neben den Gebläsen begannen als Maschinen, die unmittelbar zu dem Hochofenbetrieb Beziehung hatten, die Gichtaufzüge vor 100 Jahren Bedeutung zu gewinnen.

Die alten Hochöfen[3] im 16. Jahrhundert waren etwa 5 bis 6 m hoch gewesen. Gewöhnlich baute man sie in der Nähe einer Berglehne, so daß man sie leicht von hier aus beschicken konnte. Sonst konnte man auch durch Anschüttungen oder wendeltreppenartige Umgänge, die den ganzen viereckigen aus Bruchsteinen aufgebauten Ofen umgaben, zur Gicht gelangen. Auch 1800 waren die Holzkohlen-Hochöfen erst 5 bis 13 m hoch. Dagegen rechnete man bei den sich damals einführenden Koks-Hochöfen schon mit einer durchschnittlichen Höhe von 13 m. Oberschlesien, wo die Hüttenwerke in der Ebene lagen, hatte deshalb damals schon recht interessante Hochofenaufzüge aufzuweisen, von denen einige besonders bemerkenswerte Konstruktionen nach den Originalzeichnungen des Königlichen Oberbergamts in den nächsten Figuren dargestellt sind.

Die Fig. 38 bis 40 zeigen den Schrägaufzug eines Hochofens zu Falkenberg. Die Wagen werden mit Hilfe eines Wasserrades und eines Seiltriebes die schiefe Ebene hinaufgezogen. Die Fig. 41 bis 43 lassen den Wagen erkennen, auf dem die Tröge mit Erz und Kohle befördert werden.

---

[1] s. Th. Beck, Beiträge zur Geschichte des Maschinenbaues, Berlin 1900, S. 266.

[2] s. auch Dr. L. Beck, Geschichte des Eisens, Bd. II, S. 944 und Bd. III, S. 549; ferner Rühlmann, Allgemeine Maschinenlehre, Bd. IV, S. 730; Weisbach, Zwischen- und Arbeitsmaschinen, Braunschweig 1851 bis 1860, S. 1182.

[3] s. Dr. L. Beck, Geschichte des Eisens, Bd. III, S. 555.

Einen Schrägaufzug des Hochofens zu Kreuzburg aus dem gleichen Jahr veranschaulichen die Fig. 44 und 45. Mit diesem Aufzug war ein Höhenunterschied von 12 m zu überwinden. Während bei den vorherigen Konstruktionen die Körbe noch durch Menschen vom Wagen bis zur Gicht getragen werden mußten, steht hier ein besonderer Beschickungswagen auf einem Plattformwagen, der so mit Schienen versehen ist, daß man den Wagen unmittelbar über die Gicht fahren und durch Umstürzen entleeren kann. Der Antrieb durch ein Kehrwasserrad ist aus der Fig. 44 zu ersehen.

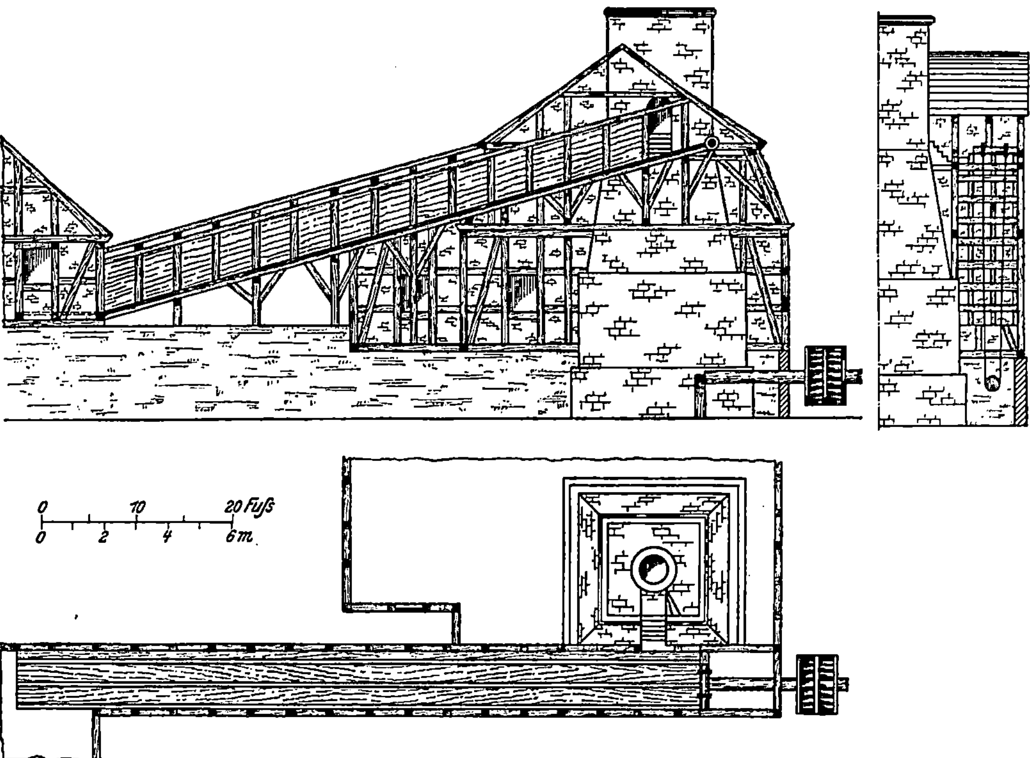

Fig. 38 bis 40. Gichtaufzug des Hochofens zu Falkenberg.
(Zeichnung vom Jahre 1800.)

Die Fig. 46 bis 49 veranschaulichen die Konstruktion eines senkrechten Aufzuges, bei dem ebenfalls die Wagen von dem Fahrstuhl auf Schienen über die Gicht befördert werden können. Das Kehrwasserrad arbeitet mit einem Zahnradvorgelege von fast neunfacher Übersetzung auf die Seilwelle.

In der Fig. 50 ist ein vom Wasserrad betriebener senkrechter Aufzug zu sehen, bei dem aber Erz und Kohle noch in Körben zur Gicht befördert werden. Der Ofen selbst hat außerordentlich starke Wandungen, so daß das Mauerwerk genügend Platz zur Bedienung der Gicht bietet. Links vom Ofen ist ein hölzernes Windkastengebläse eingebaut.

In der Fig. 51 ist eine für die damalige Zeit jedenfalls überraschende Konstruktion dargestellt, von der leider aus der Zeichnung selbst nicht zu ersehen ist, ob es sich um eine wirkliche Ausführung oder nur um ein Projekt handelt. Der

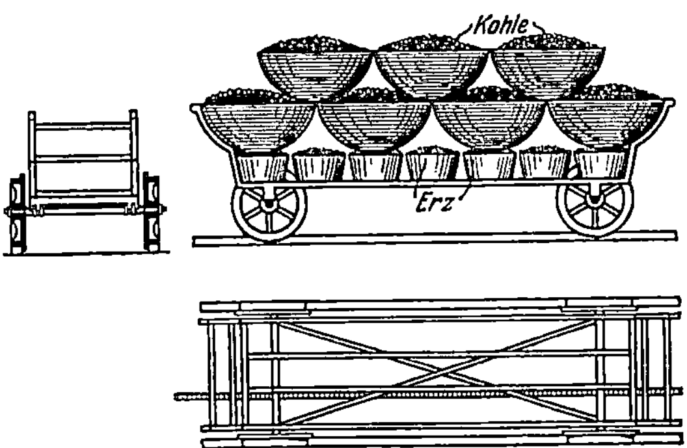

Fig. 41 bis 43. Wagen für den Gichtaufzug zu Falkenberg.

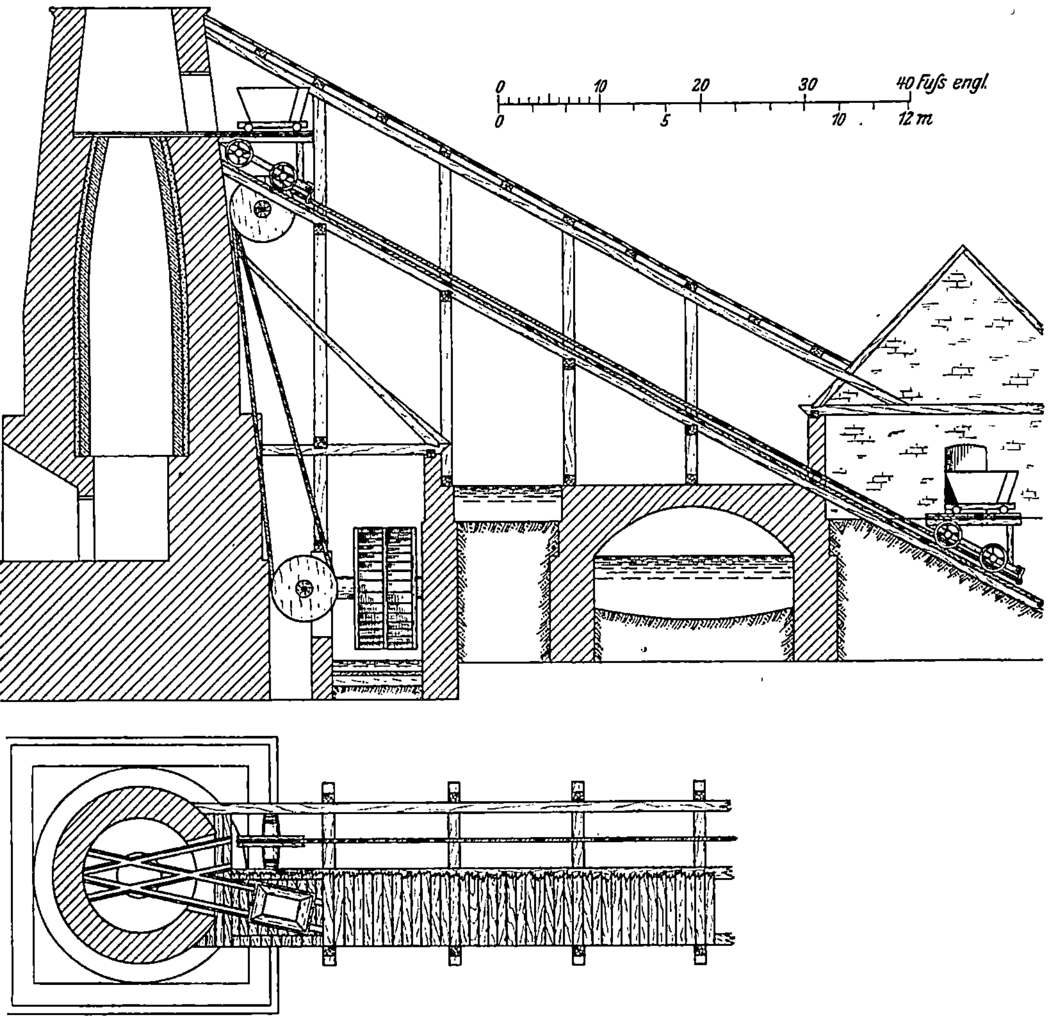

Fig. 44 und 45. Gichtaufzug für den Hochofen zu Kreuzburg.
(Zeichnung vom Jahre 1805.)

Gichtaufzug besteht hier aus einem großen Rade von 12,5 m Durchmesser, das
mit doppeltem Vorgelege von einem Wasserrad in stets gleicher Richtung gedreht
wird. An dem Radumfange sind in gleichen Abständen vier taschenartige Behälter
angebracht, die sich durch Klapptüren öffnen lassen. In der gezeichneten Stellung
des Rades sind die Klapptüren der untersten Tasche geöffnet, Erz oder Kohle
werden hineingeschüttet, die Türen sodann geschlossen. Mit dem Umfang des

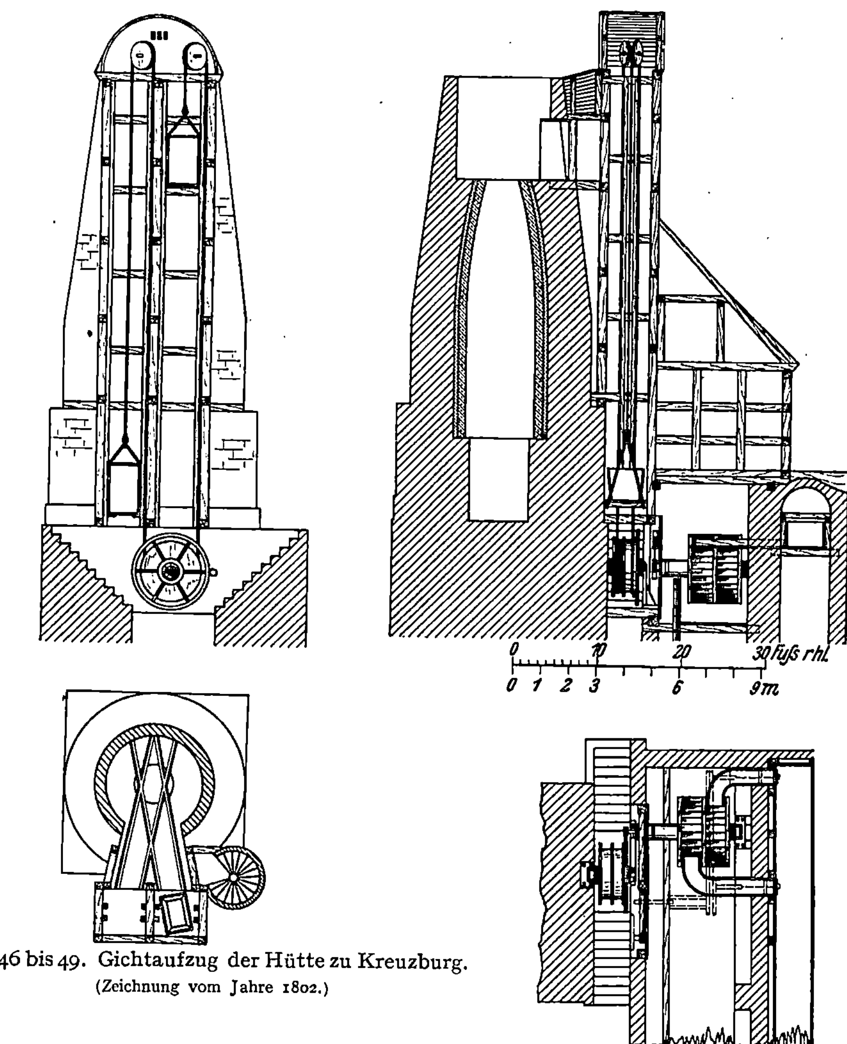

Fig. 46 bis 49. Gichtaufzug der Hütte zu Kreuzburg.
(Zeichnung vom Jahre 1802.)

Rades bewegt sich nun der Inhalt nach aufwärts. In der höchsten Stellung an-
gekommen, wird ein Wagen unter die Tasche gefahren und die Türen geöffnet.
Der in dieser Weise beladene Wagen wird dann unmittelbar über der Gicht aus-
gekippt.

3. Hammerwerke und Walzwerke.

Zu den ältesten und wichtigsten Maschinen des Eisenhüttenwesens gehören
die Hämmer, für deren Antrieb frühzeitig Wasserkraft benutzt wurde. Bei der

alten Eisengewinnung auf Rennfeuern und Frischfeuern hatten die Hämmer die Schlacken aus den Luppen herauszupressen und die im Innern noch unvollkommen verbundenen Klumpen zusammenzuschweißen. Das so gewonnene Grobeisen wurde dann in besonderen Schmieden mit sogenannten Zain-, Reck- oder Raffinierhämmern zu feineren Eisensorten, wie sie in den gewerblichen Betrieben benutzt werden konnten, weiter verarbeitet. Die Verbesserungen, die den Eisenhämmern im Laufe

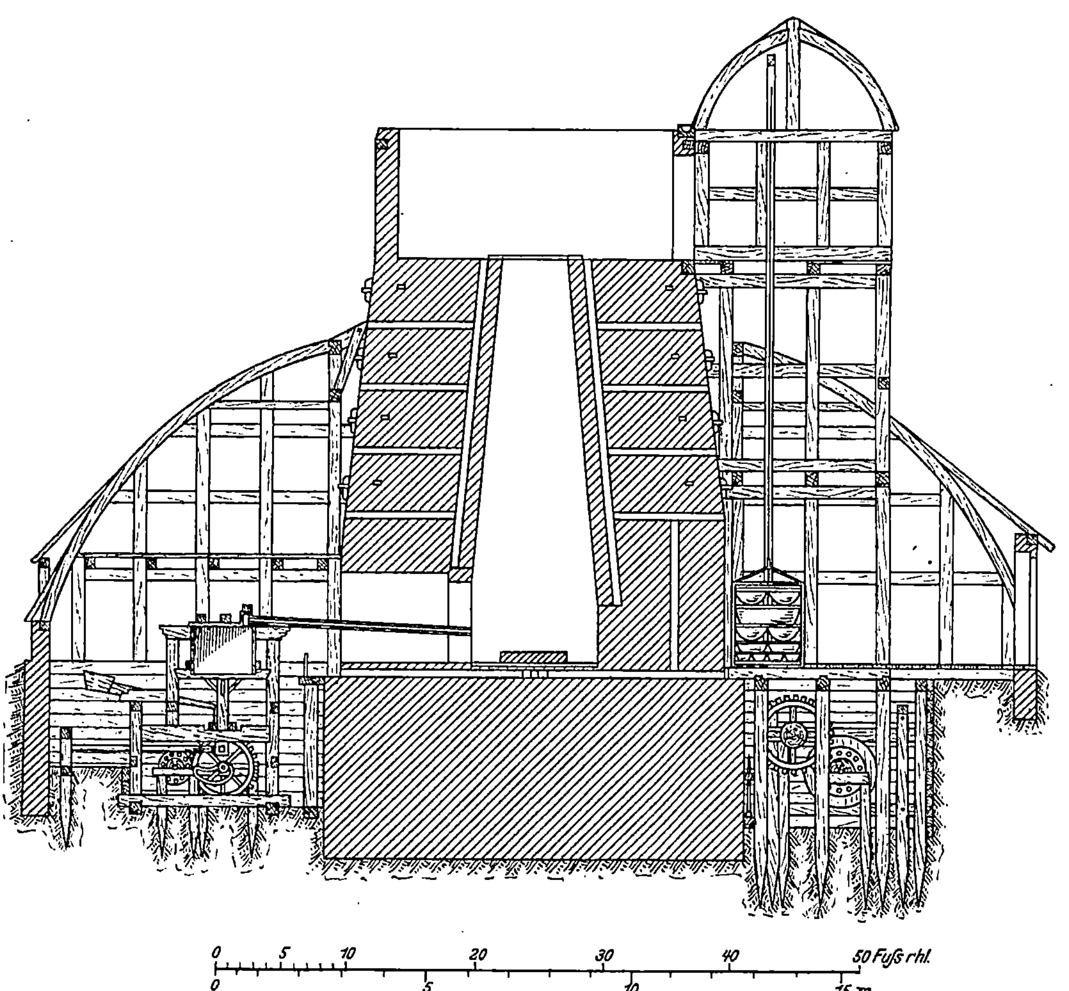

Fig. 50.　Hochofen mit Gebläse und Gichtaufzug zu Koschentin.
(Zeichnung vom Jahre 1801.)

des 18. Jahrhunderts zuteil wurden, beschränken sich auf eine bessere Ausführung und weitergehenden Ersatz des Holzes als Baustoff durch Gußeisen.

Die Fig. 52 bis 55 veranschaulichen den Aufwerfhammer eines Frischhammerwerkes, bei dem bereits das ganze Hammergerüst aus Gußeisen besteht. Die einzelnen Teile sind noch genau wie bei der Holzkonstruktion zusammengefügt, wobei durch zahlreiche Hartholzkeile das nötige Anpressen besorgt wird. Um die Hammerwirkung zu steigern, ist über den Hammerstiel ein federnder Holzbalken, der Reitel, angebracht.

Die Zain- oder Reckhämmer wurden meist als Schwanzhämmer ausgeführt.
Ein Beispiel hierfür geben die Fig. 56 und 57, bei denen die beängstigend schwache
Bemessung der gußeisernen Lagerböcke auffällt. Das Mißtrauen, das man anfangs
dem Gußeisen als Maschinenbaustoff entgegenbrachte, wird aus den Erfahrungen

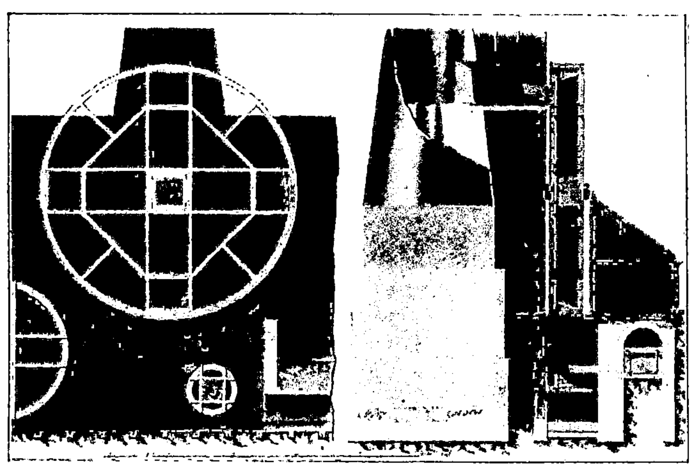

Fig. 51.   Gichtaufzug mit Drehbewegung um 1800.

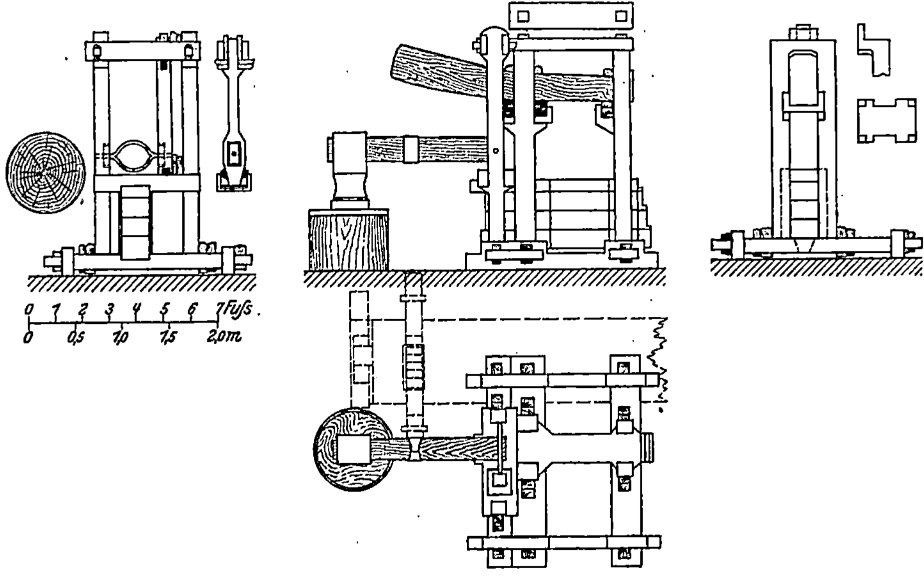

Fig. 52 bis 55.   Aufwerfhammer des Eisenerz-Frischhammerwerkes auf Solingerhütte.
(Zeichnung vom Jahre 1806.)

heraus, die man mit derartig geringen Abmessungen machen mußte, nur zu erklärlich. Haltbar wurden solche Konstruktionen erst, wenn man sie mehrfach
„geflickt“ hatte.

Ein äußerst bedeutsamer Fortschritt in der Formgebung des Eisens war die
Einführung der Walzwerke. Sie kommen, verbunden mit den Eisenschneid-

werken, mit denen die großen vorgeschmiedeten Eisenstücken zu den verschiedenen im Handel verlangten Sorten zerschnitten wurden, schon im 17. Jahrhundert vor. Hier wurden sie aber nur zum Glätten der geschnittenen Stäbe benutzt. Auf die geringe Streckung legte man noch keinen besonderen Wert. Bald aber erkannte man, wie leicht man auf diesem Wege Flachstäbe zu Bandeisen auswalzen konnte.

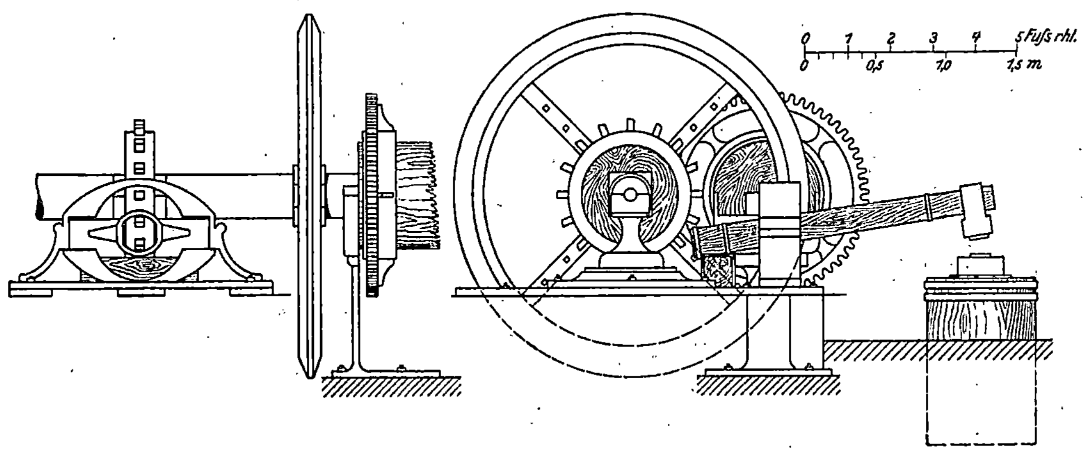

Fig. 56 und 57. Zain- oder Reck-Hammer zu Jedlize.
(Zeichnung vom Jahre 1800.)

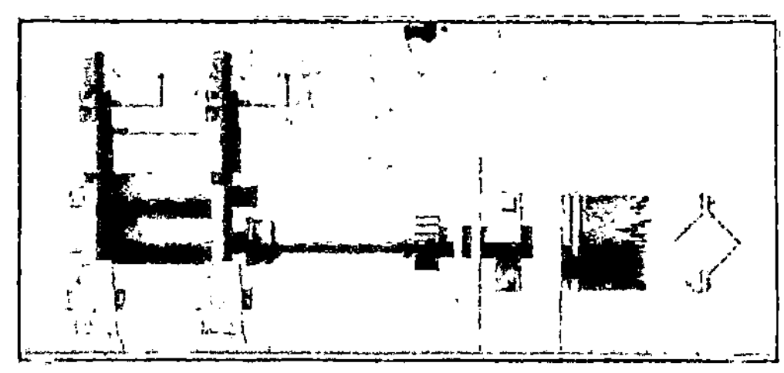

Auch zum Glätten der vorgeschmiedeten Bleche hat man schon frühzeitig besondere Walzwerke benutzt.

John Payne hat bereits 1728 in einem Patent ausführlich die Verwendung kalibrierter Walzen zum Auswalzen des Eisens beschrieben. Auch der berühmte schwedische Maschineningenieur Polhem hat am Anfang des 18. Jahrhunderts bereits Walzwerke erbaut, benutzt und auf ihre große Bedeutung hingewiesen. Trotz alledem blieben lange Zeit die Walzwerke noch seltene Ausnahmen im Eisenbetrieb. Nur in England fand das Walzverfahren in der zweiten Hälfte des 18. Jahr-

hunderts größere Verbreitung[1]). Ihre maßgebende Entwicklung erfuhren die Walzwerke erst im 19. Jahrhundert, in dessen Anfang die in den Fig. 58 bis 62 dargestellten Anlagen fallen.

Besonders beachtenswert ist das von Wedding 1815 entworfene Blechwalzwerk, Fig. 60 bis 62. Zwei Walzenstühle werden mit Zahnradvorgelege von der

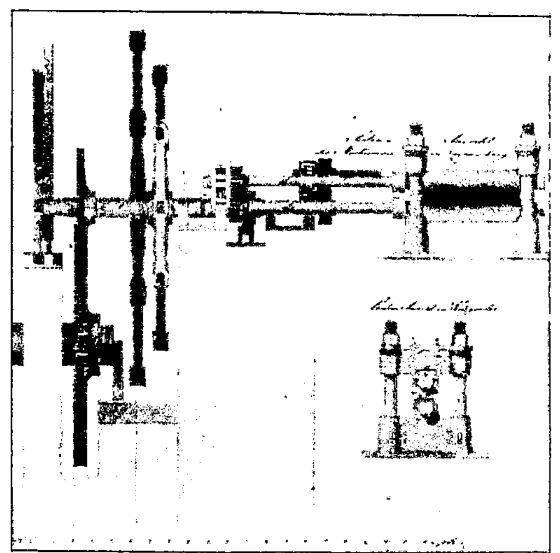

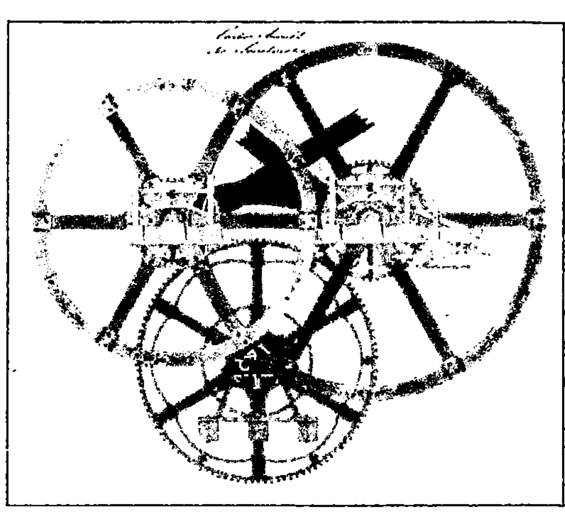

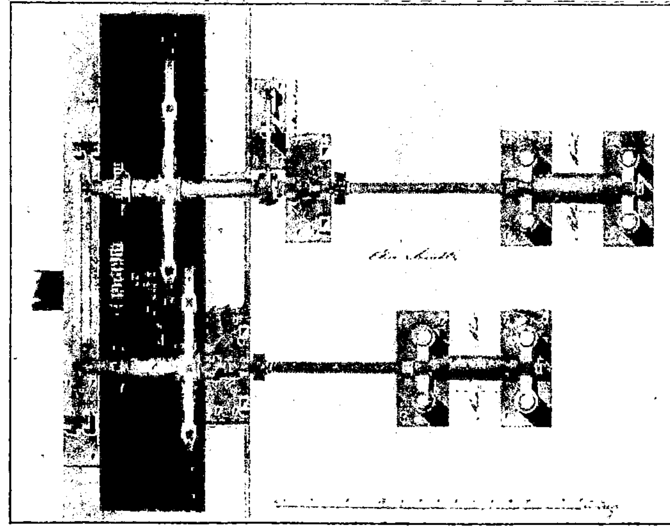

Fig. 60 bis 62. Blechwalzwerk für
den Rybniker-Hammer.
(Zeichnung vom Jahre 1815.)

tiefliegenden Wasserradwelle angetrieben. Die unmittelbar zu den Walzen führenden Wellen sind mit dem einen Ende in große Hebel gelagert, die entsprechend
angehoben, bei der nachgiebigen Wellenkupplung ein Ausrücken der Walzenstühle
ermöglichen. Die Schwungräder bestehen aus mehrfach geteilten gußeisernen
Schwungringen, die durch hölzerne Arme mit den gußeisernen Nabensternen verbunden sind. Wie die Fig. 62 erkennen läßt, wird von der einen Welle aus noch
eine Stabschere angetrieben.

---

[1]) Über Walzwerke im 18. Jahrh. s. Dr. L. Beck, Geschichte des Eisens, Bd. III, S. 578.

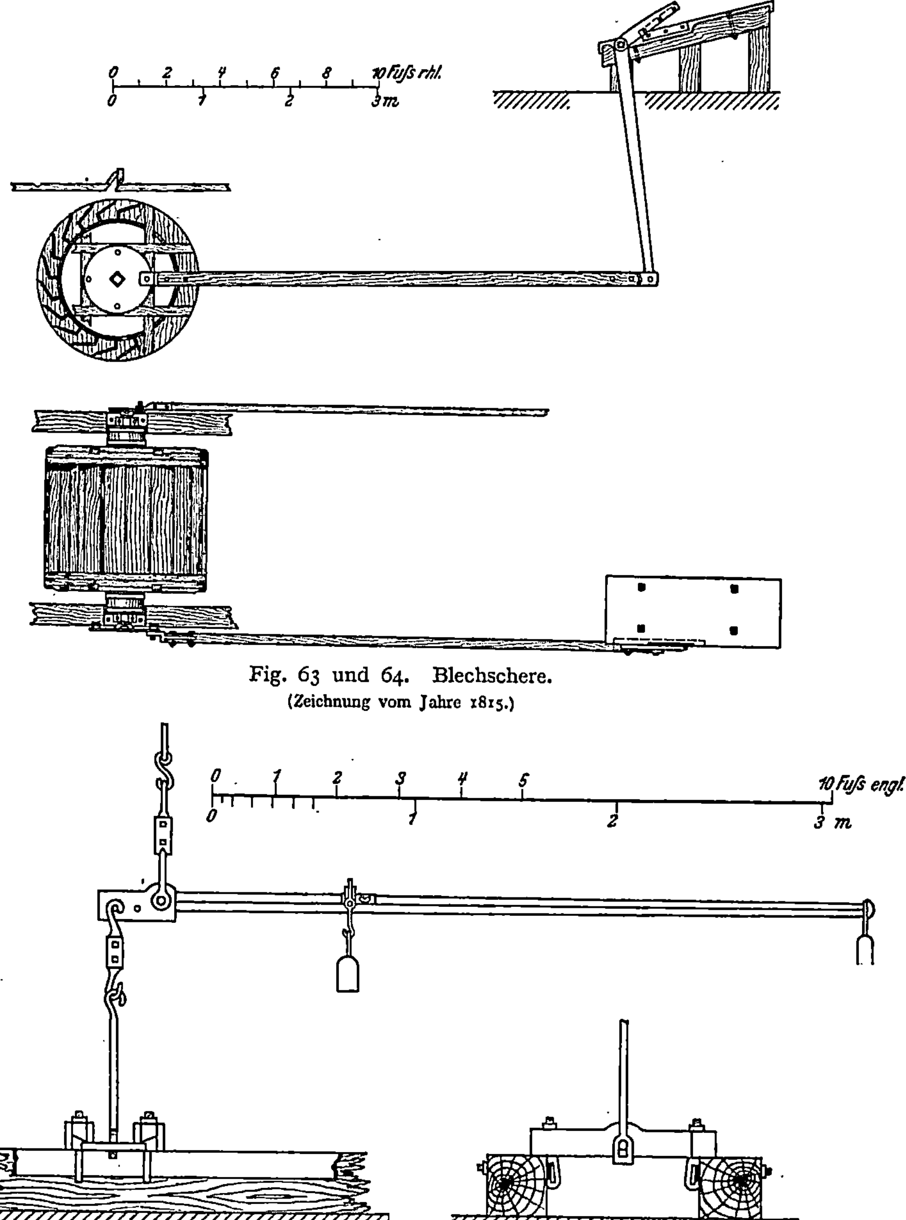

Fig. 63 und 64. Blechschere.
(Zeichnung vom Jahre 1815.)

Fig. 65 und 66. Maschine zum Zerbrechen der gegossenen Stäbe.
(Zeichnung vom Jahre 1804.)

Wichtig für die Bearbeitung des Eisens sind auch die Scheren. Polhem soll die erste von einem Wasserrad betriebene Blechschere erbaut haben[1]). Eine Blechschere, von Wedding 1815 für den Rybniker-Hammer in Oberschlesien entworfen, zeigen die Fig. 63 und 64.

---

[1]) s. Dr. L. Beck, Geschichte des Eisens, Bd. III, S. 599.

Daß man auch vor 100 Jahren schon daran dachte, sich über die Beschaffenheit des Materials durch Versuche Rechenschaft zu geben, zeigen die beiden Ma-
terialprüfmaschinen zu Gleiwitz, Fig. 65 bis 68, deren Wirkungsweise sich unmittelbar aus den Zeichnungen ergibt. Die eine dient dazu, kurze gußeiserne Stäbe
auf Biegung zu beanspruchen, bei der anderen werden die würfelartigen Metall-
proben zerdrückt.

So stellt sich ein Hüttenwerk vor 100 Jahren als ein für die damalige Zeit
schon maschinell sehr reich ausgestatteter Großbetrieb dar. Die Fig. 69 und 70
zeigen die Anlagen zu Jedlize in Oberschlesien aus dem Anfang des vorigen Jahrhunderts. Nicht weniger als 6 Wasserräder von 3,65, 5 und 6,25 m Durchmesser
dienten zum Antrieb von 4 Aufwerfhämmern, eines Walz- und Schneidwerkes, sowie des Gebläses, das in der Mitte des ganzen „Archenbaues" angeordnet war.

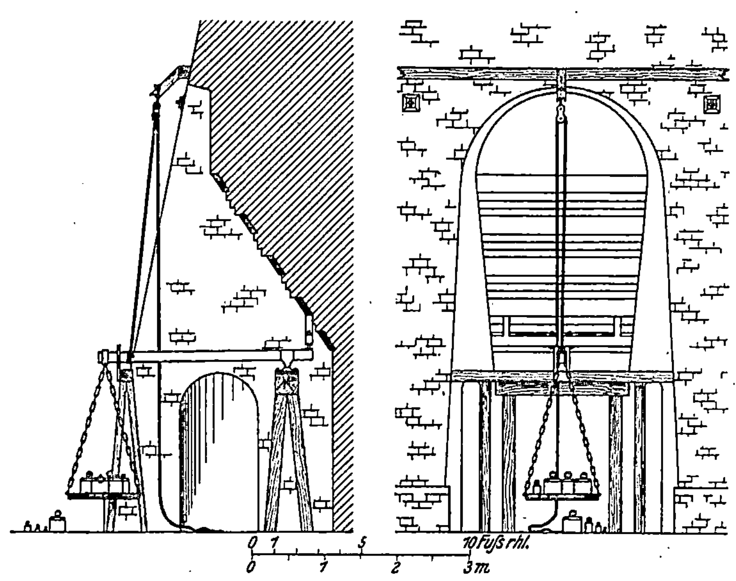

Fig. 67 und 68.   Maschine zum Zerdrücken der eisernen und anderen Metallwürfel.
(Zeichnung vom Jahre 1804.)

Welch gewaltige Ingenieurarbeit im 19. Jahrhundert geleistet wurde, kann
man ermessen, wenn man sich neben alle die in den vorgehenden Ausführungen
gekennzeichneten Maschinen ihre heutigen Vertreter gestellt denkt. Neben die
hölzernen Saugpumpen die vieltausendpferdigen elektrisch betriebenen Kreisel-
pumpen; neben die unbeholfenen Göpelwerke eine heutige Fördermaschine mit
der hundertfach vermehrten Leistung; vor 100 Jahren Hochöfen mit wöchent-
licher Leistung bei Holzkohlenbetrieb von 7,5 bis 12,5 t, bei Koksbetrieb von 20
bis 25 t; heute normale Anlagen von 100 bis 500 t in 24 Stunden, während aus-
nahmsweise sogar 800 t erreicht werden. Welche Entwicklung der maschinellen
Anlagen muß eine solche Steigerung der Leistung zur Voraussetzung haben! Die
heutigen riesigen Gebläsemaschinen erinnern in nichts mehr an die dargestellten
hölzernen Kastengebläse. Und doch waren jene alten Maschinen damals genau so
wie unsere neuesten Maschinen heute die Voraussetzung des gesamten wirtschaftlichen Fortschrittes.

Wer die Hilfsmittel bedenkt, die dem alten Maschinenbau an Baustoff und Werkzeugen zur Verfügung standen, wird zugeben müssen, daß unsere Berufsvorfahren den schweren Aufgaben, die Bergbau und Hüttenwesen an sie stellten,

Fig. 69 und 70.   Hüttenwerksanlagen mit Wasserkraftbetrieb.
(Zeichnung vom Jahre 1804.)

in oft bewundernswürdiger Weise gerecht geworden sind. Sie haben unter den schwierigsten Verhältnissen, von den Gelehrten nur zu oft als „Handwerker" gering geachtet, aus eigener Kraft ruhig und still Meisterwerke geschaffen, die vielfach für die Entwicklung unserer gesamten wirtschaftlichen Kultur, wie wir sie heute kennen, maßgebend gewesen sind.

Henry Rossiter Worthington.

Skizze eines Ingenieurlebens

von

Otto H. Mueller, London.

Kurzlebig ist unsere Zeit und sind unsere Maschinen. Rastloser Fortschritt, getragen von gewaltigen Kapitalmächten, stürzt heute in den Abgrund der Vergessenheit, was vielleicht noch vor einem Jahre als höchste Stufe technischen Wissens und Könnens gepriesen wurde. Und mit den Werken verschwinden auch ihre Schöpfer. Erst in neuester Zeit haben dankenswerte Bestrebungen eingegriffen zu sammeln, zu ordnen und zu erhalten, was vor uns geschaffen wurde, um so den Unterbau unserer gegenwärtigen Entwicklungsstufe und seine Verzweigungen freizulegen. Doch so sehr uns die großen Werke der Kunst und Technik, die Ergebnisse der wissenschaftlichen Forschung oder die Ergebnisse der Weltgeschichte zu fesseln vermögen, unwiderstehlich gedrängt, wendet sich unser Geist den Menschen zu, die sie geschaffen, entdeckt, bewirkt haben. Wir suchen ihre Herkunft und Schicksale zu ergründen, ihrer Geistesarbeit nachzuspüren, ihr Charakterbild auszugestalten, ihre Stellung in der Kulturgeschichte zu bestimmen.

Und so zog es auch mich, das Lebensbild eines Mannes, mit dessen Schöpfungen ich durch meinen Beruf bekannt geworden bin, wenigstens skizzenhaft zu entwerfen, eines Ingenieurs, der tüchtig und rechtschaffen die Aufgabe durchführte, die Zeit und Umstände ihm zugewiesen hatten, und der, durch hohe Eigenschaften des Geistes und Gemüts ausgezeichnet, für alle Zeiten ein Vorbild überzeugungstreuer Ingenieurbetätigung bleiben wird[1]).

Henry Rossiter Worthington, geboren am 17. Dezember 1817 in New York, entstammte einem altenglischen Geschlecht, das in Worthington in England ansässig war und von dem ein gewisser Sir Nicholas in der Schlacht von Naseby für König Karl I. gekämpft hatte. Einige Jahre nach dieser Schlacht, 1649, wanderte ein Teil der Familie nach Amerika aus.

Worthington genoß die einfache Mittelschulbildung, die seine Vaterstadt zu jener Zeit ihren Bürgern bieten konnte, eine Hochschule in unserem Sinne hat er

---

1) An schriftlichen Unterlagen stand mir nur ein kurzer Nachruf in einer amerikanischen Fachzeitschrift zur Verfügung, ferner zerstreute Mitteilungen von Herrn Frank Jenkins, einer von Worthingtons Ingenieuren, der lange mit ihm gearbeitet hatte, und ein Brief von Worthington an Charles Emery über die Entstehungsgeschichte seiner Maschine, den restlichen Stoff gaben mir ein Gespräch mit Worthingtons Sohn, Herrn C. C. Worthington und Herrn Jenkins im Jahre 1904 gelegentlich einer Reise nach New York, sowie ein Zusammentreffen 1907 mit Herrn William Perry, ehemaligem Geschäftsteilhaber von Henry R. Worthington. Diesen drei Herren sei hiermit bestens gedankt.

nicht besucht, soll aber ein hervorragendes Interesse an Geschichte, Literatur und Mathematik bekundet haben.

Von Bedeutung für seine Zukunft wurde Worthingtons Betätigung an einer technischen Aufgabe von großer wirtschaftlicher Tragweite. Sie fällt ungefähr in sein einundzwanzigstes Lebensjahr und läßt bereits die Klarheit seiner Auffassung, die Festigkeit seiner Entschlüsse und die Ausdauer in deren Durchführung völl erkennen. Sein Vater, Asa Worthington, besaß eine Mühle, Hope-Mill genannt,

Henry Rossiter Worthington, geb. 1817, gest. 1880.

die in der Front Street, New York, belegen war und zu der das Getreide in Booten auf dem Erie-Kanal gelangte, die durch Pferde gezogen wurden und noch heute so befördert werden. Um den Verkehr zu verbessern, hatte die Regierung des Staates New York einen Preis von 10 000 Dollar auf Kanalboote mit eigener Antriebskraft ausgeschrieben, wobei unter andern die Bedingung gestellt war, daß durch die Tätigkeit der Antriebsvorrichtung die Ufer des Kanals nicht angegriffen werden durften, d. h. daß der Wellenschlag möglichst vermieden werden mußte. Der junge Worthington trat unter die Preisbewerber und baute, von seinem Vater unterstützt, ein Boot mit einem Schraubenpropeller, das aber wegen des Umherspritzens bei Leerfahrt aufgegeben wurde. An dessen Stelle fertigte er ein zweites

Boot mit zwei verhältnismäßig sehr schmalen Schaufelrädern, die knapp hinter der
Bugspitze des sehr scharf gebauten Schiffskörpers angebracht waren. Damit das
von den Schaufeln nach rückwärts geworfene Wasser nicht direkt gegen die schräg
verlaufenden Schiffswände geworfen werde, waren die Schaufeln entsprechend schief
gestellt. Fig. 1 und 2 zeigt eine Skizze des Bootes nach dem noch vorhandenen Holz-
modell, über die Anordnung und Einzelheiten der Maschine und des Kessels ist
mir nichts bekannt geworden. Bei den Probefahrten mit diesem Boot kam Worthington mit Ericsson in Berührung, der eben England verlassen hatte, nachdem
er kurz vorher die Schiffsschraube erfunden und erprobt hatte, von der Worthington
wohl Kenntnis erhalten haben mußte, sonst hätte er sie kaum bei seinem ersten
Boot verwendet. Auch Ericsson soll unter den Preisbewerbern gewesen sein und
nahm natürlich an Worthingtons eigenartigem Schiffsantrieb das größte Interesse;
es wird berichtet, daß bei einer der Fahrten, als Worthington ausgestiegen war,
um sich nach Hause zu begeben, Ericsson auf dem Schiff zurückblieb, mit dem er,
als er Worthington außer Sicht glaubte, Rückwärtsversuche vornahm.

Die Kanalgesellschaft, welche auch die Pferdeschiffahrt betrieb, bekämpfte
alle Neuerungen mit äußerster Heftigkeit, genau wie es 15 Jahre vorher in England bei der Bahn Manchester-
Liverpool der Fall gewesen war,
nur verfügte sie über einen noch
größeren politischen Einfluß.
Worthington stieß daher auf die
größten Hindernisse, die sogar
in Tätlichkeiten ausarteten, so
daß ihm nichts übrig blieb, als
eine Kolonne von Raufbolden auf
dem Schiff mitzuführen, die die

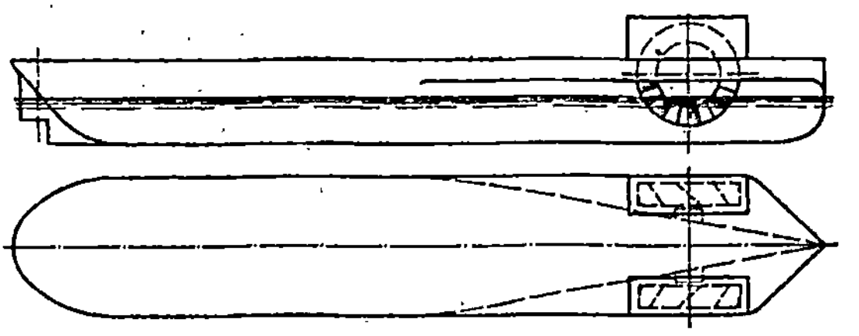

Fig. 1 und 2. Kanalboot von Worthington.

Kämpfe mit den Schleusenmeistern und anderen Beamten der Kanalgesellschaft aus-
focht. In einem Winter aber fror der Kanal vorzeitig zu, während die Schiffahrt
sich noch im vollsten Gang befand, was natürlich für die Verfrachter einen großen
pekuniären Schaden bedeutete. Worthington befand sich damals mit seinem Boot
zufällig am oberen Ende, in Buffalo, und war der einzige, der den Kanal abwärts
fahren konnte, wobei ihm seine Schaufelräder das Eis aufsägten. Dies benutzend,
folgte ihm die ganze Flotte der Pferdeboote bis nach New York, und die Regierung
belohnte ihn hierfür mit einer Medaille; die Preiserteilung hatte die Kanalgesellschaft zu hintertreiben gewußt.

Die Versuche mit diesem Schiff waren es, die Worthington in seine künftige
Laufbahn drängten. Bei allen Schleusen hatte es nämlich immer den Pferdebooten
den Vorrang zu lassen und mußte auf diese Weise viele Stunden stilliegen. Da
die Speisepumpen an die Hauptmaschine gehängt waren, so konnte während dieser
Zeit der Kessel nicht gespeist werden, und das brachte Worthington auf die Konstruktion der ersten direkt wirkenden Speisepumpe, als deren Erfinder
ausschließlich er zu betrachten ist, denn Cameron, dessen Pumpen allgemein
als die ältesten derartigen angesehen werden, holte seine Konstruktion aus Worthingtons Werkstatt, in der er angestellt gewesen war. Die Pumpe wurde am
7. September 1841 in Amerika patentiert, und Fig. 3 gibt ein Bild davon, das
keiner näheren Erklärung bedarf. Die Abbildung ist interessant, weil sie auch eine
selbsttätige Speisevorrichtung enthält. Von dieser sagt Worthington später, daß

sie so vorzüglich den Wasserstand auf gleicher Höhe hielt, daß die Wärter alles Bewußtsein einer Gefahr und Verantwortlichkeit verloren. Dies erschien ihm so bedenklich, daß er fortan alle Vorrichtungen dieser Art verpönte.

Worthington fing nun die Fabrikation dieser Dampfpumpe an und richtete sich, abermals von seinem Vater unterstützt, in Williamsburg, das heute durch eine berühmte Brücke mit New York verbunden ist, eine Werkstatt ein, die er anfangs allein betrieb, einige Jahre später unter der Firma Worthington & Baker mit William H. Baker. Dieser stammte aus Neu-England und soll ein vorzüglicher Mechaniker von zwar geringer Schulbildung, aber mit offenem Geist und richtigem Urteil begabt gewesen sein. Das Verhältnis zwischen beiden war ein außerordentlich freundschaftliches, doch starb Baker, der ein kränklicher Mann war, schon 1854. Die Spezialmaschinen, die nach und nach zur Herstellung der Pumpen benötigt wurden, baute Worthington sich alle selbst und nach seinen eigenen Entwürfen, unter anderen auch die erste Horizontal-Bohrmaschine,

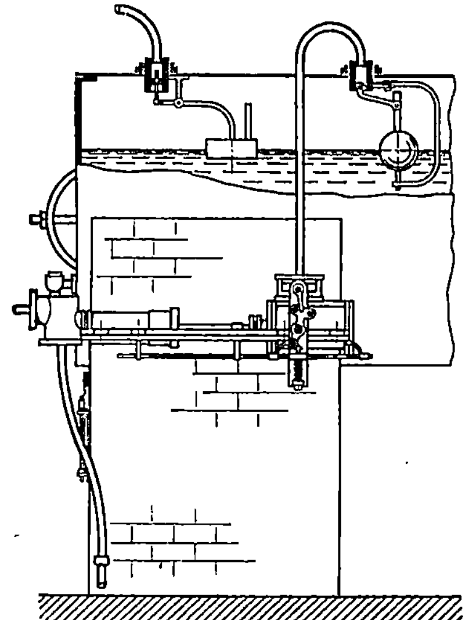

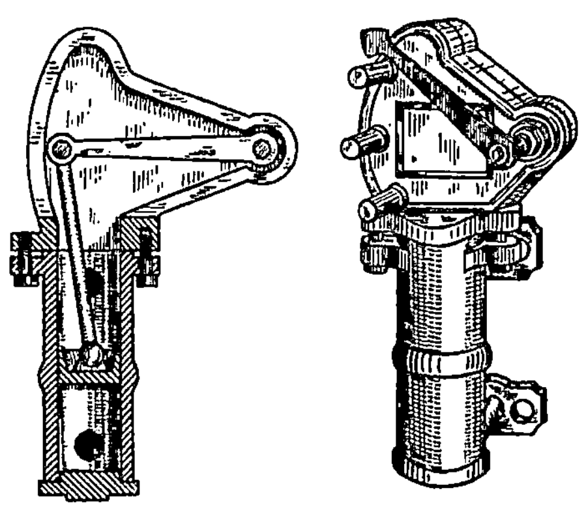

Fig. 3. Erste Dampfpumpe Worthingtons 1841.   Fig. 4 und 5. Wasserstandszeiger.

zur Zeit, als er etwa 25 Mann beschäftigte. Auch eine Betriebsmaschine machte er sich, „Single exhaust engine" genannt, die seinerzeit großes Interesse erweckte. Es war eine Maschine mit stehendem Dampfzylinder von 14 Zoll (356 mm) Durchmesser mit Differentialkolben. Der Verdränger, der oben war, hatte 7 Zoll (178 mm) Durchmesser und der Dampf trat zuerst in den Ringraum der Deckelseite, dann unter den Kolben, um schließlich auszupuffen, übte also Verbundwirkung aus. Das Dichthalten der großen Stopfbüchse auf der Hochdruckseite machte Schwierigkeiten, bis Worthington auf Metallpackung verfiel. Diese wandte er zuerst in der Form von konischen Segmenten aus Weißmetall an, die sich aber festbremsten und die Maschine mit einem Ruck zum Stillstand brachten. Schließlich schabte er das Weißmetall in dünne Streifen, die zu Zöpfen geflochten, ringweise eingelegt wurden. Diese Packung bewährte sich vorzüglich durch mehrere Monate, bis zum Abbruch der Maschine 1854, in welchem Jahre die alte Werkstatt aufgegeben wurde.

Unter die Vorrichtungen, die Worthington in dieser seiner ersten Fabrik baute, gehört auch ein Apparat zur Erkennung des Wasserstandes in Dampfkesseln, von ihm „Percussion Gauge" genannt. Er wurde 1847 patentiert und ist

in Fig. 4 u. 5 abgebildet[1]). Veranlassung zu dieser Konstruktion gab das häufige
Platzen der damals noch ganz neuen und minderwertigen Glasröhren, wahrscheinlich begünstigt durch die getrennte Befestigung der Hahnköpfe auf dem Kessel-
boden und die bei Röhrenkesseln so heftige Schaumbildung. In einem $3^1/_2$ Zoll
weiten und 18 Zoll langen, durch $^3/_4$-zöllige Stutzen mit der Kesselplatte verbundenen Zylinder befindet sich ein sehr leicht gehaltener und schlotterig eingesetzter
Kolben, durch einen Hebel von außen bewegbar. Um sich von der Höhe des Wasser-
spiegels zu überzeugen, hob man den Hebel in die Höhe und stieß ihn alsdann rasch
hinunter, wobei er plötzlich stecken blieb, wenn er das Wasser berührte. Mehrere
Hundert solcher Wasserstandsanzeiger wurden angefertigt, was wohl als Beweis
für deren Zweckmäßigkeit gelten kann.

Gegen 1850 befaßte sich Worthington auch mit der Konstruktion eines
Wassermessers, dessen Notwendigkeit er erkannt hatte. Sein Apparat bestand
aus einem beiderseits geschlossenen Zylinder, der in Querzapfen gelagert war und
einen Kolben von großem Gewicht enthielt. Die Querzapfen waren, wie später
beim Schmidtschen Wassermesser, hohl, durch sie ging der Ein- und Auslaß; sie
waren als Umsteuerschieber ausgebildet. Der Zylinder lag schräg, das durch-
fließende Wasser trieb den Kolben an das hochstehende Ende, und wenn er in
eine gewisse Lage kurz vor dem Hubende gekommen war, so kippte der Zylinder
um, wodurch die Umsteuerung bewirkt wurde, ähnlich wie später beim Kennedy-
Wassermesser, und das Spiel wiederholte sich von neuem. Bequem war, daß man
den Apparat stets arbeiten sehen und hören konnte, und heute findet man selbsttätige Wasserabscheider auf ganz demselben Gedanken beruhend im Handel (Bungy's
steam trap). Worthington machte damit nur Versuche, die Konstruktion befriedigte
ihn nicht, und er verließ sie zugunsten seines Duplex-Wassermessers.

Die Hauptsache blieb natürlich die Herstellung seiner neuen Speisepumpe,
die sich aber durchaus nicht leicht einführen wollte, denn zu jenen Zeiten bildeten
die sorgfältige Ausgestaltung der Konstruktion und die feine Werkstättenarbeit,
die angewandt werden mußten, um den Erfolg der Maschine sicher zu stellen, schier
unüberwindliche Hindernisse. Es war zu befürchten, daß man bei den kleinsten
Anständen die Pumpe verwerfen und auf die alten Speisevorrichtungen zurück-
greifen würde, zumal kein Betrieb mit Dampfspeisung eingerichtet war; diese war
nur ein Anhängsel. Aufmunterung fand Worthington von keiner Seite, wie er
später in einem Briefe auseinandersetzte, den er 1876 an Charles E. Emery,
Vorsitzenden der Kommission für Hydraulik bei der Philadelphia Weltausstellung,
richtete. Dieser Brief, von dem ich im folgenden vieles entnehme, war eine Antwort
auf eine Umfrage über die Entwicklung der Betriebe der einzelnen Aussteller und
bildet eine der wertvollsten Urkunden der Geschichte des Pumpenbaues. Worthington erwähnt darin, daß selbst eine damals so anerkannte Autorität, wie
James P. Allaire, eine Meinung äußerte, die ihn fast zur Verzweiflung brachte,
denn Allaire sagte, er hielte es für seine Pflicht, Worthington darauf aufmerksam
zu machen, daß er eine Maschine zu bauen versuche, für die kein Bedürfnis vorhanden sei, denn die Pumpen seien gerade derjenige Teil einer jeden Maschinenanlage, zu Schiff sowohl wie zu Lande, der am wenigsten verbesserungsfähig
sei. Und Alfred Stillmann, von den Novelty Works, mit dem Worthington
gut befreundet war, sagte ihm einst nach langer und ernsthafter Betrachtung seiner

---

[1]) Nach einer Mitteilung von Peter van Brock im „Power" 1905.

Schieberkonstruktion: „Das ist alles ganz schön und wohl durchdacht, aber wenn Sie Ihre Maschine einführen wollen, so müssen Sie vor allen Dingen danach streben, daß, wer den Schieberkasten öffnet, etwas zu sehen bekommt, was er schon von früher her kennt." Diese Äußerung regte Worthington zu weiterem Nachdenken an und wurde damit zum Ausgangspunkt einer wichtigen Neuerung, die später besprochen werden wird.

In welcher Weise Worthington seine Pumpe weiter ausbildete, soll hier nur durch Kennzeichnung der wesentlichen Verbesserungen angedeutet werden. Die größte Veränderung machte natürlich die Steuerung durch, denn von dieser hing der sichere Gang hauptsächlich ab, und die Aufgabe bestand darin, den Schieber mit Sicherheit in die volle Gegenstellung zu bringen, bevor das Massenmoment des Gestänges aufgezehrt war. Anfangs wurden hierzu Federn verwendet, sehr bald aber Hilfskolben in allen denkbaren Ausführungen und damit war die Maschine

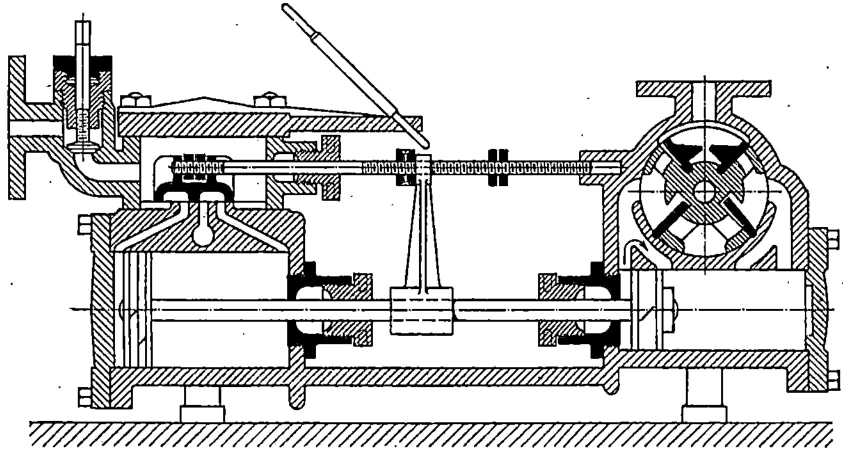

Fig. 6. Worthington-Pumpe der 40er Jahre.

geschaffen, die heute mit ganz geringen Abweichungen noch von vielen Fabriken in den Handel gebracht wird. Worthington ging aber weiter und machte, um die Hilfskolben zu verkleinern, schon um die Mitte der vierziger Jahre entlastete Flachschieber, als deren endgültige Form er einen Kolben ausführte, der sich in einem nach außen offenem Zylinder senkrecht zur Schieberlaufrichtung bewegte und durch eine gelenkige Stange mit dem Schieber verbunden war.

Eine wichtige und den Erfolg der Maschine entscheidende Neuerung, die sogenannte „Relief Valve Motion", ließ er sich am 3. April 1849 patentieren. Sie bestand darin, daß der Wasserkolben, wie Fig. 6 zeigt, gegen das Ende des Hubes einen Kanal überfuhr, der beide Kolbenseiten miteinander verband, so daß die Förderung aufhörte und der nun entlastete Kolben einen frischen Impuls empfing, der die Umsteuerung mit unfehlbarer Sicherheit bewirkte und zugleich den Ventilen Zeit zum ruhigen Schließen gab[1]).

Die letzte Änderung, d. h. gründlichste Vereinfachung, erfuhr die Steuerung mit der Erfindung der D u p l e x p u m p e, bei der das Massenmoment für die Umsteuerung nicht mehr in Frage kam.

---

[1]) Merkwürdig ist, daß auf genau die gleiche Erfindung 1904 zwei Engländern das D. R. P. 153374 erteilt wurde.

Anscheinend geringfügig, tatsächlich aber von maßgebender Bedeutung für alle Systeme von Kolbenpumpen war die bauliche Veränderung, die Worthington verhältnismäßig bald an dem Pumpenteil seiner Maschine vornahm. In den ersten Jahren baute er Pumpen mit Scheibenkolben und mit Klappen, die alle vier in einem herausnehmbaren Zylinder untergebracht waren, Fig. 6, eine Bauart, die noch heute bei Feuerspritzen üblich ist. An ihre Stelle setzte er die Pumpe, die in den Fig. 7 bis 9 abgebildet und von der er nicht wieder abgewichen ist. Die erste derartige Maschine wurde im Jahre 1850 auf dem Dampfer „Washington" als Feuerlöschpumpe, zum Deckwaschen und als Reservespeisepumpe (Kesseldruck 1,75 kg/qm) eingebaut, und die Bauart wurde unter dem Namen der „Washingtonpumpe" bald sehr beliebt. Ihre Kennzeichen sind der lange, in einem Ringe packungslos laufende Tauchkolben (in diesem Falle mit zwei Reihen Löchern versehen, die demselben Zweck dienen, wie die Kanäle der Fig. 6) und die Gruppenventile. Die Pumpe auf dem „Washington" (Dampfzylinder 406 mm Durchmesser, Pumpenkolben 266 mm Durchmesser, Hub 230 mm) hatte deren $4 \times 9 = 36$, in Form von runden Gummischeiben, die ersten ihrer Art, 76 mm Durchmesser bei 13 mm

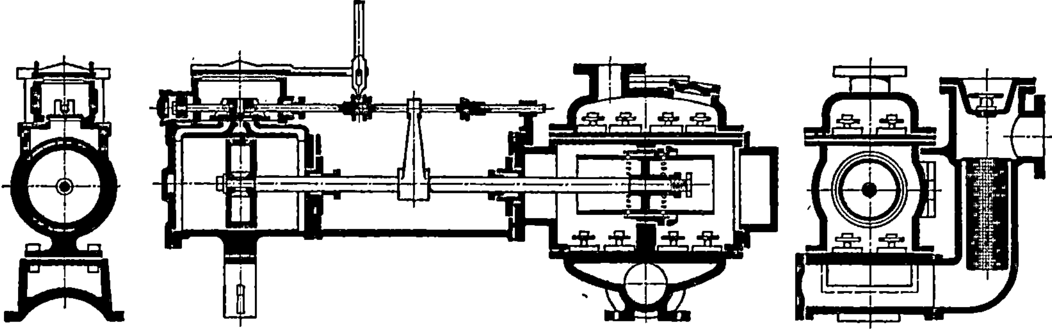

Fig. 7 bis 9.   Worthington-Pumpe 1850.

Stärke und nur 7 mm Hub, jedes Ventil deckte eine Anzahl von halbzölligen Löchern in der gemeinsamen Sitzplatte. Als Vorteile der neuen Bauart erwähnt Worthington selbst: Die großen Flächen, die für die Unterbringung der Ventile zur Verfügung stehen, die großen Räume auf beiden Seiten und unter dem Kolben zur Absetzung fester Beimengungen, das selbsttätige Abstreifen von Sand und Schmutz vom Kolben bei seiner Bewegung in der Büchse, die leichte und rasche Auswechslung des Kolbens, den gleichmäßigen Widerstand des Kolbens (besonders wichtig bei Maschinen ohne Schwungmassen), die geraden und weiten Wasserwege, die vorzügliche Zugänglichkeit der Ventile, die seiherartige Wirkung der zahlreichen Ventilsitzöffnungen, den ruhigen Ventilschluß und die Unmöglichkeit größerer, plötzlicher Funktionsstörungen. Worthington erschien diese Konstruktion so selbstverständlich, daß er sie nicht einmal patentieren ließ; Jahrzehnte bedurfte es, bis nach mannigfachen Irrwegen die Pumpenkonstrukteure allgemein zu der gleichen Einsicht gelangten. Nur die Schiffsmaschinisten hatten sogleich den Vorteil erkannt und ersetzten die großen armierten Scharnierklappen ihrer Luftpumpen, die auf jeder Reise entzwei gegangen waren, durch Gruppenventile aus Gummi, was sich bis heute erhalten hat.

Der Erfolg der Pumpe auf dem „Washington" brachte zunächst die Kundschaft der damals bedeutendsten Fabrik in New York, der Novelty Works, mit sich, mit deren Leiter, Horatio Allen, Worthington gut befreundet war; durch diesen gelangten sie auf die Schiffe der Collins Line. Diese Schiffe waren, nebenbei bemerkt, die ersten, welche mit vertikalem Bug und rundem Stern und sehr

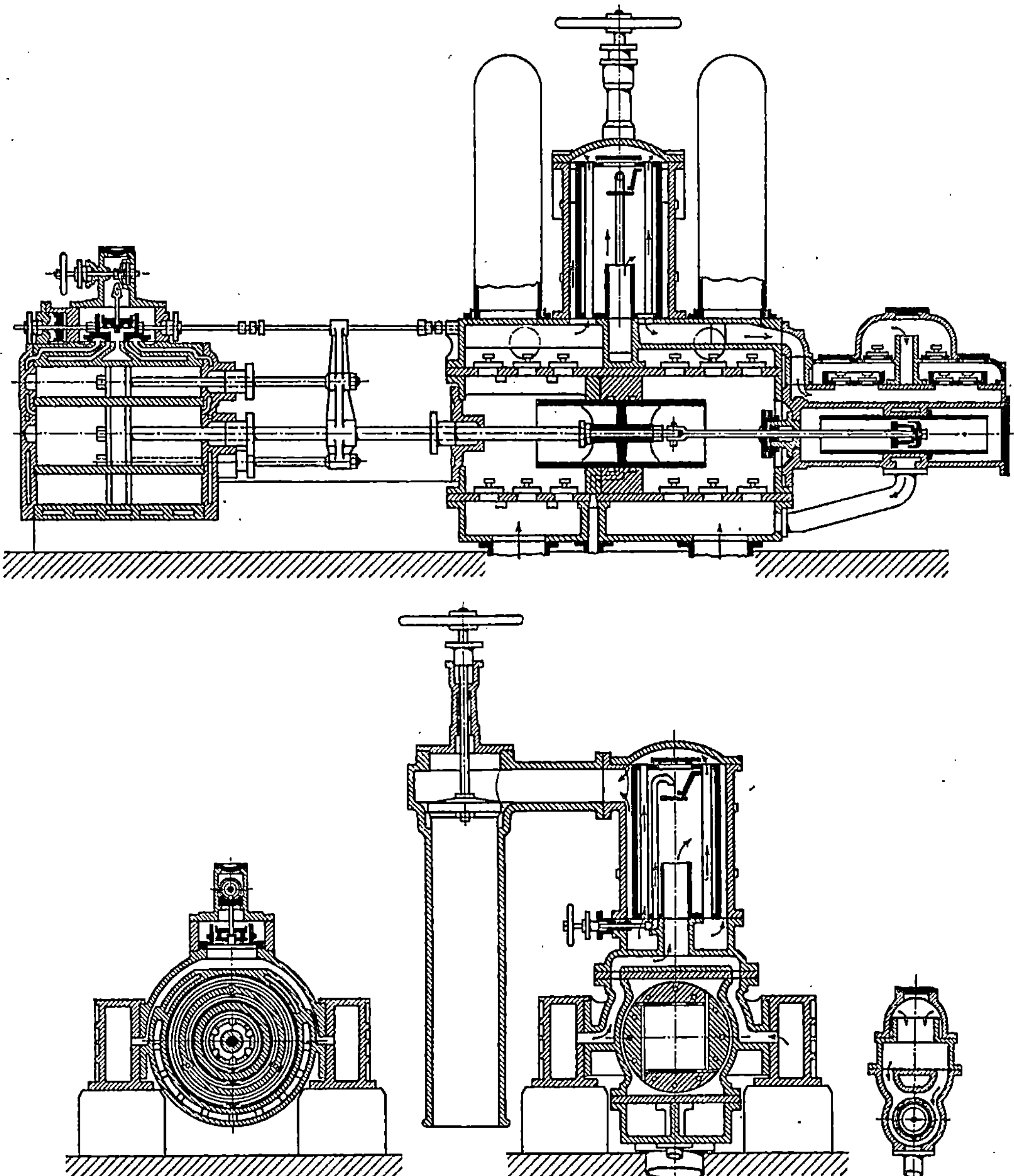

Fig. 10 bis 13. Worthingtons erste Wasserwerkspumpmaschine 1854.

wenig Segelfläche ausgeführt wurden. Ihre Form wurde anfangs viel bespöttelt, aber bald nachgebaut und blieb seither kennzeichnend für alle Dampfer.

1850 wurde auch das große steinerne Trockendock im Brooklyn Navy Yard erbaut, bei dem der Grund so soll Schwimmsand und Quellen war, daß alle möglichen dort versuchten Pumpen zugrunde gingen. Zuletzt verfiel man auf die

„Washington"-Pumpe, bei der wenigstens die Kolben und Ventile rasch ausgewechselt werden konnten, und mit ihrer Hilfe war es möglich, die Arbeiten glatt zu Ende zu führen.

Bei dieser Gelegenheit wurde Worthington mit dem Zivilingenieur und Bauunternehmer James O. Morse bekannt, der ihm 1854 die erste Wasserwerkspumpmaschine bestellte, und zwar für die Stadt Savannah. Dieses Wasserwerk scheint eines der ersten gewesen zu sein, bei denen ein verhältnismäßig kleiner Behälter, den Nachtbedarf reichlich deckend, in der Nähe der Pumpstation aufgestellt war, und Worthington, der sich stets eingehend für die Betriebe interessierte, denen seine Maschinen entsprechen sollten, wurde ein warmer Anhänger dieses Systems gegenüber demjenigen der unmittelbaren Versorgung ohne Behälter und dem mit großem Vorratsbehälter und verteidigte es später wiederholt in Rede und Schrift. Fig. 10 bis 13 zeigen die Maschinen, die er lieferte. Der Hochdruckzylinder von 305 mm Durchmesser war konzentrisch in den Niederdruckzylinder von 635 mm Durchmesser eingebaut, der Hub betrug 610 mm. Der Wasserkolben würde heut großes Kopfschütteln erregen, er war, um ihn nachstellen zu können, quadratisch, mit 356 mm Seitenmaß ausgeführt. Die Nachstellbarkeit erwies sich als ganz überflüssig, dagegen machte der Kolben große Anstände dadurch, daß die flachen, unversteiften Seitenwände sich unter dem Druckwechsel ausbauchten und einbogen, wenn die Querwand im Verlauf der Bewegung die Büchsenkanten überschritten hatte. Zum Glück war es leicht, diesen Kolben gegen einen zylindrischen auszutauschen, was dann auch bald geschah.

Davon abgesehen ist aber die Maschine in vieler Beziehung bemerkenswert. Man beachte die Schieberentlastung, die Zylinderheizung, die richtige Anordnung der Windkessel, den Kondensator und die Luftpumpe. Pumpe und Zylinder sind durch in der Horizontal-Mittelebene angeordnete Gußbalken verbunden, die als Exhaustrohre ausgenutzt sind. Der Dampf gelangt aus diesen in einen im Druckraum gelegenen Oberflächenkondensator, der mit Hilfseinspritzung versehen ist. Das Kondensat wird mit dem übrig gebliebenen Dampfluftgemisch von der Luftpumpe abgezogen, die beides in den Saugraum der Hauptpumpe befördert, wodurch die Luftpumpenarbeit außerordentlich verringert wird. Die Luftpumpe selbst hatte bereits obenliegende Saugventile und so weite Querschnitte, daß der Wasserspiegel sich nur wenig hob und senkte und so den Kolben stets voll mit Wasser bedeckt ließ, so daß es auf dessen Dichtheit nicht viel ankam. Diese Luftpumpe ist noch heute kaum verbesserungsfähig und war seinerzeit die einzige wagerechte Anordnung überhaupt, die eine gute Luftleere erzielen konnte.

Bezüglich der Kondensation ist noch nachzutragen, daß Worthington schon 1850 eine Dampfpumpe nach Oatlands, L. I., zur Verwendung in einem tiefen Brunnen geliefert hatte, bei der er wohl als erster den Auspuff in die Saugleitung führte, wodurch eine mäßige Luftleere entstand, die außerordentlich günstig auf den Dampfverbrauch zurückwirkte. Er hat diese Anordnung in der Folge wiederholt ausgeführt und empfohlen.

Eine genau gleiche Maschine lieferte Worthington 1856 für die Stadt Cambridge, Mass., der ein Jahr darauf eine weitere folgte. Die vertragliche Leistung betrug 300 000 U. S. Gallonen auf 100 Fuß Höhe, also nur etwa 14 PS in gehobenem Wasser, die Anzahl der Doppelhübe in der Minute war $14^1/_2$. Die Cambridger Maschine wurde wiederholt von verschiedenen Kommissionen geprüft, die einen Verbrauch von rund $13^1/_2$ kg Speisewasser auf die Stunden-Pferdestärke in gehobenem Wasser gemessen, feststellten. Nach einem Bericht von James P. Kirkwood, der 1860 die hervorragendsten Wasserwerke in den Vereinigten Staaten besuchte, die teils mit Cornwaller, teils mit Schwungrad-Pumpmaschinen ausgerüstet waren, alle von bedeutend größerer Leistung, waren die Cambridger Maschinen Worthingtons die sparsamsten im Dampfverbrauch.

Mit der Maschine für Savannah war zwar die Bahn für Wasserwerkslieferungen gebrochen, nach denen Worthingtons höchster Ehrgeiz strebte, doch war er weit davon entfernt, sie als befriedigende Lösung der Aufgabe zu betrachten: Wasser auf hohen Druck und lange Strecken mit der nötigen Sicherheit zu fördern. Diese letztere lag ihm besonders am Herzen, nicht nur, weil es sich um Gemeinwesen handelte, sondern weil die amerikanischen Städte größtenteils „Direct Service" anwandten, d. h. ohne Behälter arbeiteten und bei den Holzbauten Feuersbrünste häufig vorkamen, wobei mit erhöhtem Druck gearbeitet wurde und die Maschinen hergeben mußten, was nur möglich war. Ein Bruch im kritischen Moment war da von den furchtbarsten Folgen, natürlich auch für den Lieferanten. Solche Bedingungen zu erfüllen, waren die damaligen Maschinen sehr wenig geeignet, und es wurde an ihnen so viel herumgedoktort, daß es schon sprichwörtlich geworden war, von einer Wasserwerksmaschine würde nie ein zweites gleiches Exemplar gebaut. Es waren dies meist Cornwaller Maschinen, doch hatte bereits die Schwungradmaschine sich Eingang verschafft, allerdings in den abenteuerlichsten Formen und mit so kläglichem Erfolg, daß einige davon wieder durch Cornwaller Maschinen ersetzt worden waren, was den Nimbus der letzteren gewaltig erhöhte.

Diese waren vom Bergbau übernommen worden, wo sie Wunder gewirkt hatten. Die schweren Gestänge, bis manchmal 600 m reichend, waren hier ein natürlicher Bestandteil ihres Mechanismus, sie ermöglichten hohe Expansion des Dampfes und waren allein genügend, um beim Niedergang die Förderung zu bewirken. Da ihr Gewicht sich auf zahlreiche Pumpensätze verteilte, so hatte der Bruch oder das Hängenbleiben eines einzelnen Ventiles keine verheerenden Folgen. Zutage gefördert, lief das Wasser frei ab, gleichmäßige Lieferung und lange Rohrstränge kamen nicht in Frage. Für Wasserwerkszwecke hatte man das Gestänge durch ein ungeheures Gewicht ersetzt, das erst in die Höhe geschleudert wurde und dann beim Niedergang auf einer einzelnen Pumpe ruhte. Kam bei dieser etwas in Unordnung, so gab es einen Krach, oft genug von Zerstörung der Hauptbestandteile begleitet. Zur Ausgleichung der Lieferung in der Druckleitung brachte man als ebenso teures wie plumpes und unzureichendes Mittel ein Standrohr an. Daß eine solche Maschine samt ihren riesigen Fundamenten auch übermäßig teuer war, versteht sich von selbst, hatte doch die Maschine in Fowey Consols einen Dampfzylinder von 80 Zoll (2050 mm) Durchmesser bei $10^1/_2$ Fuß (3200 mm) Hub, um damit nur 62 PS zu leisten.

Bei den ersten Schwungradpumpmaschinen war es auffallend, daß deren Erbauer alle die Dampfsparsamkeit als wichtigsten Punkt im Auge behielten, um nur ja der Cornwaller Maschine beizukommen, obgleich bei den damaligen geringen Leistungen es leicht gewesen wäre, die kapitalisierten Unterschiede der Betriebskosten durch Verminderung des Anlagekapitals hereinzuholen, wenn man nur die so sehr nötige Betriebssicherheit haben konnte. In der Konstruktion wurde alles versucht, um die direkte Verbindung zwischen Dampfzylinder und Pumpe zu vermeiden: war doch die Schwungradmaschine entstanden, um von der Welle aus Kraft abzugeben, und das hielt man auch beim Pumpenbetrieb für selbstverständlich. Unter die hervorragendsten Erstlinge dieser Maschinengattung in Amerika gehört eine 1856 in den Hartforder Wasserwerken aufgestellte Maschine von Dickerson & Sickles. Es war eine einzylindrige Balanziermaschine mit Expansionssteuerung, Absperrung bei $1/12$ des Hubes. Ein Zahnrad auf der Welle trieb rechts und links zwei andere Zahnräder an, auf deren Wellen je zwei, also im ganzen vier doppelte Nocken saßen. Jeder Nocken bewegte durch Kunstwinkel zwei Pumpenkolben (zusammen acht), die einer im anderen und beide in einem Zylinder saßen. Die Kolben arbeiteten mit kurzen Beschleunigungs- und Verzögerungsperioden und waren entsprechend versetzt, so daß die resultierende Bewegung sehr gleichmäßig war. Die sorgfältig ausgeglichene Kolbenbewegung wurde leider vollkommen aufgehoben durch die Unregelmäßigkeit in der Drehbewegung als Folge der hohen Dampfexpansion, und die Druckschwankungen in der Leitung waren ganz bedeutend. Wegen der ungünstigen Kraftübertragung waren natürlich auch die Reibungsverluste beträchtlich, und der Dampfverbrauch war hoch.

Eine ähnliche Maschine, 1857 in Detroit aufgestellt, führte zu einem für die Erbauer ruinösen Prozeß und wurde sehr bald wieder abgerissen. Um dieselbe Zeit experimentierte man in Brooklyn mit einer Maschine, die ein Mittelding zwischen Cornwaller und Schwungradmaschine sein sollte und mit einem schwingenden Quadranten eines Schwungrades ausgestattet war[1].

Später erbaute Corliss eine Maschine für die Wasserwerke in Providence mit fünf Dampfzylindern und ebensoviel Pumpen in einen Kreis gestellt. So schön und interessant im einzelnen die Maschine war, so brauchte sie doch wegen der großen Abkühlflächen viel Dampf. Erst 1872 kam in Philadelphia die erste Pumpmaschine mit Kurbelbetrieb nach der inzwischen in England berühmt gewordenen Bauart von James Simpson & Co., Pimlico, mit Differentialpumpen zur Aufstellung[2].

Die Schwungradmaschine zu vervollkommnen, hielt Worthington für nicht aussichtsvoll genug wegen der ihr anhaftenden raschen Kolbenumkehr und des damit notwendig verbundenen Ventilschlages. Er blieb daher bei der Maschine mit freiem Hub, legte sie aber wagerecht, machte sie doppelwirkend, schaltete die Massen gänzlich aus und unterteilte die Ventile. Diese durchgreifenden Verbesserungen sind in der Maschine für Savannah verkörpert, nach deren Prinzip noch heute alle weit stärkeren Simplex-Speisepumpen der großen Dampfer mit vollkommener Betriebssicherheit arbeiten. Aber für größere Leistungen suchte Worthington unablässig nach einer noch stätigeren Fortbewegung der Wassersäulen

---

[1] Noch heute spukt diese Idee in manchen Köpfen (Heißler u. a.). Dabei kommt natürlich nichts anderes heraus, als im Prinzip eine Kurbelmaschine ohne Schwungrad, und folglich sehr ruckweisen Bewegungen. Ein Mittelding zwischen einer Maschine mit freiem Hub und begrenztem Hub gibt es eben nicht. Eher kann noch die Kleysche Wasserhaltungsmaschine, die man seinerzeit in Westfalen viel anwandte, als Kombination beider gelten; diese war eine Hubmaschine mit Umkehr-Schwungrad, aber so eingerichtet, daß bei Erreichung des vollen Kurbelhubes das Schwungrad sich weiter drehte und die Maschine nun als Kurbelmaschine lief, s. Matschoß, Entwicklung der Dampfmaschinen, Bd. II, S. 293 u. f.

[2] Nebenbei sei hier erwähnt, daß nach einer Angabe von Worthington an Emery bereits 1847 gesteuerte Ventile (arbitrary motion to the valves of the pump), und zwar von Erastus W. Smith, Direktor der Allaire Works in New York, an einer Pumpmaschine für New Orleans angewendet wurden, die sich gut bewährt haben sollen. Das war aber sicher eine Cornwall-Maschine, und aus der Notiz geht nicht hervor, ob es Hubventile oder Flachschieber (Gitterschieber) waren. Letzteres ist wahrscheinlicher. Die Bewegung geschah natürlich während der Pausen, wenn also die Schieber bzw. Ventile entlastet waren.

und einer unfehlbaren Umsteuerung. Den Anstoß zur nächsten und für ihn end-
gültigen Verbesserung gab ein Besuch des Leiters der Brooklyner Wasserwerke,
James P. Kirkwood, in seiner Fabrik im Frühjahr 1857. Brooklyn war mittlerweile Worthingtons Heimatstadt geworden, denn er hatte nach Bakers Tode unter
der Firma Henry R. Worthington, Hydraulic Works, 1854 eine neue Fabrik
in der Van Brunt Street daselbst eröffnet, mit Verkaufsbureau in Nr. 28 Broad-
way, New York. Kirkwood, der nach Feierabend gekommen war, hatte nur seinen
späteren kaufmännischen Partner, Herrn Perry, angetroffen und ihm auseinandergesetzt, daß er gerne eine Worthingtonsche Maschine anschaffen möchte, obgleich
mit dem Unternehmer bereits Cornwaller Maschinen abgeschlossen waren. Worthington, davon verständigt und höchst begierig, seine Kunst an einer Maschine
von außergewöhnlichen Abmessungen und so nahe bei seiner Fabrik zu erproben,
ging sofort zu Werke und ersann mit seinem Werkstättenleiter Hine, ebenfalls
später Teilhaber im Geschäft, alle möglichen Arten der Wasserbewegung. Das
Ergebnis war die kreuzweise Verbindung zweier seiner gewöhnlichen Pumpen, derartig, daß die Dampfzylinder sich gegenseitig steuerten und die Pumpen parallel
arbeiteten, im Prinzip also die Duplexpumpe. Der Versuch wurde gleich gemacht,
ganz im geheimen, und das Ergebnis war glänzend. Die Pumpen arbeiteten unhörbar, der Leitungsdruck zeigte kaum die leisesten Schwankungen, das Wasser
floß in gleichmäßigem Strom aus der Leitung, alles ohne Windkessel, die Steuerung
vertrug die gröbsten Eingriffe, ohne zu versagen. Das war, was Worthington so
lange erstrebt hatte, und er reichte sein Angebot mit dem Antrage ein, die Maschine innerhalb eines Jahres zurückzunehmen, wenn sie sich in bezug auf Betriebssicherheit und Dampfverbrauch den besten der Vereinigten Staaten nicht
ebenbürtig erweisen sollte. Aber er sollte eine arge Enttäuschung erleben. Die
Unternehmer hatten natürlich viel mehr an der Cornwaller Maschine zu verdienen,
sie verschleppten die Angelegenheit, bis die noch verbliebene Zeit so kurz geworden
war, daß Worthington nicht mehr liefern zu können erklärte, und so wurde nichts
aus der Sache. Die Cornwaller Maschinen waren zwar ein Mißerfolg ohnegleichen
und wurden wiederholt umgebaut, aber das war doch ein schwacher Trost. Auch
später gelang es ihm nicht, von der Stadt Brooklyn Aufträge von Pumpmaschinen
zu erhalten, erst nach seinem Tode wurden solche bestellt und seitdem keine anderen.

Worthington wartete geduldig auf die nächste Gelegenheit, die sich erst 1863
bot, in welchem Jahre er eine Maschine für 19 000 cbm täglicher Leistung unter
gleich schweren Bedingungen an die Stadt Charlestown, Mass., in Auftrag bekam;
sie bestand vortrefflich. Eine gleiche Maschine für dasselbe Werk folgte vier Jahre
später und eine für 30 000 cbm im Jahre 1872. Als erste Ausführung der neuen
Bauart überhaupt gelangte eine kleine Duplexpumpe im September 1857 im
St. Nicholas Hotel in New York zur Aufstellung, wo mit Rücksicht auf die Hotel-
gäste die Bedingung gestellt worden war, daß die Pumpe keinerlei Stöße ver-
ursachen dürfte. Ihr vorzügliches ruhiges Arbeiten veranlaßte das Fifth Avenue
Hotel in New York und das Continental Hotel in Philadelphia alsbald zu Bestellungen, denen weitere in anderen Gasthöfen folgten. Der durchschlagende Erfolg
dieser und weiterer Lieferungen veranlaßte Worthington nunmehr, seine ganze
Fabrikation auf Duplexpumpen einzurichten, denen sich bald die Duplex-Wasser-
messer beigesellten[1]).

---

[1]) Hier sei nochmals ausdrücklich erwähnt, daß Worthington mit der Duplexpumpe
vornehmlich zweierlei erstrebte: die volle Gleichmäßigkeit der Lieferung in langen Leitungen

Bevor noch die erste Duplex-Wasserwerkmaschine zur Ausführung kam, ergab sich Gelegenheit zu einer eigenartigen und bedeutungsvollen Anwendung ihres Prinzips. 1862, während des Bürgerkrieges, hatte die Regierung bei W. H. Webb ein Rammschiff, den „Dunderberg" bestellt, das in den Aetna Iron-Works gebaut wurde. Es hatte 113 m Länge bei 22 m Breite im Hauptspant, 6,4 m Tiefgang bei einem Deplazement von 8000 Tonnen und war aus Holz mit 3 bis $4^1/_2$ zölliger Beplattung. Die Geschwindigkeit sollte 15 Knoten betragen, die Schraube wurde von einer horizontalen 4000 PS-Maschine von 2,54 m Dampfzylinderdurchmesser und 1,13 m Hub angetrieben. Während des Baues stiegen Bedenken auf, die Kondensatorpumpen von der Hauptmaschine anzutreiben, und auf Empfehlung von Erastus W. Smith wandte man sich an Worthington, dessen „Washington-pumpen" ihm in Marinekreisen einen guten Ruf verschafft hatten. Dieser erklärte sich bereit, unabhängige Pumpen zu liefern und führte, den bösen Prophezeiungen angesehener Fachleute zum Trotz, eine Duplexmaschine von 915 mm Dampf-zylindern, 760 mm Luftpumpen, gleich großen Kühlwasserpumpen und 1220 mm Hub aus, also von recht beträchtlichen Abmessungen. Man erwartete, daß die Maschine, da sie doch keine Schwungmassen hatte, den ungleichen Widerstand der Luftpumpe nicht überwinden, d. h. im Anfang des Hubes durchgehen, später stecken bleiben und nicht umsteuern würde. Worthington half sich sehr einfach: er versah die Luftpumpen mit metallenen Kolbenschiebern, die von den Dampf-schieberstangen angetrieben wurden und also nach Vollendung des Saughubes Luft und Wasser in die Pumpe zurückströmen ließen. Dadurch wurde das Luft-pumpendiagramm — allerdings unter Vermehrung der Betriebsarbeit, aber für den Auspuffdampf hatte man ja Verwendung — zum Rechteck, und die Maschine arbeitete tadellos. Ein neues Feld war erfolgreich erschlossen worden und sicherte der Fabrik Aufträge für unabsehbare Zeit.

Der „Dunderberg" kam, nebenbei bemerkt, nie ins Gefecht, denn die Bau-zeit erstreckte sich so lang, daß der Krieg, dank Ericssons Monitoren, inzwischen zu Ende gegangen war. Das Schiff wurde bald darauf von der französischen Re-gierung angekauft.

In seinem Brief an Emery 1876 konnte Worthington auf bereits 87 Duplex-Pumpmaschinen, die in über 50 städtischen Wasserwerken arbeiteten und eine Gesamtlieferung von über einer Million Kubikmeter täglich vertraten, hinweisen und hervorheben, daß kein einziger Fall bekannt geworden war, in welchem durch Bruch oder Versagen seiner Maschinen ein Unfall oder eine Stockung in der Wasser-lieferung eingetreten wären; ja noch mehr, er konnte beweisen, daß man in keinem Werke, in dem seine Maschinen arbeiteten, für den weiteren Ausbau andere Ma-schinen als seine angeschafft hatte. Mit Recht bezeichnete er sich als der Urheber einer wichtigen, gründlichen und nachhaltigen Umgestaltung der Maschinen, welche Gemeinwesen mit Wasser zu versorgen haben, und die Erfolge derselben als einen Teil des Fortschrittes Amerikas auf einem der wichtigsten Gebiete den Ingenieur-kunst. Durch Verleihung einer Auszeichnung erkannten die Preisrichter der Aus-stellung in Philadelphia diese Auffassung als berechtigt an.

---

und die sichere Umsteuerung. Was diese anbelangt, so war das Bedürfnis nicht so dringend, die „Relief Motion" erfüllte bereits alle billigen Anforderungen. Daß mit der Simplex-Maschine bei großen und gut angeordneten Windkesseln auch lange Leitungen betriebssicher beherrscht werden konnten, hatte die Savannah-Maschine bewiesen. Wo die Rohrleitungen klein und kurz sind, wie z. B. bei Speisepumpen, hat sich die Simplexpumpe neben allen anderen Systemen erhalten, dank ihrer Einfachheit und dem Umstande, daß sie immer mit vollem Hube läuft.

Die Duplexmaschine hat unter Henry R. Worthington nicht mehr viel Veränderung erfahren[1]). Die Dampfzylinder baute er bei allen größeren Maschinen
in Verbundanordnung, mit Dampfheizung an Mänteln und Böden, auch im Aufnehmer, als Schieber verwendete er durchweg obenliegende Flachschieber mit
Kolbenentlastung, die Kondensation war in allen Fällen an die Maschine gehängt
und meist unterhalb derselben angeordnet. In seinem Streben nach Vereinfachung
baute er etwa 15 Verbundmaschinen mit nur je einem Hoch- und einem Niederdruckzylinder nebeneinander liegend und mit Aufnehmer dazwischen. Hier blieb
aber die Schwierigkeit, die Arbeit ganz gleichmäßig auf beide Zylinder zu verteilen, was wegen der genau gleichen Arbeitsverteilung in den Pumpen unbedingt
erforderlich war. Diese Bauart, die Worthington längere Zeit hartnäckig betrieb,
wurde später gänzlich aufgegeben, nachdem die Erfahrung gezeigt hatte, daß die
vierzylindrige Anordnung nicht die geringsten Anstände ergab.

Die Zahl der Wasserwerksmaschinen nach dem Duplexprinzip erreichte bis
zu Worthingtons Tod 1880 135; darunter als eine der letzten eine Entwässerungs-
maschine für Boston von 190 000 cbm täglicher Leistung. Die größten Triumphe
sollten aber bald nachher kommen, als die großen Öltransportleitungen gebaut wurden.

Für die Aufgabe, Öl ohne Anwendung von Windkesseln auf Hunderte von
Meilen und unter mehr als 100 at Druck mit Sicherheit zu fördern, eignete sich
diese Maschine wie keine andere und bewährte sich glänzend.

Die Erbauer von Kurbelmaschinen waren aber nicht müßig geblieben, und
zur Zeit der Philadelphiaer Weltausstellung waren schon einige recht gelungene
Ausführungen in Betrieb, von denen zwei, eine in Lowell, Mass., und eine andere
von E. D. Leavitt in Lynn, Mass., um etwa 20 vH günstiger im Dampfverbrauch
arbeiteten, als Worthingtons Maschinen. Er gab dies ohne weiteres zu, fühlte sich
aber nicht veranlaßt, seine Maschinen in ökonomischer Richtung weiter auszugestalten, obgleich ihm sicher bekannt war, daß die Anfügung eines weiteren
Zylinderpaares den Unterschied sofort ausgeglichen hätte. Worthington hielt nicht
viel von der Jagd nach der „Duty", ihm galt die vollkommenste Anpassung der
Maschine an ihren besonderen Zweck als der wichtigste Grundsatz, er untersuchte
in jedem einzelnen Falle genau, bis zu welchem Grade der Dampfverbrauch sich
mit den übrigen Bedingungen vereinbaren ließ und entschied sehr häufig zugunsten
einer einfachen, weniger sparsamen Ausführung. Um zu beweisen, daß seine Maschine, wie sie war, noch immer den Schwungradmaschinen überlegen sei, stellte
er Emery gegenüber eine Vergleichsberechnung auf, in der er unter anderem folgendes ausführte:

„Blicken wir auf die Tatsachen, so finden wir, daß, aus verschiedenen Gründen,
kein wohleingerichtetes Wasserwerk mehr als etwa 40 vH der Leistungsfähigkeit
seiner Pumpenmaschinen in Anspruch nimmt; werden diese überschritten, so stellt
man eine weitere Maschine auf. Dies in Betracht gezogen, darf die Kohlenersparnis
beispielsweise nicht auf fünf Millionen Gallonen im Tage, sondern muß auf eine Leistung von vielleicht nur einer Million steigend bis etwa zwei Millionen bezogen
werden. Diese etwas ungewöhnliche Ansicht wird ausnahmslos durch die Betriebs-
erhebungen bestätigt."

Ferner mit Bezug auf die Zinsbelastung des in Wasserwerksmaschinen angelegten Kapitals:

---

[1]) Über die Geschichte der Duplexpumpe und ihrer weiteren Entwicklung s. Matschoß,
Entwicklung der Dampfmaschine, Berlin 1908, Bd. II, S. 340 bis 355.

„Angenommen, Sie wollten eine Pumpmaschine für Ihren eigenen Gebrauch aufstellen und wenden sich an einen Geldgeber um eine Anleihe. Er fragt Sie nach der Sicherstellung, und Sie bieten ihm dafür die Maschine nebst zugehörigem Dampfkessel. Er fragt Sie weiter, ob Sie die Instandhaltung derselben tragen würden und Sie antworten ihm, daß er selbst für die Kosten derselben aufzukommen hätte. Dann möchte er wissen, ob Sie für Unfälle oder Brüche an Maschine und Kessel haften und Sie sagen: ‚Nein‘. Er fragt ferner, wie lange Sie wohl das Geld brauchen würden und Sie antworten, so lange als die Maschine Ihnen gute Dienste leiste. Daraufhin fragt er wieder, ob nach Ablauf dieser Zeit er sich von dem, was von Maschine und Kessel übrig sei, bezahlt zu machen hätte und Sie antworten: ‚Ja‘. Auf seine weitere Frage, ob die Maschinenanlage, während sie noch in gut brauchbarem Zustand ist, nicht durch andere vollkommenere überholt werden könnte, die ihren Verkaufswert herabsetzen würden, antworten Sie, daß das allerdings möglich sei. Endlich fragt er, ob diese Möglichkeit in 10 oder 15 Jahren eintreten könnte und Sie erwidern, daß dies nicht ausgeschlossen sei. Diesen Fragen und Antworten gegenüber wird es keiner großen finanziellen Geübtheit bedürfen, um auszusprechen, daß gegen 6 vH das Geld nicht zu haben sein wird, trotzdem ich schon erlebt habe, daß mit diesem Satze gerechnet worden ist."

Durch weitere Betrachtung gelangt nun Worthington zu einem Satz von 13 vH, einschließlich der Abschreibung und Instandhaltung und beweist mit Leichtigkeit, daß bei Wasserwerksmaschinen von 250 PS kontraktlicher Leistung und bei dem außerordentlich hohen Dampfpreise von etwa 3,4 M für 1000 kg, mit dem damals gerechnet werden mußte, eine Dampfersparnis von etwa 30 vH nötig wird, um einen Kostenunterschied in der Maschinen- und Kesselanlage von 20 vH auszugleichen. Diesen Unterschied konnte er mit seinen Maschinen, die kaum die Hälfte der damaligen Kurbelmaschinen wogen und zudem unvergleichlich viel einfacher waren, leicht einhalten und hatte noch die wesentliche Ersparnis an Fundament- und Gebäudekosten zu seinen Gunsten.

Die hier mitgeteilten Rechnungsgrundlagen Worthingtons sind heute ebenso richtig, wie damals, wofür als Beweis gelten kann, daß beide Maschinengattungen, die in der Zwischenzeit doch noch wesentlich ausgestaltet worden sind, abzutreten gezwungen waren, und ich bin überzeugt, daß Worthington in seinem ausgeprägten Streben nach Anpassung, Einfachheit und Betriebssicherheit sich dieser Pumpe frühzeitig zugewandt hätte, wenn zu seinen Lebzeiten die Lebensbedingungen für sie vorhanden gewesen wären. Die Außerachtlassung jener wichtigen Gesichtspunkte kann leider immer wieder bei öffentlichen Ausschreibungen beobachtet werden, wo die Strafgelder für Verbrauchsüberschreitungen fast ausnahmslos auf dauernden Vollbetrieb von Anbeginn an bezogen werden.

Die Abschreibungen betreffend hat die Erfahrung bereits gezeigt, daß selbst 2 vH auf die Rohrleitungen von Wasserwerken zu viel ist, denn es liegen nun schon Hunderte von Kilometern mehr als 50 Jahre alter Wasserleitungsrohre im Boden, deren Lebensende noch gar nicht abzusehen ist. Im Gegensatz dazu sind viele Pumpstationen, die man auf 30 bis 40 Jahre berechnete, lange vor Ablauf dieser Zeit abgebrochen worden, nicht der Maschinen halber, sondern weil der Wasserzulauf versiegte oder man den hygienischen Anforderungen nicht mehr entsprach, oder weil sonstige, beim Entwurf nicht vorhergesehene Ereignisse eine Verlegung nötig erscheinen ließen. Anders beim Rohrnetz, wo keine Gefahr wegen Verdrängung durch etwas besseres besteht, wo auch Ergänzungen und Steigerung der Leistungsfähigkeit durch Hilfsstränge leicht möglich sind.

Worthington wird von seinen Zeitgenossen als „a bright and active man" geschildert, „who had the power of rapid concentration of his mind to any business that came before him." Gewandt in der Handhabung aller Werkzeuge war er auch ein geschickter Zeichner, und seine Hände waren so gleichmäßig geübt, daß er gleichzeitig mit der rechten und linken Hand seinen Namen so auf einen Bogen schreiben konnte, daß beim Zusammenfalten die Unterschriften sich genau deckten, ein Scherz, den er gerne vorführte. Seine Umgangsformen werden als außerordentlich gewinnend bezeichnet, und als Erzähler soll er seinesgleichen nicht gehabt haben. Er hatte eine eigene Gabe, seine Beweisgründe überzeugend vorzubringen, wobei ihm eine seltene und bei seiner Vorbildung um so staunenswertere Meisterschaft der Sprache zur Seite stand, die auch in dem fließenden, vornehmen und humoristischen Stil seiner Briefe und Schriften zum Ausdruck kommt. Vornehm wie seine Ausdrucksweise, war seine ganze Denkungsart und seine äußere Erscheinung.

Obgleich geistig allen seinen Mitarbeitern überlegen, war ihm Rechthaberei vollständig fremd, und jedem Vorschlag lieh er sein Ohr. Verträglich und wohlwollend erwarb er sich die Zuneigung seiner Angestellten, von denen eine große Anzahl zeitlebens in seinen Diensten blieb. Für die Interessen des Ingenieurstandes hatte er ein warmes Herz, und was George Stephenson für die britische „Institution of Mechanical Engineers" gewesen war, wurde er für die „American Society of Mechanical Engineers": deren Begründer und erster Vorsitzender.

Worthingtons Privatleben war bescheiden und mäßig, selbst nachdem er zu reichen Mitteln und hohem persönlichen Ansehen gelangt war. Gesellig und ein Freund guter Pferde, übte er doch keinen besonderen Sport aus und widmete seine Mußestunden meist der Literatur. Er verheiratete sich 1845 mit der Tochter eines Commodore Newton, und seine Ehe war äußerst glücklich und mit zwei Söhnen und zwei Töchtern gesegnet. Am 7. Dezember 1880 raffte ihn eine Blinddarmentzündung dahin.

Worthingtons Wirksamkeit als Ingenieur kennzeichnet sich durch ein äußerst maßvolles und zielbewußtes Vorwärtsschreiten, dem er wie alle zu großer Bedeutung gelangten Pioniere der Technik, seine nachhaltigen Erfolge zu danken hatte. In seinen Entwürfen und Erfindungen gibt es nichts Sprunghaftes, nichts Abenteuerliches; mit gegebenen Verhältnissen rechnend, faßte er nur wirkliche Notwendigkeiten ins Auge und bemühte sich, naheliegende Übelstände gründlich und auf absehbare Zeit zu beseitigen. Ein großer Ingenieur, war Worthington erst in zweiter Linie Erfinder, unbefangen und frei von Eitelkeit prüfte er sorgfältig die Gedanken, die ihm in reicher Fülle und seltener Ursprünglichkeit flossen, bis er gefunden hatte, was ihm das Rechte schien. Hatte er es, so wich er als tüchtiger Fabrikant ohne zwingende Not nicht mehr davon ab und sorgte für die beste und zweckmäßigste Ausführung. Deckungspatente auf unverwendete Entwürfe nahm er nicht. Sein ganzes Wesen war so reell, daß er das Interesse seiner Kunden über sein eigenes stellte und wiederholt Aufträge ablehnte, die ihm nicht im Interesse des Kunden zu liegen schienen. Seine Zahlungen erledigte er mit einer sprichwörtlich gewordenen Pünktlichkeit. Jeder Reklame abhold, betrieb er kaum die gewöhnlichsten Geschäftsanzeigen, und selbst in seinen Katalogen duldete er nicht die leisesten Übertreibungen. Diese großen menschlichen Eigenschaften sind leider Mängel vom Standpunkte des modernen Geschäftsmannes, namentlich des amerikanischen, und das mag wohl der Grund sein, daß Worthingtons Landsleute ihm kein langes Gedächtnis bewahrt haben. Er hinterließ seine Fabrik mit etwa 250 Arbeitern besetzt und in einer Leistungsfähigkeit von etwa 100 Pumpmaschinen jährlich. Seinen Nachfolgern wurde es nicht schwer, hieraus in kurzer Zeit ein Weltgeschäft zu machen. Worthington war solcher geschäftlicher Ehrgeiz fremd, und wie man auch darüber denken mag, wir Ingenieure können es begreifen, und vielen von uns wird darum Worthingtons Gestalt nur um so sympathischer erscheinen.

Die geschichtliche Entwicklung der Allgemeinen Elektricitäts-Gesellschaft in den ersten 25 Jahren ihres Bestehens.

Von

Conrad Matschoß, Berlin.

Im vorigen Jahre hat man in der deutschen Industrie unter Anteilnahme weiter Kreise zwei Jubiläen gefeiert. Am Anfang des Jahres erinnerte die Allgemeine Elektricitäts-Gesellschaft durch eine künstlerisch ausgestattete Festschrift daran, daß ein Vierteljahrhundert seit ihrer Begründung verflossen war, und am Jahresschluß feierte der Begründer und bisherige Leiter des gewaltigen Unternehmens, Emil Rathenau, in voller Arbeitsfrische seinen 70. Geburtstag. Die hervorragende Stellung, die der Kreis der unter den drei Buchstaben A. E. G. heute zusammengefaßten Unternehmungen in der gesamten Weltindustrie einnimmt, die neuzeitige Art der zielbewußten Heranziehung großer Kapitalien zur Lösung neuer technischer Aufgaben, das alles läßt es als wünschenswert und notwendig erscheinen, den geschichtlichen Entwicklungsgang gerade dieses Unternehmens rechtzeitig festzulegen[1]).

Wie stand es um die elektrotechnische Industrie, als die A. E. G. mit ihren Arbeiten begann? Industriell in großem Maßstabe verwertet wurde der elektrische Strom zuerst auf dem Gebiete des Verkehrs. Der elektrische Telegraph wurde zu einem der großen technischen Wunderwerke, mit denen das 19. Jahrhundert die Welt so reich gemacht hat. „Schnell wie der Blitz" gelang es jetzt, Nachrichten auf der Erdkugel zu übermitteln, für eine dringende Bedürfnisfrage der Kulturmenschheit, der bisher unbeholfene optische Telegraphen unzulänglich nachzukommen suchten, hatte die Technik eine geniale Lösung gefunden. Der elektrische Telegraph, begründet auf die epochemachenden Arbeiten und Versuche von Gauß und Weber 1833, Morse 1835, Steinheil 1836 und Wheatstone und Cooke 1837 u. a. m. schuf die ersten realen Grundlagen für die Schwachstromindustrie, die in Deutschland ihre berühmteste Vertretung in der Firma Siemens & Halske erhielt. 1847 wurde am Anhalter Bahnhof diese erste industrielle Werkstatt der Elektrotechnik mit wenigen Arbeitern und nur 6000 Talern Betriebskapital ge-

---

[1]) Die Möglichkeit hierzu verdanke ich in erster Linie Herrn Geheimen Rat Dr.-Ing. E. Rathenau selbst, der mir nicht nur die zum Teil bereits vorzüglich durchgearbeiteten Akten, soweit sie sich auf die Geschichte der A. E. G. bezogen, und die sämtlichen Geschäftsberichte zugänglich machte, sondern auch wiederholt persönlich wichtige Aufschlüsse gab. Eine Zusammenstellung der einschlägigen Literatur s. am Schluß des Aufsatzes.

gründet, und noch lange blieb sie, mit dem Maßstab unserer heutigen Entwicklung gemessen, ein verhältnismäßig kleiner Betrieb.

Besonders günstigen Boden für die neu entstandene Telegraphenindustrie boten die Vereinigten Staaten von Amerika. Weite Entfernungen, lebhafter Handelsverkehr steigerten das Bedürfnis, und ein kühner Unternehmungsgeist suchte es zu befriedigen. Vornehmlich in New York, Boston und Philadelphia begann sich die neue Industrie zu entwickeln.

Der Telegraphenbau allein beschäftigte 1880 40 Firmen mit 650 000 Dollar Kapital und 1 500 000 Dollar jährlicher Produktion. Drei Gesellschaften mit 425 000 Dollar Kapital befaßten sich 1880 auch schon mit der elektrischen Beleuchtung.

Mit einer wahren Hochflut von Projekten und Gründungen setzte in England die industrielle Elektrotechnik ein. Die großen Erfolge der Kabelunternehmungen, die Dividenden bis 25 vH gaben, hatten dem Publikum ein unbedingtes Zutrauen auf die glänzende Zukunft der Elektrotechnik anerzogen, das kritiklos auch auf die gewagtesten Pläne, wenn sie nur „elektrisch" waren, übertragen wurde. Jeder Tag fast brachte neue Aktiengesellschaften, begünstigt durch das englische Aktiengesetz, das Aktien zu 1 Lstr. zuließ. Die Franzosen sprachen damals nicht mit Unrecht von „L'Electromanie en Angleterre". Der Zusammenbruch war unausbleiblich. Der große Krach an der Londoner Börse fegte zahlreiche ungesunde Gründungen hinweg, zwang die anderen zur Konzentration und veranlaßte leider auch 1882 ein Gesetz, die Electric Lighting Act, das für längere Zeit die Entwicklungsmöglichkeit der englischen elektrotechnischen Industrie sehr beschränkte.

In Frankreich war man vorsichtiger gewesen. Man begnügte sich damit, das Telegraphennetz, das 1867 schon mehr als 33 000 km umfaßte, möglichst gut auszubauen, im übrigen ließ man die Sache mehr an sich heran kommen und stützte sich auf die anerkannte Überlegenheit der amerikanischen und deutschen elektrotechnischen Industrie.

In Österreich waren nur einige Kleinbetriebe — 1880 gab es 6 Unternehmungen mit zusammen 124 Personen — entstanden, die mit einem Jahresumsatz von 260 000 M nicht sehr ins Gewicht fielen.

Auch in Deutschland war man nur langsam weiter gekommen. 1875 gab es 81 elektrotechnische Firmen mit 1157 Arbeitern und Angestellten, davon entfielen auf Siemens & Halske allein etwa 600. Hier wie überall damals lag das industrielle Schwergewicht noch vollständig auf Seiten der Schwachstromtechnik.

Die Starkstromtechnik, von deren ungeahntem Siegeslauf unsere Zeit Zeuge sein konnte, wurde erst mit der Geburt der Dynamomaschine möglich. 1867 entdeckte Werner von Siemens das dynamoelektrische Prinzip und konstruierte unter Benutzung des Doppelt-T-Ankers eine Dynamomaschine, und 1869 baute Gramme unter Benutzung des von Pacinotti 1860 erfundenen Ringankers und des Siemensschen dynamoelektrischen Prinzips die erste in großem Umfang industriell verwertbare dynamoelektrische Maschine, die kontinuierlichen Gleichstrom erzeugte. Damit war die Erzeugung des elektrischen Stromes auf eine wirtschaftliche Grundlage gestellt worden. Jetzt konnte man die in den 70er Jahren entstandenen Bogenlampen praktisch verwenden. So sehr aber auch ihr „potenzierter Mondschein" überall bewundert wurde, das große Absatzgebiet, das die Starkstromtechnik für ihre Entwicklung brauchte, sollte doch erst Edison mit seiner Glühlampe schaffen.

Die Geschichte der Glühlampe gleicht der aller anderen großen technischen Taten. Zuerst ein Gedanke, dann Versuche hier und dort, große Hoffnungen und bittere Enttäuschungen, und schließlich der kühne Pionier, der auf alten und neuen Wegen endlich das schafft, was vor ihm schon so oft gedacht wurde, der es vor allem versteht, das entdeckte Neue in großem Umfange nutzbar zu machen. Schon 1838 schlug Jobard in Brüssel vor, Kohle in luftleerem Raum auf elektrischem Wege so zu erhitzen, daß man damit beleuchten könne, und 7 Jahre später machte er mit de Changy zusammen auch Versuche, Glühlampen mit Retortenkohle und verschiedenen Metallen herzustellen, nachdem schon 1840 es William Robert Grove gelungen war, eine Vakuum-Glühlampe mit einer Platinspirale als Glühkörper herzustellen. Ebenso versuchte J. W. Starr 1846 Glühfäden zuerst aus Metallen, dann auch aus Kohle herzustellen. 1859 soll dann M. G. Farmer in Newport bereits sein Haus mit 42 Platin-Glühlampen vorübergehend beleuchtet haben. Das waren Vorläufer, denen irgendwelche größere praktische Bedeutung noch nicht zukommt. Da trat 1878 die Frage der elektrischen Beleuchtung in den Gesichtskreis von Thomas Alva Edison, dem „Zauberer vom Menlo Park", wohl einer der volkstümlichsten Erfindertypen aller Zeiten. 1878 sah Edison, wie er selbst erzählt, zum erstenmal eine elektrische Lampe — eine Bogenlampe. „The light was too bright and too big" lautete sein Urteil. Zur Einführung der neuen Beleuchtung brauchte man in erster Linie kleinere Lichtstärke und leichte Verteilbarkeit, ähnlich wie es bei der Gasbeleuchtung, die man ersetzen wollte, der Fall war. Die großen hintereinander geschalteten und somit voneinander abhängigen Bogenlampen waren für die Beleuchtung von Wohnräumen unbrauchbar. Die Lösung der Aufgabe lag in der Glühlampe. Mit Feuereifer ging Edison an die Arbeit, um nach 13 monatigen Versuchen mit allen möglichen Metallfadenlampen einzusehen, daß er auf falschem Wege war. Auch die harte Retortenkohle sowie die brüchige Papierkohle führten nicht zum Ziel. Erst als er bei seinen zahllosen Versuchen auch darauf verfiel, Bambusfasern zu verkohlen, hatte er die gesuchte Lösung gefunden. Er erkannte, welche Rolle der große Widerstand spielte, da hierdurch bei erhöhter Spannung die zum Erglühen nötige Stromstärke verringert wurde. Am 21. Oktober 1879 hatte Edison diese Lösung gefunden, im Januar 1880 wurden ihm dann die bedeutungsvollen Patente auf die Glühlampe erteilt. In den ersten Tagen des Januar hatte Edison durch eine festliche Beleuchtung des Menlo Parks weitere Kreise von der neuen Erfindung in Kenntnis gesetzt. Zur gleichen Zeit plante er auch bereits die Anlage elektrischer Zentralstationen. Das erste Geschäftshaus mit Glühlampenbeleuchtung gehörte dem New York Herald. Jetzt begann die elektrische Beleuchtung sich die Welt zu erobern, nachdem sie sich zuerst auf der internationalen elektrischen Ausstellung in Paris 1881[1]) der breiteren Öffentlichkeit vorgestellt hatte.

Edison hatte zur Verwertung seiner Patente zwei Gesellschaften gegründet, die eine, Edison Electric Light Company, hatte ihren Sitz in New York und sollte die neue Welt bearbeiten, die andere, mit dem Sitz in London, hatte als Arbeitsfeld Europa. Sie leitete die erste elektrische Ausstellung im Crystal Palace in die Wege und baute in den High Holborn Viaducts die erste elektrische Zentral-

---

¹) Schon auf der Londoner Ausstellung 1851 waren elektrische Apparate ausgestellt. Die Ausstellung wissenschaftlicher Apparate in London 1876 wies schon 627 elektrische Apparate auf, und die Pariser Ausstellung vom Jahre 1878 besaß bereits eine recht beachtenswerte elektrotechnische Abteilung, die auch zur Ausstellung 1881 die unmittelbare Anregung gab.

station in Europa. Noch bedeutender aber wurde die in Paris begründete Compagnie Continentale Edison, der die Verwertung aller Edisonschen Patente innerhalb des europäischen Festlandes, soweit sie sich auf Entwicklung der elektrischen Beleuchtung, auf Erzeugung der Elektrizität und ihre Verteilung bezogen, übertragen wurde. Zwei weitere Gesellschaften arbeiteten mit ihr zusammen, die Société électrique Edison, die sich auf Ausführung privater Beleuchtungsanlagen beschränkte, und die Société industrielle et commerciale Edison, die bei Paris in Jvry Maschinen und Apparate herstellte.

Die Ausstellung 1881 bot diesen Gesellschaften die erwünschte Gelegenheit, die Probe ihres Könnens abzulegen. Staunend bewunderten hier ungezählte Tausende zuerst das neue Licht und brachten die Kunde mit in ihre Heimat. Ein ausgedehntes neues Gebiet industrieller Betätigung schien sich aufzutun, und niemand war entschlossener, dieses Neuland zu erobern, als der deutsche Ingenieur Emil Rathenau[1]).

Rathenau ging sofort daran, sich die zur Ausnutzung der neuen Erfindung in Deutschland nötigen Rechte zu sichern. Er brachte zwischen den Firmen Gebr. Sulzbach in Frankfurt a. M., Jacob Landau und der Nationalbank eine Vereinigung zustande, die am 15. Juli 1882 mit den Pariser Edison-Gesellschaften zwei Verträge abschloß. Danach sollte man zunächst eine Studiengesellschaft mit 250 000 M gründen, der die Aufgabe zufiel, das große Publikum mit den Vorzügen der neuen Beleuchtung bekannt zu machen. Zugleich erhielt man das Recht, bis zum 14. März 1883 eine Fabrikationsgesellschaft in Berlin zu begründen, deren Aktienkapital mindestens 2 Millionen M betragen sollte. Auch Bau und Betrieb aller Zentralen in Deutschland, die mit Edisons Beleuchtungssystem arbeiteten, sollten der neuen Gesellschaft zufallen. Rathenau übernahm die Leitung der Studiengesellschaft, die sofort begann, einige Anlagen praktisch auszuführen. Im Unionklub in der Schadowstraße in Berlin brannten die ersten Edison-Lampen, bald folgten einige andere Gesellschaften, und durch eine teilweise Beleuchtung der Wilhelmstraße konnte man auch das große Publikum mit der Glühlampe bekannt machen. Eine besonders günstige Gelegenheit hierzu bot dann im gleichen Jahre 1882 die Münchener elektrotechnische Ausstellung, wo man durch Beleuch-

---

[1]) Am 11. Dezember 1838 in Berlin geboren, genoß Rathenau eine gute Schulbildung, arbeitete dann 4 Jahre praktisch in der „Wilhelmshütte" bei Sprottau, studierte in Hannover und Zürich, um dann zuerst als Ingenieur bei A. Borsig tätig zu sein. Der Schiffsmaschinenbau schien ihm eine glänzende Zukunft zu haben, deshalb ging Rathenau zu der damals besonders berühmten Fabrik von Penn nach London, wo er sich in erster Linie mit den in Aufnahme kommenden Verbundmaschinen beschäftigte. Einige Jahre später hielt er die Zeit für gekommen, es einmal mit der Selbständigkeit zu versuchen. Mit einem Freunde gemeinsam erwarb er 1865 die Maschinenfabrik von M. Weber in Berlin und begann, wie es bei einem deutschen Maschinenfabrikanten damals noch meist üblich war, so ziemlich alles zu bauen, was verlangt wurde und was sich aus Eisen herstellen ließ. Bemerkenswert ist, daß auch die Idee der Dampfturbine und Hochdruckzentrifugalpumpe, die heute erst ihre große Bedeutung gewonnen haben, schon damals ihn konstruktiv beschäftigte. Ausführungen dieser Maschinen stehen im Deutschen Museum in München. Die Maschinenfabrik wurde dann in den Gründerjahren sehr günstig verkauft, und damit schloß der erste Abschnitt in Rathenaus Berufsleben. Jahre des „sich umsehens" folgten. Eine Studienreise durch Amerika war besonders eindrucksvoll. Das eben praktisch brauchbar gewordene Telephon gedachte damals Rathenau in Berlin einzuführen. Da griff die Pariser Ausstellung 1881 bestimmend ein in die weitere Laufbahn, und mit der Glühlampe begann der weit bedeutendere zweite Berufsabschnitt, der den ferneren Lebensgang Rathenaus für immer in innigste Beziehung zum Entwicklungsgang der elektrotechnischen Industrie bringen sollte.

tung des Ausstellungstheaters in erster Linie zeigen konnte, welche großen Vorteile gerade auf diesem Gebiet die Glühlampe gegenüber jeder anderen der bisher bekannten Beleuchtungsarten bieten mußte. Hier war es auch, wo Rathenau in dem Leiter der Ausstellung, dem Ingenieur Oscar von Miller, sich einen schaffensfreudigen Mitarbeiter gewann, mit dem er gemeinsam in den ersten 7 Jahren die Schwierigkeiten zu überwinden vermochte, die keinem neuen Unternehmen erspart bleiben.

Zunächst drohte ein gefährlicher Kampf mit Siemens & Halske, die das Gebiet der Elektrotechnik in Deutschland bisher fast unbeschränkt beherrschten. Eine neue Gesellschaft, die gleich mit einem für damalige Verhältnisse sehr hohen Kapital anfangen wollte, erschien als ein gefährlicher Einbruch in ein Arbeitsgebiet, das man sich durch 35 jährige zähe Arbeit glaubte dauernd gesichert zu haben. Schließlich gelang es doch, den Widerstreit der Interessen auszugleichen, und durch eine Anzahl Verträge geeint, gingen beide Gesellschaften gemeinsam daran, die neuen großen Entwicklungsmöglichkeiten ihres Faches für sich auszunutzen.

Zunächst wurde mit den französischen Gesellschaften ein neuer Vertrag abgeschlossen, wonach der geplanten Fabrikationsgesellschaft auch der Bau von Zentralen übertragen wurde. Dafür waren für jede verkaufte Glühlampe 16 vH des Selbstkostenpreises, höchstens aber 25 Pfg zu zahlen und für jede ausgeführte Glühlampenanlage eine Abgabe zu entrichten, die sich nach der Leistung der maschinellen Anlage bemaß. Bis zu 50 PS waren 12,50 M, für jede weitere 50 PS 16 M zu zahlen. 350 000 M waren hiervon im voraus sofort zu zahlen. Außerdem wurden der französischen Gesellschaft 1500 Genußscheine abgegeben, wodurch sie an dem Gewinn, soweit er den Betrag einer Dividende von 6 vH überstieg, beteiligt wurde. Durch einen zweiten zunächst auf 10 Jahre lautenden Vertrag wurden Siemens & Halske in der Weise in die Abmachungen mit einbezogen, daß dieser Firma die Benutzung der Edisonschen Patente ermöglicht wurde, wofür sie etwa das Doppelte an die deutsche Gesellschaft zu zahlen hatte, wie diese an die französische. Ferner kamen beide Firmen dahin überein, daß es der Edison-Gesellschaft allein überlassen blieb, elektrische Anlagen zur gewerblichen Abgabe von Licht zu betreiben, wogegen wieder Siemens & Halske ausschließlich die Maschinen, Apparate und Materialien für Beleuchtungsanlagen fabrizieren und zu Meistbegünstigungspreisen an die neue Gesellschaft abgeben sollte. Glühlampen nebst Zubehör sowie Dampfmaschinen und Hilfsmaschinen durfte die neue Edison-Gesellschaft selbst herstellen. Von Bogenlampen sollte ausschließlich die Bauart Siemens & Halske verwendet werden, wenn nicht ein eigenes System erworben wurde. Die geschäftliche Organisation, soweit sie durch Vertretungen zum Ausdruck kam, sollte möglichst gemeinsam für beide Firmen durchgeführt werden. Sobald diese Verträge die rechtlichen Verhältnisse geordnet hatten, konnte am 19. April 1883 die Deutsche Edison-Gesellschaft für angewandte Elektrizität mit einem Kapital von 5 Millionen M gegründet werden. Am 5. Mai wurde die neue Firma handelsgerichtlich eingetragen, am 26. Mai kamen die Aktien zu 110 in den Handel.

Jetzt hieß es Aufträge einholen und ausführen und der neuen Beleuchtung ein stetig wachsendes sicheres Anwendungsgebiet erobern. Voraussetzung hierfür war in erster Linie das Zutrauen des großen Publikums zu der Glühlampe. Nur durch sorgfältige Fabrikation und gediegene Ausführung konnte es gelingen, dauernd

festen Fuß zu fassen. Deshalb verzichtete die neue Gesellschaft auch auf eine un-
beschränkte Lizenzerteilung, sondern suchte sich die Firmen aus, die nach ihren
bisherigen Leistungen für eine gute Ausführung Gewähr zu bieten schienen. Man
hat deshalb im ersten Jahre auch nur der Firma Schuckert in Nürnberg das
Recht auf Benutzung der Edison-Patente gegen besondere Abgaben eingeräumt,
die Fabrikation der Glühlampen selbst behielt sich die Gesellschaft vor. Eine
Fabrik mit einer Leistungsfähigkeit von jährlich 300 000 Lampen wurde errichtet.

Im ersten Betriebsjahr wurden im ganzen 27 Anlagen mit 33 Maschinen eingerichtet. Besondere Bedeutung legte man den Blockstationen bei, von denen
die in der Friedrichstraße 85 eingerichtete Zentrale, die u. a. auch das Café Bauer
zu beleuchten hatte, viel beachtet wurde. Eine größere Anzahl neuer Entwürfe
für Blockstationen in Berlin wurde bearbeitet. Bald darauf trat auch die Stadt
Berlin mit der Gesellschaft in Verbindung, da die Benutzung der städtischen Straßen
für die elektrische Leitung bei Ausführung größerer Beleuchtungsanlagen in Frage
kommen mußte. Die Gesellschaft plante ein großes städtisches Elektrizitätswerk.
Der Vergleich mit den Gasanstalten, die in städtischer Verwaltung der Gemeinde
große Vorteile brachten, lag nahe, und sehr eifrig wurde daher die Frage eines
städtischen Elektrizitätswerkes innerhalb der Bürgerschaft besprochen. Schließlich aber schien das Wagnis, ein so gänzlich neues Unternehmen in eigene Verwaltung zu nehmen, doch zu groß, und man entschloß sich deshalb im Februar 1884
dazu, mit der Edison-Gesellschaft einen Vertrag zu schließen, der ihr gegen bestimmte Abgaben das Benutzungsrecht an den städtischen Straßen im Zentrum
von Berlin frei gab. Um nicht genötigt zu sein, den flüssigen Vermögensstand in
dieser, beträchtliche Geldmittel erfordernden großen Stadtzentrale festzulegen,
bildete man sofort eine neue Aktien-Gesellschaft, die heutige Berliner Elektrizitäts-Werke mit 3 Millionen M Kapital, deren Aktien am 20. Mai 1884 zum
Kurse von 107 ausgegeben wurden. Die von der Stadt Berlin erteilten Rechte
wurden der neuen Gesellschaft übertragen, wogegen die Edison-Gesellschaft das
Recht erhielt, alle Maschinen, Apparate und Materialien zu Meistbegünstigungspreisen zu liefern. Die Deutsche Edison-Gesellschaft hatte sich damit die Möglichkeit verschafft, in der Hauptstadt gewaltige Musteranlagen zu schaffen und Erfahrungen zu sammeln, die für die weitere Ausführung elektrischer Beleuchtungsanlagen von größter Bedeutung werden sollten.

Die Patentrechte der Deutschen Edison-Gesellschaft sicherten ihr, besonders
nachdem sie auch noch die Maxim- und Weston-Patente für Glühlampen erworben
hatte, fast das Monopol für diesen unentbehrlichen Bestandteil der neuen Beleuchtungsanlagen. Kein Wunder, daß von seiten der nicht lizenzberechtigten
Firmen danach gestrebt wurde, das Monopol zu brechen. Die Swan United
Electric Light Comp. in London, die auch ein deutsches Glühlampen-Patent
besaß, focht das Edison-Patent an. Die Klage wurde zwar kostenpflichtig abgewiesen, aber in der Urteilsbegründung wurde nur noch der Schutz für ein be-
stimmtes Herstellungsverfahren aufrecht erhalten. Damit waren in Wirklichkeit
die Edison-Patente für Deutschland gefallen[1]). Jetzt erwies es sich als überaus

---

[1]) Die Swan Comp., die in England die Edison-Patente angekauft hatte, führte gleichzeitig in Deutschland den Kampf gegen und in England den Kampf für die Edison-Patente,
und es gelang ihr, mit den Gründen ihrer deutschen Gegner in England den Prozeß zu gewinnen. Sie brachte es also fertig, in England immer das Gegenteil von dem zu behaupten,
was sie in Deutschland vertrat.

vorteilhaft, daß man in der eigenen Fabrik die Herstellung der Glühlampen in großem Maßstabe durchgeführt hatte. Diese Einrichtungen, verbunden mit den ausgedehnten Erfahrungen, ermöglichten es der Edison-Gesellschaft, noch auf Jahre hinaus jedem Wettbewerb erfolgreich die Spitze zu bieten.

Es schien jedoch geboten, das Arbeitsfeld auszudehnen. Man erwarb daher eine Bogenlampenkonstruktion, die es ermöglichte, in vorteilhafter Weise in einem Stromkreise gleichzeitig Glüh- und Bogenlicht zu verwenden. Das Ausführungsrecht erstreckte sich auf die meisten europäischen Staaten und auf die Vereinigten Staaten von Nordamerika. Dadurch aber kam man mit Siemens & Halske in einen gewissen Wettbewerb, der es doch sehr wünschenswert erscheinen ließ, die eigene Organisation auszudehnen. Schon 1884 errichtete man daher das erste selbständige Bureau in München. Es folgten dann in den nächsten zwei Jahren Leipzig, Breslau, Köln und Hamburg.

Je mehr man aber seine Geschäftsverbindungen ausdehnte, um so mehr begann man die Einschränkungen zu fühlen, die durch die mit der Compagnie Continentale und Siemens & Halske geschlossenen Verträge gegeben waren. Dazu kam, daß die erhofften Vorteile aus den Verträgen nicht im ganzen Umfange eintraten. Das lag zum Teil daran, daß die Patente angefochten wurden, dann aber auch daran, daß viele Maschinenfabriken begonnen hatten, elektrische Maschinen und Apparate selbst auszuführen. Damit war ein Wettbewerb eingetreten, den man ja gerade durch die Verträge hatte beseitigen oder doch sehr vermindern wollen. Verhandlungen mit der französischen Gesellschaft, die Verbindung zu lösen, hatten sich als sehr schwierig herausgestellt, besonders auch deswegen, weil sie wieder mit der New-Yorker Muttergesellschaft verhandeln mußte. Schließlich gelang es doch Anfang des Jahres 1887, gegen Zahlung von 809 000 M den Vertrag zu lösen und die gewährten Genußscheine zurückzuerhalten.

Jetzt hatten nur noch die Deutsche Edison-Gesellschaft und Siemens & Halske miteinander zu tun. Man entschloß sich, durch einen neuen Vertrag in etwas anderer Form sich noch weiter miteinander zu verbinden, was um so leichter erschien, als Siemens & Halske Wert auf die Fabrikation legten, die Deutsche Edison-Gesellschaft aber sich vor allem auch der Finanzierung und dem Betriebe elektrischer Zentralen zuwenden wollte. Voraussetzung dabei war aber die volle Selbständigkeit der Deutschen Edison-Gesellschaft. Schließlich kamen auch diese äußerst schwierigen Verhandlungen zu einem Abschluß. Das Kapital der Deutschen Edison-Gesellschaft wurde auf 12 Millionen M erhöht. Das Ergebnis der ganzen Verhandlung wurde dann von der Generalversammlung vom 23. Mai 1887 gutgeheißen, und somit war die Neuorganisation der Gesellschaft durchgeführt. Um diesen wichtigen Abschnitt in der Entwicklung des Unternehmens zu kennzeichnen, beschloß man, den Namen Allgemeine Elektricitäts-Gesellschaft anzunehmen.

Der neue Vertrag mit Siemens & Halske sicherte der Gesellschaft Finanzierung, Bau und Einrichtung der elektrischen Zentralen zu, während Siemens & Halske das Recht hatten, Maschinen und Kabel zu liefern. Alle Stromlieferungsunternehmungen von mehr als 100 PS hatte Siemens & Halske gegen Erstattung der Unkosten der A. E. G. anzubieten. Verzichtete die A. E. G., so blieb ihr noch das Recht, gegen eine Entschädigung die Installation im Haus auszuführen. Auch dieses Recht konnte die A. E. G. gegen eine bestimmte Abgabe an Siemens & Halske abtreten. Ausgenommen von der Vereinbarung wurden die elektrolytischen Einzelanlagen sowie die elektrischen Anlagen für den Betrieb von Eisenbahnen, weil auf diesem Gebiet bisher Siemens & Halske allein gearbeitet hatten.

Doch auch dieser neue Vertrag erfüllte durchaus nicht die Hoffnungen, die man auf ihn gesetzt hatte. Das lag, wenn man jetzt zurückschaut, in den ganzen Zeitverhältnissen und in der Geschäftspolitik begründet. Man hatte sich nach dem Vorgange von Berlin sehr viel von elektrischen Zentralen versprochen. Hier schienen dem privaten Unternehmungsgeist Tür und Tor geöffnet. Nun begannen aber die Städte vielfach selbst als Unternehmer aufzutreten. Den Konkurrenten der A. E. G. gelang es leicht, die Städte von den Vorteilen eigener Elektrizitätswerke zu überzeugen; das Emporblühen der Berliner Elektrizitäts-Werke unterstützte sie darin. Durch das Liebeswerben zahlreicher elektrischer Firmen um die städtischen Zentralen wurden die Preise aber so gedrückt, daß es für die A. E. G. durchaus keinen besonderen Anreiz mehr hatte, derartige Zentralen auszuführen. Sie beteiligte sich nur noch an dem Wettbewerb, soweit es für die Stellung der Firma notwendig erschien. Konzessionen zur eigenen Ausführung von Elektrizitätswerken zu erlangen, war sehr schwer. Die Städte pflegten von vornherein Bedingungen auf Rückgewähr zu vorher bestimmtem Erwerbspreis zu stellen, die es für eine Gesellschaft, die ausgesprochenermaßen nicht nur aus der Fabrikation, sondern auch aus Finanzierung und Betrieb der Zentralen ihren Verdienst zu ziehen suchte, kaum lohnend erscheinen ließen, auf diese Geschäfte einzugehen. Diese Geschäftspolitik, zu der sich die A. E. G. gezwungen sah, mußte auch auf Siemens & Halske zurückwirken, denn die großen Aufträge, auf die sie gehofft hatten, kamen nicht. Wollten sie aber selbst die Anlagen ausführen, so mußten sie eine Abgabe entrichten, die ihren Wettbewerb sehr erschwerte. Andere elektrische Firmen hatten den Vorteil davon, in erster Linie Schuckert in Nürnberg, der damals eine Zeitlang mehr Zentralen baute, als die A. E. G. und Siemens & Halske zusammengenommen. Der Vertrag aber umfaßte nicht nur die Zentralen, sondern alle Einzelanlagen von über 100 PS. Das aber mußte der A. E. G. besonders unbequem werden, seitdem sie das Feld der elektrischen Kraftübertragung durch Einführung und Entwicklung des Drehstrommotors in Angriff genommen hatte. Das alles zusammengenommen mußte zu einer Lösung des Vertrages um jeden Preis führen. Nach sehr schwierigen Verhandlungen gelang es, vor allem durch die Vermittlung von Georg Siemens, dem Leiter der Deutschen Bank, den Vertrag am 20. Juni 1894 gegen eine an Siemens & Halske zu zahlende Entschädigung von 678 600 M zu lösen. Siemens & Halske verpflichteten sich, bis 1900 Maschinen und Kabel noch zum Meistbegünstigungspreise zu liefern und 13 vH Rabatt zu geben, bis die Abfindungssumme hierdurch gelöscht sei. Damit war die A. E. G. von jeder Fessel frei und konnte sich nun, den eigenen geschäftlichen Grundsätzen allein folgend, nach jeder Richtung zu dem Weltgeschäft entwickeln, das wir heute kennen.

Schon vorher hatte sich die A. E. G. auch dem elektrischen Straßenbahnwesen, dessen große Zukunft sie klar erkannte, erfolgreich zugewendet. Sie hatte, um selbst zeitraubende Versuche zu sparen, die Bauart des Amerikaners Sprague, die in Amerika bereits bei etwa 60 Straßenbahnen Anwendung gefunden hatte, angekauft. Damit aber war die Aufgabe noch nicht gelöst. Es hieß jetzt Aufträge erhalten. Die Pferdebahngesellschaften verhielten sich zunächst sehr abwartend und dachten gar nicht daran, so kostspielige Betriebseinrichtungen zu schaffen, von deren Erfolg man durchaus noch nicht überzeugt war. Wollte man vorankommen, so mußte man sich also von seiten der A. E. G. selbst mit Kapital beteiligen. Man konnte nun zwei Wege einschlagen: entweder man erwarb Konzessionen für neue Bahnen, die man dann selbst ausführte, oder man erwarb die Aktienmajorität bestehender Bahnen, die man dann zum elektrischen Betriebe überführte. Beides war kostspielig und verlangte vor allem, daß man erhebliche Mittel auf längere Zeit festlegte. Die A. E. G. schuf deshalb ein sehr interessantes neues System der Trustgesellschaft. Man verschaffte der reinen Finanzgesellschaft eine Einwirkung auf den technischen Betrieb, wodurch man eine Zentral-Verwaltung und damit relativ geringe Geschäftsunkosten erhielt. Den ersten Schritt tat man 1890, indem man Aktien der **Deutschen Lokal- und Straßenbahn-Gesellschaft** im Werte von 2,17 Millionen M erwarb, über die man, da das gesamte Kapital 2,5 Millionen M betrug, somit volle Herrschaft gewann. Mit Einführung des elektrischen Betriebes auf den der Gesellschaft gehörenden fünf Bahnanlagen konnte man somit gleich beginnen. Inzwischen war man auch bereits 1889 in den Vertrag des bisherigen Pächters der Halleschen Straßenbahn eingetreten und hatte die Einführung des elektrischen Betriebes begonnen. Der volle Erfolg dieses Unternehmens schuf der A. E. G. freie Bahn für eine große Zahl weiterer elektrischer Straßenbahnen.

Neben der Tätigkeit der A. E. G. auf dem Gebiete der elektrischen Bahnen arbeitete sie auch auf elektrochemischem Gebiet. Von ihr wurde im Verein mit einigen Banken 1888 die **Aluminium-Industrie A.-G.** in Neuhausen (Schweiz) begründet, die sich auch Rechte an den Wasserkräften erwarb. Auch in Österreich in der Nähe von Gastein wurden große Wasserkräfte erworben, um ebenfalls hier eine Aluminiumfabrik errichten zu können.

Diese großzügige Unternehmertätigkeit mußte natürlich auch auf die eigene Fabrikation vergrößernd wirken. Die Räume der ersten Fabrik in der Schlegelstraße reichten bei weitem nicht mehr aus. Neue Fabriken mußten in anderen Stadtteilen Berlins geschaffen werden, auf deren Entwicklung noch später einzugehen sein wird.

Eifrigst war man bestrebt, auch jedes Arbeitsgebiet, das mit Elektrizität zusammenhing und eine Bedeutung zu haben schien, sich zu sichern. Deshalb begann man auch den Bau von Akkumulatoren aufzunehmen und erwarb zu diesem Zweck die Patentrechte der **Electrical Power Storage Company.** Später aber übertrug man diese Fabrikation einem neuen Unternehmen, der **Akkumulatorenfabrik A.-G.** in Hagen und Berlin, die man gemeinsam mit Siemens & Halske begründet hatte. Die eigene Fabrikationstätigkeit wurde dann noch weiter ausgedehnt durch Herstellung von Leitungsmaterialien.

Eine besondere, das ganze Gebiet der Elektrotechnik beherrschende Bedeutung aber sollte ein neues Stromsystem gewinnen, das, von **Dolivo Dobrowolsky** innerhalb der A. E. G. entwickelt und praktisch nutzbar gemacht, der elektrischen Kraftübertragung auf größere Entfernungen ganz neue Aussichten eröffnete. Diese von Dobrowolksy unter dem Namen Drehstrom eingeführte neue Stromart hatte 1891 auf der elektrotechnischen Ausstellung in Frankfurt (Main) zuerst Gelegenheit, die Aufmerksamkeit der ganzen Welt auf sich zu ziehen. Von der so berühmt gewordenen elektrischen Kraftübertragung von Lauffen nach Frankfurt, durch die es gelang, auf eine Strecke von 175 km die Kraft des elektrischen Stromes zu übertragen, rechnet man den Anfang der heutigen elektrischen Kraftübertragung. Es gelang hier, bei einer Spannung bis zu 30 000 Volt 300 PS durch 4 mm starke

Drähte mit einem Nutzeffekt von über 77 vH zu übertragen. Damit war ein neues Arbeitsgebiet, das die besten Aussichten bot, in Angriff genommen, und damit aber war es auch für die A. E. G. besonders nötig geworden, sich, wie bereits oben gezeigt, von den Fesseln jedes Vertrages frei zu machen.

In den 90er Jahren begann der ungeahnte gewaltige Aufschwung der elektrotechnischen Industrie. Der elektrische Strom drang ein in alle Betriebe, und die elektrischen Kraftübertragungen gewannen dadurch eine Bedeutung, die man vorher nicht für möglich gehalten hätte. Die Kräfte des Rheinfalles bei Rheinfelden durch elektrische Kraftwerke auszunutzen, schien besonders verlockend. Etwa 16000 PS standen für die Stromversorgung eines Gebietes von 50 km Durchmesser ohne weiteres zur Verfügung. 1894 wurde von der A. E. G. und ihrer Bankgruppe eine Gesellschaft mit 4 Millionen M Kapital begründet, und schon im nächsten Jahr konnte die Anlage ausgebaut werden. Im gleichen Jahr wurde eine größere mit Dampf betriebene Drehstromzentrale für die Versorgung Berlins an der Oberspree erbaut. Von vornherein für einen Ausbau von 1500 PS eingerichtet, leistet sie heute bereits 47 200 PS. Weitere größere Kraftübertragungsanlagen wurden dann im oberschlesischen Industriegebiet begründet. Bis 1900 wurden 248 Elektrizitätswerke mit einer Leistung von 210 000 PS in allen Teilen der Welt erbaut.

Nicht minder großzügig entwickelte sich auch weiterhin das Geschäft mit den elektrischen Straßenbahnen. Hinzu kam noch das Gebiet des Vorortverkehrs, sowie der Überlandverkehr in dicht bevölkerten Industriegegenden. Auch hier dehnten sich in sehr großem Umfange die Unternehmungen der A. E. G. über die Grenzen Deutschlands aus. Bis 1900 waren von der A. E. G. 65 Bahnen mit rund 1300 km Gleislänge erbaut worden. Schließlich begründete man mit Siemens & Halske und einigen anderen Firmen auch eine Studiengesellschaft, die es sich zur Aufgabe machte, das Gebiet der elektrischen Voll- und Schnellbahnen zu erforschen. Bisher noch ungeahnte Geschwindigkeiten bis zu 210 km stündlich wurden hierbei erreicht. Ebenfalls sehr bedeutend stieg der Anteil der A. E. G. an Unternehmungen auf dem elektrochemischen Gebiet. Fabriken für Aluminium, Calcium, Kali, Magnesium usw. entstanden, nicht nur in Deutschland, sondern auch in Norwegen, Finnland, Tirol, Frankreich.

Naturgemäß stieg durch diese rasche Ausdehnung der Unternehmertätigkeit der Geldbedarf der Gesellschaft sehr erheblich. Das Aktienkapital war 1900 schon auf 60 Millionen M angewachsen, zu dem noch 29 Millionen M Obligationen und 28 Millionen M Reserven hinzukamen, ungerechnet die Kapitalserhöhungen, welche die mit der A. E. G. verbundenen Unternehmergesellschaften notwendig gemacht hatten. Neben der Allgemeinen Lokal- und Straßenbahngesellschaft, die 1900 mit 15 Millionen M Aktien und 30 Millionen M Obligationen arbeitete, hatte man für das Gebiet der Stromversorgung 1897 noch eine Elektrizitäts-Lieferungsgesellschaft gegründet, die 1900 über 5 Millionen M Aktien und ebensoviel Obligationen verfügte. Die immer größer werdende Ausdehnung der Unternehmertätigkeit auf das Ausland ließ es ferner wünschenswert erscheinen, eine besondere Finanzgesellschaft für diesen Zweck ins Leben zu rufen. So entstand durch die A. E. G. 1895 im Verein mit der Deutschen Bank und der Schweizerischen Kreditanstalt die Bank für elektrische Unternehmungen in Zürich. Das Kapital dieser sehr erfolgreichen Gesellschaft betrug 1900 bereits 33 Millionen Frank Aktien und 34 Millionen Frank Obligationen.

Sehr erhebliche Mittel beanspruchte auch die stetig notwendig werdende Erweiterung der eigenen Fabrikationsanstalten. Bald reichten die Räume der beiden älteren Fabriken nicht mehr aus, eine neue große Maschinenfabrik mußte nach Lösung des Vertrages mit Siemens & Halske errichtet werden. Ebenso erschien es vorteilhaft, ein großes Kabelwerk anzulegen. Zu der ausgedehnten Fabrikation der Kohlenfadenlampen kam neu die Herstellung der Nernstlampen hinzu, deren Patente 1898 angekauft wurden. Während man 1890/91 1 Million Glühlampen und 610 Maschinen mit 9300 PS hergestellt hatte, wurden 10 Jahre später bereits 10 Millionen Glühlampen und 21 850 Maschinen mit 268 100 PS angefertigt. In diesem Jahrzehnt war abgesehen von den Tochtergesellschaften das arbeitende Kapital von rund 30 Millionen M auf 97 Millionen M, der Reingewinn von 2,2 Millionen M auf 9,7 Millionen M gestiegen.

In gewaltigem ununterbrochenem Fortschritt hatte sich die A. E. G. an die Spitze der elektrotechnischen Industrie gestellt. Auf der sicheren Grundlage zuverlässiger Geschäftsführung ruhend, konnte sie vertrauensvoll in das neue Jahrhundert eintreten. Neue gewaltige Aufgaben sollten ihr in den nächsten Jahren bevorstehen.

Das 19. Jahrhundert hatte sich mit Jahren glänzender Industrieentwicklung, an der in erster Linie wieder die Elektrotechnik beteiligt war, verabschiedet. Wie noch kaum zuvor waren überall neue Unternehmungen entstanden, und trotzdem schienen kaum alte und neue imstande zu sein, die Bedürfnisse zu befriedigen. Die deutschen Elektrizitäts-Werke waren von 1897 bis 1898 von 385 auf 678 gestiegen. Die mit der Elektrotechnik nach Produktion und Betrieb verbundenen Aktiengesellschaften hatten sich von 1895 bis 1900 von 32 auf 131 und ihr Kapital von 156 auf 891 Millionen M vermehrt. Von der gesamten Emission der Berliner Börse entfielen 1899 6,31 vH auf die elektrotechnische Industrie, und rechnet man die Sraßenbahnen hinzu, sogar 9,20 vH, das waren 36 vH des gesamten Industriebedarfs.

Den reichen Jahren folgten nur zu bald die mageren. Das Angebot überstieg bald die Nachfrage. Die Überproduktion drückte die Preise. Von dem reichen Verdienst der vergangenen Jahre war keine Rede mehr. Überall mußte man anfangen, sich einzuschränken. An Vergrößerungen, Neubauten usw. wurde nicht mehr gedacht, was naturgemäß wieder den Ausfall großer Aufträge zur Folge hatte. Teilweise suchte man sich dadurch zu helfen, daß man selbst zu „gründen" begann. Die großen Gesellschaften, besonders die A. E. G., hatten ja stets eine derartige Politik getrieben, also suchte man es ihnen nachzumachen, nur kümmerte man sich nicht so sorgfältig, wie es die großen Firmen getan hatten, um die Rentabilität der neuen Unternehmungen und auch nicht einmal um die eigene finanzielle Leistungsfähigkeit, die man meistens sehr überschätzte. Das, was den Weg zu neuen Erfolgen ebnen sollte, wurde so für nur zu viele der Grund zum Rückgang oder gar zum Zusammenbruch. Auch die großen Firmen mußten naturgemäß trotz ihrer eigenen finanziell gesunden Lage unter diesen Verhältnissen mitleiden, und so war es erklärlich, daß die A. E. G. jetzt ihre stets verfolgten Konzentrationsbestrebungen mit besonderem Eifer wieder aufnahm. Die einzelnen Firmen durch Kartelle oder Syndikate zu vereinen, wie man dies bei den Industrien der Rohstoff- und Halbfabrikate erfolgreich in die Wege geleitet hatte, schien zunächst hier unausführbar, wo es sich um so sehr verschiedene Fertigfabrikate handelte, die sich kaum unter bestimmte Normen für Erzeugung und

Vertrieb bringen ließen. Leichter durchführbar und zweckentsprechender erschien
es, die wenigen großen Firmen, die schon damals fast 75 vH der ganzen Starkstrom-
industrie in ihrer Hand vereinten, durch Aufnahme anderer Firmen noch weiter
zu stärken. Auch hierdurch ließ sich ein preisdrückender Wettbewerb vermindern, und die allgemeinen Unkosten konnten zugleich beträchtlich herabgesetzt
werden. Von diesen Erwägungen geleitet, nahm die A. E. G. die schon 1896 be-
gonnenen Verhandlungen mit der „Union" wieder auf.

Die Union Elektrizitäts-Gesellschaft, 1892 von Ludwig Loewe und
der Thomson - Houston International Electric Co. in Boston gegründet,
hatte sich besonders auf dem Gebiet der elektrischen Straßenbahnen einen sehr
geachteten Namen erworben. Die rechtlichen Verhältnisse aber mit ihrer Muttergesellschaft, wonach ihr nur ein Teil der europäischen Staaten als Arbeitsgebiet
zufiel, schienen zunächst eine unmittelbare Verschmelzung mit der A. E. G., die
sich unter erheblichen Opfern seinerzeit von derartigen Fesseln befreit hatte, nicht
durchführbar. Man begnügte sich deshalb vorläufig mit einer Interessengemeinschaft, wodurch man wenigstens den gegenseitigen Wettbewerb beseitigte und
sich wechselseitig in der Weise am Gewinn beteiligte, daß vom Gesamtgewinn
$^{15}/_{19}$ auf die A. E. G., $^{4}/_{19}$ auf die Union entfielen. Auch die geplante Organisation suchte man bereits durch gemeinsame Verwendung der bestehenden Einrichtungen anzustreben. Die Vorstände beider Gesellschaften wurden zu einer Ge-
samtdirektion vereinigt, und aus den Aufsichtsräten ein Delegationsrat gebildet.
Der am 7. April 1903 von den Generalversammlungen genehmigte Vertrag wurde
auf 35 Jahre geschlossen, um ihm von vornherein den Charakter möglichster Dauer
zu geben. Die Abgrenzung der Arbeitsgebiete wurde dahin getroffen, daß der
Union die gesamten elektrischen Fördermittel, Straßenbahnen und Hebezeuge der
verschiedensten Art zufielen und ihr die bisher von ihr betriebene Zählerfabri-
kation noch verblieb, während alle anderen Zweige der Elektrotechnik der A. E. G.
zugewiesen wurden.

Das Endziel aber, die völlige Verschmelzung der beiden Gesellschaften, blieb
nach wie vor bestehen, und im Herbst 1903 verhandelte Rathenau persönlich in
Amerika, um die Verhältnisse weiter zu klären. Es handelte sich zunächst darum,
die Beziehungen zu der General Electric Co. zu regeln. Man ging daran, die ganze
Welt unter sich zu verteilen. Die Vereinigten Staaten von Nordamerika und Kanada
sollten ausschließlich zum Arbeitsfeld der General Electric Co. werden, während
der A. E. G. Deutschland, Österreich-Ungarn, das gesamte Rußland, Finnland,
Holland, Belgien, Schweden, Norwegen, Dänemark, Schweiz, Türkei und die Bal-
kanstaaten zufielen. Mit den europäischen Tochtergesellschaften wurden lang-
fristige besondere Abkommen getroffen. Was dann noch von der Welt übrig blieb,
vor allem auch Südamerika, wollte man gemeinsam bearbeiten.

Noch verwickelter wurden diese Vertragsabschlüsse dadurch, daß die A. E. G.
gleichzeitig auch die Verhältnisse im Dampfturbinenbau, den sie in der richtigen
Erkenntnis der großen Bedeutung für den Dynamoantrieb selbst in die Hand genommen hatte, regeln wollte. Man kam überein, die von der A. E. G. erworbenen
Riedler - Stumpf - Dampfturbinen-Patente sowie die Curtis - Patente durch
eine besondere Gesellschaft zu verwerten, die von der General Electric Co. zusammen mit der A. E. G. mit 3 Millionen M begründet wurde. Besondere Gesellschaften für Verwendung der Turbinen zu Schiffszwecken waren inzwischen begründet worden, die nun gleichzeitig in die Verträge mit einzubeziehen waren.

Verträge mit der englischen und französischen Thomson Houston Co., bei denen ebenfalls gegenseitiger Austausch der Patente und Erfahrungen, wechselweise finanzielle Beteiligung u. a. m. ausgemacht wurden, waren gleichfalls geschlossen worden. Damit waren die gesamten gegenseitigen Verhältnisse der in Betracht kommenden Gesellschaften soweit geklärt, daß nun die Fusion zwischen der A. E. G. und der Union durchgeführt werden konnte. Die Vorschläge hierfür wurden von der Generalversammlung der A. E. G. im Februar 1904 genehmigt und dann sofort ausgeführt. Danach wurden die Aktien der Union im Verhältnis 3 : 2 gegen Aktien der A. E. G., die im Betrage von 16 Millionen M neu ausgegeben wurden, umgetauscht. Die Effekten und Anlagen der Union wurden ferner im Buchwerte von 13 Millionen M sowie Waren, Kasse, Wechsel und Außenstände nach dem Werte der letzten Bilanz übernommen. Die A. E. G. führte von da an alle Geschäfte selbst weiter und gewährleistete der in Liquidation befindlichen Union eine Dividende von 6 vH, die aber im wesentlichen an die A. E. G. wieder zurückkam, da durch den Umtausch der Aktien kurze Zeit später bereits 99 vH der Aktienwerte in ihrem Besitze waren. Die Bureaus und Betriebe wurden nun vollkommen vereinigt. Die Fabrikation der Zähler wurde zusammengelegt, die Herstellung der Bahnmotoren kam nach der Maschinenfabrik der A. E. G., und die bisherigen Werkstätten der Union wurden für den Dampfturbinenbau eingerichtet. Aber damit war die Fusion noch nicht vollständig durchgeführt. Es blieben noch die Verhältnisse zu den drei Tochtergesellschaften der Union, von denen die russische und österreichische auch eigene Fabriken hatten, zu ordnen. Doch schließlich waren auch diese Beziehungen geregelt. Was aber die Durchführung dieser ganzen Unternehmung für Unsumme geistiger Arbeit beanspruchte, kann man daraus ermessen, daß etwa 40 zum Teil äußerst verwickelte Verträge in den verschiedensten Ländern, die sich wieder wechselweise auf die unter ganz verschiedenen Rechtsordnungen stehenden Staaten erstreckten, geschlossen werden mußten.

Wesentlich einfacher war es, mit zwei anderen Unternehmungen in nähere Beziehungen zu treten, von denen die eine, die Firma Gebr. Körting in Körtingsdorf bei Hannover, durch ihre Erfolge im Gasmaschinenbau, die andere Firma, Brown, Boveri & Co., durch die Einführung der Parsons-Dampfturbine das besondere Interesse der A. E. G. erweckt hatten.

Die im Privatbesitz befindliche 1871 begründete Firma Gebr. Körting wurde, nachdem man die elektrotechnische Abteilung losgetrennt und mit der A. E. G. vereinigt hatte, im Juni 1903 in eine Aktiengesellschaft umgewandelt, die in Hannover ihre Fabrikation in gleicher Weise wie bisher fortsetzte und nur die Abteilung für Gasmaschinen noch wesentlich erweiterte. Die A. E. G. übernahm dabei 4 Millionen M Aktien, von denen sie jedoch 3 Millionen M unmittelbar weiter gab.

Die Firma Brown, Boveri & Co., 1891 als Kommanditgesellschaft zu Baden (Schweiz) begründet, hatte sich 1900 in eine Aktiengesellschaft umgewandelt und von der gleichen Zeit an neben ihrer elektrotechnischen Fabrikation mit großem Erfolg den Bau von Parsons-Turbinen aufgenommen. Auch hier gelang es, die beiderseitigen Interessen in der Weise zu vereinigen, daß man 4,5 Millionen M Aktien der Schweizer Firma gegen 3,5 Millionen M neuer A. E. G.-Aktien umtauschte. Auch diese Abmachungen wurden von der Generalversammlung im Februar 1904 gutgeheißen[1]).

---

[1]) Im letzten Jahresbericht von Brown, Boveri & Co. wird über die Trennung der Fabrikationsinteressen der beiden Gesellschaften berichtet.

Schließlich gehört hierher noch eine sehr bemerkenswerte Konzentration auf dem Gebiet der drahtlosen Telegraphie. Die A. E. G. hatte die Bauart Slaby-Arco aufgenommen und bereits 130 Stationen erbaut. Siemens & Halske dagegen hatten unter Benutzung ihrer eigenen Erfahrungen sowie der Erfahrungen Brauns eine besondere Gesellschaft hierfür begründet. Hauptabnehmer für die drahtlose Telegraphie waren Heer und Marine, von denen jede eine der beiden Bauarten verwendete. Es lag nahe, daß man gerade hierbei vollständige Einheitlichkeit anstreben mußte. Die beiden Firmen entschlossen sich daher 1903, ein gemeinschaftliches Unternehmen, die Gesellschaft für drahtlose Telegraphie m. b. H. zu begründen, die seitdem unter Ausschluß jeder Konkurrenz Deutschland bearbeiten kann. Ihr System Telefunken konnte bisher endgültig in der deutschen, schwedischen und amerikanischen Marine eingeführt werden.

In der gleichen Zeit wurden ferner die Fabrik für Eisenbahnsignalapparate von A. Harwig in Köslin angegliedert, Vereinbarung mit Ganz & Co. in Budapest getroffen und gemeinsam mit anderen Gesellschaften der Helios in Köln stillgelegt.

Mit diesen die großzügige Geschäftspolitik zur Genüge kennzeichnenden Maßnahmen, mit der die A. E. G. das neue Jahrhundert begann, hielt der innere Ausbau ihrer Fabrikation gleichen Schritt. In den Jahren der Krise, als die meisten anderen Firmen nach jeder Richtung hin ihren Betrieb einschränken mußten, konnte die A. E. G. sogar daran denken, ihre Fabrikation noch auszudehnen, um so einen Ausgleich für den Rückgang auf anderen Gebieten zu schaffen. Die Herstellung von Halbfabrikaten, wie Blechen, Eisendrähten usw. wurde neu aufgenommen, um sich dadurch unabhängiger vom Markte zu machen. Besondere Bedeutung gewann aber die Einführung des vorher erwähnten Dampfturbinenbaues, den man bestrebt war, einheitlich mit dem Bau von Turbodynamos durchzuführen. Als vollständig neue Abteilung kam hinzu der Automobilbau, für den man eine neue Fabrik beim Kabelwerk Oberspree errichtete. Einen weiteren Ausgleich zwischen guten und schlechten Jahren hatte man auch durch eine sehr gesteigerte Ausnutzung der Werkstätten in Zeiten der Hochkonjunktur erreicht. Statt die Anlagen, wie es vielfach geschah, ins Uferlose zu erweitern, hatte man den ständigen ununterbrochenen Betrieb in drei Arbeitsschichten eingeführt, der es also ermöglichte, die Leistungsfähigkeit ohne Erhöhung der Anlagekosten zu verdreifachen.

Haben wir die Entwicklung der Firma bisher in ihren Organisationsbestrebungen sowie in ihrem Zusammenhange mit der gesamten Weltindustrie verfolgen können, so bleibt uns jetzt noch übrig, den Werdegang der fünf größten Berliner Produktionsstätten, die zum Absatz ihrer Erzeugnisse jenen gewaltigen Organismus brauchen, mit wenigen Worten und einigen Zahlen zu schildern.

Die Fabrik Schlegelstraße ist das älteste Werk der A. E. G., in der die ersten Glühlampen entstanden, und die in mannigfachem Wechsel die verschiedenartigsten Erzeugnisse der Elektrotechnik in ihren Räumen hat entstehen lassen. Immer wieder aber hatte sie ihr Produktionsgebiet an neue Fabriken abzutreten. Heute sind in ihr alle die Abteilungen vereinigt worden, für die auch die anderen Werke kaum noch Platz boten, soweit sie sich als besondere Fabrikation auch in räumlicher Trennung durchführen ließen. Zu den Halbfabrikaten, die hier gefertigt werden, gehört in erster Linie das Mikanit, von dem, aus indischem und brasilianischem Glimmer mit Hilfe eines isolierenden Bindemittels hergestellt, große Platten zu den verschiedenartigsten Formstücken verarbeitet werden. In der anderen Abteilung werden Isolierstoffe aus Papier, Baumwolle, Leinen, Segeltuch usw. gefertigt.

Auch eine Abteilung, in der mit den neuesten selbsttätigen Fabrikationsmaschinen Schrauben, Spindeln, Zapfen, Kapseln usw. erzeugt werden, ist hier angegliedert.

Die Glüh- und Nernstlampenfabrik. Mit der Glühlampe begann die Fabrikation der A. E. G. Ende Dezember 1883 brannten in Deutschland erst wenig über 12 000 Glühlampen, die unter den Schutz der Edison-Patente fielen. Damals mußte man für eine 16 kerzige Glühlampe rund 5 M bezahlen, heute ist der durchschnittliche Marktpreis 50 Pf. Die erste Glühlampenfabrik, die in der Schlegelstraße 26 untergebracht war, sollte im Jahr 150 000 Lampen liefern, mußte aber sofort auf 300 000 Lampen jährlicher Leistungsfähigkeit ausgebaut werden. 1891 betrug die Jahresproduktion bereits 1 Million und im Geschäftsjahr 1907/1908 rund 8,22 Millionen. Seit dem Bestehen der Fabrik sind rund 100 Millionen Glühlampen aus den Werkstätten der A. E. G. hervorgegangen.

Bedeutendes Aufsehen erregte in den 90er Jahren der Gedanke von W. Nernst, den Kohlenfaden durch Stäbchen aus schwer schmelzbaren Metalloxyden zu ersetzen. Die Gesellschaft erwarb die Patente und nahm 1898 die Versuche mit der Lampe auf, deren schwierige konstruktive Ausgestaltung Jahre mühevoller Arbeit erforderte. Auf der Jahrhundertausstellung 1900 in Paris konnte das neue Licht zuerst der größeren Öffentlichkeit vorgeführt werden. Jetzt sind schon nahezu 9 Millionen Nernstlampen und Brenner abgeliefert.

1905/06 wurde es nötig, eine neue große Glühlampenfabrik an der Sickingenstraße zu erbauen. 15 700 qm Werkstattfläche stehen hier, auf 6 Stockwerke verteilt, zur Verfügung. 30 000 Lampen werden hier durchschnittlich täglich hergestellt. Neuerdings ist auch die Fabrikation von Metallfadenlampen eingeführt worden, die rund 70 vH weniger Strom brauchen als Kohlenfadenlampen.

Die Apparatefabrik. Bis 1887 genügten auch hierfür die Werkstätten in der Schlegelstraße. Als man dann aber den Bau von Dynamomaschinen und Elektromotoren aufnahm, mußte man daran denken, eine eigene große Maschinenfabrik zu errichten. Man erwarb die alte Weddingsche Maschinenfabrik an der Ackerstraße nebst den umliegenden Grundstücken und konnte hier 1888 den Betrieb eröffnen. Zunächst standen 3000 qm Werkstattfläche und 120 Arbeiter zur Verfügung. Ständig wurde die Fabrik ausgebaut, die zunächst 1905 in einem mächtigen Neubau am Gartenplatz ihren Abschluß fand. Im Geschäftsjahr 1906/07 verfügte die Apparatefabrik über 39 100 qm Werkstattfläche und in ihren 49 Arbeitssälen wurden 3000 Werkzeugmaschinen und über 6000 Angestellte beschäftigt. Der Wert des hier verarbeiteten Rohmaterials allein beträgt 11,5 Millionen M. Das Fabrikationsgebiet dieser Werkstätten ist außerordentlich mannigfach. Mehr als 15 000 verschiedene Artikel werden hier hergestellt. Neben Bogenlampen, von denen jährlich etwa 50 000 angefertigt werden, und den verschiedensten elektrischen Apparaten vom kleinsten Schalter bis zum Zusammenbau der großen Schalttafeln unserer Elektrizitätswerke werden hier Armaturteile der verschiedensten Art, Isoliermaterial, Leitungsmaterial sowie ferner Scheinwerfer, Instrumente, Röntgenapparate, Meßinstrumente u. a. m. hergestellt. Auch diese Fabrikation zeigt die strengste Durchführung der Massenfabrikation, was wieder die Festsetzung von Normalien zur Voraussetzung hat.

Die Maschinenfabrik. Die Maschinenfabrikation großen Stiles beginnt bei der A. E. G in den 90er Jahren zugleich mit der Einführung der elektrischen Kraftübertragung. 1895/96 errichtete die Gesellschaft auf dem an der Brunnenstraße und dem Humboldthain gelegenen Gelände eine große Maschinenfabrik, die durch eine elektrische Tunnelbahn mit der Apparatefabrik in der Ackerstraße verbunden wurde. Zunächst entwickelte sich in besonders großem Maße auch der Bau von Kleinmotoren, für die dann 1897 eine eigene Fabrik errichtet wurde, aus der jährlich etwa 30 000 Elektromotoren in einer Stärke von 0,5 bis 6 PS hervorgehen. Auch hier ist naturgemäß die Massenfabrikation unter weitgehender Benutzung von Normalien vollkommen durchgeführt. Die Werkstattfläche einschließlich der für den Apparatebau nötigen beträgt 90 300 qm, die Zahl der Angestellten rund 7500. Im letzten Geschäftsjahr 1907/08 wurden 47 726 Maschinen, Elektromotoren und Transformatoren gebaut mit einer Leistung von 993 842 KW oder 1 350 327 PS. Der Wert der Jahresproduktion beträgt über 50 Millionen M. Die stetig verbesserte Einrichtung der Fabrik in Organisation und Werkstattbetrieb kommt dadurch zum Ausdruck, daß die auf den Kopf des einzelnen Arbeiters entfallende Gütererzeugung sich mehrfach erheblich erhöht hat.

Die Dampfturbinenfabrik. Der Dampfturbine hat sich vom Jahre 1902 an das besondere Interesse der Gesellschaft zugewandt, weil man erkannte, daß sich mit dieser Form der Dampfausnutzung besondere Vorteile gerade im Zusammenarbeiten mit elektrischen Maschinen erreichen ließen. 1903 begannen die Vorarbeiten für den Bau von Dampfturbinen, zugleich wurde in den von der Union übernommenen Werkstätten an der Huttenstraße eine besondere Dampfturbinenfabrik eingerichtet, die im April 1904 mit 365 Arbeitern anfing und 6 Monate darauf schon 1055 Arbeiter beschäftigen konnte. Heute arbeiten über 2000 Arbeiter auf diesem Gebiete, und rund 570 Turbinen mit einer Leistung von 731 000 PS wurden bisher geliefert. Auch der Bau von den für die Turbine wichtigen Kondensationsanlagen wurde aufgenommen. Auch Schiffsturbinen sind mehrfach ausgeführt worden. Zurzeit werden 6 Torpedoboote der Reichsmarine mit diesen Turbinen ausgerüstet, von denen 3 in den Berliner Werkstätten, 3 vom Vulkan in Stettin ausgeführt werden.

Das Kabelwerk Oberspree. Als man Ende der 90er Jahre in der Elektrizitätsindustrie mehr und mehr dazu überging, Freileitungen durch unterirdisch verlegte Kabel zu ersetzen, und die zur Herstellung von elektrischem Leitungsmaterial dienenden Räume in der Apparatefabrik bei dem steigenden Bedarf nicht mehr genügten, errichtete die A. E. G. zwei Meilen oberhalb Berlins in unmittelbarer Nachbarschaft der gleichnamigen Zentrale der Berliner Elektrizitätswerke ihr Kabelwerk Oberspree.

Im Frühjahr 1898 konnte das Kupferwalzwerk, die Kabelfabrik, die Gummifabrik und die Abteilung für isolierte Drähte eröffnet werden. Von Jahr zu Jahr werden neue Betriebe angegliedert, so daß jetzt von dem 100 000 qm großen Gelände die halbe Fläche bebaut ist. 1899 kam zu der Starkstromkabelfabrik die für Telephonkabel hinzu, 1901 wurden das Blechwalzwerk und die Profilstangenpresserei gebaut, die Kupfer, Zink, Zinn und Aluminium in großen Mengen verarbeiten. Andere Abteilungen liefern Stahldrahtseile, Isolierrohre, künstliches Isoliermaterial, Pneumatiks. Außerordentlich mannigfach ist die Fabrikation im Kabelwerk mit seinen 5000 Angestellten, gewaltig auch der Verbrauch an Rohmaterial, das dank der günstigen Lage des Werkes an der Spree meist zu Schiff bezogen wird. Im Jahre 1907/08 verarbeitete das Kabelwerk 21 000 t Rohkupfer oder den 7. Teil von dem im gleichen Zeitraume in ganz Deutschland verbrauchten Kupfer.

Daß der Ort Oberschöneweide, der bei der Gründung des Werkes kaum 500 Einwohner hatte, jetzt nach 11 Jahren deren 19 000 zählt, spricht gleichfalls für Umfang und Bedeutung der Fabrik.

Die Automobilfabrik. 1902 begann man in den Werkstätten des Kabelwerks auch die ersten Versuche mit dem Bau von Selbstfahrzeugen, die dann schon im nächsten Jahre dazu führten, eine besondere Fabrik auf den Grundstücken an der Oberspree zu errichten. Den Verkauf der Automobile übernahm die hierzu neu gegründete Neue Automobil - Gesellschaft m. b. H. in Berlin. Der Absatz stieg in den nächsten Jahren so, daß man bereits 1905 wesentliche Erweiterungen treffen mußte. Insgesamt stehen heute rund 14 500 qm Werkstattfläche zur Verfügung. Im Geschäftsjahr 1906/07 wurden durchschnittlich 1000 Angestellte beschäftigt, und der Wert der Erzeugnisse betrug rund 4 Millionen M.

Wie ist nun heute die Organisation beschaffen, die diese gewaltigen Produktionsstätten zu gemeinsamer Arbeit zusammenschließt und sie zugleich mit den auf alle Erdteile verstreuten Millionen von Lieferanten und Abnehmern aufs engste verbindet?

An der Spitze steht ein Aufsichtsrat von 23 auf je 4 Jahre gewählten Mitgliedern, die als Leiter der Großindustrie, des Großhandels, der großen Verkehrsunternehmungen und dem Bankwesen angehören. Drei Aufsichtsratsmitglieder bilden einen engeren Ausschuß, dem bestimmte Funktionen zugewiesen sind, die eine möglichst bewegliche Organisation zur Voraussetzung haben, auch eine vorbereitende Tätigkeit fällt diesem Ausschuß zu. An der Spitze der Gesellschaft selbst steht ein aus drei Ingenieuren und drei Kaufleuten gebildeter Vorstand, dem wieder 40 Prokuristen zur Seite stehen. Die ganze Organisation der Gesellschaft geht dahin, durch möglichste Abgrenzung der einzelnen Machtbefugnisse das Gefühl der Verantwortlichkeit zu heben und es im Interesse eines schnell und sicher arbeitenden Betriebes nach Möglichkeit auch weiter auszubilden und zu stärken. So unterstehen auch den einzelnen Vorstandsmitgliedern bestimmte Dezernate, die sich aus der Gesamtorganisation entwickelt haben. Dem Generaldirektor, der an der Spitze des Vorstandes steht, unterliegen sämtliche allgemeine Angelegenheiten und die Personalien. Naturgemäß bildet er auch die letzte Instanz in allen Fragen. Als die Hauptgebiete des Vorstandes werden unterschieden die Absatzorganisation, die innere kaufmännische Verwaltung, die Fabriken, soweit sie nicht unmittelbar unter dem Generaldirektor stehen, die Zentralstationen und das Bahnengeschäft. Gemeinsam für alle Gebiete zu einer Zentralverwaltung vereinigt, sind die Kasse, die Buchhaltung, das Sekretariat, das juristische, literarische und Patentbureau, das Projektierungswesen und die Zentralverkaufsabteilung. Alle diese Abteilungen sind heute in dem von Messel zu einem der ersten sehenswerten Architekturwerke Berlins gestalteten Verwaltungsgebäude am Friedrich Karl-Ufer untergebracht.

Jede Fabrik hat an Ort und Stelle eine eigene Verwaltung, an deren Spitze zwei Fabrikdirektoren: ein Ingenieur und ein Kaufmann stehen. Durch seit Jahren bewährte Geschäfts- und Fabrikordnungen wird, soweit es erforderlich ist, der innere Betrieb sorgfältig geregelt. Eine besondere Abteilung, die einem Vorstandsmitgliede untersteht, überwacht die Handhabung der Geschäftsordnung und erledigt die zur Kontrolle notwendige allgemeine Statistik. Regelmäßige vierzehntägige Konferenzen geben Gelegenheit, die Erfahrungen auszutauschen und gemeinsame Angelegenheiten zum besten des Ganzen ausführlich zu besprechen. Besondere Einkaufskonferenzen suchen die Erfahrungen auf diesem wichtigen Gebiet zu ermitteln, die zu verwerten eine Zentraleinkaufstelle, die ein Bureau in London unterhält, berufen ist. In den sogenannten Werkzeugkonferenzen werden die Erfahrungen der einzelnen Werke über Werkzeugmaschinen und Werkzeuge ausgetauscht, Normalien werden festgesetzt, auch das Lohn- und Akkordwesen wird hier besprochen.

Die Angestellten teilen sich in Beamte, Hilfsbeamte, Unterbeamte, Wochenlöhner und Arbeiter. Die Arbeiter werden durch die Werkmeister angestellt, wobei der Arbeitsnachweis des Verbandes Berliner Metallindustrieller benutzt wird. Als Lohnsystem wird der Akkord durchweg bevorzugt, der unter Zugrundelegung sorgfältiger Kalkulation vorher festgesetzt wird. Die Lohnperiode geht vom Donnerstag morgen bis Mittwoch abend. Die Lohnbeträge werden am darauffolgenden Sonnabend ausgezahlt, wofür etwa wöchentlich rund dreiviertel Millionen Mark erforderlich sind. Dieser Geldbetrag, der in den erforderlichen Münzsorten mit Hilfe zweier Geldwagen Sonnabend früh von der Hauptkasse nach den Fabriken überführt wird, wiegt etwa 40 Ztr.

Jede Fabrik steht, was die Warenlieferung anbelangt, nur mit der Zentralverwaltung in Verbindung, der sie ihre gesamte Produktion zu berechnen hat. Mit den Abnehmern hat sie nur insofern zu tun, als sie nach Anweisung der Zentralverwaltung ihnen die betreffenden Waren zu überweisen hat. Die Verkaufsabteilungen bestellen monatlich die zu fabrizierenden normalen Artikel und verfügen je nach Bedarf über die Lagerbestände der einzelnen Fabriken. Naturgemäß ist bei dieser Organisation ein sehr lebhafter Verkehr zwischen den Fabriken untereinander und mit der Zentralverwaltung nötig. Daß man sich hier mit allen zur Verfügung stehenden Verkehrsmitteln zu helfen sucht, ist selbstverständlich. Ein umfangreiches Fernsprechnetz mit 9 Vermittlungsämtern, außerdem Ferndrucker und eine von Radfahrern und Automobilen besorgte rasch arbeitende Post stehen hier zur Verfügung.

Zu dieser großen Organisation, die den inneren Betrieb in erster Linie umfaßt, kommt nun das vielgliedrige Netz, mit dem nach und nach die in allen Kulturstaaten lebenden Abnehmer verbunden werden mußten. Hierhin gehören heute 32 Aktiengesellschaften und Gesellschaften mit beschränkter Haftpflicht, nebst 33 Installationsbureaus, 10 Ingenieurabteilungen im Inlande sowie 90 Bureaus im Auslande. Dazu kommen ferner 42 Vertretungen in außereuropäischen Ländern. Die Bureaus eines Landes stehen wieder unter einem Hauptbureau, das mit der Zentralabteilung in Berlin verbunden ist. Die Bureaus verkehren unmittelbar mit den Selbstverbrauchern, nur bei großen oder technisch neuen Aufgaben greift die Zentrale ein. Auch noch einige Agenturen in Europa sind aus früherer Zeit übrig geblieben, aber auch hier wird Wert darauf gelegt, die Fäden der Verwaltung in Berlin zusammenlaufen zu lassen, um sich nicht mehr als wünschenswert von den eigenen Vertretern abhängig zu machen. Für den Verkehr mit den Händlern, besonders mit den Installateuren, hat man noch eine besondere Verkaufsorganisation geschaffen, die streng von den Abteilungen für den Verkauf an Selbstverbraucher getrennt ist. Das hat den Vorteil, mit beiden Arten von Käufern unmittelbar verkehren zu können. Außerdem erhält man hierdurch gleichsam eine Absatzkontrolle, und die hierdurch hineingebrachten Interessengegensätze können gleichsam selbsttätig Organisationsfehler ausscheiden. Der Bau von Elektrizitätswerken und elektrischen Bahnen ist bei der Hauptverwaltung zentralisiert. Auf diesem Gebiet können also die auswärtigen Bureaus nur soweit mit tätig sein, als es sich um Einbringen von Bestellungen handelt. Von kleineren Anlagen erhalten sie häufig auch die Ausführung der Montage. Bei größeren Objekten werden besondere Bureaus an Ort und Stelle errichtet.

Mit 6 Beamten wurde die Gesellschaft begründet. Am 1. Oktober 1906 zählte man 6427, von denen 3935 in Berlin, 940 im übrigen Deutschland und 1552 im Auslande arbeiteten. Die Zahl der gesamten Beamten und Arbeiter beträgt heute rund 32 000.

Von dem Umfange der Geschäftsführung gibt auch die Zahl der heute von der A. E. G. in Berlin und in ihren Filialen geführten Konten, die heute 94 000 beträgt, eine deutliche Vorstellung.

Zahlen sehen nüchtern aus und sprechen sich leicht hin, aber suchen wir noch einmal am Schluß uns ein Gesamtbild von dem hier kurz geschilderten Entwicklungsgang zu machen, so sehen wir einen Organismus entstehen und wachsen, dessen Entwicklung auf unsere Phantasie wirken könnte wie ein Märchen unserer Kinderzeit. Kein Stoff, wie er auch heißen mag in der Welt, der nicht in irgendeiner Form in den Werkstätten der Gesellschaft verarbeitet wird, hier in seiner Form oder ganzen Beschaffenheit verändert zu Apparaten und Maschinen umgewandelt, wieder in die Welt hinausgeht. Aus aller Herren Länder kommt das Material und in aller Herren Länder geht es, nachdem Hunderte von Köpfen ihre geistige Arbeit, Tausende von Händen ihre körperliche Arbeit hineinverflochten haben. Welche Unsumme von technischer Arbeit steckt in den Maschinen und Apparaten, die die Gesellschaft zu ihrer Fabrikation benutzt und die sie im eigenen Betriebe fertigstellt. Die Entwicklung zu zeigen, die in technischer Beziehung all die vielen Gegenstände innerhalb der Werkstätten in den letzten 25 Jahren erfahren haben, hieße bedeutsame Kapitel aus der Geschichte der Elektrotechnik schreiben. Und neben dieser so hoch bewertbaren technischen Arbeit zahlreicher Ingenieure die gewaltige geistige Arbeit, die der gesamten Organisation und der kaufmännischen Leitung dieser Weltfirma zugrunde liegt. Hier ist ohne die Tradition eines Jahrhunderte alten Beamtentums für gänzlich neue Aufgaben und neue Ziele ein Bau geschaffen worden, der manchem alten Beamtenstaat wohl zum Muster und zur Nachahmung empfohlen werden könnte. Hier lag die Aufgabe vor, die Beziehungen von Tausenden von Rohstoffproduzenten und Lieferanten, von Tausenden von Abnehmern der fertigen Waren zu einem die Welt umspannenden Netz zu vereinigen.

Wie außerordentlich ist doch ein solches gewaltiges industrielles Unternehmen auch über die Grenzen hinausgewachsen, die man früher für unüberbrückbar hielt. Jeder aber, der tiefer eindringt in die Natur des Unternehmens, wird es fühlen lernen, wie sehr es sich auf den Wert der Persönlichkeit aufbauen muß. Nach Möglichkeit dem Tüchtigsten freie Bahn zu verschaffen, die Befähigsten zu finden wissen und ihrem Können und ihrer Tatkraft entsprechend sie frei schaffen zu lassen, ist das Geheimnis des großen Erfolges.

Nur in großen Zügen konnten hier die Fäden gezeigt werden, die offen zutage liegen, die sich in Namen und Zahlen ausdrücken lassen. Aber wie sehr hängt heute ein solch gewaltiges Unternehmen noch mit einer Unzahl anderer Faktoren zusammen, die unsichtbar und unwägbar nicht minder großen Einfluß haben. Einem lebenden Organismus vergleichbar ist es auch mit einem feinfühligen Nervensystem ausgerüstet, das jede wirtschaftliche Erschütterung, jede politische Bewegung fühlt und deshalb mit ihr rechnen muß. Die Leiter eines solchen Unternehmens gehören nicht zu jenen Bürgern Goethes, denen es ein harmloses Vergnügen macht, zu hören, wenn fern in der Türkei die Völker aufeinander schlagen. Das engmaschige Gewebe wechselseitiger Beziehungen aller Lebensäußerungen des

Menschen, das heute die Industrie über unsere Erde gebreitet hat, in Ordnung zu halten, ist heute eine der vornehmsten Aufgaben abwägender Staatskunst. Der alte Hansaspruch „Mein Feld die Welt" gilt heute auch für die Gesellschaft, deren Geschichte wir hier verfolgen konnten. Jugendfrisch und unternehmungsfroh wie sie heute am Anfang ihrer zweiten 25 Jahre der Zukunft entgegensieht, möge es ihr beschieden sein, an ihrem 50jährigen Jubelfeste über gleiche Erfolge zu berichten.

Literaturverzeichnis.

A. E. G. Berlin 1900, Historisch biographische Blätter. Berlin, Ecksteins biographischer Verlag.

Dr. Hermann Hasse, Die Allgemeine Elektrizitäts-Gesellschaft und ihre wirtschaftliche Bedeutung. (Heidelberg, Karl Winter, 1902.)

Dr. Emil Kreller, Die Entwicklung der deutschen elektrotechnischen Industrie und ihre Aussichten auf dem Weltmarkt. (Leipzig, Verlag von Duncker & Humblot, 1903.)

Dr. Friedrich Fasolt, Die sieben größten deutschen Elektrizitätsgesellschaften, ihre Entwicklung und Unternehmertätigkeit. Eine volkswirtschaftliche Studie. (Dresden-N., Verlag von O. V. Böhmert, 1904.)

Ingenieurwerke in und bei Berlin. Festschrift des Berliner Bezirksvereins deutscher Ingenieure 1906. S. 472 bis 481. Die Allgemeine Elektrizitäts-Gesellschaft.

Koch, Die Konzentrationsbewegung in der deutschen Elektroindustrie, 1907.

Westermanns Monatshefte. Juni 1908. Ein Vierteljahrhundert aus der Wirksamkeit der A. E. G. Von Franz Bendt.

Hochland Monatsschrift. Juni 1908. Organisation technischer Arbeit. Von Friedrich Dessauer.

Zahlreiche Aufsätze, die sich mit den technischen Erzeugnissen der A. E. G. beschäftigen, finden sich in erster Linie in der Zeitschrift des Vereins deutscher Ingenieure und in der Elektrotechnischen Zeitschrift (ETZ.).

Von größeren von der A. E. G. selbst herausgegebenen Denkschriften sind zu nennen:

Die Kraftübertragungswerke Rheinfelden (1896).

Elektrische Centralstationen, ausgeführt von der A. E. G. (1899).

Elektrische Straßenbahnen (1900).

Elektrische Kraftübertragung und Kraftverteilung (1901). Nach Ausführungen durch die A.E.G.

Das Kabelwerk der A. E. G. (1904).

Die Allgemeine Elektrizitäts-Gesellschaft 1883 bis 1908.

Adolf Knaudt
und die fabrikmäßige Herstellung von Böden, Well-
rohren und sonstigen Blechteilen für Dampfkessel.

Adolf Knaudt wurde am 15. Juni 1825 zu Boizenburg an der Elbe als Sohn eines wohlhabenden Kaufmanns geboren. Die Schulbildung, die er genoß, war so gut und so schlecht, wie man sie damals an solchen Orten erhalten konnte, teils Unterricht durch einen Hauslehrer, teils durch öffentliche und private Schulen. Im Anfang der 40er Jahre kam er nach Hamburg auf eine Privatschule, die ungefähr den Lehrplan hatte, den heute eine Realschule in den mittleren Klassen zeigt. Viel genutzt hat ihm diese Ausbildung nicht, wenigstens klagte er später oft darüber, daß er von den neueren Sprachen nichts gelernt und auch auf der Hochschule erst von der niederen Mathematik etwas Gründliches erfahren habe. Die Schulzeit wurde plötzlich durch den Hamburger Brand des Jahres 1842 beendet, der das Gebäude der Schule zerstörte. Knaudt trat dann als Werkstatt-Volontär in die Maschinenfabrik von Dr. Ernst Alban in Plau in Mecklenburg ein und wurde bald besonderer Liebling seines Lehrherrn, dessen große Bedeutung für die Technik heute wohl allgemein anerkannt wird. Mit Stolz erzählte Knaudt noch in späterem Alter, daß er schon 1845 mit an einem Wasserrohrkessel, einer neuen Albanschen Erfindung, gearbeitet habe. Alban hatte

Adolf Knaudt, geb. 1825, gest. 1888.

den Lehrlingen in Aussicht gestellt, daß der fleißigste und brauchbarste bei dieser Arbeit später die Bedienung des Kessels erhalten sollte. Knaudt erhielt das Amt als Kesselwärter und freute sich nicht wenig darüber. Im Betriebe aber machte ihm die Konstruktion des Kessels zunächst weniger Vergnügen, da er jeden Sonntag die Rohre in der Rohrplatte dichten mußte. Seine Abneigung gegen Wasserrohr-

kessel begann somit schon in den ersten Lehrjahren und rührte nicht nur aus der
späteren Zeit her, als er selbst Kesselbleche herstellte.

Mit diesen drei Monaten als Kesselwärter schloß Knaudt seine Tätigkeit in
der Albanschen Fabrik ab und bezog das Polytechnikum zu Wien im Herbst 1845,
wo er mit besonderem Eifer sich zunächst mit der Mathematik befaßte. Lehrer
der höheren Mathematik war hier der Professor Dr. Schulz von Strasenitcky,
dessen vorzügliche Lehrmethode und hohe Kenntnis der Integral- und Differential-
rechnung Knaudt noch später oft erwähnte. Im Jahre 1848 trat er während der
Wiener Revolution in die akademische Legion und beteiligte sich an den Straßen-
kämpfen. Nach Beendigung des Aufstandes gelang es ihm, Wien zu verlassen
und sicher seine Mecklenburgische Heimat zu erreichen. Die schlechten damaligen
Geschäftsverhältnisse machten es ihm zunächst unmöglich, eine passende Stellung

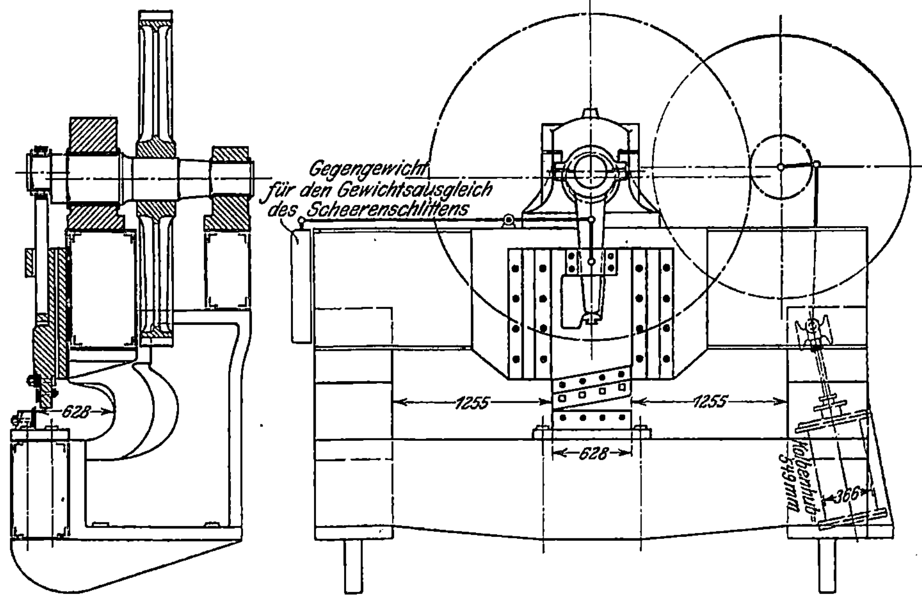

Fig. 1 und 2. Blechschere, erbaut 1862.

als Ingenieur zu finden. Er trat deshalb als Schlosser in die Webersche Maschinenfabrik in Berlin ein. Anfang der 50er Jahre eröffnete er mit seinem Studienfreund
Küderling eine chemische Fabrik in Duisburg, in der man blausaures Kali herstellte. Der Erfolg aber war so gering, daß Knaudt, der im Jahre 1853 geheiratet
hatte, austrat und das Geschäft seinem Teilhaber überließ, der es bis Ende der
60er Jahre noch weiterführte. Der Austritt aus diesem Geschäft hatte für Knaudt
unangenehme pekuniäre Folgen; er verlor fast sein ganzes, von seinem Vater ihm
vorgestrecktes Vermögen.

Im Dezember 1855 gründete Knaudt dann zu Essen mit dem Kaufmann Carl
Julius Schulz das Puddel- und Blechwalzwerk Schulz, Knaudt & Co. Knaudt
konnte nur 10 000 Taler einschießen, die er sich bei Verwandten geliehen hatte,
Schulz brachte 20 000 Taler ein und den Rest von 30 000 Talern legten die anderen
Teilhaber ein. Das Werk begann mit 5 Puddelöfen, 2 Schweißöfen, 2 Dampf-
hämmern und 1 Walzenstraße für Grobblech. Der Erfolg des Unternehmens blieb
nicht aus. Die ersten Jahre waren allerdings sehr schwer für das junge Werk.

Bei dem äußerst bescheidenen Kapital gelang es nur der ausgezeichneten finanziellen Dispositionsgabe von Schulz, das Unternehmen über Wasser zu halten. Knaudt, der seine Kraft und Fähigkeit nie überschätzte, wußte, daß Schulz ein gewandter Finanzmann war, daß ihm selbst aber kaufmännische Talente fehlten; Korrespondenz und Buchführung waren ihm ein Greuel, trotzdem er von der dringenden Notwendigkeit einer sachgemäßen Ausführung dieser Arbeit fest überzeugt war. Als in späteren Jahren geldliche Sorgen längst überwunden waren, hat Knaudt doch bei jeder Gelegenheit ausgesprochen, daß ohne seinen Teilhaber Schulz die Firma Schulz, Knaudt & Co. schon längst nicht mehr bestehen würde. Von vielen seiner Geschäftsfreunde, die nicht vorankommen konnten, hat er oft gesagt: Die Leute waren gute Techniker, sie haben aber nicht eingesehen, daß zur Nutzbarmachung ihrer Technik auch ein Kaufmann nötig ist. Sie haben nicht begriffen, daß wenn man als Techniker keine kaufmännischen Talente hat, man sich jemand, der diese Talente besitzt, zur Seite stellen muß.

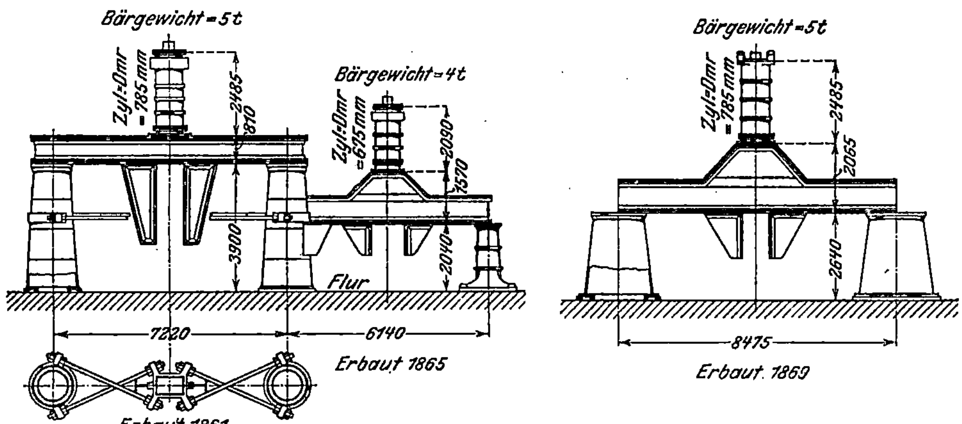

Fig. 3 bis 5. Dampfhämmer.

Trotz der ebengeschilderten beschränkten Mittel konnte man doch 1862 daran gehen, ein besonders wichtiges Werkzeug, eine große Schere, bei der Friedrich-Wilhelm-Hütte in Mülheim an der Ruhr zu bestellen. Der Grundgedanke zu dieser Konstruktion stammt von Knaudt. Er verwandte ein kurzes Messer von etwa 600 mm Länge und befestigte das Untermesser und die Führung des Obermessers an Blechträgern, wie Fig. 1 und 2 zeigen. Der Antrieb erfolgte durch eine besondere Dampfmaschine, da Dampf bei den damaligen Puddelwerken in Hülle und Fülle ohne besondere Kosten vorhanden war. Als die Friedrich-Wilhelm-Hütte eine zweite derartige Schere für ein anderes Blechwalzwerk baute, übersandte sie Knaudt eine noch vorhandene Photographie derselben und dankte ihm, daß er seinerzeit so viel an dem Entwurf mitgearbeitet habe. Die Schere ist heute noch auf dem Blechwalzwerk in Betrieb. Nur die gußeisernen Zahnräder wurden durch Zahnwinkelräder ersetzt, an Stelle der Dampfmaschine ist ein Elektromotor getreten.

Sehr bemerkenswert sind auch einige Dampfhämmerkonstruktionen, die von Knaudt selbst angegeben, bei der Essener Maschinenfabrik, die später in die Maschinenfabrik „Union", Essen, überging, ausgeführt wurden. Diese Hämmer ge-

hörten zu den ersten, deren Ständer statt aus Gußeisen aus zusammengenietetem
Grobblech hergestellt wurden. Die in Fig. 3 bis 5 dargestellten drei aufeinanderfolgenden Konstruktionen vom Jahre 1861, 1865 und 1869 lassen die stets fort-
schreitenden Verbesserungen erkennen. Der Dampf wurde durch Glockenventile
verteilt, sie arbeiteten ohne Oberdampf. Der Zylinder war durch eine dünne
schmiedeeiserne Scheibe geschlossen. Die Hämmer sind erst 1900 abgebrochen
worden, als das Flußeisen das Schweißeisen vollständig verdrängt hatte[1]).

Der Verschluß des zylindrischen Teiles der damaligen Kessel erfolgte durch
gußeiserne Böden oder durch flache Blechscheiben, die mit einem Winkelring an
dem zylindrischen Mantel befestigt waren. Hin und wieder krempte man die Böden

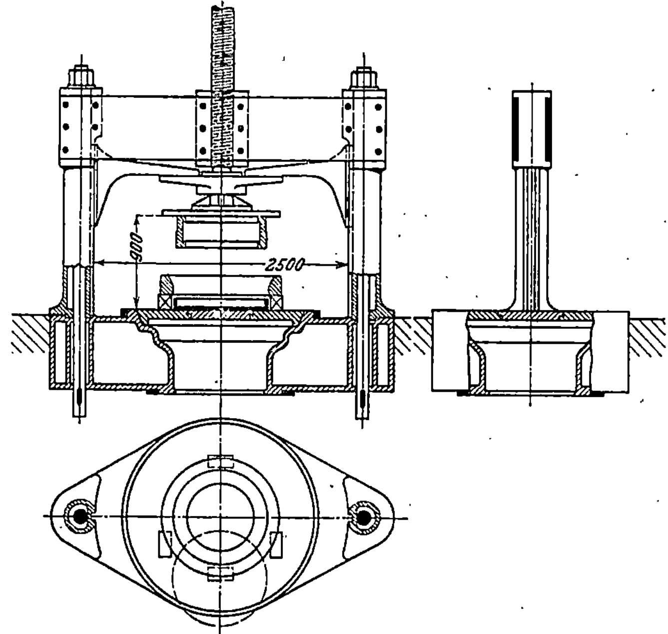

Fig. 6 bis 8.   Bodenpresse, erbaut 1864.

im Feuer mit der Hand, in einigen Kesselfabriken waren Pressen vorhanden, mit
denen man auf einmal den Boden umziehen konnte.

Knaudt baute Mitte der 60er Jahre eine Presse, deren Form und Abmessungen
die Fig. 6 bis 8 zeigen. Der Antrieb erfolgte durch ein Paar Kegelräder mit einem
Übersetzungsverhältnis von 152 : 13, welche durch eine liegende einzylindrige
Dampfmaschine (Hub 392 mm, Durchmesser 320 mm), die im Dachgebälk angebracht war, bewegt wurden. Auf der Pariser Weltausstellung 1867 konnte Knaudt
schon ebene und gewölbte Böden von 5 Fuß (1579 mm) Durchmesser ausstellen.
Schulz, Knaudt & Co. führten Normalien ein, derartig, daß man den äußeren Durchmesser um 3 Zoll (78 mm) steigern ließ, und gewöhnten ihre Kunden sehr bald
an diese Maße. Man konnte in Deutschland bald nur noch schwer Kesselbleche

---

[1]) Ohne Kenntnis dieser Knaudtschen Konstruktion hat dann ungefähr um die gleiche
Zeit A. Trappen, der langjährige Konstrukteur der Märkischen Maschinenfabrik, Wetter a. d.
Ruhr, diese schmiedeeisernen Gestellkonstruktionen ausgeführt (s. Matschoß, Entwicklung der
Dampfmaschine, Berlin 1908, Bd. II, S. 435).

verkaufen, wenn man solche Böden nicht mitliefern konnte, was zur Folge hatte, daß auch andere Walzwerke solche Pressen bauten. Die Firma John Cockerill in Seraing bei Lüttich lieferte Pressen, die mit Zahnstange und nicht mit Spindel betrieben wurden. Sehr bedeutend war der Umfang der Bödenfabrikation bei den anderen Werken nicht. Schulz, Knaudt & Co. waren weitaus die bedeutendste Bödenfabrik in den Jahren 1870 bis 1890, was mehr oder weniger zur Folge hatte, daß auch von Grobblechen eigentlich nur noch Kesselbleche hergestellt wurden und die sogenannten Sekundableche zu Behältern, Brücken, Schiffen usw. ganz in Fortfall kamen. Im Jahre 1868 unternahm Knaudt mit seinem Freunde Eduard Blaß[1]) eine Studienreise nach England, wo er in Crewe auch eine der ersten Umkehrmaschinen, Konstruktion von Ramsbottom, sah, und die Idee, eine Reversiermaschine zum Antrieb einer Blechstraße zu verwenden, mitbrachte. Nach Essen zurückgekehrt, entwarfen Blaß und Knaudt sogleich nach dem englischen Muster eine Umkehrmaschine, die in der Essener Maschinenfabrik ausgeführt wurde. Die Maschine hatte 942 mm Zylinderdurchmesser und 1412 mm Hub. Die Kolben-

schieberstangen waren mit Exzenterstangen durch Kulissen verbunden, die durch einen dampfhydraulischen Apparat bewegt wurden. Eine Umkehrmaschine für eine Blechstraße anzuwenden, galt damals in Deutschland noch als ein Wagnis. Ungefähr zur gleichen Zeit hat dann auch die Gutehoffnungshütte in Sterkrade eine Umkehrmaschine erbaut. Auch A. Trappen hat in der Märkischen Maschinenbauanstalt dann 1872 eine derartige Umkehrmaschine ausgeführt. Ferner lernte Knaudt in England zuerst die Siemens-Regenerativ-Öfen kennen. Im Winter 1870/1871 wurden 3 Öfen dieser Art zum Wärmen der schweißeisernen Pakete in Betrieb genommen, ferner die Reversierstraße mit Walzen von 8½ Fuß (2668 mm) Ballenlänge.

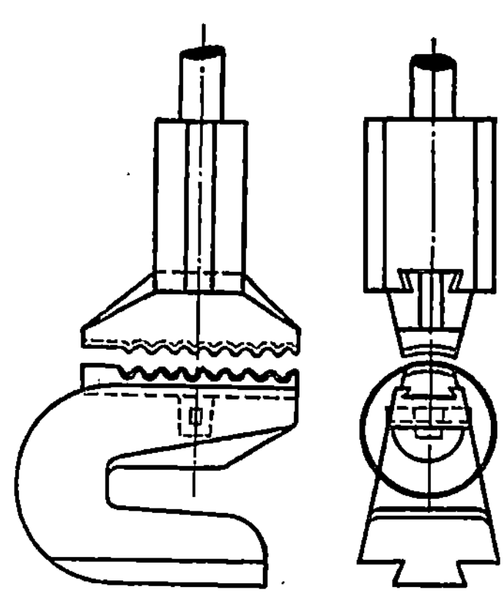

Fig. 9 und 10. Wellrohrpresse, erbaut 1870 von Fox in Leeds.

Im Jahre 1875, als nach einer Hochkonjunktur sondergleichen ein Tiefstand der Eisenindustrie eintrat, der ebenfalls ohnegleichen war, begann man, an die Fabrikate der Kesselblechwerke Ansprüche zu stellen, die man bisher nicht kannte. Schulz, Knaudt & Co. verstanden es nach harter Arbeit, diesen Ansprüchen zu genügen. Knaudt wurde bei dieser Arbeit durch seinen Betriebsingenieur Hörschgen wesentlich unterstützt. Eine Zerreißmaschine wurde beschafft, um Blechproben zu machen. Die Untersuchung von Kesselblechen mit einer solchen Maschine war vor 1875 ganz unbekannt.

Im Jahre 1878 zwischen Weihnachten und Neujahr erhielt Knaudt zuerst Kenntnis von der Erfindung eines Herrn Samson Fox, die gewellte Feuerrohre betraf, er trat mit ihm in Verbindung wegen Ankauf der kontinentalen Patente, mit Ausnahme der französischen. Am 21. März 1879 wurde der Kauf abgeschlossen, nachdem man ein von Schulz, Knaudt & Co. in Essen geschweißtes Rohr in England gewellt hatte. Die Einrichtungen, die Fox bei der Leeds Forge Co., Ltd., getroffen hatte, waren damals sehr bescheiden, um nicht zu sagen kümmerlich. In einen vorhandenen Dampfhammer hatte Fox Preßformen eingebaut, wie sie Fig. 9 und 10 zeigen, mit denen er das im Ofen glühend gemachte Rohr mit Wellen

---

[1]) Stahl und Eisen, 26. Jahrgang 1906, S. 774.

versah. Trotz dieser sehr rohen Maschine hatte man es in Leeds gelernt, verhältnismäßig gute Rohre zu machen, die den damals gestellten Ansprüchen vollkommen
genügten. Fox hatte damals ungefähr 50 Tonnen verkauft, die natürlich aus Schweiß-
eisenblech hergestellt waren, da man fest davon überzeugt war, daß man Stahl-
resp. Flußeisenbleche nicht schweißen könne. Schulz, Knaudt & Co. beschlossen
auf Veranlassung von Knaudt, gleich bei Beginn der ersten Verhandlungen, Wellrohre mit einer Walze zu machen, auf die Fox auch Patente besaß, die ebenfalls
Eigentum von Schulz, Knaudt & Co. wurden. Bei näherer Prüfung aber zeigte es
sich, daß diese patentierten Konstruktionen nicht brauchbar waren, und Knaudt
erfand andere Mittel, um diese Foxschen Patente zu ersetzen. Als Fox Ende der

Samson Fox, geb. 1838, gest. 1903.

80er Jahre mit der Einrichtung eines Wellwalzwerks selbst begann, benutzte er diese Knaudtschen Patente nicht, sondern ersann andere Konstruktionen, welche auch zufriedenstellend arbeiteten. Der Grund, warum Fox diese Walzen nicht baute, sondern mit dem Hammer arbeitete, lag einfach darin, daß seine Gesellschaft nicht Mittel genug besaß, um eine solche Maschine zu beschaffen oder doch das mit jedem neuen Verfahren verbundene Risiko nicht tragen wollte. Als Knaudt nun in den Verhandlungen Fox erklärte, daß man in Essen beabsichtige, eine Walze zu bauen und kein Stück Rohr mit dem Hammer machen wollte, war Fox derartig freudig überrascht, daß er Knaudt um den Hals fiel und rief: „This foreigner intends to try a thing, which my board of directors and my shareholders are frighten to do." Fox war ein Original, geboren in Leeds den 11. Juli 1838, wuchs er fast ohne alle Schulbildung auf, wie das damals in englischen Arbeiterkreisen allgemein

gebräuchlich war. Im Alter von 12 Jahren kam er in eine Spinnerei, um sein
Brot zu verdienen; mit 20 Jahren war er schon Vorarbeiter in der Maschinenfabrik Smith, Beacock & Tannett, Leeds; mit 40 Jahren war er Leiter der Leeds
Forge Co., Ltd., die er mit finanzieller Hilfe schottischer Schiffbauer gegründet
hatte; er starb den 24. Oktober 1903 als sehr wohlhabender Mann. Sein anderes
glücklich erfolgreiches Unternehmen außer den Wellrohren war die Einführung der
gepreßten Blechteile für den Eisenbahnwagenbau, die zuerst in Amerika im größeren
Maßstabe angewandt wurden.

Wie vorhin erwähnt, war es Schulz, Knaudt & Co. gelungen, in der Mitte der
70er Jahre die Fabrikation hochklassiger, schweißeiserner Bleche auf eine Höhe
zu bringen, die nicht überschritten wurde, da bald darauf Stahl und Flußeisen
das Eisen ablösen sollten. Knaudt wußte, daß man zu Wellrohren nur sehr gute
Bleche brauchen konnte, und Schulz, Knaudt & Co. beabsichtigten daher, den Markt

für ihre hochwertigen Bleche durch die Wellrohre wesentlich zu vergrößern. Darin
hatte sich allerdings Knaudt geirrt, wie noch später auseinandergesetzt werden soll.

Mit dem Bau der für die Wellwalzen notwendigen Anlagen wurde 1879 sofort
begonnen, dabei leistete Blaß vorzügliche Dienste. Er ergänzte Knaudt in aus-
gezeichneter Weise, der oft mit Bewunderung sah, welch kühne Konstruktionen
Blaß in Vorschlag brachte. Knaudt war es gegeben, mit feinem technischem Gefühl aus den Ideen seines Freundes das herauszunehmen, was praktisch unter Berücksichtigung der gegebenen Verhältnisse brauchbar war. Im Mai 1880 konnte
das erste gewalzte und gewellte Feuerrohr auf die Düsseldorfer Ausstellung geschickt werden. Seine Fähigkeit als Konstrukteur hatte Knaudt nicht überschätzt;
er hatte gezeigt, daß man ein Wellrohr mit einer Walze herstellen konnte; die nicht
zu vermeidenden Kinderkrankheiten der Walze dauerten nur einige Wochen.
Fig. 11 und 12 zeigen das Wellrohrwalzwerk. Die Unterwalze a wird durch die
Exzenter der Welle b gehoben, die durch Schraube und Kurbel von Welle c gedreht

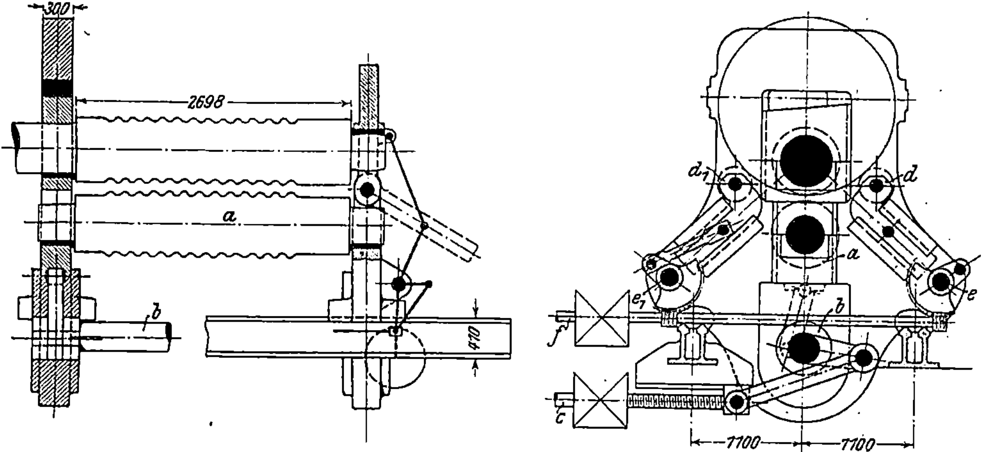

Fig. 11 und 12. Wellrohrwalzwerk.

wird. Die Seitenwalzen d_1 und d werden von den Wellen e und e_1 mit Kurbeln
und Schubstangen in Bewegung gesetzt. Diese beiden Wellen e und e_1 stehen mit
der Achse f durch Quadrant und Schnecke in Verbindung. Die ganze Anlage für
Fabrikation der Wellrohre war für damalige Verhältnisse sehr reich ausgestattet.
Das Gebäude von 50 × 50 m stand auf schmiedeeisernen Säulen. Ebenfalls schmied-
eisern waren die Längs- und Querträger, auf denen sich das hölzerne Dach aufsetzte.
Die Unterkante der Eisenträger lag 6,5 m über dem Fußboden. Die Umfassungs-
wände waren in ihren oberen 4 m ganz aus Glas, eine Bauart, die bald darauf sehr
modern wurde. Knaudt sagte damals, daß er hoffe, wenn alles gut ginge, Schulz,
Knaudt & Co. doch noch dazu kommen könnten, alle Jahre 1500 t Wellrohre zu
verkaufen. Im Jahre 1889, gerade 10 Jahre nach dem Ankauf der Foxschen Patente,
betrug die Produktion ungefähr 2000 t; im Jahre 1906 wurden in Deutschland ungefähr 17 000 t Wellrohre erzeugt. Die Schätzung von Knaudt, die man früher
als zu phantastisch verlacht hatte, war also doch recht vorsichtig gewesen.

In einem anderen Punkte aber hat er sich, wie schon oben erwähnt, vollkommen
geirrt. Die Wellrohre konnte man aus Schweißeisen nicht herstellen, da die besten
Bleche, auf die Knaudt sehr stolz war, durch die Wellen blasig wurden. Man sah

sich schon im Jahre 1882 gezwungen, Bleche aus Flußeisen zu walzen. Das Flußeisen wurde im sauren Ofen hergestellt und ließ sich sogar auch mit Koks ganz
gut schweißen. Nun hatten Schulz, Knaudt & Co. als Besitzer von 19 Puddelöfen
gar kein Interesse daran, Flußeisen in den Kesselbau einzuführen. Vom Flußeisen,
das sie ja als fertigen Block von den Stahlwerken kaufen mußten, wollten sie deshalb zunächst nichts wissen. Dieser Widerstreit der Interessen hat Knaudt sehr
angestrengt und seine Nerven auf eine harte Probe gesetzt. In den letzten Jahren
seines Lebens hat er deshalb meistens durchschnittlich im Jahr 3 Monate in einer
Kaltwasser-Heilanstalt zubringen müssen.

In der Fabrikation der Wellrohre war das Schweißen der Längsnaht besonders
schwierig. Die Naht mußte so gut sein, daß sie das Wellen aushielt. Die Leistung
aber eines Koksschweißfeuers war sehr gering. In 10 Stunden konnte man auf
einem Feuer mit einem Schmied und zwei Zuschlägern kaum 2 m Naht herstellen.
Man war überzeugt, daß man mit Gas mehr erreichen würde, aber verschiedene
Versuche hiermit waren fehlgeschlagen. Da erzählte Fox gelegentlich eines Be-
suches im Jahre 1881, daß in Birmingham jemand sei, der mit Gas Blech schweiße.
Der Erfinder, der für die Firma Lloyd & Lloyd eine solche Anlage ausgeführt
hatte, hieß Sutherland. Fox schloß mit diesen Leuten einen Kontrakt ab, infolgedessen man ihm gegen eine Entschädigung von 2,50 M für 1 t Rohre die Erlaubnis gab, seine Wellrohre nach ihrem Verfahren schweißen zu dürfen. Fox
übertrug dieses Recht ohne weiteres an Schulz, Knaudt & Co., soweit diese seine
Rohre herstellten. Das Schweißverfahren bestand darin, daß man Leuchtgas und
Luft in einem Blower mischte und in einem wassergekühlten Brenner zur Verbrennung brachte. Die Gefahr der Explosion hatte Sutherland dadurch vermindert,
daß er in der Rohrleitung anstelle der Krümmer Kreuzstücke einsetzte, deren
überschüssige Flanschen er durch eine Gummischeibe schloß, die bei einer Explosion durchschlagen wurde, wodurch verhindert wurde, daß die Rohrleitung
Schaden erlitt. Knaudt fuhr im November 1881 in Begleitung von Blaß nach England, um diese Einrichtung zu sehen, die außer bei den eben genannten Lloyd
& Lloyd auch bei Thomas Pigott in Betrieb war. Die letztere Firma benutzte
kein Retorten-Leuchtgas, sondern das sogenannte Wassergas des Amerikaners
Strong Lowe. Die Besitzerin der europäischen Patente dieses Amerikaners war
die schwedische Firma Europaiske Wetergas Aktie Bolaget.

Diese Gesellschaft hatte schon ganz erhebliche Summen zugesetzt, um einen
ihrer Öfen dauernd in Betrieb zu bringen. Bei Pigott schien dies zu gelingen, wenngleich öfters Störungen sich einstellten. Knaudt sah die Schäden des Wassergasofens und erkannte sofort, wie man sie abstellen könne. Schulz, Knaudt & Co.
erwarben die Lizenz zur Herstellung von Wassergas, und begannen sofort mit dem
Bau der Gasschweißerei und des Wassergasofens. Knaudt trennte die Regeneratoren
vom eigentlichen Wassergasofen; die Schweden hatten diese Teile zusammen in einem
großen vierkantigen Blechkasten untergebracht. Er gab jedem Teil eine kreisrunde
Form und umhüllte ihn außen mit einem Blechmantel. In die heißeste Stelle des
Ofens legte er einen Kühlring aus gekremptem Blech. Seine Änderungen erwiesen
sich als sehr vorteilhaft, doch stellte es sich bald heraus, daß die Regeneratoren leicht
zu Explosionen neigten. Als man einen Teil dieser Generatoren entfernt hatte und
die Steuerung durch den Blaßschen wassergekühlten Muschelschieber vornahm, ging
der Ofen sehr gut. Im Oktober 1882 waren diese Änderungen vollendet. Die Öfen
arbeiten heute noch nach mehr als 25 Jahren in derselben Art und Weise.

Die Schweißfeuer erhielten einen Dampfhammer, der maschinell bewegt wurde, gerade so wie der Wagen, welcher das Rohr trug. Zur Bedienung waren ein Schmied, ein Arbeiter und ein Junge erforderlich, 20 bis 30 m Naht wurden sehr oft in 10 Stunden hergestellt.

Im Jahre 1879 schweißten Schulz, Knaudt & Co. einige Feuerrohre auf dem Koksfeuer, die dann in England von Fox mit Wellen versehen wurden. Den Kessel, zu dem diese Rohre verwendet wurden, ließen Schulz, Knaudt & Co. für ihren eigenen Betrieb bauen. Er hatte 30 Fuß (9416 mm) Länge, einen Durchmesser von rund 7 Fuß (2100 mm), das Rohr maß 1200 bei 1300 mm im Durchmesser. Knaudt beschloß, den Boden so starr wie irgend möglich zu machen und verstieß damit gegen die bekannte Regel, daß bei Ein- und Zweiflammrohrkesseln um die Rohrlöcher herum eine unversteifte, elastische Ringfläche von etwa 200 mm Breite sein soll. Die Kesselfabrik, die den Kessel in Auftrag erhielt, machte auf die Unterlassung aufmerksam und lehnte Garantie für diese Ausführung ab, als Knaudt darauf bestand, seine Idee zur Ausführung zu bringen. Er war der Ansicht, daß der notwendige Längenausgleich zwischen Mantel und Rohr nicht von der Stirnwand, sondern von dem elastischen Wellrohr geleistet werden müßte, da er der festen Überzeugung war, daß das Rohr diese Eigenschaft besaß. Die Fig. 13 und 14

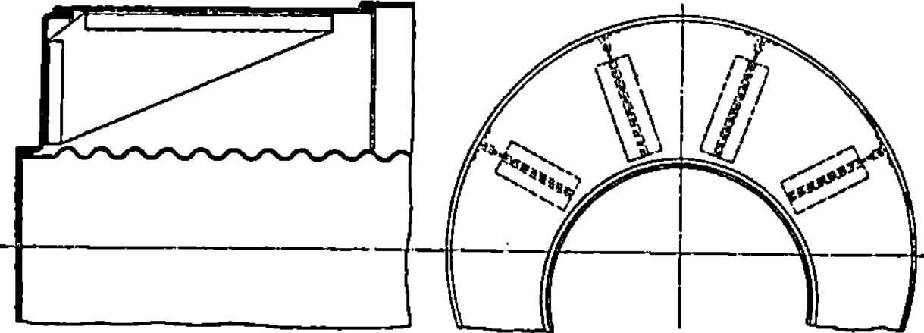

Fig. 13 u. 14. Stirnboden und Versteifung des ersten deutschen Wellrohrkessels, angefertigt 1879.

zeigen die Anordnung der Verankerung. Die Ergebnisse im Betrieb ließen erkennen, daß man sich in den Eigenschaften des Wellrohrs nicht getäuscht hatte, und Schulz, Knaudt & Co. empfahlen daher den Kunden, die Wellrohre kauften, die Böden so starr wie möglich zu verankern. Bei dem damaligen niedrigen Dampfdruck, der 6 at kaum überstieg, vermochte man Feuerrohre mit äußerem Druck in Durchmessern bis zu 800 mm wohl noch ohne Hilfe von Wellrohren herzustellen, aber bei größeren Rohren von 1000 mm und mehr mußte man Wellrohre nehmen. Um nun den allgemein herrschenden Zweiflammrohrkesseln zu begegnen, schlug Schulz, Knaudt & Co. seinen Kunden vor, ein großes Rohr an Stelle der zwei kleinen zu nehmen, und dieses nicht in die Mitte des Kessels zu legen, sondern seitlich. Man suchte auf diese Idee ein Patent zu erlangen, es stellte sich aber heraus, daß derartige Konstruktionen schon früher ausgeführt und veröffentlicht waren. Trotzdem wurde der Seitrohrkessel von Schulz, Knaudt & Co. im Interesse ihrer Wellrohre weiter empfohlen und fand allgemeine Aufnahme.

Nun war es schon damals eine allgemein bekannte Tatsache, daß man Böden durch Wölben leicht stark versteifen konnte. Knaudt benutzte dies und versuchte im Jahre 1884 die Böden für die Seitrohrkessel als gewölbte Böden mit eingezogenem Loch herzustellen. Er war sich klar, daß man dies Verfahren nur bei Wellrohren benutzen konnte, und daß sich bei allen glatten, unelastischen Rohren nur Mißerfolge zeigen würden. Die Böden, deren erster 2200 mm Durchmesser hatte, wurden bald sehr gern gekauft. Die Stemmkanten von Rohr- und Mantelflansch waren parallel, die ganze Verankerung fiel weg, und die Arbeit der Kesselfabriken wurde sehr vereinfacht; bald machte niemand mehr Wellrohrkessel mit glatten, versteiften Böden. Im Jahre 1885 wurden allein 200 Stück gewölbte Böden von 2200 mm Durchmesser abgesetzt. Schulz, Knaudt & Co. lieferten diese Böden von 2200, 2000 und 1800 mm Durchmesser und sie hüteten sich sehr, von diesen vorgesehenen Maßen abzugehen, damit die Kundschaft daran gewöhnt würde, und man ließ sich sogar lieber Aufträge entgehen, wenn verlangt wurde, daß man die Maße auch nur etwas änderte. Man beabsichtigte, durch diese Art und Weise Normalien zu schaffen, um dann die Böden und Rohre auf Vorrat herstellen zu können. Aus denselben Gründen hatte man auch in allen Preislisten die Durchmesser der Wellrohre um je 50 mm steigen lassen. Letzteres ist wohl heute noch allgemein gebräuchlich, die andere Absicht aber mit den Normalien für Böden hat sich nicht einbürgern können.

Die vorhin erwähnte Bodenpresse erwies sich im Laufe der Zeit als zu klein und zu schwach. Knaudt ließ daher 1883 von der Maschinenfabrik Deutschland in Dortmund, deren Leiter Lichthardt er durch Blaß kennen gelernt hatte, eine neue Presse bauen, Fig. 15 und 16. Den Hub der Presse hatte man von 900 auf 2000 mm vergrößert. Die größte Weite zwischen den Ständern betrug fast 3600 mm statt 2500 mm. Auffällig ist es entschieden, daß Knaudt damals nicht hydraulischen Antrieb anwandte, sondern Schraube und Rad beibehielt. Obwohl er sich klar darüber war, daß der hydraulische Antrieb kommen werde, überschätzte er besonders die Störungen, die durch Frost etwa eintreten könnten. Maschinelle Hebezeuge, ohne die man heute gar nicht mehr arbeiten könnte, waren damals noch sehr

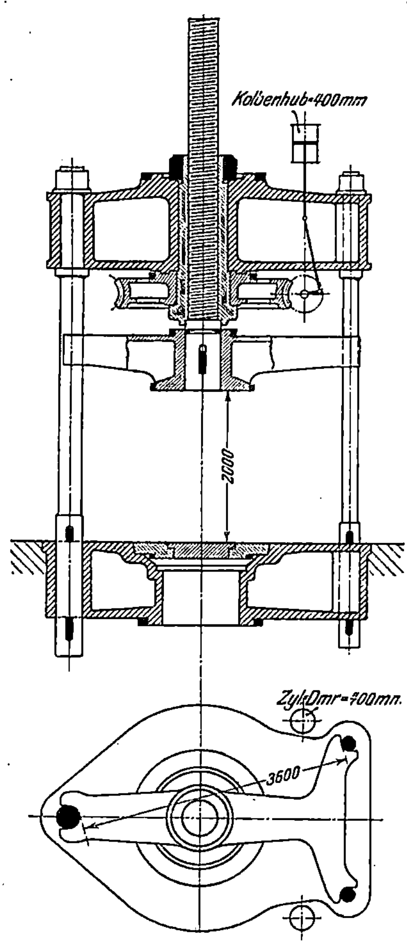

Fig. 15 u. 16. Bodenpresse, erbaut 1883.

wenig entwickelt. Die einzelnen Blechtafeln, Böden und Wellrohre waren eben wesentlich kleiner und leichter wie heute. Kesselfabriken vermieden es, Bleche von mehr als 500 kg zu benutzen, da sie sonst hohe Überpreise zahlen mußten. Die Wellrohre hatten eine größte Länge von 2300 mm. Der größte Boden, der maschinell auf einmal am Rande umgezogen wurde, maß 2300 mm im Durchmesser. Bei diesen Abmessungen ergaben sich Höchstgewichte, die man im Notfall noch mit der Hand bewegen konnte, während die durchschnittlichen Gewichte sich schnell und leicht mit Menschenkraft bewältigen ließen.

Die im Jahre 1870 erbaute Walze von 2668 mm Ballenlänge war mittlerweile auf 2900 mm vergrößert worden. Die Ständer und sonstigen Teile, welche man nicht geändert hatte, waren dadurch recht schwach geworden. Knaudt begann im Jahre 1884 mit dem Bau einer Straße von 3500 mm, die er noch mit der vorhin erwähnten Umkehrmaschine treiben ließ. Er war der Meinung, daß man über diese Walzenlänge im praktisch regelmäßigen Betrieb nicht hinauskommen würde, da die damit hergestellten Bleche die größten waren, die man ohne besondere Schwierigkeiten noch bei dem feststehenden Ladeprofil der Eisenbahn befördern konnte. Für den Landkesselbau hat Knaudt für die nächsten 20 Jahre Recht behalten, den Schiffskesselbau hat er nicht für so bedeutend gehalten, daß von ihm auch nur in etwa eine Walzenstraße von mehr als 3500 mm Länge angemessen beschäftigt werden könnte. Er hat sich darin getäuscht, denn es gab schon einige Jahre später verschiedene Walzwerke, die Bleche lieferten, die man nur auf einer 4 m-Straße machen konnte.

Im Jahre 1888 den 13. Dezember starb Knaudt plötzlich an einem Nervenschlag. Sein Mitarbeiter Schulz war schon 1886 nach jahrelangem, schwerem Leiden, das seine Arbeitsfähigkeit stark vermindert hatte, verschieden. Die Erben der beiden Männer verwandelten das Werk in eine Aktiengesellschaft. In die Verwaltung traten zwei Söhne der beiden Verstorbenen, der eine in den Aufsichtsrat, der andere in den Vorstand. Die beiden Familien waren bei der Gründung die alleinigen Besitzer aller Aktien und haben nur einen Teil davon auf den Markt gebracht, viele Jahre war deshalb die Majorität bei der Generalversammlung immer in ihrer Hand. Diese Aktiengesellschaft hat in den ersten 19 Jahren ihres Bestehens etwa 9,7 vH Dividende abgegeben, dabei stieg die höchste Produktion auf 40 000 t, also ungefähr das Dreifache, wie bei Knaudts Tode, während der Bilanzwert der Maschinen usw. nur wenig gewachsen war. Die Herstellung des Schweißeisenbleches wurde nur noch bis 1899 fortgeführt; von 1885 an war die Menge des Puddeleisens stetig gefallen und die des Flußeisens gestiegen. Ein Konkurrenzwerk ging bei dieser Umwandlung von Schweiß- zu Flußeisen ganz ein; ein zweites wurde von einem größeren Stahlwerk aufgenommen, und ein drittes verbaute zu Neuanlagen von 1890 bis 1900 ungefähr gerade so viel Geld, wie Schulz, Knaudt ihren Aktionären an Dividenden gezahlt haben.

Im Jahre 1907 beschloß das Blechwalzwerk Schulz, Knaudt A.-G. sein Werk von Essen an den Rhein zu verlegen. Man begann mit dem Bau eines Stahlwerks, dem ein neuzeitiger Aufbau der Essener Anlagen folgen soll.

Die Lebensarbeit Knaudts war erfolgreich. Er hat nicht nur selbst den Lohn seiner Arbeit erhalten, sondern auch ein Arbeitsfeld hinterlassen, das sich in einem ausgezeichneten Zustand befand. Die Arbeiterzahl betrug 750, die bebaute Grundfläche ungefähr 20 000 qm, an flüssigen Mitteln war ungefähr eine Million M vorhanden. Das Glück und die stetig fortschreitende Technik haben ihn nicht immer begünstigt, denn sie zerstörten ihm das Schweißeisen, gaben ihm allerdings Böden und Wellrohre, wodurch der Verlust wieder ausgeglichen wurde. Hat Knaudt auch keine Erfindungen gemacht, welche patentiert wurden, sondern andere Patente erworben oder bekannte Sachen benutzt, so ist es doch seiner Arbeit zu danken, daß die Allgemeinheit Nutzen von diesen Neuerungen hatte. Er sah mit seinem praktischen Blick die Bedürfnisse seiner Zeit und trug dem Rechnung. Auf alle Fälle kann man behaupten, daß Knaudts Arbeit den deutschen Landkesselbau einen wesentlichen Schritt voran gebracht hat; wie bedeutend er ist, mag man daraus ersehen, daß bei allen anderen Nationen dieser Schritt auch später getan wurde oder daß sie heute im Begriff sind, ihn zu tun.

6*

Herons des Älteren Mechanik.

Von

Professor 𝔇r.-𝔍ng. Th. Beck, Darmstadt.

M. Rühlmann sagt in seinen „Vorträgen über Geschichte der technischen Mechanik", Leipzig 1885, auf Seite 22: „Über Mechanik fester Körper verfaßte Heron zwei verschiedene Werke. In dem ersten ‚Mechanica' zeichnete er die elementare Theorie der sogenannten fünf einfachen Maschinen und führte diese auf die Theorie des Hebels zurück .... Im zweiten Werke ‚Barulkon' behandelte Heron das Problem des Archimedes, darin bestehend, ‚ein beliebiges gegebenes Gewicht mittels einer beliebigen gegebenen Kraft zu bewegen'"; und auf der folgenden Seite sagt Rühlmann: „Von dem Barulkon soll eine arabische Bearbeitung in drei Büchern von Costa ben Luca vorhanden sein und eine von Golius besorgte lateinische Übersetzung in der Bibliothek zu Leyden aufbewahrt werden. — Leider scheint auch Martin nicht das Glück gehabt zu haben, von dem Barulkon oder Barulcus gehörig Einsicht nehmen und eine Übersetzung liefern zu können, indem er sich in bezug auf den Gegenstand in folgenden Worten äußert: „Ainsi, ce qu'il faut espérer, c'est que la traduction arabe et la traduction latine des trois livres du ‚Barulcus' ne sont pas ensevelis pour toujours dans la bibliothèque de Leyde."

Der hierin ausgesprochene Wunsch ist inzwischen erfüllt worden. Eine französische Übersetzung der erwähnten arabischen Handschrift wurde 1893 im Journal asiatique durch Carra de Vaux veröffentlicht. Andere arabische Abschriften desselben Werkes wurden dann in den Bibliotheken des Britischen Museums in London, der Aja Sofia in Konstantinopel und des Khedive in Kairo gefunden, und nach Vergleichung aller dieser Handschriften erschien im Jahre 1900 die deutsche Übersetzung: „Herons Mechanik und Katoptrik", herausgegeben von L. Nix und W. Schmidt, bei Teubner in Leipzig, der wir das Folgende entnehmen, als zweiter Band der Gesamtausgabe von Herons Werken.

Im ersten Bande dieser Gesamtausgabe, der die Pneumatik und das Automatentheater Herons enthält, gibt W. Schmidt verschiedene Gründe an, die dafür sprechen, daß Heron viel später gelebt hat, als man bisher anzunehmen pflegte. Im 24. Kapitel des I. Buches von Herons Mechanik findet sich die Stelle: „Posidonius, ein Stoiker, hat den Schwer- und Neigungspunkt in einer naturgemäßen Definition bestimmt." Da nun der Stoiker Posidonius aus Apamea, der Lehrer Ciceros, etwa bis zur Mitte des ersten Jahrhunderts v. Chr. lebte, kann Heron nicht früher gelebt haben. Auch findet sich ziemlich am Schlusse der Mechanik die Beschreibung einer Schraubenpresse mit feststehender Mutter, deren Schraube direkt auf die Mitte des Preßdeckels drückt, und da Plinius in seiner „Historia naturalis" sagt: „Innerhalb der letzten 22 Jahre sind Pressen mit kleinen Preß-hebeln und kleinerem Preßhause erfunden worden mit kürzerer Spindel, die auf die Mitte des Preßdeckels gerichtet ist, den man auf die Weintrestern legt", und Plinius dieses Werk im Jahre 77 n. Chr. dem Kaiser Titus überreichte, so ist an-zunehmen, daß Heron später als 55 n. Chr. schrieb. Es ist auch immer aufgefallen, daß Vitruv da, wo er die griechischen Schriftsteller aufzählt, die über Maschinen schrieben, Heron nicht nennt. Daß dieser aber früher als Claudius Ptolomaeus (Mitte des zweiten Jahrhunderts n. Chr.) lebte, ist wahrscheinlich, weil er in seinem Werke „Dioptra" bei einer geodätischen Aufgabe in betreff einer Mondfinsternis noch die nach der geographischen Lage und den Jahreszeiten verschiedenen Stun-den ($\frac{1}{12}$ Tag) zugrunde legt, während Ptolomäus stets nach Äquatorialstunden rechnete, und weil er, wie Vitruv und Plinius, den Erdumfang noch nach Eratho-stenes zu 252 000 Stadien annimmt, obwohl er den ersten Ansatz des Posidonius zu 240 000, oder den zweiten zu 180 000 Stadien hätte annehmen können. Ptolo-mäus brachte den zweiten Ansatz des Posidonius zur Geltung, und seiner Autorität würde Heron wohl gefolgt sein, wenn er mit ihm, oder nach ihm gelebt hätte. Aus diesen Gründen wäre anzunehmen, daß Heron etwa in der zweiten Hälfte des ersten Jahrhunderts nach Chr. gelebt habe, während es bisher üblich war, seine Lebenszeit in die zweite Hälfte des zweiten Jahrhunderts vor Chr. zu setzen.

Für die Echtheit des durch Kosta ben Luca überlieferten Textes spricht der Umstand, daß er alle Stellen enthält, die Pappus, als von Heron herrührend, an-führt. Pappus sagt aber von einer Stelle, sie sei dem Barulkos (Lastenzieher) und von den anderen, sie seien der Mechanica Herons entnommen. Der Titel, der zu Anfang und zu Ende eines jeden Buches des arabischen Textes steht, lautet: „Buch des Heron über das Heben schwerer Gegenstände", was dem griechischen „Barul-kos" so gut wie möglich entspricht, da die arabische Sprache zusammengesetzte Wörter nicht kennt. Daraus könnte man schließen, daß Heron diesem ganzen Werke den Titel „Barulkos" gegeben habe, und da er am Schlusse des ersten Buches desselben sagt: „Dies mag für das erste Buch der Einleitung in die Mechanik genügen", so könnte Pappus hieraus Veranlassung genommen haben, das Werk auch die „Mechanik" Herons zu nennen, sowie Eutokius bei Anführung einer Stelle aus diesem Buche hierdurch wohl bewogen wurde zu sagen, sie sei aus Herons „Einleitung in die Mechanik" entnommen.

Diesen Erwägungen von L. Nix und W. Schmidt möchten wir jedoch folgende zufügen: Das erste Kapitel des ersten Buches der arabischen Handschrift enthält die Beschreibung einer Winde mit vielen Zahnräderübersetzungen und steht mit der darauffolgenden Einleitung in die Mechanik in keinem Zusammenhange, son-dern scheint eine Ausarbeitung der Gedanken zu sein, die am Schlusse des 21. Ka-pitels des zweiten Buches der „Mechanik" ausgesprochen sind. L. Nix und W. Schmidt halten sie für eine eingeschobene Schülerarbeit. Pappus aber sagt zur Einleitung in die Beschreibung einer Winde derselben Art, aber mit anderen Räderübersetzungen, nachdem er von der schiefen Ebene gesprochen hat: „Zu derselben Lehre gehört das Problem, wie ein gegebenes Gewicht durch eine ge-gebene Kraft zu bewegen sei. Es ist dies die mechanische Erfindung des Archi-medes, welche ihn bewog, voll Freude auszurufen: Gib mir einen Ort, wo ich stehe, und ich werde die Erde bewegen. Dann hat Heron der Alexandriner in seinem Buche ‚Barulkos' die Konstruktion desselben sehr klar beschrieben. Noch ausführlicher behandelt er den Stoff in seiner ‚Mechanik' an der Stelle, wo er von den fünf Potenzen spricht", und da die hierauf folgende Beschreibung der Zahnradwinde die einzige Stelle ist, von der Pappus sagt, daß sie dem „Barulkos" entnommen sei, so kann man auch annehmen, daß das erste Kapitel des ersten Buches der arabischen Handschrift den „Barulkos", oder doch den wesentlichsten Teil desselben, und ihr übriger Inhalt die „Mechanik" Herons wiedergibt.

Zufällig ist auch der griechische Wortlaut dieses Barulkos oder Barulkosfragments am Ende der „Dioptrik" des Heron noch erhalten und lautet:

„Das gegebene Gewicht mit der gegebenen Kraft durch Anbringung von Zahnrädern (wörtlich: von gezahnten Trommeln) in Bewegung zu setzen. — Man verfertige ein Gestell in Form eines Kastens. In seine parallelen Längswände stecke man quer parallele Achsen, Fig. 1, in solcher Entfernung voneinander, daß die mit ihnen verbundenen Zahnräder nebeneinander liegen und ineinander greifen, wie wir zeigen wollen. — Das erwähnte Gestell sei $a\,b\,c\,d$. Darin bringe man quer eine leicht drehbare Achse $e\,f$ an. Mit dieser sei ein Zahnrad $g\,h$ verbunden, welches etwa den fünffachen Durchmesser von der Achse $e\,f$ hat. — Um die Einrichtung an einem Beispiele zu erläutern, betrage die zu bewegende Last 1000 Talente, die bewegende Kraft 5 Talente .... Wenn nun die an die Last gebundenen Seile durch ein in der Wand $a\,b$

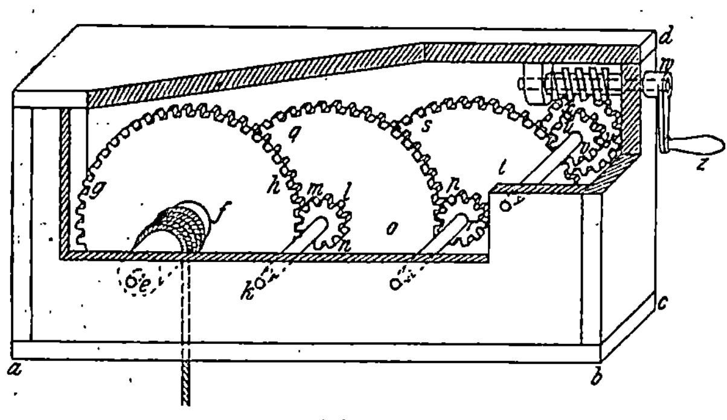

Fig. 1.

befindliches Loch um die Achse $e\,f$ gewickelt werden, so werden sie dadurch, daß sie sich aufwickeln, die Last heben. Damit sich aber das Rad $g\,h$ bewege, werden der Kraft mehr als 200 Talente zur Verfügung stehen müssen, da gemäß der Voraussetzung der Durchmesser des Rades das Fünffache des Durchmessers der Achse ausmacht. Dies ist in den Beweisen zu den fünf einfachen Maschinen dargetan. Nun haben wir aber nicht die Kraft von 200 Talenten, sondern nur 5. Darum bringen wir eine andere Achse $k\,l$ an, die der Achse $e\,f$ parallel und mit einem Zahnrade (Getriebe) $m\,n$ versehen ist. Auch $g\,h$ ist verzahnt, so daß seine Zähne in die des Rades $m\,n$ greifen. Auf dieselbe Achse sei ein Rad $q\,o$ befestigt, dessen Durchmesser ebenfalls fünfmal so groß ist, als der des Rades $m\,n$. Wer also die Last mit Hilfe des Rades $q\,o$ heben will, wird eine Kraft von 40 Talenten haben müssen ...."

Nachdem auf gleiche Weise noch eine Achse mit einem Getriebe und einem fünfmal so großen Rade $s\,t$ zugefügt ist, so daß an diesem eine Kraft von 8 Talenten wirken muß, heißt es weiter:

„In gleicher Weise setze man noch ein anderes Getriebe $u\,v$ neben das Zahnrad $s\,t$. Mit der Achse des Getriebes $u\,v$ sei ein Zahnrad $x\,y$ verbunden, dessen Durchmesser sich zu dem von $u\,v$ verhalte, wie die 8 Talente zu den 5 Talenten der gegebenen Kraft. Wenn wir nun den Kasten $a\,b\,c\,d$ mit diesen Einrichtungen hoch stellen und die Last an die Achse $e\,f$ hängen, die bewegende Kraft aber an das Rad $x\,y$, so wird keine von beiden sich senken .... Fügen wir aber noch ein kleines Gewicht zu einem derselben, so wird dieses sich neigen .... Wird daher der Kraft von 5 Talenten etwa ein Gewicht von einer Mine ($=^1/_{60}$ Talent) zugefügt, so wird sie über die Last das Übergewicht bekommen und dieselbe anziehen. Statt ein Gewicht zuzufügen, bringen wir neben dem Zahnrade $x\,y$ eine Schraube mit einer Windung an, welche in die Zähne des Rades paßt. Die Schraube drehe sich leicht um Zapfen, welche sich in runden Löchern befinden. Von diesen rage der eine auf Seiten der Wand $c\,d$, die neben der Schraube liegt, aus dem Kasten hervor. Der überstehende Teil, welcher vierkantig ist, erhalte eine Kurbel, mittels welcher man, sobald man anfaßt und dreht, die Schraube und das Rad $x\,y$ auch dreht ...., daher auch die mit $g\,h$ verbundene Achse $e\,f$. Wickeln sich um letztere die von der Last ausgehenden Seile, so bewegen sie dieselbe. Daß sie die Bewegung herbeiführen, ist nämlich daraus ersichtlich, daß noch eine andere Potenz, nämlich die Kurbel hinzugetan ist, welche einen Kreis beschreibt, der größer ist als der Umfang der Schraube."

Die starke Übersetzung durch die Schraube selbst bleibt hier, sowie bei Pappus und in dem später zu betrachtenden 29. Kapitel des II. Buches der „Mechanica", unberücksichtigt. Dies ist vielleicht der Grund, warum der letzte Absatz obiger Beschreibung in der Übersetzung des Kosta ben Luca abgeändert ist. Dieser bezeichnet das Rad, das an seinem Umfange eine Kraft von 8 Talenten erfordert, mit $r\,s$ und sagt:

„Richten wir also ein Zahnrad $t\,t_1$ ein, dessen Durchmesser das Doppelte des Durchmessers vom Rade $r\,s$ ist, und sei es auf einer Achse $g_1\,d_1$ befestigt, so benötigt das Rad $t\,t_1$ eine Kraft von 4 Talenten, so daß bei dieser Kraft ein Überschuß von einem Talent vorhanden ist, dessen man sich zur Überwindung des Widerstandes der Räder, der etwa eintritt, bedient."

Der gesperrt gedruckte erste Teil dieses Satzes ist fehlerhaft, vermutlich durch Auslassungen eines Abschreibers, und müßte etwa lauten:

Richten wir also ein Zahnrad $t\,t_1$ ein, dessen Durchmesser das Doppelte des Durchmessers von einem in das Rad $r\,s$ eingreifenden Rade ist, und sei es mit diesem auf einer Achse $g_1\,d_1$ befestigt, so benötigt das Rad $t\,t_1$ eine Kraft von 4 Talenten usw.

Was auf die hier angeführte Stelle in der arabischen Handschrift folgt, ist unwesentlich. Nach der angegebenen Korrektur erscheint die Änderung des Schlusses der vorliegenden Beschreibung als eine Verbesserung. Es ist zwar nach dem, was Heron später über die Anwendung der Schraube sagt, nicht zu bezweifeln, daß sie schon zu seiner Zeit als letztes Glied von Aufzügen benutzt wurde, um das Herabschießen der Last beim Niederlassen zu verhindern; allein wenn sie im vorliegenden Falle angewendet wird, sind so viele und starke Zahnradübersetzungen, wie sie Heron angibt, nicht nötig und nachteilig.

In der Folge werden wir die Kapitel von Herons Mechanik nur durch Zahlen bezeichnen.

2. bis 7. der arabischen Übersetzung enthalten Betrachtungen der Bewegungen ineinandergreifender Zahnräder und rollender Räder. In 8. wird der Satz vom Parallelogramm der Geschwindigkeiten, wie in den „Mechanischen Problemen" des Archimedes entwickelt. 9. bis 14. zeigen, wie man durch geometrische Konstruktion Flächen oder Körper so vergrößern kann, daß ihre Flächeninhalte oder kubischen Inhalte in einem gegebenen Verhältnis zueinander stehen.

In 15. wird ein Instrument, Fig. 2, beschrieben, womit man, ähnlich wie mit einem Storchschnabel, ebene Figuren verkleinern oder vergrößern kann. Es besteht: a) aus zwei auf einer Achse befestigten Stirnrädern, deren Halbmesser in dem Verhältnisse stehen, in dem die linearen Größen der gegebenen Figur verkleinert oder vergrößert werden sollen; b) aus zwei in diese Stirnräder eingreifenden parallelen Zahnstangen; c) aus einer um die Räderachse drehbaren Parallelführung für diese Zahnstangen, in welche die Zahnräder eingreifen; d) aus zwei Spitzen, die so auf den Zahnstangen befestigt sind, daß die Verlängerung ihrer Verbindungslinie durch die Räderachse geht, und ihre Entfernungen von dieser sich wie die Radhalbmesser verhalten. Stellt man die Parallelführung fest und dreht die Achse mit den beiden Stirnrädern, so verschieben sich die beiden Zahnstangen in der Weise, daß die beiden Spitzen und die Radachse immer in einer geraden Linie liegen und das Verhältnis der Entfernungen der Spitzen von der Radachse immer das gleiche bleibt. Stellt man daher anstatt der Parallelführung die Achse mit den Stirnrädern fest und beschreibt mit einer der Spitzen die gegebene Figur, so beschreibt die andere Spitze die gesuchte kleinere oder größere ähnliche Figur.

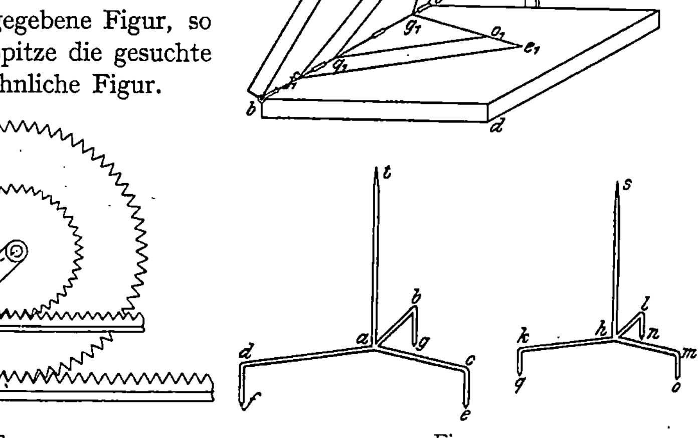

Fig. 2.

Fig. 3.

In 16. und 17. wird gezeigt, wie man durch geometrische Konstruktion ebene oder körperliche Figuren in demselben oder einem anderen Maßstabe an einen anderen Ort überträgt.

In 18. wird ein Apparat beschrieben, mittels dessen man eine körperliche Figur herstellen kann, die einer gegebenen ähnlich ist. Man verbinde zwei Holzplatten so durch Scharniere, daß eine Kante von jeder Platte mit der Scharnierachse zusammenfällt, Fig. 3. Die Größe der Platten sei der größeren der beiden ähnlichen Figuren angemessen. Auch sei eine Vorrichtung angebracht, wodurch man die Platten, wenn sie einen Winkel miteinander bilden, in dieser gegenseitigen Lage feststellen kann. Ferner mache man zwei Dreifüße aus Eisenstäbchen, $e\,f\,g\,a$ und $n\,o\,q\,h$, so daß die Spitzen ihrer Füße mit den Spitzen zweier ähnlicher Dreiecke zusammenfallen, deren korrespondierende Seitenlängen in demselben Verhältnis zueinander stehen, wie die linearen Abmessungen der gegebenen und der gesuchten körperlichen Figur. Auf jedem dieser beiden Dreifüße werde ein senkrechter, oben zugespitzter Zinnstab $a\,t$ und $h\,s$ befestigt, die leicht gebogen werden können und deren Spitzen dann doch genügend feststehen. Auf die eine der durch Scharniere verbundenen Platten zeichne man das Dreieck $e_1 f_1 g_1$, wie es durch die Fußspitzen des einen Dreifußes bestimmt ist, so daß die Dreieckseite $f_1 g_1$ mit der Scharnierachse zusammenfällt, und ziehe zur Seite $e_1 f_1$ eine Parallele $o_1 q_1$, so daß das Dreieck $o_1 q_1 g_1$ dem kongruent ist, das die Fußspitzen des anderen Dreifußes bestimmen. Man setze nun, wenn man die gegebene Figur verkleinern will, auf diese den größeren Dreifuß, markiere die drei Punkte, in denen die Fußspitzen aufsitzen und wähle drei ähnlich gelegene Punkte auf dem Körper, woraus die kleinere Figur hergestellt werden soll, so daß die Fußspitzen des kleineren Dreifußes darauf passen. Will man nun die Lage eines vierten Punktes, z. B. eines Augenwinkels dieser Figur, bestimmen, so biegt man den Zinnstab des Dreifußes, den man auf die Merkpunkte an der größeren Figur gesetzt hat, so, daß seine Spitze auf den betreffenden Augenwinkel derselben zu stehen kommt. Nachdem man dann die durch Scharniere verbundenen Platten aufgeklappt hat, setzt man die Fußspitzen dieses Dreifußes auf die Ecken des auf die eine Platte gezeichneten Dreiecks $e_1 f_1 g_1$, dreht die andere Platte so weit um die Scharnierachse, bis sie die Zinnspitze dieses Dreifußes in

dem Punkte m berührt, und stellt sie fest. Dann verbindet man m mit f_1 und g_1 durch gerade Linien und zieht durch q_1 eine Parallele mit $f_1 m$, welche die Linie $m g_1$ in r schneidet. Dann sind die dreiseitigen Pyramiden $e_1 f_1 g_1 m$ und $o_1 q_1 g_1 r$ ähnlich und stehen in demselben Verhältnis zu-

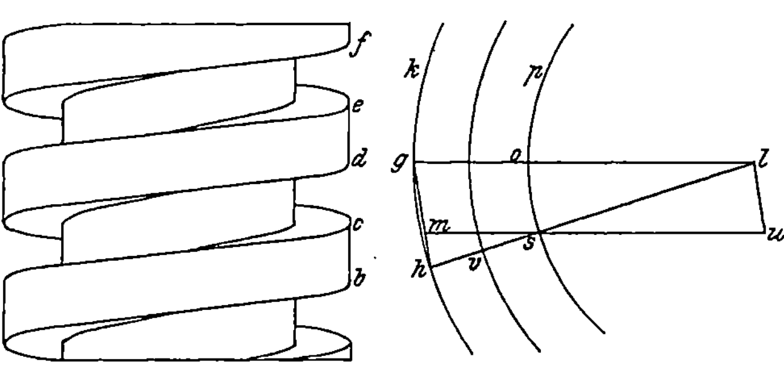

Fig. 4.

einander, wie die gegebene zu der gesuchten Figur. Setzt man daher die Fußspitzen des kleineren Dreifußes auf die Punkte $o_1 q_1 g_1$ und biegt seinen Zinnstab so, daß dessen Spitze auf den Punkt r trifft, so gibt diese Spitze die Stelle des betreffenden Augenwinkels der gesuchten Figur an, sobald man die Fußspitzen dieses Dreifußes wieder auf die drei Merkpunkte an dem zu bearbeitenden Körper setzt. Ebenso bestimmt man andere Punkte der herzustellenden Figur.

In 19. wird zuerst gesagt, wie man dieses Verfahren abändern muß, um eine der gegebenen symmetrische Figur zu erhalten, und dann fährt Heron fort:

„Wie man an einer Scheibe Zähne von bestimmter Anzahl anbringt, die in eine bekannte Schraube eingreifen, wollen wir jetzt auseinandersetzen .... Die Schraube sei $a b$, Fig. 4, und ihr Gewinde nicht linsenförmig (d. h. nicht Spitz- sondern Flachgewinde). Die Abstände der Schraubenflächen $c d$, $d e$, $e f$ seien einander gleich, so wollen wir eine Scheibe mit 20 Zähnen finden, die in die Schraubengänge eingreifen. — Wir nehmen einen Kreis $g h k$ von beliebiger Größe mit dem Mittelpunkte l an, teilen seinen Umfang in 20 Teile, wovon $g h$ einer sei, verbinden die Punkte $g h$, $l h$, $l g$ und nehmen die Linie $m g$ gleich einer der Linien $c d$, $d e$, $e f$ an, ziehen durch den Punkt l eine Parallele $l u$ zu $g h$ und machen sie gleich $m g$. Verbinden wir m mit u, so wird $m u$ die Linie $l h$ in einem Punkte s schneiden. Ziehen wir nun um den Mittelpunkt l mit dem Radius $l s$ einen Kreis $s o p$, so ist

s o ein Zwanzigstel dieses Kreises, weil der Bogen *g h* ein Zwanzigstel des Kreis-
umfanges *g h k* ist (und *g h : g l = o s : o l*).

Der Kreis *s o p* ist aber der innere Kreis (der Verzahnung). Den zu bestimmen-
den (äußeren) Kreis erhalten wir, wenn wir die Linie *l s* um den Betrag *s v* der
Tiefe der Schraubengänge entsprechend verlängern und mit dieser ganzen Länge *l v*
einen Kreis um den Mittelpunkt schlagen. Wie nun die Schiefe der Zähne auf der
Stirnseite des Rades sein muß, damit sie in die Höhlung des Schraubengewindes
eingreifen, wollen wir jetzt auseinandersetzen.

Nehmen wir ein Rad an, und sei die Entfernung der Zähne (d. h. die Weite
der Zahnlücken) *a b*, Fig. 5, und die (Weite der) Schraubenhöhlung *c e* zwischen
zwei (auf der Mantelfläche der
Schraube gezogenen) der Grundfläche des Zylinders parallelen
Linien *c f* und *e d*. — Wir nehmen nun zwei aufeinander senkrecht stehende Linien *g h* und *h k*
an, machen der (Kreisbogen-
länge) *e d* die Linie *g h* gleich
und *h k* gleich *c e*, verbinden *g*
mit *k* und ziehen eine Linie *a l*,
die auf dem Rade (d. h. auf
seinen Seitenflächen) senkrecht
steht, machen *h m* gleich *a l* und
ziehen *m n* parallel *g k*, machen
l s gleich *h n* auf dem anderen
Kreise des Rades, verbinden *s*
mit *a* und teilen den Kreis *l s*
von *s* aus gemäß der Anzahl der

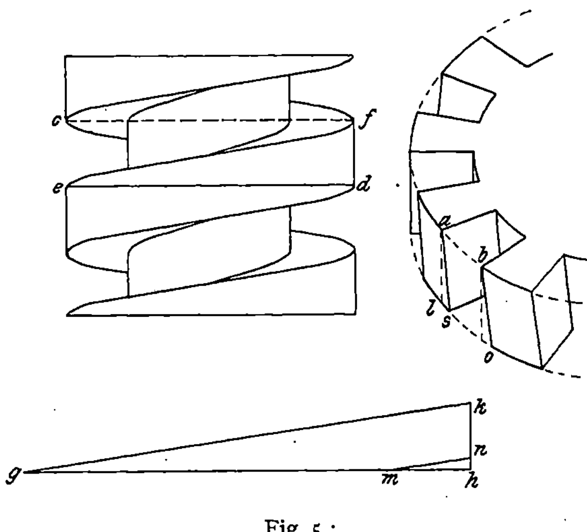

Fig 5.·

Zähne. Es sei *s o* ein solcher Teil. Ziehen wir nun *b o*, so ist die Zahnlücke durch
die beiden Linien *b o* und *a s* bestimmt. Ebenso geschehe es mit den übrigen
Zähnen."

Die beiden folgenden Kapitel handeln von der Reibung. 20. zeigt, daß jede
Last, die mit vollkommen glatter Fläche auf einer vollkommen glatten, wagrechten
Ebene ruht, durch jede geringe Kraft bewegt werden kann. 21. sagt: Gewässer
fließen auf einer im geringsten geneigten Ebene ab, weil ihre Teile nicht zusammen-
hängen, sondern leicht trennbar sind, und fährt fort:

„Weil aber zusammenhängende Körper ihrer Natur nach auf ihren Oberflächen nicht glatt sind und sich nicht leicht (vollkommen) ebenen lassen, so kommt
es von der Rauhheit der Körper, daß einer den anderen stützt, und daher kommt
es wieder, daß sie sich aneinander anlehnen, wie Zahngetriebe, so daß man sie
(durch die nun anzugebenden Mittel) daran hindert .... Man zog die Lehre hiervon aus der Erfahrung. Man fing nämlich an, unter die „Schildkröten" (Schleifen
oder Schlitten) Holzstücke zu legen, deren Oberflächen zylindrisch geformt sind
(d. h. Walzen), die nur einen kleinen Teil der Ebene berühren, weshalb nur die
allergeringste Reibung eintritt. Nun benutzte man Pfähle (d. h. Schwellen als
Unterlagen der Last), damit sich die Last leicht auf den Walzen bewegen läßt,
obgleich sich die Last um das Gewicht des Gerätes (d. h. ihrer Unterlagen) vermehrt. Andere befestigen gehobelte Bretter auf dem Boden wegen ihrer Glätte

und beschmieren sie mit Fett, damit die darauf befindlichen Rauhheiten geglättet werden, und bewegen dann die Last mit ganz geringer Kraft ...."

In 22. wird gezeigt, daß die Kraft mindestens der Last gleich sein muß, um sie senkrecht in die Höhe heben zu können. 23. lautet:

„Was die auf schiefen Ebenen befindlichen Lasten angeht, so haben sie, wie alle anderen Körper, das Bestreben, nach unten zu gehen. Wenn es sich nicht so verhält, müssen wir auch hier an die bereits erwähnte Ursache (die Reibung) denken. Nehmen wir an, wir wollten eine Last auf einer schiefen Ebene nach oben bewegen. Diese sei, ebenso wie der von ihr unterstützte Teil der Last, glatt. Zu dem angegebenen Zwecke müssen wir zunächst auf der anderen Seite eine Kraft oder ein Gewicht anbringen, das der Last das Gleichgewicht hält .... Die Richtigkeit unserer Behauptung wollen wir an einem gegebenen Zylinder erweisen. Da kein großer Teil des Zylinders den Boden berührt, hat er das Bestreben, herabzurollen .... Legen wir durch die Linie, womit der Zylinder die schiefe Ebene berührt, eine zum Horizont senkrechte Ebene, so teilt sie den Zylinder in zwei ungleiche Teile, wovon der kleinere nach oben (d. h. nach dem oberen Ende der schiefen Ebene hin) und der größere nach unten liegt. So hat der größere das Übergewicht über den kleineren, und der Zylinder rollt. Denken wir uns von dem größeren Teile den Betrag seines Übergewichtes über den kleineren weggenommen, so halten sich die beiden Teile im Gleichgewichte .... Wir bedürfen also eine dieser Differenz äquivalente Kraft, die den Zylinder hält. Wenn aber dieser Kraft ein geringer Überschuß zugefügt wird, so erlangt sie das Übergewicht über die Last."

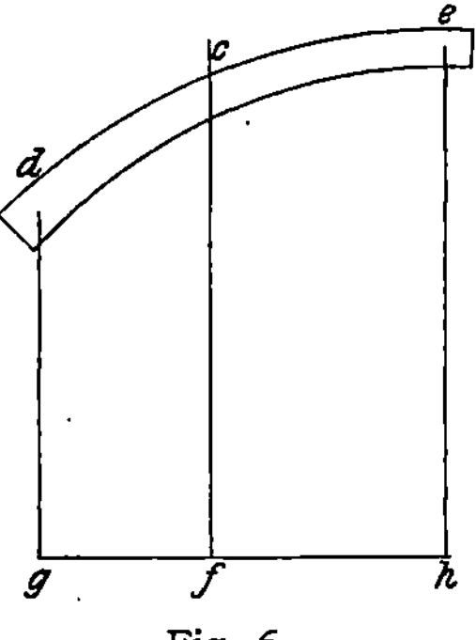

Fig. 6.

24. handelt von den Begriffen Schwerpunkt, Aufhängepunkt, Aufhängung und Stützung. In 25. bis 31. wird gezeigt, wie sich das Gewicht eines wagerechten Balkens auf mehrere ihn unterstützende Säulen, je nach ihrer Stellung, verteilt, und welche Vermehrung die Belastung der Säulen durch Gewichte erfährt, je nachdem diese an verschiedenen Stellen des Balkens angehängt werden. 32. weist darauf hin, daß der Satz: „Wenn bei Wagen die Gewichte sich das Gleichgewicht halten, stehen sie im umgekehrten Verhältnis der Abstände ihrer Aufhängepunkte vom Drehpunkte" nur richtig ist, wenn die unbelastete Wage im Gleichgewicht ist. 33. lautet:

„Manche haben gedacht, daß die umgekehrte Proportionalität bei unregelmäßigen Wagen nicht vorhanden sei. Denken wir uns also einen verschieden schweren und dichten Wagbalken von irgendeinem Material, der sich im Gleichgewichte befindet, wenn er in dem Punkte c, Fig. 6, aufgehängt ist. Wir verstehen hier unter Gleichgewicht die Ruhe und das Verharren des Wagbalkens, auch wenn er nach irgendeiner Seite geneigt ist. Dann hängen wir in beliebigen Punkten d und e Gewichte an, nach deren Aufhängung der Balken wieder im Gleichgewichte ist. Archimedes hat nun bewiesen, daß auch in diesem Falle sich Gewicht zu Gewicht umgekehrt wie Abstand zu Abstand verhält. Was nun die unregelmäßigen Körper angeht, bei denen der Abstand (des Drehpunktes vom Aufhängepunkte) geneigt ist, so müssen wir uns dabei Folgendes vorstellen: Es werde der bei dem Punkte c befindliche Aufhängefaden nach f verlängert und durch den Punkt f die Linie $g f h$ senkrecht zu dem Faden gezogen. Da sich nun

die beiden an den Punkten d und e befindlichen Fäden $d\,g$ und $e\,h$ ebenso verhalten (d. h. auch senkrecht auf $g\,h$ stehen), so ist $f\,h$ der Abstand zwischen der
Linie $c\,f$ und dem im Punkte e aufgehängten Gewichte, und bei der Ruhe der Wage
verhält sich die im Punkte e aufgehängte Last zu der im Punkte d aufgehängten
wie $f\,g$ zu $f\,h$.“

Daraus ist ersichtlich, daß Heron schon einen Begriff von dem hatte, was
Leonardo da Vinci den potentiellen oder den eingebildeten Hebel (lieva spirituale)
nannte. Auch geht dies aus dem folgenden Kapitel 34 hervor, welches lautet:

„Es sei eine runde Scheibe oder eine Rolle auf einer Achse, die um den Mittelpunkt a, Fig. 7, beweglich ist, gegeben. Ihr Durchmesser $b\,c$ sei dem Horizont
parallel. Hängen wir nun in den Punkten b und c zwei Fäden auf, an denen gleiche
Gewichte hängen, so zeigt sich uns, daß sich die Rolle nach keiner Richtung dreht.
. . . . Sei nun das bei d befindliche Gewicht größer als das bei e, so zeigt es sich,

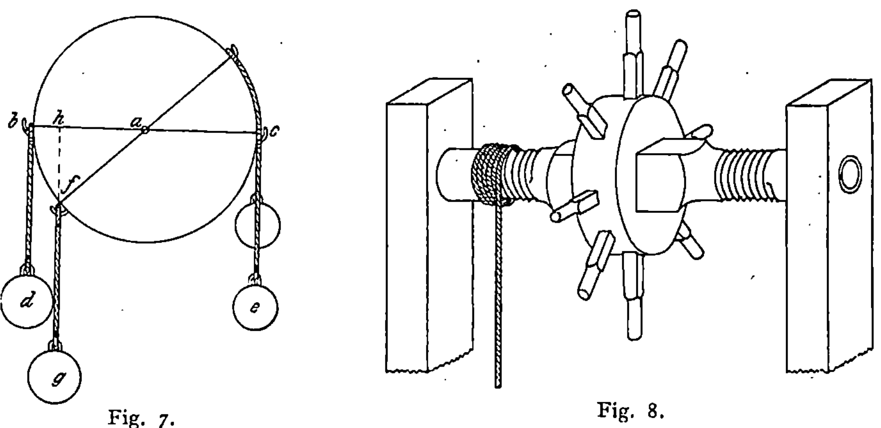

Fig. 7.   Fig. 8.

daß die Rolle sich bei b neigt und der Punkt b sich samt dem Gewichte senkt.
Nun müssen wir erfahren, an welcher Stelle das größere Gewicht d zur Ruhe kommt,
wenn es sinkt.“

Es wird nun darauf hingewiesen, daß sich der Faden $c\,e$ teilweise auf die Rolle
wickelt und immer vom Punkte c senkrecht herabhängt, während d, wenn es bis g
herabgesunken ist, nur noch den Abstand $h\,a$ von der Senkrechten durch den Dreh-
punkt hat, und daß Gleichgewicht eintritt, wenn $a\,c$ sich zu $a\,h$ verhält wie das
Gewicht g zum Gewichte e.

Darauf folgt die Schlußbemerkung: „Dies mag für das erste Buch der Einleitung in die Mechanik genügen. Im folgenden werden wir von den fünf Potenzen
handeln, mittels derer Lasten bewegt werden . . . .“

Im 1. Kapitel des II. Buches werden die fünf Potenzen aufgeführt, nämlich
die Welle mit dem Rade, der Hebel, der Flaschenzug, der Keil und die Schraube,
und dann wird gesagt: „Die Welle mit dem Rade wird in folgender Weise hergestellt: Man nimmt ein hartes vierkantiges Holz, macht seine Enden durch Ab-
hobeln rund, Fig. 8, und befestigt passend gearbeitete Ringe von Kupfer darauf,
so daß sie, wenn sie in runde, mit Bronze ausgefütterte Löcher in einem unbeweg-
lichen Gestelle gesteckt werden, sich leicht darin drehen. Das beschriebene Holz
nennt man die Achse. Mitten um die Achse wird ein Rad (wörtlich: eine Trommel)
gelegt, das mit einem der Achse entsprechenden viereckigen Loche versehen ist,

so daß die Achse und das Rad sich miteinander drehen .... Dann machen wir zu beiden Seiten des Rades eine schraubenförmige Nute (in die Achse), auf welche sich die Seile wickeln. In die Stirnseite des Rades machen wir Löcher, deren Zahl sich nach dem Bedürfnisse richtet, so daß man Spillen darin anbringen und das Rad mit der Welle drehen kann ...."

Die in 2. und 3. enthaltenen Beschreibungen des Hebels und des Flaschenzuges können wir übergehen. In 4. wird gesagt:

„Die vierte Potenz ist der Keil. Sie wird bei manchen Werkzeugen der Parfümeriebereitung (Pappus sagt: beim Pressen von Salben) und beim Verleimen in der Tischlerei gebraucht. Ihre Anwendungen sind vielerlei, am häufigsten aber gebraucht man sie, um Steine, die man brechen will, auf ihrer unteren Seite loszuspalten. Hierbei wirkt keine der anderen Potenzen, wenn sie auch alle vereinigt würden. Der Keil wirkt hier ganz allein. Seine Wirkung beruht auf dem Schlage, der ihn trifft, wie er auch geartet sein mag, und seine Wirkung hört nicht mit dem Schlage auf, was dadurch klar wird, daß häufig ein Geräusch und ein Bersten dessen, was er spalten soll, durch ihn entsteht, ohne daß er geschlagen wird. Je spitzer der Winkel des Keiles ist, desto leichter ist mit ihm zu arbeiten, wie wir zeigen werden."

5. „Die fünfte Potenz ist die Schraube ,.. Sie ist ein gewundener Keil, den man aber nicht schlagen kann, sondern mittels eines Hebels bewegt."

Im darauffolgenden Absatze wird gezeigt, daß die Hypothenuse eines rechtwinkligen Dreieckes, das so um einen Zylinder gewickelt wird, daß seine eine Kathete auf einen der Grundfläche des Zylinders parallelen Kreis fällt, eine Schraubenlinie bildet, und dann wird weiter gesagt:

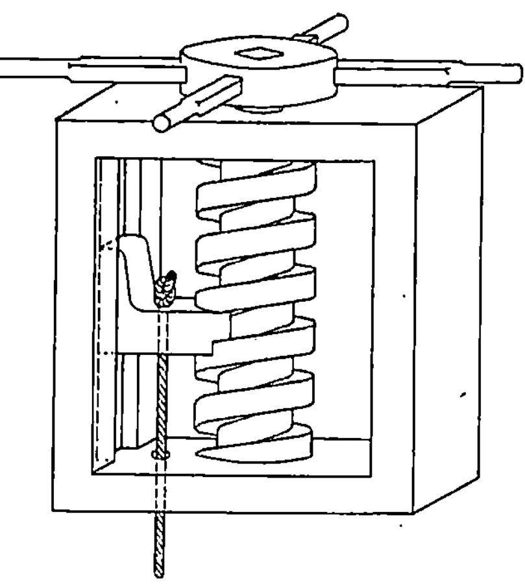

Fig. 9.

„Wenn wir nun die Schraube gebrauchen wollen, schneiden wir nach dieser auf den Zylinder gezogenen Schraubenlinie eine Rinne ein, die so weit in den Zylinder eindringt, daß wir das ‚Tylos‘ genannte Holz hineinfügen können. Dann benutzen wir die Schraube in folgender Weise: Wir versehen ihre beiden Enden mit einer glatten Rundung (Zapfen) und stecken sie in runde Löcher in festen Stützen, so daß sie sich in diesen Löchern leicht drehen läßt, Fig. 9. Dann bringen wir das ‚Kanōn‘ genannte Holz (die Geradeführung) senkrecht und parallel der Schraube an (bei Pappus liegt dagegen die Schraube wagrecht und der Kanon darüber). In diesem Kanon befindet sich auf der der Schraube zugekehrten Seite eine tiefe, kanalartige Rinne. Die eine Seite des Tylos bringen wir in diese und seine andere Seite in die Schraubenrinne. — Wenn wir nun mit diesem Werkzeuge eine Last heben wollen, binden wir das eine Ende eines Seiles an diese und das andere Ende an den Tylos. Nachdem wir in das Ende der Schraube (d. h. in ihren Kopf) entgegengesetzte Löcher gebohrt haben, stecken wir Speichen hinein. Drehen wir damit die Schraube, so hebt sich der Tylos vermöge seiner Bewegung in der Schraubenrinne, und mit ihm hebt sich das Seil und die daran gebundene Last. Anstatt der Speichen können wir auch an dem außerhalb der festen Stütze befindlichen Ende der Schraube ein mit einer Handhabe versehenes Viereck (Schrauben-schlüssel oder Kurbel) anbringen, mit dessen Hilfe wir die Schraube drehen und die Last heben. Der Schraubengang, der sich auf dem Zylinder befindet, ist manch-mal viereckig (Flachgewinde) und manchmal linsenförmig (Spitzgewinde) ....“

6. „Wird die Schraube für sich allein angewendet, so geschieht es in dieser Weise; benutzt man sie aber in Verbindung mit einer anderen Potenz, nämlich der Welle mit dem Rade, so geschieht es in folgender Weise: Denken wir uns an dem Rade auf der Welle Zähne, während eine Schraube dem Rade entweder senk-recht oder wagrecht gegenübersteht. Die Zähne sollen in das Schraubengewinde eingreifen und die Enden der Schraube in zwei runden Löchern in zwei festen Stützen liegen, wie vorhin beschrieben, Fig. 10. An einem Ende der Schraube befinde sich ein über die feste Stütze hinausragender Fortsatz, worauf ein Viereck mit Handhabe (eine Kurbel) befestigt ist, oder wir bohren in diesen Fortsatz Löcher, in die wir Speichen stecken, womit wir die Schraube drehen. Wenn wir

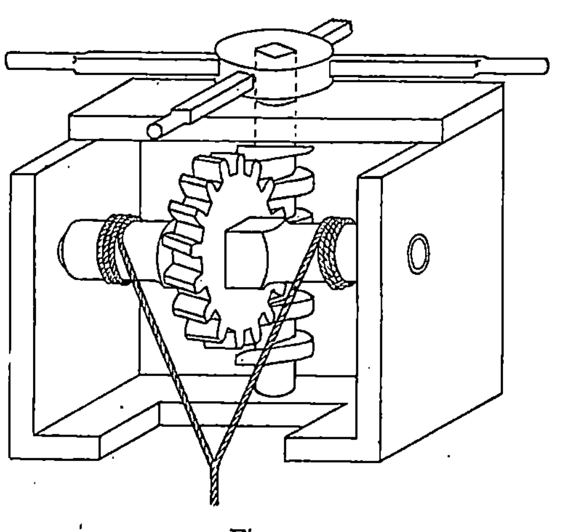

Fig. 10.

mit diesem Werkzeuge eine Last heben wollen, binden wir die an der Last be-festigten Seile zu beiden Seiten des Rades an die Welle. Dann drehen wir die Schraube, in welche die Zähne des Rades greifen, so wird sich das Rad mit der Welle drehen und die Last wird gehoben.“

Die Kapitel 7 bis 17 enthalten theoretische Betrachtungen über die vier ersten Potenzen, ausführlichere Angaben über das Aufzeichnen der Schraubenlinien auf den Zylinder und weitere Ausführung des Gedankens, daß die Schraube als ein gewundener Keil zu betrachten sei. In 18. wird gesagt: „Wenn ein Rad mit Zähnen in die Grube einer Schraube greift, bewegt die Schraube das Rad bei jeder Um-drehung, die sie macht, um einen Zahn weiter .... So viele Zähne also an dem Rade sind, so viele Umdrehungen macht die Schraube, bis das Rad eine Umdrehung gemacht hat.“

19. „Wenn sich die Schraube dreht, bewegt sich der Tylos nach dem im 5. Kap. Gesagten und hebt die Last in gerader Richtung. Dieser Tylos muß, wenn die Schraube nicht bewegt (d. h. losgelassen) wird, ruhig und fest stehen bleiben .... d. h. dieses Holz darf nicht in der Schraubengrube gleiten, weil sonst die Last nach der Stelle niedergeht, von der sie gehoben wurde ...., daher müssen wir die Schraubengänge nahe aneinander legen, so daß sie nahezu der Grundfläche des Zylinders parallel werden, auf welchem die Schraube konstruiert wird .... Wenn aber die Gewindegänge der Schraube sehr steil sind, so daß sie nahezu der Seite des Zylinders parallel laufen, hält der Tylos, wenn man eine schwere Last daran hängt, oder eine große Kraft darauf drückt, die Drehung der Schraube auf und bewirkt (wenn diese losgelassen wird) eine der ersten entgegengesetzte Drehung (der Schraube). Hieraus erhellt, daß sowohl die Schraube den Tylos bewegen, als auch durch ihn bewegt werden kann .... Wenn die Schraubengrube sehr steil

ist, und der Tylos beim Aufhören der Schraubendrehung nicht festgehalten wird, bewegt er die Schraube, und wenn an dem nicht mit Gewinde versehenen Teile der Schraube ein Seil befestigt und an sein Ende ein Gewicht gehängt ist, heben wir das Gewicht, wenn wir den Tylos heben; wenn wir aber dann aufhören, ihn zu heben (d. h. ihn loslassen), ruht das Gewicht und bleibt hängen, denn das Holz stellt sich (der Drehung) der Schraubengrube entgegen .... Wenn aber in dem Zylinder keine Schraubengrube, sondern der Seite des Zylinders entlang ein Kanal (d. h. eine gerade Nute) angebracht ist, so bildet der Tylos einen ganz besonderen Widerstand für den Kanal ...."

In 20. wird gesagt, das Rad auf der Welle, der Hebel und der Flaschenzug müßten zum Heben sehr großer Lasten so umfangreich gemacht werden, daß sie schwer auszuführen wären, und das Kapitel schließt mit den Worten: „Überlegen wir, wie diesem Hindernisse abzuhelfen ist."

21. „.... Nehmen wir an, wir wollten zuerst eine große Last mittels des Rades auf der Welle durch eine kleine Kraft bewegen, ohne daß jenes Hindernis eintritt. Die Last sei 1000 und die Kraft 5 Talente .... Bringen wir die Welle, worauf sich das an der Last befestigte Seil wickelt, bei *a*, Fig. 11, an, und sei das darauf sitzende Rad *b* .... Den Durchmesser des Rades machen wir fünfmal so groß als den der Welle. Dann muß die das Rad bewegende Kraft, die der Last von 1000 Talenten das Gleichgewicht hält, 200 Talente sein; die angenommene Kraft ist aber nur 5 Talente .... Machen wir daher eine gezahnte Welle *c*, die in die Zähne des Rades *b* eingreift .... Befinde sich ferner auf der Welle *c* ein Rad *d*, dessen Durchmesser z. B. das Fünffache

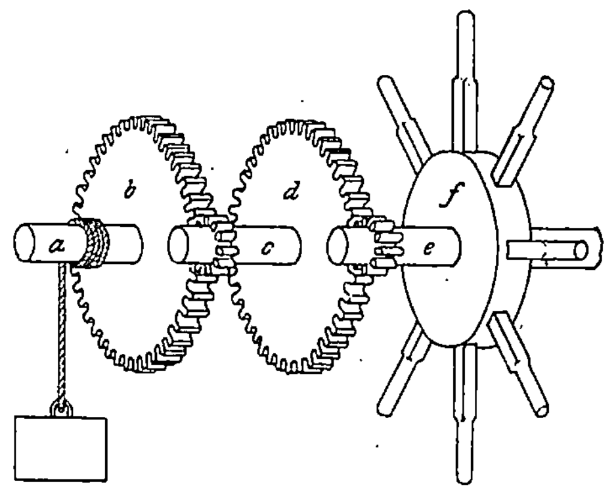

Fig. 11.

desjenigen der Welle *c* sei, so muß die Kraft an dem Rade *d*, die der Last das Gleichgewicht hält, 40 Talente sein. Nehmen wir dann noch eine gezahnte Welle *e* an, die in dieses Zahnrad greift, so wird die bewegende Kraft an *e* ebenfalls 40 Talente sein. Ist nun noch ein Zahnrad (eigentlich ein Spillen- oder Speichenrad) *f* vorhanden, das auf der Welle *e* festsitzt, und ist sein Durchmesser das Achtfache des Durchmessers der Welle *e*, weil die Kraft von 40 Talenten das Achtfache von 5 Talenten ist, so wird die Kraft an *f*, die der Last von 1000 Talenten das Gleichgewicht hält, 5 Talente sein, wie sie gegeben war. Damit aber die Kraft das Übergewicht über die Last erhalte, müssen wir das Rad *f* ein wenig größer machen. Wenn wir dies tun, überwindet die Kraft die Last.

Wenn wir bei diesem Vorgehen noch mehr Räder anwenden wollen, müssen wir dasselbe Verhältnis (d. h. dieselbe Gesamtübersetzung; vgl. B. I, Kap. 1) anwenden.

Durch die Welle mit dem Rade läßt sich auf diese Weise eine bekannte Last bewegen. Wenn wir aber die Räder nicht verzahnen wollen, winden wir um die Achsen und Räder Seile (d. h. wir befestigen ein Ende eines Seiles auf einem Rade, wickeln es darum und befestigen sein anderes Ende auf der folgenden Achse, wie es Vitruv bei einem Kran beschreibt)[1]). Die Anbringung der Achsen und Räder

---

[1]) Siehe Th. Beck, Beiträge zur Geschichte des Maschinenbaues, S. 43, Fig. 43.

dieser Art muß in festen Stützen (Gestellen) stattfinden, worin Löcher sind, in welche die Achsen eindringen. Diese Stützen müssen, wenn die Last gehoben wird, an einem festen, sicheren Orte errichtet sein."

22. „Bei diesem Werkzeuge und ähnlichen von großer Kraftentfaltung tritt aber eine Verzögerung ein, indem wir desto mehr Zeit brauchen, je geringer die bewegende Kraft im Verhältnis zu der bewegten Last ist, so daß Kraft zu Kraft und Zeit zu Zeit in gleichem Verhältnisse stehen ...."

Im 23. Kap. wird die Aufgabe gestellt, dasselbe Gewicht mit derselben Kraft durch den Flaschenzug zu heben. Es werden zwei fünffache und ein achtfacher Flaschenzug nebeneinander gehängt, und die von dem ersten und zweiten herabgehenden Zugseile um je eine tiefer liegende Leitrolle geführt und mit der unteren Flasche des folgenden Flaschenzuges verbunden. Zuletzt wird wieder gesagt: „Damit aber die Kraft das Übergewicht über die Last erlange, müssen die Rollen des letzten Flaschenzuges mehr als acht sein." Im folgenden Kapitel wird darauf hingewiesen, daß auch hier die in Kap. 22 besprochene Verzögerung eintritt.

In Kap. 25 soll dieselbe Aufgabe durch eine Verbindung von Hebeln gelöst werden. Es werden drei zweiarmige Hebel so angeordnet, daß der kürzere Arm des ersten die Last hebt, der des zweiten den längeren Arm des ersten niederdrückt und der kürzere Arm des dritten den längeren des zweiten hebt, während der längere Arm des dritten Hebels durch die bewegende Kraft niedergedrückt wird. Die Übersetzung ist beim ersten und zweiten Hebel 1 : 5, beim dritten 1 : 8. Kap. 26 handelt von der Verringerung der Geschwindigkeit durch Hebelübersetzungen.

27. „Beim Keile und der Schraube können wir diese Behauptung (daß sie zum Heben sehr großer Lasten zu umfangreich würden) nicht aufstellen ...., je größer die Kraft ist, die mit ihnen ausgeübt werden soll, desto kleiner werden diese beiden." 28. „Daß die schon wiederholt genannte Verzögerung auch bei ihnen eintritt, ist klar."

29. „.... Wir können die bekannte Last aber auch durch Verbindung verschiedenartiger Potenzen bewegen, mit Ausnahme des Keils, weil dieser allein nur durch Schläge bewegt wird."

Beispielsweise wird, um die Last von 1000 Talenten durch eine Kraft von 5 Talenten zu heben, ein fünffacher Hebel mit einem fünffachen Flaschenzuge verbunden, dessen Zugseil sich um eine Welle wickelt, worauf ein Schraubenrad sitzt, in das eine Schraube greift, die mittels einer Kurbel umgedreht wird. Hierüber wird gesagt: „Der Durchmesser des Schraubenrades k sei das Vierfache des Durchmessers der Welle, damit die Kraft an k 10 Talente sei, und der Kurbelarm m sei das Doppelte des Durchmessers des Schraubenzylinders, so ist die Kraft an m, die den 1000 Talenten das Gleichgewicht hält, 5 Talente. Wenn wir aber den Kurbelarm m ein wenig verlängern, so überwiegt die Kraft von 5 Talenten." Die Übersetzung, die durch die Schraube eingeschaltet ist, bleibt also auch hier, wie in B. I, Kap. 1 unberücksichtigt.

In Kap. 30 wird gezeigt, daß ein abgestumpfter Keil, wenn er unter die Last gebracht ist, ebenso wirkt, wie ein scharfer Keil, dessen wirksame Flächen denselben Winkel einschließen, wie die des abgestumpften Keiles. 31. handelt von der Schraube, ohne etwas neues zu bringen. In 32. wird gesagt, daß man wegen der Reibung den Übersetzungen in den Maschinen immer noch etwas zugeben müsse. 33. enthält einige Bemerkungen über Kraft und Last und die Verteilung der letzteren auf mehrere Personen, die sie bewegen wollen. 34. enthält Beantwortungen einer Reihe von Fragen, ähnlich den „Mechanischen Problemen" des Aristoteles; 35. bis 37. die Bestimmung der Schwerpunkte von Drei-, Vier- und Fünfecken; 38. die Bestimmung der Belastungen der Stützen unter den Ecken eines durchaus gleichschweren Dreiecks; 39. die Belastung dieser Stützen, wenn an das Dreieck noch Gewichte gehängt werden; 40. die Bestimmung des Schwerpunktes eines mit solchen Gewichten belasteten Dreiecks; 41. behandelt die analoge Aufgabe in betreff eines Viereckes. Damit schließt das zweite Buch.

Das 1. Kapitel des dritten Buches lautet: „Lasten, die auf dem Boden hin gezogen werden, bewegt man mit ‚Schildkröten' (chelonae, d. s. Schleifen oder Schlitten) fort. Die ‚Schildkröte' ist ein Gestell aus vierkantigen Hölzern, deren Enden in die Höhe gebogen sind. Auf diesen Schildkröten befestigt man die Lasten und an ihren Enden Seile oder sonst etwas zum Ziehen. Die Seile werden entweder mit den Händen oder mit Maschinen gezogen .... Unter den Schild-

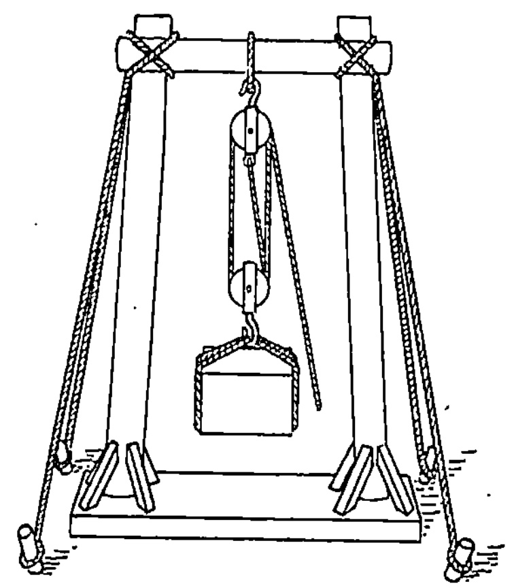
Fig. 12.

kröten bringt man dünne Hölzer (d. s. nach Pappus Walzen) oder Platten (Bretter) an, damit sich die Schildkröten leicht darauf bewegen. Wenn die Last gering ist, wendet man Rundhölzer (Walzen) an; wenn sie aber sehr schwer ist, Platten, weil sie auf diesen nicht so leicht fortgleitet. Denn wenn die Walzen unter der Last rollen (d. h. in Schuß geraten), sind sie wegen der großen Geschwindigkeit ihrer Bewegung gefährlich. Manche Leute aber wenden weder Platten noch Walzen an, sondern machen an die Enden der Schildkröten volle Räder, worauf sie sich fortbewegen (d. h. sie bilden sie zu einem Rollwagen aus)."

2. „Um schwere Gegenstände in die Höhe zu heben, hat man Maschinen (Kranen) nötig. Einige davon haben eine Stütze, andere zwei, andere drei und manche vier. Die Maschine mit einer Stütze hat folgendes Aussehen: Wir nehmen einen Mast von größerer Höhe, als die ist, auf welche wir die Last heben wollen. Wenn auch der Mast an sich stark ist, winden wir doch ein Seil in gleichen Abständen (schraubenförmig) darum. Die zwischen den einzelnen Windungen senkrecht gemessene Entfernung sei 4 Handbreiten. So wird die Stärke des Holzes vermehrt, und die Seilwindungen dienen für jemand, der oben am Maste zu tun hat, als Leiter .... Wir stellen den Mast senkrecht auf ein Holz, worin er sich bewegen (neigen) kann, binden oben drei oder vier Seile daran, ziehen sie nach soliden Stützpunkten hin und befestigen sie daran ...." Die weitere Beschreibung hat für uns wenig Interesse, weil wir schon einen ähnlichen Kran nach Vitruvs Beschreibung kennen gelernt haben. (Siehe Th. Beck, Beiträge zur Geschichte des Maschinenbaues, S. 43, Fig. 46.)

3. „Die Maschine mit zwei Stützen wird auf folgende Weise hergestellt: Man nimmt eine Schwelle und errichtet darauf die Stützen, Fig. 12. Diese mögen sich nach oben hin etwa um den fünften Teil ihres unteren Abstandes neigen. Dann befestigt man die beiden Stützen auf der Schwelle, so daß ihre beiden (unteren) Enden miteinander verbunden sind, und bringt an den (oberen) Enden derselben einen anderen Querbalken an, woran eine Flasche befestigt wird. Eine andere Flasche befindet sich an dem Steine. Darauf zieht man das (Flaschenzugs-)·Seil

an wie das vorigemal, entweder mit den Händen oder durch Zugtiere, und so hebt sich die Last. Damit die Stützbalken aufrecht stehen bleiben, müssen sie mit Seilen, wie vorher beschrieben, befestigt sein."

4. „Die Maschine mit drei Stützen wird folgendermaßen gemacht: Wir richten drei gegeneinander geneigte Stützen so auf, daß ihre Spitzen sich in einem Punkte treffen, und befestigen an diesem Punkte einen Flaschenzug, dessen anderer Teil an der Last befestigt ist, Fig. 13, ... Die Basis dieser Maschine ist fester und sicherer, als bei den anderen, aber sei läßt sich nicht überall anwenden, sondern nur an Orten, wo wir die Last in der Mitte der Maschine heben wollen. Wenn wir also eine Last an einen Ort bringen wollen, um den herum wir die Maschine aufstellen können, so benutzen wir sie ..."

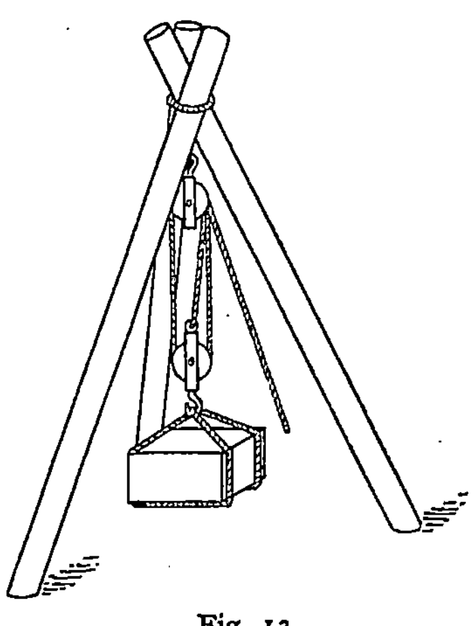

Fig. 13.

5. „Die Maschine mit vier Stützen wird bei übergroßen Lasten angewendet. Sie besteht darin, daß man vier Holzpfosten in der Form einer viereckigen Umzäunung mit parallelen Seiten so weit voneinander aufstellt, daß der Stein sich leicht darin bewegen und heben läßt, Fig. 14. Dann befestigt man an den Enden dieser Stützen Hölzer, die fest und sicher miteinander verbunden sind. Auf diese Hölzer legt man in entgegengesetzter Ordnung (d. h. diagonal) wieder andere, damit alle Stützen miteinander verbunden sind. Hierauf befestigen wir den Flaschenzug in der Mitte, wo diese Hölzer sich treffen. Dann bringen wir die Flaschenzugseile an dem Stein an, ziehen sie an und die Last hebt sich.

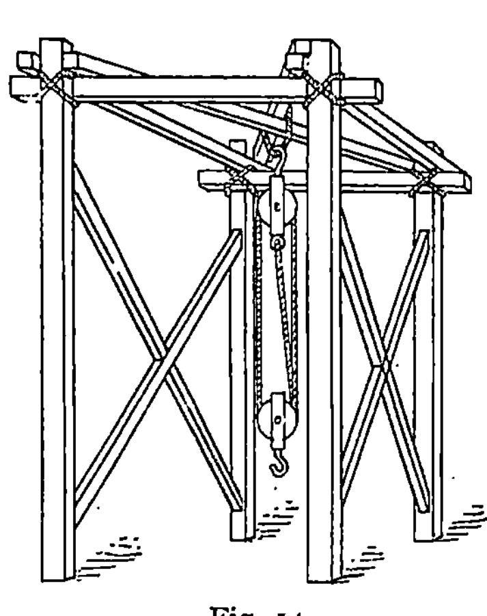

Fig. 14.

Man muß sich aber bei den Maschinen hüten, Nägel oder Pflöcke (Holznägel) anzuwenden .... besonders bei großen Lasten; dagegen wendet man Seile und Stricke zu den Verbindungen an, anstatt etwas zu vernageln."

6. „Weil es nun bei dem wie eine Schleuder aussehenden Werkzeuge (d. h. der Seilschleife), womit man die Steine in die Höhe hebt, manchmal vorkommt, daß es hindert, den Stein an die Stelle zu setzen, an die man ihn setzen muß, so wendet man das Instrument an, das man ‚Anhänger' (Steinklaue) nennt. Wir zeichnen auf die Oberfläche des Steines eine Figur, wie die in der Zeichnung, Fig. 15, veranschaulichte. Es ist nämlich jede von den Flächen $e\,f\,g\,h$ und $k\,l\,m\,n$ ein Rechteck. $e\,f\,g\,h$ sei breiter als $k\,l\,m\,n$; in der Länge aber seien sie einander gleich, $k\,l = e\,g$. Dann graben wir diese Figur tief in den Stein. Die Tiefe der Grube sei dem Gewichte des Steines entsprechend. Die Grube der Fläche $e\,f\,g\,h$ sei durchaus senkrecht, die der Fläche $k\,l\,m\,n$ aber schief (unterstochen), d. h. der untere Teil sei breiter als der obere, so daß eine Grube, wie ein Holzschloß (d. h. wie die Führung eines Holzriegels) entsteht. Dann machen wir einen wie ein Holzriegel aussehenden Körper von Eisen, der in diese

Grube paßt und an dessen oberer Seite ein Ring angebracht ist .... Darauf schiebt
man ihn in die Muttergrube .... Dann legt man in die Grube *e f g h* ein Holz,
damit das Eisen nicht herausrutscht, bringt an dem Ringe des eisernen Riegels die
Seile an, die die Seilschleife trugen, worin der Stein lag,
und hebt ihn auf diese Weise ...."

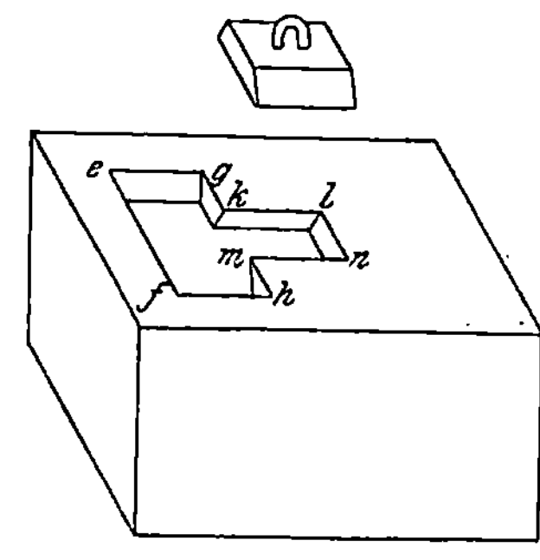

Fig. 15.

7. „Steine lassen sich auch mittels der ‚Krebse'
(Steinzangen) genannten Werkzeuge heben, wenn diese
drei oder vier Arme haben, deren Enden so umgebogen
sind, daß sie wie Angelhaken aussehen, Fig. 16. Über
ihre Enden werden Querhölzer mit Stricken befestigt.
Dann werden die Haken in die Höhe gezogen und die
Last gehoben. Die Querhölzer muß man so anbringen,
daß sie sich außerhalb des Steines mit ihren Enden vereinigen ...., sie müssen zusammengebunden, und die
Seile außen an ihnen müssen mit den Rollen (der
unteren Flasche) verbunden werden ...."

8. „Zu demselben Zwecke wendet man auch ein anderes Verfahren an, das
bequemer und sicherer ist ...., in der Oberfläche des Steines höhlen wir eine recht-
eckige Figur von gleichmäßiger Tiefe aus. Diese Grube habe scharfe Seitenkanten,
d. h. sie habe auf zwei Seiten eine ziemliche Unter-
schneidung, Fig. 17. Über dieser Unterschneidung
sei sie sehr stark, damit sie den Stein, der an ihr
hängt, trage. Wir benutzen nun zwei eiserne Pflöcke,
deren Seiten schief sind, ähnlich dem Buchstaben *F*.
Oben sei ein Ring oder ein Loch an ihnen. Dann
sezten wir jeden der beiden Pflöcke in die Grube,
bringen den schiefen Teil derselben in die Unter-
schneidungen und machen noch einen dritten Pflock
von Eisen, den wir zwischen die beiden ersten einfügen, damit er sie hindere, sich zu bewegen. Der

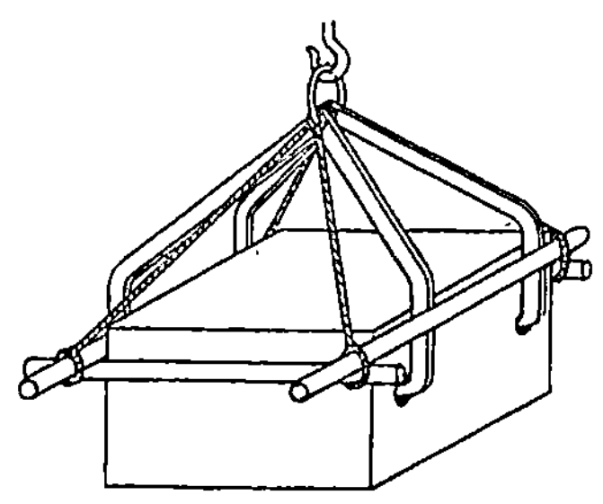

Fig. 16.

dritte Pflock ist ebenfalls an seinem oberen Ende durchbohrt mit einem Loche,
das denen der beiden ersten Pflöcke entspricht. Dann stecken wir durch die drei
Löcher einen Bolzen, dessen eines Ende dicker ist .... An diesem Bolzen befestigen wir Seile, die zu einem Flaschenzuge gehen ....
Ziehen wir das Flaschenzugseil an, so hebt sich der Stein ....
Wenn der Stein an seiner Stelle sitzt, wird der Bolzen
herausgenommen und der mittlere Pflock, und dann werden
die Pflöcke mit den schiefen Seiten entfernt ...."

9. „Beim Herablassen großer Steinblöcke von hohen
Bergen wendet man eine Vorrichtung an, damit der Stein
auf dem Wagen nicht, wegen der Abschüssigkeit des Berges,
ins Rollen komme und auf die Zugtiere stürze. Deshalb
benutzt man an dem Orte, wo man den Stein herablassen
will, zwei Wege, die man möglichst ebnet, und nimmt

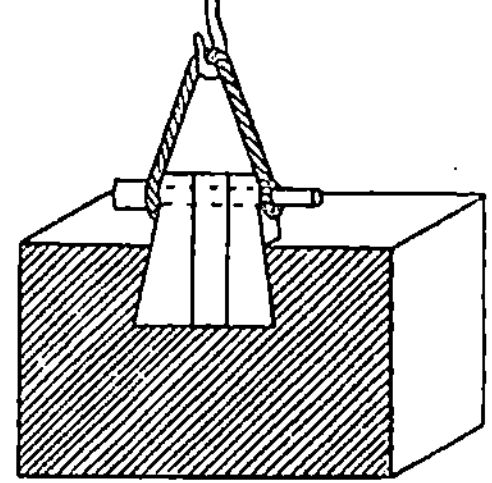

Fig. 17.

zwei vierräderige Wagen, deren einen man an die höchste Stelle des Weges, auf
dem man den Stein herabschaffen will, den anderen an die tiefste Stelle des
zweiten Weges stellt. Dann bringt man an einem festen Pfosten (oberhalb)
zwischen den beiden Wegen Rollen an, führt von dem Wagen, der den Stein

trägt, Seile über die Rollen und läßt sie nach dem unteren Wagen gehen. Diesen beladet man mit kleinen Steinen, die sich beim Behauen des großen Blockes ergeben, bis er mit einem etwas kleineren Gewichte, als das des herabzubringenden Steines, belastet ist (so daß der obere Wagen nicht mehr imstande ist, den unteren heraufzuziehen). Hierauf spannt man an diesen die Zugtiere, die ihn aufwärts ziehen, und durch das allmähliche Aufsteigen desselben bewegt sich der Stein leicht und allmählich abwärts.‘‘

10. ,,Manche wollen nach diesem Verfahren auch große Säulen heben und sie auf ihre Postamente niederlassen. Bei dieser Methode bindet man an den oberen Teil der Säule, die man heben will, Seile, führt sie nach Rollen, die an festen Stützen angebunden sind, zieht sie hindurch und bringt an ihren durchgezogenen Enden Gefäße an .... Diese füllt man mit Steinen, bis sie das Übergewicht über die Säule erlangen, denn so heben sie diese, und sie bleibt senkrecht auf ihrer Basis. Der untere Teil der Säule muß an der Basis festgebunden werden .... oder man windet um die Basis Stricke, die sie wie ein Kranz umgeben, damit der untere Teil der Säule beim Heben fest in diesen Stricken ruht ....‘‘

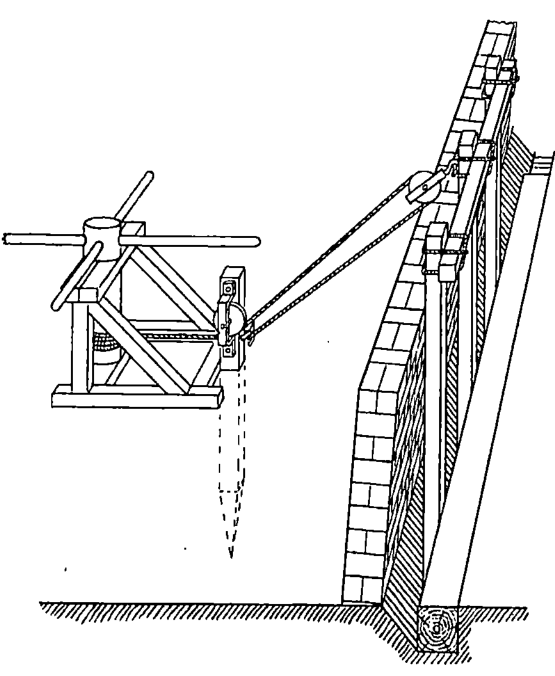

Fig. 18.

11. ,,Manche wollen nach folgender Methode große Lasten auf dem Meere bewegen: Man macht ein viereckiges Floß, dessen einzelne Teile mit Nägeln und Bolzen aneinander befestigt sind, versieht es mit starken Wänden und bringt es ins Wasser und dahin, wo man die Last aufladen will. Unter das Floß legt man mit Sand gefüllte, zugebundene Säcke und setzt das Floß darauf. Dann bindet man zwei Kähne zu beiden Seiten an die Wände des Floßes. Danach bringt man die Last auf das Floß, öffnet die Säcke und läßt den Sand auslaufen. Dann läßt man die beiden Kähne in die See fahren und sie durchschneiden das Wasser, indem sie das Floß schleppen.‘‘

12. ....,,Manche benutzen folgende Methode, um Mauern, die sich bei Erdbeben geneigt haben, wieder aufzurichten: Man macht auf der Seite, nach der sich die Mauer neigt, ihrer Länge nach einen Graben in die Erde. Fig. 18. Da hinein legt man in geringer Entfernung von der Mauer einen vierkantigen Balken und errichtet zwischen ihm und der Mauer andere Balken (die auch oben durch einen Querbalken verbunden werden). An den Enden dieser senkrechten Balken bringt man Rollen an und führt über sie Seile nach einer Winde. Dann dreht man diese Maschine, bis die Seile sich anspannen und der Querbalken angezogen wird. Hierdurch werden die aufrechten Balken angezogen und bewegen die Mauer, bis sie

sie in ihre frühere Stellung bringen. Wenn dies geschehen ist, läßt man sie eine Zeitlang, durch diese Balken gestützt, stehen, damit die Steine sich ineinander setzen. Dann löst man die Balken los ...."

13. „Die landwirtschaftlichen Maschinen, womit man Wein und Öl preßt, beruhen auf der Anwendung des Hebels. Der Preßbalken ist nichts weiter als ein Hebel. Sein Stützpunkt ist in der Mauer des Preßhauses, worin sein Ende angebracht ist. Die Last bilden hier die in ein Netz geschlungenen Trauben, und die bewegende Kraft ist der am Ende des Preßhebels hängende Stein. Bei großen Pressen sind die Preßbalken bisweilen 25 Ellen (nach Cato 25 Fuß) lang und der daran hängende Stein hat ein Gewicht von 20 Talenten (524 kg)."

Heron läßt hier den Druck unberücksichtigt, den das Gewicht des schweren Preßbalkens auf das Preßgut ausübte, was auch Plinius tut, indem er sagt, nur auf die Länge und nicht auf die Dicke (des Preßbalkens) komme es an. Tatsächlich war aber der Druck, den der Preßbalken vermöge seines Eigengewichtes auf das Preßgut ausübte, größer, als der durch den daran gehängten Stein ausgeübte.

14. „Wir wollen nun das Aufhängen des Steines betrachten, wobei wir so verfahren: Wir befestigen die eine Rolle eines Flaschenzuges am Ende des Preßbalkens, die andere an dem Steine. An diesem befestigen wir außerdem ein Querholz, das über der Rolle an den Preßbalken gehängt wird (wenn der Stein gehoben ist; Fig. 19). Dann führen wir jenes Seil (des Flaschenzuges) nach einer Welle mit dem Rade und drehen das Rad, so daß sich das Seil um die Welle wickelt und den Stein hebt."

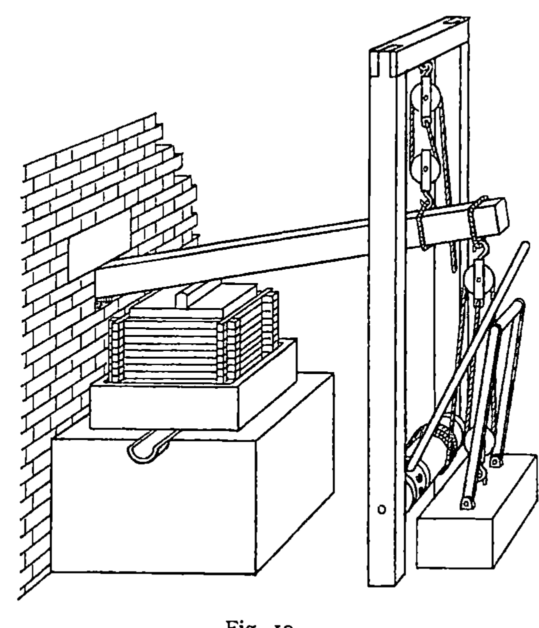

Fig. 19.

Diese Presse ist eine Übergangsform von der durch Cato beschriebenen zu der von Plinius erwähnten, bei welcher der Stein durch eine Schraube gehoben wurde. (Vgl. Th. Beck, Beiträge zur Geschichte des Maschinenbaues, S. 67 und 79.)

15. „Man hat noch eine andere Art, den Preßbalken zu senken und den Stein zu heben, denn die Steifheit der Seile leistet einen Widerstand dabei, und beim Heben des Steines müssen wir lange Seile anwenden. Wir sind auch, wenn die die Welle drehenden Leute viele sind, nicht sicher, daß nicht einzelne Speichen brechen oder aus ihren Löchern fahren, so daß der Stein fällt und den Leuten ein Unglück zustößt. Deshalb hat man eine andere Methode erfunden, wobei kein Seil angewendet wird, die leichter und sicherer ist. Ihre Beschaffenheit ist folgende: Wir hängen ein viereckiges Stück Holz, das wie ein Backstein aussieht, an der Stelle, wo das Seil war, unter den Preßbalken, Fig. 20. Seinen nach oben gerichteten Teil runden wir ab, und auf beiden Seiten der festen Stütze (wahrscheinlich eines eisernen Bügels, womit dieses Holz an den Preßbalken gehängt wurde)

bringen wir an dem Preßbalken befestigte Arretierungen an, damit der ‚Backstein' nicht weiter laufen kann als nötig ist, sich aber doch nach beiden Seiten bewegen kann. Dann heben wir den Preßbalken so hoch wie nötig, um die Trauben
darunter zu legen, nehmen die Hälfte der Entfernung des Backsteines vom Steine,
oder ein wenig mehr und machen nach dieser Länge eine linsenförmige (d. h. mit
Spitzgewinde versehene) Schraube. Das Gewinde gehe aber auf einer Seite nicht
bis ans Ende der Schraube; auf der anderen Seite muß es dagegen das Ende derselben erreichen. Den überragenden Teil machen wir vierkantig und schneiden in
dieses Vierkant ein Loch, Tormos genannt, d. i. ein Kreisloch, welches in das Ende
des Holzes gebohrt wird, so daß sich dieses Holz mit dem Backsteine zusammen-
fügen läßt. Dann fügen wir diesen Tormos an die eine der unter dem Preßbalken
gelegenen Seiten des ‚Backsteines', nehmen eiserne Quernägel, fügen ihre Enden
in dieses Loch ein und nageln den Rest derselben in den ‚Backstein'. Nun benutzen

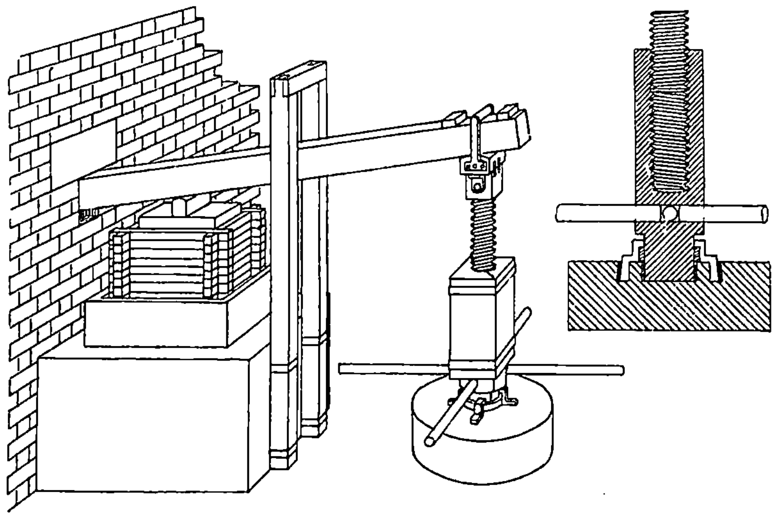

Fig. 20.

wir eine eiserne Achse, die wir in diesen Tormos einführen, sie nach dem ‚Backsteine' gehen lassen und sie daran befestigen, damit sie die Festigkeit der Verbindung mit dem ‚Backstein' erhöhe.''
  Diese Stelle ist unklar, und die Unklarheit scheint dadurch entstanden zu sein,
daß der Name Tormos sowohl für das Loch im Schraubenkopfe, als auch für diesen
selbst gebraucht wurde, und daß ein Übersetzer diese beiden Bedeutungen des
Namens hie und da verwechselte. Der Sinn der Stelle dürfte wohl folgender sein:
  Den überragenden Teil des Schraubenbolzens machen wir vierkantig und
bohren in dieses Vierkant ein Loch, so daß sich das Vierkant an den „Backstein"
hängen läßt, mit dem es verbunden werden soll. Dann fügen wir diesen Kopf an
die untere Seite des unter dem Preßbalken liegenden „Backsteines", nehmen eiserne
Klammern, schlagen ihr eines Ende in den Schraubenkopf und das andere in den
„Backstein". Dann nehmen wir eine eiserne Achse, stecken sie in das Loch im
Schraubenkopfe, verbinden sie mit dem „Backsteine" und nageln die Verbindungs-
stücke daran fest, damit sie die Festigkeit der Verbindung des Schraubenkopfes
mit diesem Holze erhöhen. Heron fährt fort:

„Hierauf nehmen wir ein anderes Stück quadratischen, harten Holzes von der gleichen Länge wie die Schraube und so dick, daß wir die Schraube in dasselbe einfügen können. Dann spalten wir es der Länge nach (in zwei Hälften), höhlen jeden der beiden Teile halbrund aus, um die Schraubenmutter daraus zu machen und schneiden das Schraubengewinde hinein, so daß die Schraube hinein-gelegt werden kann. Danach verbinden wir die beiden Hälften wieder, so daß sie zu einem Stücke (d. h. zu einer Schraubenmutter) werden. Das Gewinde muß auch in dieser auf der einen Seite bis ans Ende des Holzes gehen, am anderen Ende läßt man es ungebohrt, massiv. An diesem Ende schneiden wir nun einen runden Zapfen daran und ziehen (nahe bei seinem oberen Ende) einen eisernen Ring darauf. Dann graben wir ein Loch in den Stein, in das der Zapfen paßt, so daß er darin umgedreht werden kann, setzen den Zapfen (bis an den Ring) in das Loch ein und be-festigen eiserne Haken an dem Steine, die (über den Ring greifen und) den Zapfen hindern, aus der Grube herauszugehen. Um das unterste Ende des Zapfens

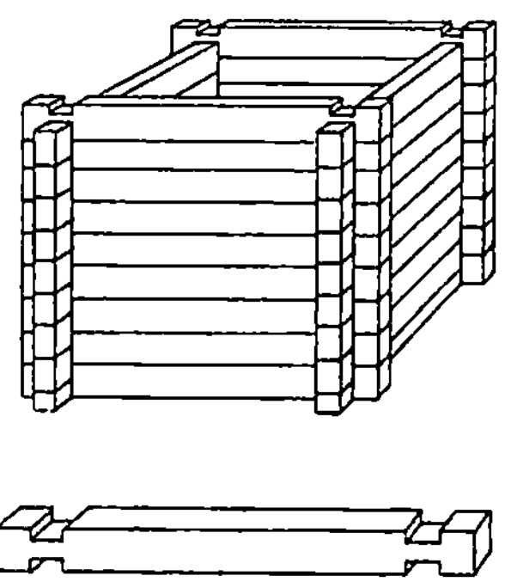

Fig. 21.

legen wir auch einen Ring, damit der Zapfen sich leicht drehen läßt. Oberhalb desselben machen wir einander gegenüberstehende Löcher in das vierkantige Holz, auswelchen Speichen herausragen. Wenn wir die Presse benutzen wollen, bringen wir das Ende der Schraube in die Mutter und drehen die vier Speichen um, so daß die Schraube in die Mutter dringt, der Preßbalken herabgezogen, der Stein gehoben und so das unter dem Balken Befindliche ausgepreßt wird. Wenn sich der Stein so weit gesenkt hat, daß er auf der Erde aufsitzt, drehen wir in entgegengesetztem Sinne, so daß sich der Balken hebt ....“

16. „Manche haben daran gedacht, andere Arten von Preßwerkzeugen zu erfinden und haben an Stelle des um die zu pressenden Trauben geschlungenen Netzes und der Körbe .... ein Instrument aus Holz gesetzt, das man Galeagra nennt .... Hierdurch erhält man einen weiten Raum für das, was man pressen will, und Er-leichterung der Arbeit. Die Herstellung der Galeagra geschieht auf zwei Arten. Die eine ist kompliziert und entsteht durch folgendes Ver-fahren:

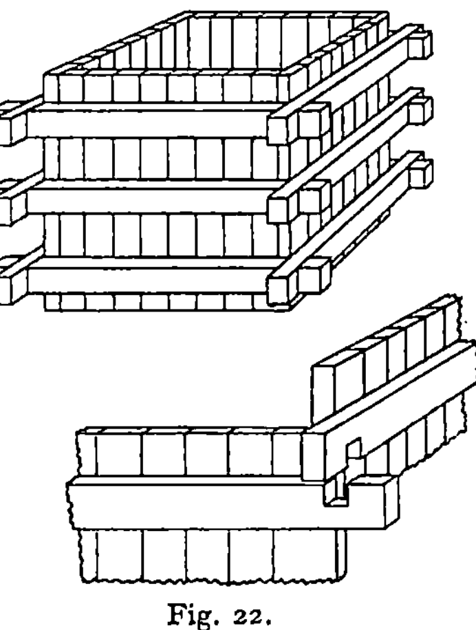

Fig. 22.

Man macht aus festem Holze Latten von der Länge des anzufertigenden In-struments, zwei Spannen (vermutlich 2 παλαισται = 153 mm) breit und sechs Finger dick, schneidet an beiden Enden jeder Latte auf beiden Seiten, nachdem man sechs Fingerbreiten freigelassen hat, eine Kerbe ein und läßt sie auf ein Viertel der Dicke der Latte eindringen, ebenso auf der unteren Seite, so daß die Hälfte der Dicke des Holzes übrig bleibt, Fig. 21, ... Dann setzt man die Latten so zu-sammen, daß ein gleichseitiges kastenförmiges Gestell entsteht. Die inneren Ritzen zwischen den Latten müssen weit sein, damit die Flüssigkeit schnell ablaufen kann.“

Aus letzterer Bemerkung geht hervor, daß die Tiefe der Kerben in den Latten etwas weniger als ein Viertel ihrer Dicke sein muß. Heron fährt fort:

„Bei diesem Werkzeuge brauchen die Holzdeckel auf den Trauben und die Auflagehölzer darüber nicht so dick zu sein (als bei der nachher zu beschreibenden Galeagra), da man, wenn die Trauben gepreßt werden, je nach dem Betrage des bereits Abgepreßten (Latten wegnehmen kann, so daß die Auflagerhölzer) über die (noch übrigen) Latten hinausragen, und aus jenen kein Hindernis entsteht.“

17. „Was nun die andere Galeagra betrifft, so wird die Verbindung ihrer Wände durch drei Querhölzer an jeder Wand hergestellt, Fig. 22. An den Enden dieser Querhölzer muß ein Fortsatz sein, der mit einer bis zur Mitte ihrer Dicke reichenden Kerbe versehen ist, damit die vier Wände fest aneinander gefügt sind, wenn sie zusammengesetzt werden ....“

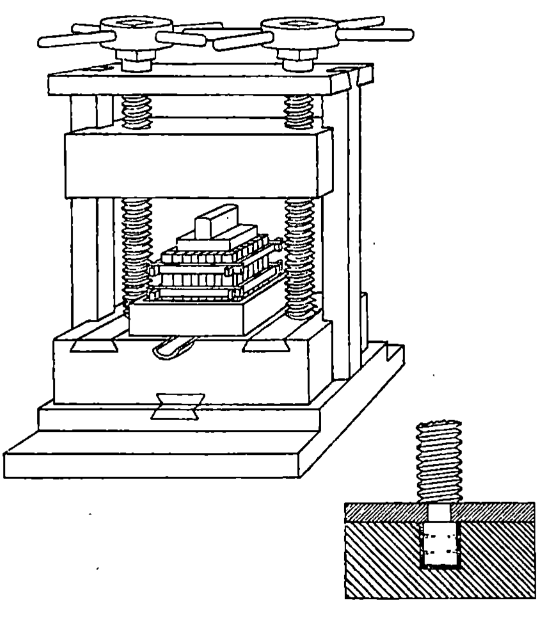
Fig. 23.

18. „.... Die Maschinen, die wir jetzt beschreiben wollen, sind zwar sehr kräftig, aber ihr Druck ist nicht anhaltend und von gleichmäßiger Stärke, weshalb man das Drehen und Pressen von Zeit zu Zeit wiederholen muß. Bei dem Preßbalken dagegen übt der Stein, wenn er aufgehängt ist und dann losgelassen wird, allein den Druck aus und man hat ein mehrmaliges Wiederholen des Drückens nicht nötig ....“

19. „Die Werkzeuge, die wir jetzt besprechen, dienen zum Pressen von Olivenöl. Sie sind leicht zu handhaben, können transportiert und an jeden beliebigen Ort gebracht werden. Man hat dabei keinen langen Balken, keinen schweren Stein, noch starke Seile nötig und begegnet dabei keinem Widerstande wegen Steifheit der Seile. Sie sind frei von all dem, üben einen starken Druck aus und pressen die Flüssigkeit vollkommen aus. Ihre Herstellung geschieht, wie wir jetzt zeigen wollen:

Wir nehmen ein viereckiges Holz, 6 Spannen (1,32 m) lang und 2 Fuß (61 cm) breit und 1 Fuß dick, Fig. 23. Es sei fest, nicht zu frisch und nicht zu trocken, sondern von mittlerer Qualität. Wir nennen es den ‚Tisch‘. Wir legen nun diesen Tisch flach auf und bohren in gleichen Abständen von seinen Rändern zwei tiefe, runde Löcher ein. In jedes Loch bringen wir zwei Riegelhölzer, die in die Dicke des Tisches eingelassen sind und deren Enden Bogen bilden, die sich treffen, so daß dadurch (in dem Loche) ein Kreis entsteht, der kleiner ist, als das gebohrte kreisrunde Loch. Diese beiden Riegelhölzer mögen schräg geschnitten sein, damit sie, wenn sie eingefügt sind, festsitzen und nicht nachgeben. Dann nehmen wir zwei harte, quadratische Hölzer, lassen einen Kopf derselben auf eine angemessene Länge vierkantig, nehmen die Kanten des übrigen Teiles ab, machen ihn mit der

Raspel rund und machen darauf eine Schraube. Auf dem vierkantigen Schraubenkopfe bringen wir eine Scheibe mit vier Löchern an, in die wir vier Speichen setzen. Um das andere Ende der Schraube laufe eine breite Kerbe, die (mit ihrer oberen Kante) so weit vom Ende entfernt ist, wie das Loch in dem Tische tief ist. Der Durchmesser des Kreises (des Halses) sei halb so groß, als der der Grundfläche der Schraube. Dieses Ende der Schraube stecken wir in das Loch im Tische und treiben die Riegelhölzer an, bis sie in die Kerbe eingreifen, darin festsitzen und die Schraube nicht herauslassen. Ebenso verfahren wir mit der Schraube, die an das andere Ende des Tisches kommt.

Nun nehmen wir ein viereckiges Holz von der Länge des Tisches, durch das zwei runde Löcher in derselben Lage gebohrt sind, wie die der Löcher, worin die Enden der Schrauben sitzen. In diesen Löchern sei Schraubengewinde, damit sie die Schraubenmuttern bilden, so daß, wenn die Schrauben gedreht werden, das Holz sich senkt und sich hebt, wenn die Schrauben in der anderen Richtung gedreht werden. Wie man die Schraubenmutter herstellt, werden wir später zeigen. Die Länge des Holzes und auch seine Dicke muß die des Tisches sein, seine Breite muß um ein Viertel geringer sein als die des Tisches.

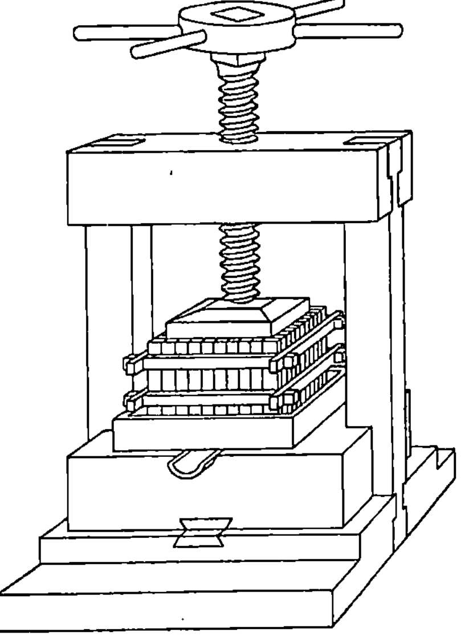

Fig. 24.

Hierauf machen wir einen rechteckigen Untersatz für den Tisch, dessen unterer Teil wie eine Stufe aussieht, und dessen Länge ein wenig größer ist als die Breite des Tisches, damit das ganze Werkzeug feststeht. Die Mitte dieses Fußes versehen wir mit einer Nute, und die Mitte des Tisches mit einer dieser Nute entsprechenden Feder und fügen diese in jene ein, so daß der Tisch ganz fest steht. Dann errichten wir auf dem Tische zwischen den Schrauben vier miteinander verbundene Wände aus Brettern, die weniger als einen Finger dick sind. Die Länge und Breite des Vierecks zwischen diesen Brettern soll so sein, daß, wenn die Galeagra mitten hinein kommt, rings um diese ein Zwischenraum bleibt, in den die Flüssigkeit fließt. In der Mitte des Tisches müssen wir eine Vertiefung machen, in welche die Galeagra paßt, die wir hineinstellen. Dann legen wir oben auf (d. h. auf die Oliven) eine dicke Platte, welche die Galeagra (ihrer Länge und Breite nach) ausfüllt, und darüber ein Stück Holz von geringerer Länge und Breite, aber so dick, daß es die Galeagra (der Tiefe nach) ausfüllt. Dann drehen wir die Schrauben mittels der Speichen, bis sich das Holz, worin die Schraubenmuttern sind, auf das Holzstück senkt. Dann wird das Holzstück niedergedrückt ...."

20. „Es gibt noch ein anderes Werkzeug mit einer Schraube, Fig. 24. Es besteht darin, daß man auf dem Tische zwei Pfosten anbringt, die ein Querholz, in dessen Mitte sich die Schraubenmutter befindet, tragen. Man führt die Schraube in dieses Loch ein und dreht sie mit den Speichen um, bis sich die Schraube auf die oben in der Galeagra aufgelegte Platte senkt, sie preßt, und die Flüssigkeit abläuft."

Schraubenpressen nach Fig. 23 und 24 mit h ö l z e r n e n Schrauben und Schraubenmuttern konnten verhältnismäßig nur geringe Mengen von Oliven oder Trauben
auspressen, denn um mit einer solchen Schraube einen so großen Druck auszuüben,
wie mit einer „Griechischen Hebelpresse" hätten ihr Durchmesser und ihre Steigung
so groß sein müssen, daß zur Überwindung der starken Reibung von Holz auf Holz
und zur Ausübung dieses Druckes etwa die doppelte Bedienungsmannschaft notwendig gewesen wäre, als zum Heben des Steines an der Griechischen Hebelpresse.
Daraus erklärt es sich, warum Ulpianus (etwa 200 n. Chr.) in seinen Digesten
(19. 2. 19) nur Hebelpressen als zu einem Preßhause gehörig anführt, und warum
sich die Griechischen Hebelpressen noch
viele Jahrhunderte lang zum Weinkeltern
im Gebrauche erhielten und selbst bis vor
kurzem in manchen Gegenden, wie in
einigen Kantonen der Schweiz und in
Tirol, noch zu finden waren. Erst nachdem man gelernt hatte, starke e i s e r n e
Schrauben und m e t a l l e n e Schraubenmuttern gut und billig an die Gebrauchs-
stelle zu liefern, konnte die direkt wirkende
Schraubenpresse die Griechische Hebelpresse beim Keltern verdrängen.

21. „Die Mutterschraube (zu den
Pressen Fig. 23 und 24) wird auf folgende
Weise hergestellt: Man nimmt ein hartes
Stück Holz, dessen Länge (abgesehen von
der Höhe des Kopfes und Quersteges)
doppelt so groß ist, als die des Mutter-
gewindes (welches man herstellen will),
und dessen Dicke dem Durchmesser des Gewindes gleich ist, Fig. 25 bis 28. Auf der
einen Seite machen wir auf der Hälfte dieses
Holzes, nach der früher angegebenen Beschreibung, eine Schraube. Die Steigung
ihrer Gewindgänge sei so groß, wie die-
jenige des Gewindes, das wir in die Mutter

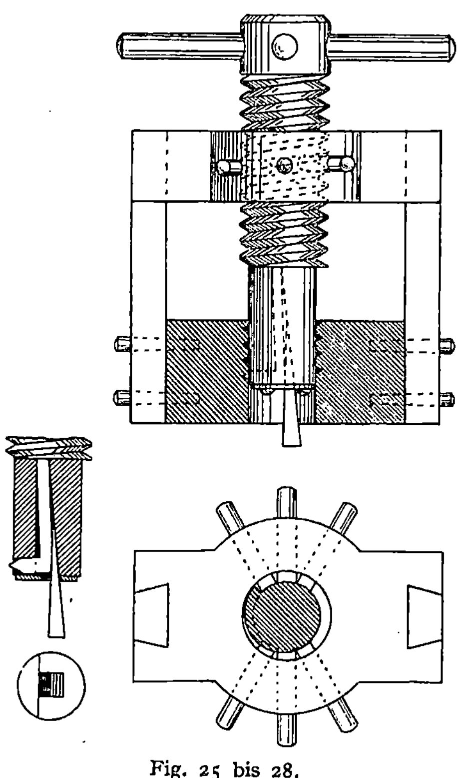

Fig. 25 bis 28.

schneiden wollen. Auf der anderen Seite (oder Hälfte) drechseln wir den Betrag
der Dicke der Schraubengänge ab, so daß das Holz hier wie ein gleichmäßiger
Pflock (vom Durchmesser des Schraubenkernes) wird. Dann ziehen wir einen
Durchmesser auf der Grundfläche dieses Pflockes und teilen ihn in drei gleiche
Teile. In dem einen Teilpunkte errichten wir eine Senkrechte (Sehne) auf dem
Durchmesser. Dann ziehen wir von den Endpunkten dieser (Sehne) in der ganzen
Länge des Pflockes zwei gerade Linien. Dies erreichen wir, wenn wir den Pflock
auf eine gerade Platte (eine Richtplatte) legen und ihn mit einer Zange (d. h. einem
Parallelreißer) furchen, bis wir das Gewinde erreichen. Dann wenden wir vor-
sichtig eine feine Säge an und sägen den Pflock (nach diesen Linien) bis zum Ge-
winde durch, trennen das bezeichnete Drittel (d. h. den Zylinderabschnitt, dessen
Pfeilhöhe ein Drittel des Durchmessers ist) ab und graben mitten in die beiden
übrigen Teile (d. h. in den übrigen Teil, dessen Pfeilhöhe zwei Drittel des Durch-

messers ist) der ganzen Länge nach (bis zum Gewinde) eine kanalartige Grube halb so tief als die übrig gebliebene Dicke. Darauf nehmen wir einen Eisenstab und drehen ihn dem Schraubengewinde gemäß (das soll wohl heißen: biegen ihn und formen ihn dem Schraubengewinde entsprechend). Hierauf befestigen wir ihn auf (oder eigentlich: in) dem Pflocke, in dem die Grube ist und bringen sein (stumpfes) Ende an das Gewinde, nachdem wir die beiden Stücke (des Pflockes) fest verbunden haben, so daß eines an dem anderen haftet und durchaus kein Zwischenraum zwischen ihnen bleibt. Dann nehmen wir einen kleinen Keil, führen ihn in die kanalartige Grube ein und schlagen ihn, bis er den eisernen Stab heraustreibt .... Wenn wir dies getan haben, stecken wir die Schraube in ein durchbohrtes Holz, worin sich ein gerades Loch von dem Maße der Schraubendicke befindet. Dann bohren wir in die Wandungen dieses weiten Loches kleine Löcher (dem Schraubengange entlang) nebeneinander, setzen kleine, schiefe (d. h. an den Enden mit schief gestellten Schneiden versehene) runde Zapfen ein und lassen sie so tief eindringen, daß sie in das Gewinde eingreifen (um der Schraube als Muttergewinde zu dienen). Darauf nehmen wir das Holz, in welches wir das Muttergewinde schneiden wollen, bohren ein dem Pflocke entsprechendes Loch hinein und verbinden dieses Stück durch zwei gut befestigte Pfosten mit dem, in welches wir die Schraube eingefügt haben. Dann setzen wir den Pflock, worin der Keil ist, in das Loch, in welches das Muttergewinde geschnitten werden soll, bohren in das obere Ende (den Kopf) der Schraube Löcher, in die wir Speichen stecken, und drehen sie um, so daß der Pflock in das Holz dringt. Wir hören nicht auf, sie auf und ab zu drehen und den Keil immer wieder anzutreiben, bis die Schraubenmutter so gebohrt ist, wie wir es beabsichtigen. Dann haben wir die Mutterschraube gebohrt."

Damit schließt Herons „Mechanik". Aus dem letzten Kapitel ersieht man, daß ein Schneidzeug für Muttergewinde zu seiner Zeit schon im Gebrauche war, während man aus Kap. 5 des zweiten Buches schließen muß, daß zur Herstellung einer hölzernen Schraube zuerst die Schraubenlinien auf das zylindrische Holz aufgerissen und danach mit der Säge, dem Stemmeisen und der Raspel die Gewindegänge ausgearbeitet wurden.

Zur Geschichte der Anwendungen der Festigkeitslehre im Maschinenbau: Hat Watt sich zur Bemessung seiner Maschinenteile der Festigkeitslehre bedient?

Von

Professor Dr. Eugen Meyer, Charlottenburg.

James Watt ist durch die Erfindung einer entwicklungsfähigen Dampfmaschine der Vater des modernen Maschinenbaues geworden. Mit Rücksicht hierauf ist gewiß die Frage von Interesse, ob Watt bei der Bemessung der Einzelheiten seiner Dampfmaschinen Formeln der Festigkeitslehre benutzt hat.

Standen ihm solche zur Verfügung und wußte er von ihnen Gebrauch zu machen, oder war er etwa gezwungen, die Abmessungen, insoweit sie durch die Rücksichtnahme auf Festigkeit bedingt sind, nach Gutdünken zu wählen, um dann durch schlimme Erfahrungen über ungenügende Festigkeit oder in manchen Fällen auch durch die gegenteilige Erfahrung, daß gewisse Maschinenteile zu stark bemessen waren, erst allmählich ganz auf dem Wege der Empirie zu zweckentsprechenden Abmessungen zu gelangen. Im letzteren Falle hätten dann erst spätere Ingenieure das Erfahrungsmaterial Watts und aller derer, die nach ihm zu dem gleichen empirischen Vorgehen gezwungen waren, benutzt, um es mit Hilfe der Formeln der Festigkeitslehre auf eine wissenschaftliche Grundlage zu stellen und aus ihm die zur Anwendung dieser Formel erforderlichen Werte für die zulässigen Spannungen abzuleiten.

Zur Beantwortung der so gestellten Frage ist zu erwähnen, daß schon vor der Zeit Watts einfache Formeln zur Berechnung der Zug-, Druck- und Biegungsfestigkeit von geraden Stäben bekannt waren. Kein Geringerer als Galilei (1564 bis 1642) hat in seinem berühmten Werke: „Unterredungen und mathematische Demonstrationen über zwei neue Wissenszweige, die Mechanik und die Fallgesetze betreffend", das im Jahre 1638 erschien, die Grundgesetze der Biegungsfestigkeit des geraden Stabes behandelt. Seine Lehre wurde insbesondere von Jakob Bernoulli (1635 bis 1705) und Euler (1707 bis 1783) erweitert. Diese Gelehrten haben die Gestalt der elastischen Linie berechnet und Euler hat auch die heute noch benutzte, nach ihm benannte Knickformel (1759) aufgestellt[1]).

Freilich waren die Biegungsformeln dieser Männer dadurch mit einem Fehler behaftet, daß sie über die Lage der neutralen Achse im Querschnitt im Unklaren

---

[1]) Vgl. Todhunter-Pearson, History of the theory of the elasticity and of the strength of materials, Cambridge 1886.

waren. Allein, insofern es sich um den Vergleich von Stäben mit ähnlichem Querschnitt und um das Verhältnis der auftretenden Spannung zur Bruchspannung handelt, hebt sich dieser Fehler heraus, so daß er bei der praktischen Anwendung in der Regel keine Rolle spielt.

Es sind aber vor Watts Zeiten auch schon mannigfache Versuche über Zug-, Druck- und Biegungsfestigkeit ausgeführt worden. Ich nenne die wichtigsten: Schon im Jahre 1707 hat Parent Versuche über die Biegungsfestigkeit von Tannen- und Eichenholz veröffentlicht. In seinem Werke: La science des ingénieurs dans la conduite des travaux du fortification et d'architecture, dessen beide ersten Bände im Jahre 1729 in Paris erschienen sind (im Jahre 1757 wurde in Nürnberg eine deutsche Übersetzung des ganzen vierbändigen Werkes veröffentlicht), gibt Bélidor im zweiten Bande acht von ihm ausgeführte Versuchsreihen zu je drei Versuchen über die Biegungsfestigkeit von Stäben aus Eichenholz wieder. Die Probestücke waren 18 bis 36 franz. Zoll lang und hatten quadratischen oder rechteckigen Querschnitt mit Seitenlängen von 1 und 2 Zoll. Die umfangreichsten Versuche dieser Zeit stammen von dem berühmten Naturforscher Buffon, der sie im Auftrage der französischen Regierung in den Jahren 1738 bis 1742 an Holzbalken angestellt hat[1]). Volle Beachtung verdient dabei die Größe seiner Probestäbe, deren Länge zwischen 2,3 und 6,5 m und deren Seitenlänge bei quadratischem Querschnitt zwischen 108 und 216 mm betrug. Weiter ist bemerkenswert, daß auch die Durchbiegung der Stäbe vor dem Bruche ermittelt wurde.

Der holländische Physiker van Musschenbroek hat schon im Jahre 1727 umfangreiche Versuche über Zug-, Druck- und Biegungsfestigkeit veröffentlicht, in der Absicht, die Biegungslehre von Galilei zu prüfen (die Versuche sind enthalten in seinem Werk: Physicae experimentales et geometricae, 1756). Musschenbroeks Probestäbe besitzen aber nur kleine Abmessungen. In dem Werke finden sich mehrere Tafeln, auf denen die Bruchfiguren der Hölzer beim Zugversuch sorgfältig eingezeichnet sind. Wohl als einer der ersten hat Musschenbroek an Metallen Zugversuche ausgeführt, wozu er allerdings nur Drähte von $2\frac{1}{2}$ bis $1\frac{1}{2}$ mm Durchmesser benutzt. Dabei beobachtet er die Einschnürung und mißt den Durchmesser an der Einschnürungsstelle und denjenigen der nicht eingeschnürten Drahtteile nach dem Bruch. Sehr bemerkenswert ist, daß er auch Knickversuche angestellt hat. Der von ihm hierzu benutzte Apparat ist in Fig. 1 wiedergegeben, in welcher D den Probestab bezeichnet. Er findet, daß die Knicklast dem Quadrat der Länge der Stäbe umgekehrt proportional ist, ein Ergebnis, das auch aus der erst später aufgestellten Eulerschen Knickformel gefolgert wird.

Alle diese Veröffentlichungen liegen also vor der Zeit, zu der James Watt an die Ausführung größerer Dampfmaschinen ging (vom Jahre 1768 ab) und es ist daher nur die Frage, ob er von ihrem Vorhandensein gewußt und ihre Ergebnisse bei dem Entwurfe seiner Maschinen benutzt hat. Leider finden sich hierüber in der Literatur, soweit ich sie verfolgen konnte, keine unmittelbaren Angaben, immerhin aber genügende Anhaltspunkte, um die Frage zu entscheiden. Im Jahre 1854 hat Muirhead ein dreibändiges Werk herausgegeben: The origin and progress of the mechanical inventions of James Watt illustrated by his correspondence with his friends and the specifications of his patents. In ihm ist eine sehr große Zahl von Watts Briefen an seine Freunde und von den letzteren an diesen zum Ab-

---

1) Vgl. Barlow, The strength and stress of timber, 2. Aufl., London 1824, S. 43.

druck gebracht. Jedem Ingenieur kann auf das Wärmste empfohlen werden, diese Briefe zu lesen, geben sie doch aus der Feder von Watt selbst das getreueste Bild, wie sich seine Erfindung entwickelt hat, welch große Schwierigkeiten in geschäftlicher und technischer Hinsicht er dabei zu überwinden hatte, und verschaffen uns außerdem einen Einblick in den großen Charakter dieses hervorragenden Mannes. Zahlreiche technische Einzelheiten, welche die bei der ersten Ingangsetzung der Maschinen zutage getretenen Mißstände und die Mittel zu ihrer Abhilfe betreffen,

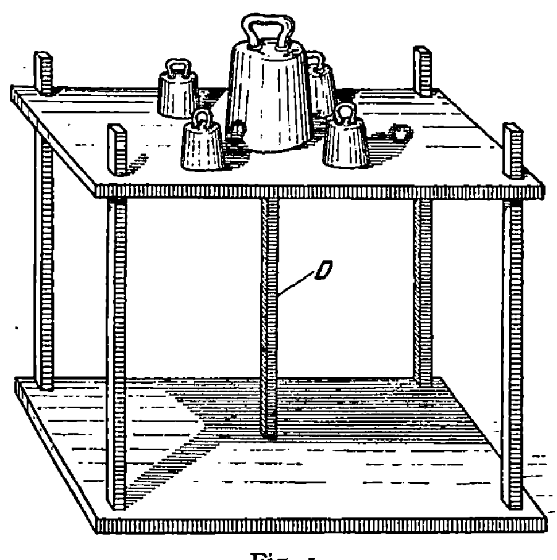

kommen hier in dem vertrauten Briefwechsel mit seinen Freunden zur Sprache. Über Festigkeitsverhältnisse wird aber nur an zwei Stellen gesprochen. In mehreren aufeinanderfolgenden Briefen vom Jahre 1782 berichtet Watt an seinen Mitinhaber Boulton, daß bei dem ersten von ihm gebauten und in Betrieb gesetzten Dampfhammer[1] (Stielhammer) der Rahmen zuerst nicht fest genug war, daß hölzerne Daumen bei der Inbetriebsetzung in Stücke geschlagen wurden und durch eiserne ersetzt werden mußten, daß der Hammerstiel mehrmals brach und daß das auf der Schubstange sitzende Rad

Fig. I.

seines Planetengetriebes Erzitterungen ausgesetzt war („has a tremulous motion, which I don't like"), so daß sich eine Verstärkung der Stange notwendig machte. Hier scheint also Watt Schwierigkeiten infolge der dynamischen Beanspruchung der Maschinenteile durch Stoß gehabt zu haben.

Die zweite Stelle befindet sich in einem ebenfalls an Boulton gerichteten Briefe vom Jahre 1784, in welchem Watt von seiner doppeltwirkenden Maschine mit

Parallelogrammgradführung und von der dabei auftretenden Schwierigkeit, den Balancier genügend stark zu machen, spricht. Ich führe die Stelle in freier Übersetzung an: „Hauptsächlich noch im Rückstand ist der Balancier, über den ich einige Versuche mache, um seine Konstruktion bestimmen zu können. Unsere Balanciers hatten bisher nur einer nach oben gerichteten Kraft zu widerstehen; der neue muß aber nach beiderlei

Fig. 2.

Richtungen Widerstand leisten. Dazu reicht nicht die Kraft eines einzelnen Balkens und im Hinblick auf seine Länge auch nicht die Kraft einer irgendwie vernünftigen Zahl von Balken, die miteinander verbunden werden, wenn man nicht dabei eine Konstruktion nach Art eines Fachwerkes zur Anwendung bringt."

Bemerkenswert ist, daß Watt demnach erkannt hat, daß ein Maschinenteil, an dem die wirkenden Kräfte ihre Richtung wechseln, stärker ausgeführt werden muß als einer, an dem die Kräfte immer in derselben Richtung wirken. Eine ähn-

---

[1] Dieser Dampfhammer muß eine andere Konstruktion gehabt haben als der in den Wattschen Patentschriften vom Jahre 1784 beschriebene und von Matschoß in seiner „Entwicklung der Dampfmaschine" I, S. 579, nach der Patentzeichnung wiedergegebene Dampfhammer.

liche Ausführung über die Schwierigkeit, für große Maschinen genügend starke Balanciers aus Holz herzustellen, findet sich in dem Artikel „Steam engine" von Robison in der Encyclopaedia Britannica (Sonderabdruck Edinburgh 1817). Sie ist von besonderem Interesse, da sie von Watt selbst im Jahre 1814 mit einer An-merkung versehen worden ist. Ich führe sie daher mit der Anmerkung Watts und den beiden dazu gehörigen Figuren in Übersetzung an: „Die Schwierigkeit, Bauholz von ausreichenden Ab-messungen zu erhalten, um den Balancier einer sehr großen Maschine aus einem Stück her-

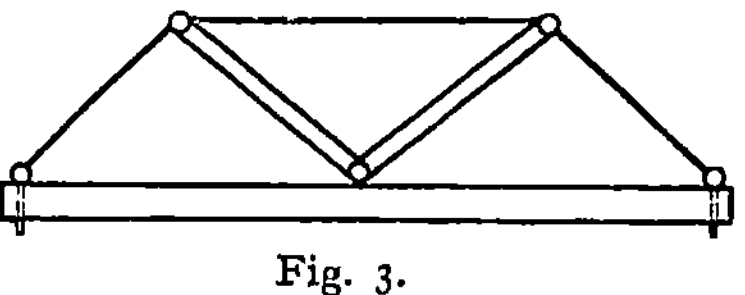

Fig. 3.

zustellen, brachte die Dampfmaschinenkonstrukteure frühzeitig dazu, solche Ba-lanciers aus sechs oder mehr auf- und nebeneinander gelegten Balken herzustellen, wie Fig. 2 zeigt, die unter Anwendung von Dübeln oder Versatzungen zusammen-geschraubt werden, um zu verhindern, daß sie aufeinander gleiten. Aber wenn man schon auf diese Weise gut ar-beitende Balanciers zusammensetzen konnte, fand man doch, daß im Be-triebe die Bügel und Schrauben, welche die Balken zusammenhielten, nach und nach sich lockerten, was manchmal schlimme Folgen hatte."

Watts Anmerkung hierzu lautet: „Um dies zu verhindern, nahm ich später immer, wenn Bauholz von genügender Größe, um die Balanciers

Fig. 4.

aus einem Stück herzustellen, nicht vorhanden war, meine Zuflucht zu einfachen Balken, die mit einer Eisenkonstruktion nach Art der Fig. 3 ausgerüstet waren. Aber seit mehreren Jahren hat man die Anwendung hölzerner Balanciers für Maschinen aller Größen ganz verlassen und gußeiserne sind an deren Stelle angewandt worden, wobei das Verbiegen, Splittern, Verwinden, Modern usw., dem das Holz ausgesetzt ist, ganz vermieden ist."

Fig. 3 zeigt, was in der oben angeführten Briefstelle unter der Anwendung eines Fachwerkes gemeint ist. Matschoß gibt

Fig. 5.

im Band II der Entwicklung der Dampfmaschine, S. 655, die Abbildungen zweier etwa nach Fig. 3 bzw. als Fachwerk gebauter Balanciers wieder, an denen Watt Versuche gemacht hat und die im Kensington-Museum erhalten sind, Fig. 4 und 5. Offenbar dienten sie zu den im Briefe erwähnten Versuchen.

Aus den angeführten Stellen scheint mir aber hervorzugehen, daß sich Watt wohl darüber Rechenschaft geben konnte, ob ein Holzbalken oder ob mehrere, die zusammengeschraubt und verdübelt waren, stark genug waren, um als Balancier für eine gegebene Maschine zu dienen und daß er daher seine Versuche nicht ausgeführt hat, um dies festzustellen, sondern zu dem Zwecke, um geeignete Formen für die Versteifungen (das Fachwerk) zu finden.

Kurz sei hier erwähnt, daß in dem Artikel „Steam engine" in der Encyclopaedia Britannica sich auch eine Anmerkung von Watt befindet, nach welcher er die Einrichtung der Newcomenschen Dampfmaschine aus Bélidor kennen gelernt habe. Nun befindet sich die Beschreibung dieser Maschine nicht in dem oben angeführten Werke von Bélidor, sondern im zweiten Bande seiner Architecture hydraulique (Paris 1739), aber wenn Watt dieses Werk gekannt hat, ist es immerhin wahrscheinlich, daß ihm auch das oben angeführte Werk desselben Verfassers, in dem sich die Berechnung von Stäben auf Biegung und Versuche darüber finden, nicht unbekannt war.

Ein, wie ich glaube, untrügliches Zeugnis dafür, daß die wichtigsten Abmessungen der auf Festigkeit beanspruchten Teile der Wattschen Maschinen auf Grund von allerdings nur einfachen Festigkeitsrechnungen gewählt wurden, ist aber dem bedeutsamen Werke von John Farey, A treatise on the steam engine, historical, practical and descriptive zu entnehmen, das 1827 in London erschien und dessen Verfasser Watt noch persönlich gekannt hat. In dem 8. Kapitel dieses Werkes hat der Verfasser eine große Zahl von Formeln zur Berechnung der wichtigsten Teile der Dampfmaschine hinsichtlich ihrer Festigkeit gegeben. Diese Teile sind: die Kolbenstange, die Verbindungsstangen zum Balancier, die Verbindungsschrauben, die Schubstange, die zahlreichen Zapfen, Achsen und Wellen der Maschine, der Balancier, die Zahnräder und deren Zähne. Die Formeln Fareys, von ihm „Rules" genannt, werden nun in seinem Werke nicht in übersichtlicher Weise aus den Grundgleichungen der Festigkeitslehre entwickelt und manche von ihnen machen daher auf den ersten Anblick einen äußerst merkwürdigen Eindruck. So z. B. lautet die Formel für die Bemessung eines hölzernen Balanciers:

„To find the size of the oak beam for the great lever of Mr. Watt's rotative steam engine.

Rule: Divide the diameter of the cylinder in inches by 1,2; the quotient is the proper depth for the beam, when the breadth is one-12th of the length of the lever, from centre to centre."

Bezeichnet man den Zylinderdurchmesser mit d, die Höhe (depth) des rechteckigen Balancierquerschnittes mit h, so lautet also diese Regel:

$$h = \frac{d}{1,2} \, .$$

Wir würden die folgende Rechnung ausführen: Es bezeichne P die Dampfkraft, die an jedem Ende des Balanciers zur Wirkung gelangt, l seine Länge, b die Breite (breadth) seines rechteckigen Querschnittes, k_b die zulässige Biegungsspannung, so ist:

$$\frac{P\,l}{2} = \frac{1}{6}\, b\, h^2\, k_b \, .$$

Die Dampfkraft P ist mit dem Zylinderdurchmesser d durch die Beziehung $P = \frac{\pi}{4}\, d^2\, p$ verknüpft, wo p den spezifischen Dampfdruck bedeutet. Dieser Druck besitzt aber für alle Wattschen Maschinen, welche mit 1 at Kesselspannung arbeiten (und nur für diese gilt die Formel), einen und denselben Wert. Ferner soll nach Farey $b = \dfrac{l}{12}$ gemacht werden. Aus unserer Biegungsgleichung wird daher:

$$\frac{\pi}{4} d^2 p \frac{l}{2} = \frac{1}{6} \frac{l}{12} h^2 k_b$$

und somit in der Tat $h =$ Const. d, wie dies Farey angibt. Erst nachdem die Formel gegeben und durch Beispiele erläutert ist, erwähnt dann Farey, sie gehe von der Annahme aus, daß die Festigkeit eines auf Biegung beanspruchten Balkens dem Quadrat der Höhe, der Breite und dem umgekehrten Verhältnis der Länge proportional ist, zeigt also, daß er zu ihrer Aufstellung tatsächlich die Grundgesetze der Biegungslehre angewandt hat. Auch erst nachträglich berechnet er die Last, die ein an beiden Enden frei aufliegender Stab in seiner Mitte tragen kann, falls er ebenso stark beansprucht wird wie die Balanciers nach seiner Formel[1]). Durch Vergleichung dieser Last mit der Bruchlast, die sich aus Versuchen des oben (S. 109) angeführten Buffon für eichene Balken ergibt, findet er dann, daß die nach seiner Formel berechneten eichenen Balanciers eine 14fache Sicherheit besitzen (für gußeiserne gibt er eine 10 bis 11fache Sicherheit an).

Die auf Zug und Druck beanspruchten Maschinenteile werden nicht auf Knickung berechnet. Für die Kolbenstange legt Farey 39fache, für die Bänder der Wattschen Gradführung 35fache Sicherheit zugrunde. Einige Zapfen und Achsen der Maschine werden einfach so gerechnet, daß angegeben wird, wieviel sie pro Quadratzoll Querschnittsfläche tragen dürfen. Bei anderen wird aber die Biegungsbeanspruchung berücksichtigt, indem ihre Festigkeit in zutreffender Weise dem Verhältnis: Kubus ihres Durchmessers dividiert durch ihre Länge proportional gesetzt wird. Wo die Drehbeanspruchung eine Hauptrolle spielt, macht Farey die richtige Annahme, daß die Verdrehungsfestigkeit proportional dem Kubus des Durchmessers ist. Seine Zahlenwerte sind hierbei so gewählt, daß sich aus Torsionsversuchen, die er erwähnt, eine 10fache Sicherheit ergibt.

Auch die Zähne der Zahnräder werden von Farey auf Festigkeit berechnet. Die Eingangstelle der bezüglichen Berechnungen gebe ich in der folgenden Übersetzung wieder, da sie für unsere Frage von großem Interesse ist. Farey führt aus: „Die Zähne der Sonnen- und Planetenräder müssen stark genug sein, um die gesamte Kolbenkraft ohne Bruchgefahr aufzunehmen. Aus der Untersuchung von einigen der frühesten Boulton-Wattschen Maschinen geht nicht hervor, daß Boulton & Watt in ihrer ersten Zeit eine feste Regel für die Bemessung der Zähne hatten. Aber im Verlaufe ihrer Praxis bestimmten sie die Abmessungen der Zähne für ihre Sonnen- und Planetenräder einer jeden Maschinengröße. Und diese Abmessungen stimmen nahezu mit der folgenden Formel überein, die auf der Annahme beruht, daß die Festigkeit der Zähne von Zahnrädern dargestellt ist durch das Produkt aus dem Quadrat der Teilung in die Breite der Zähne."

Diese Annahme wäre allerdings nur richtig, wenn die Länge der Zähne unveränderlich wäre, während sie auch nach Farey proportional der Teilung gemacht werden soll, so daß dann die Festigkeit von dem einfachen Verhältnis der Teilung abhängig wird. Immerhin beweist aber die angeführte Stelle, daß Farey, und höchst-

---

[1]) Farey führt hier übrigens auch Biegungsversuche des berühmten englischen Ingenieurs Smeaton an, wohl ein Beweis dafür, daß auch schon dieser ältere Zeitgenosse von Watt (1729—1792) sich mit Festigkeitsfragen eingehender befaßt hat.

wahrscheinlich vor ihm schon Watt, den Versuch gemacht haben, die Gesetze der Biegungslehre auf die Bemessung der Zahnräder anzuwenden[1]).

Aus dem Gesagten geht also hervor, daß die Formeln von Farey auf den einfacheren Gesetzen der Festigkeitslehre aufgebaut sind. Sie sind aber für uns von großer Bedeutung wegen ihrer Beziehung zu den Wattschen Konstruktionen.

Daß seine Formeln mit denjenigen von Watt übereinstimmen, sagt Farey zwar nirgends unmittelbar. Er erwähnt aber einerseits, daß Watt die Abmessungen seiner Maschinen auf das Sorgfältigste zusammen mit Southern berechnet habe und daß auch die Abmessungen derjenigen Teile, welche Kräfte zu übertragen haben, von beiden zusammen bestimmt worden seien. Andererseits betont er, daß seine Formeln fast genau die Abmessungen wiedergeben, welche die Wattschen Maschinen besitzen, und daß er mit Watt oftmals über die Grundsätze gesprochen habe, nach denen die wichtigsten Abmessungen abzuschätzen seien. Die hierauf bezüglichen Ausführungen Fareys scheinen mir für die Geschichte der Beziehungen zwischen Festigkeitslehre und Maschinenbau, zur Kennzeichnung der Art, wie die englischen Konstrukteure nach Watt vorgingen und als Zeugnis für die Autorität, welche die Wattschen Konstruktionen bei diesen genossen, so wichtig zu sein, daß ich sie in freier Übersetzung folgen lasse.

Zur Einleitung von Kapitel VII, in dem die Anwendung des von Watt verbesserten Rechenschiebers zur Berechnung der Abmessungen der Dampfmaschinenteile sehr ausführlich erörtert wird, sagt Farey:

„Mr. Watt bestimmte die Abmessungen aller Teile seiner patentierten Rotationsmaschine in so scharfsinniger Weise, daß nach einer Praxis von wenigen Jahren im Bau dieser Maschinen er über die geeigneten Maßverhältnisse für einen jeden Teil klar war und Normalien für die Abmessungen der Maschinen aller Größen festsetzte. Nach diesen Abmessungen hat man sich, mit sehr geringen Abweichungen, seither von seiten der besten Ingenieure und Dampfmaschinenfabrikanten immer gerichtet, weil eine lange Erfahrung bewiesen hat, daß diese Normalien ausgezeichnet gewählt sind.

Auf diesem Gebiete seines Schaffens fand Mr. Watt eine vortreffliche Unterstützung bei mehreren scharfsinnigen Arbeitern und tätigen Ingenieuren, die unter seinen Augen in der Sohoer Fabrik ausgebildet worden waren und die im Verlauf ihrer Tätigkeit sich sehr viel Erfahrung erworben hatten.

Mit den Berechnungen, welche zur Bestimmung der Abmessungen der Maschinen erforderlich waren, war in der Regel Mr. Southern betraut, ein geschickter Mathematiker, dem die Firma Boulton & Watt einen Gewinnanteil aus ihrer Fabrik hauptsächlich mit Rücksicht hierauf zu geben sich veranlaßt fühlte. Mr. Watt

---

[1]) Aus weiteren Äußerungen von Farey geht hervor, daß die Berechnung der Zähne von Zahnrädern auf Biegung jedenfalls schon im Jahre 1785 von Watt selbst oder von dessen Zeitgenossen Rennie ausgeführt wurde. Rennie hat die Müllereimaschinen der Albion-Mühle in London entworfen, für welche Watt im Jahre 1785 seine neue Rotationsdampfmaschine geliefert hat. Farey sagt nun: „Die großen Verbesserungen, welche moderne Räder aufweisen, verglichen mit dem, was im Gebrauch war, ehe Watt und Rennie die Albion-Mühle einrichteten, sind erreicht durch genaue Ausführung und scharfsinnige Bemessung von Teilung und Breite der Zähne nach Maßgabe der Kraft, die sie zu übertragen haben und der Geschwindigkeit ihrer Bewegung." Und an anderer Stelle, als er davon spricht, daß Rennie die maschinelle Einrichtung der Albion-Mühle entworfen habe: „An Stelle von Holzrädern wurden Räder und Achsen aus Gußeisen (in der Albion-Mühle, 1785) verwendet, deren Zähne genau geformt und in ihrer Stärke der Beanspruchung angepaßt waren, die sie zu tragen hatten."

untersuchte unter Mitwirkung von Mr. Southern alle Umstände, welche auf die Abmessungen eines jeden Teiles der Dampfmaschine Einfluß nehmen können, und auf Grund dieser Untersuchungen wurden Formeln abgeleitet, nach denen sich ihre Abmessungen für jeden einzelnen Fall berechnen ließen. Die so festgesetzten Abmessungen wurden den Arbeitern als Richtschnur mitgeteilt, aber die Regeln selbst und die Grundsätze für die Berechnung, die dabei befolgt wurden, sind sehr wenig bekannt."

In ähnlicher Weise spricht sich Farey noch einmal zur Einleitung in dem Abschnitt aus, welcher die oben besprochenen „Rules" behandelt, „um die Abmessungen derjenigen bewegten Teile, welche die Kolbenkraft von Watts doppelt wirkender Rotationsmaschine übertragen, zu finden." Er sagt: „All die verschiedenen Teile, welche die Kolbenkraft übertragen, müssen genügende Festigkeit besitzen, um der größten Beanspruchung, die der Kolben je auf sie ausüben kann, ohne Gefahr des Bruches oder der Biegung zu widerstehen. Die geeigneten Abmessungen für alle bewegten Teile wurden von Mr. Watt unter Mitwirkung von Mr. Southern auf das Sorgfältigste bestimmt und nach seinen Maßverhältnissen hat man sich mit sehr kleinen Abweichungen seither stets gerichtet. Denn eine lange Erfahrung hat ergeben, daß Maschinen, die nach den Wattschen Vorbildern gebaut sind, auch bei beliebiger Dauer des regelrechten Betriebes der Bruchgefahr nicht ausgesetzt sind, und andererseits sind deren bewegliche Teile so leicht, als man sie unter Berücksichtigung aller Umstände ausführen kann."

Unmittelbar daran schließt Farey die Bemerkung, daß seine aus den Wattschen Vorbildern abgeleiteten „rules" nicht bloß für den Dampfmaschinenbau, sondern für alle Gebiete des Maschinenbaues und darüber hinaus, insofern Festigkeitsrücksichten maßgebend sind, von Nutzen sind, mit den Worten: „Die Erbauer von Dampfmaschinen haben eine große Erfahrung darin erlangt, welche Stärke für die verschiedenen Teile erforderlich ist, damit diese der auf sie wirkenden Beanspruchung standhalten und ihre Praxis gewährt zurzeit den besten Aufschluß über die Festigkeit der Materialien und über die Beanspruchung, die sie auf die Dauer ohne jede Gefahr der Beschädigung aushalten können. Eine Rotations-Dampfmaschine liefert in ihren verschiedenen Teilen die Beispiele für alle Arten der Beanspruchung, denen das Material unterworfen sein kann. Aus diesem Grunde sind die folgenden ‚rules' sehr wichtig, nicht bloß wegen ihrer Anwendung auf die Konstruktion der Dampfmaschinen, sondern auch als Unterlagen, um die Festigkeit jeder Art von Maschinen und von Gebäuden zu ermitteln."

Daß Farey auf Grund eines eingehenden Studiums der Wattschen Maschinen zu seinen Formeln gelangt ist und daß die nach den letzteren berechneten Abmessungen mit denjenigen der Wattschen Maschinen übereinstimmen, sagt er in einer Anmerkung zu der Äußerung, daß die Arbeiter aus Soho die Kenntnis dieser Abmessungen verbreitet haben, aber in der Regel nicht imstande waren, die Grundsätze, welche zur Bestimmnug der Abmessungen führten, anzugeben. Diese Anmerkung lautet: „Gleich vom Beginne seiner Ingenieurtätigkeit an hat es sich der Verfasser zur besonderen Aufgabe gemacht, sich eine vollständige Kenntnis von der Konstruktion der Wattschen Dampfmaschinen und von den Maßverhältnissen und Abmessungen aller ihrer Teile zu verschaffen. Denn dies ist in jeder Hinsicht der beste Lehrgang für einen Ingenieur. In dieser Absicht prüfte er in den Jahren 1804 und 1805 eine große Zahl dieser Maschinen mit ihren Abmessungen und nahm genaue Zeichnungen davon. Nachdem er eine hinreichende Zahl von Beobachtungen

gesammelt hatte, wurden diese zusammengestellt und verglichen, um die Verhältnisse zu finden, in denen die verschiedenen Abmessungen zueinander stehen. Nach
diesen Vorbereitungen wurden entsprechende Formeln zur Berechnung der Abmessungen für jeden Fall aufgestellt. Der Verfasser weiß nicht, ob die Formeln,
die er so aufgestellt hat, genau dieselben sind wie diejenigen, nach denen die Herren
Boulton & Watt rechneten; allein die fraglichen Formeln sind im Verlaufe einer
langjährigen Praxis ausgeprobt und wenn nötig verbessert worden und liefern Ergebnisse, welche im Durchschnitt der Übung der erfahrensten Ingenieure sehr nahe
kommen, die alle ihre Maßverhältnisse den bewährten Modellen der Boulton & Wattschen Normalmaschinen entnommen haben."

Noch deutlicher spricht sich Farey in einer Anmerkung am Schluß des VIII. Ka-
pitels aus, wo er sagt:

„Die Art und Weise, wie die in diesem Abschnitt enthaltenen Formeln („rules")
gebildet wurden, ist schon in einer früheren Anmerkung (nämlich der soeben angeführten) angegeben worden und es bedarf nur der Hinzufügung, daß der Verfasser bei ihrer Veröffentlichung der Zuversicht ist, daß sie in der Hauptsache dieselben sind wie diejenigen, welche Watt in seiner Praxis benutzt hat .... Die
Grundsätze für alle die sehr wichtigen Verhältnisse, von denen die Formeln abhängig sind, waren der Gegenstand häufiger Besprechungen zwischen Watt selbst
und dem Verfasser und sind in der Tat diejenigen, von denen Watt ausging. Zu
der Zeit, als der Verfasser mit Watt bekannt wurde, hatte sich dieser schon seit
mehreren Jahren vom Geschäft zurückgezogen und genaue Einzelheiten gehörten
nicht zu den beliebten Gegenständen seines Gesprächs, sondern nur allgemeine
Grundsätze ...."

Daß die Formeln von Farey einerseits mit den Wattschen Ausführungen übereinstimmen und daß sie sich andererseits aus den Gleichungen der Festigkeitslehre
ableiten lassen, kann nicht zufällig sein. Aus diesem Umstande darf vielmehr, wie
ich glaube, der sichere Schluß gezogen werden, daß Watt die Abmessungen seiner
Maschinen, insofern sie durch Festigkeitsrücksichten bestimmt waren, nicht rein
empirisch, sondern auf Grund der damals bekannten einfachen Gesetze der Festigkeitslehre gewählt hat und daß auch in dieser Hinsicht seine Tätigkeit auf einer
streng wissenschaftlichen Grundlage sich aufbaute, wie dies hinsichtlich der Erkenntnis der Wirkungsweise des Dampfes in der Dampfmaschine der Fall war.

Freilich dauerte es noch lange, ehe die Berechnung der Abmessungen der
Maschinenteile auf Grund der Gesetze der Festigkeitslehre das volle Vertrauen der
in der Praxis schaffenden Ingenieure erwarb: Es klaffte der Gegensatz zwischen
Theorie und Praxis, der manchmal fast unüberwindbar erschien. Dies ist aber
begreiflich, wenn man bedenkt, daß zu jener Zeit noch gar nicht alle Umstände
durch die Erfahrung bekannt waren, die man berücksichtigen muß, um einen richtigen Ansatz für die Theorie zu erhalten. Ja selbst wenn der Ansatz richtig war,
fehlten doch vielfach noch die Erfahrungskoeffizienten, die bei der Anwendung der
Rechnung auf die Praxis zu benutzen waren. Ich erinnere nur daran, daß es z. B.
nicht möglich war, die Berechnung der Abmessungen von Maschinenteilen sicher auf
die Theorie zu gründen, so lange die Massenwirkungen der bewegten Teile und die
dadurch hervorgerufenen Kräfte nicht rechnungsmäßig ermittelt wurden und insbesondere nicht, so lange als man lediglich mit einer Sicherheit gegen den durch
eine ruhende Last hervorgerufenen Bruch rechnete und nicht zahlenmäßig anzugeben wußte, um welchen Betrag die Bruchspannungen niedriger liegen, wenn die

Belastung dauernd ihre Größe und Richtung wechselt. Hierüber aber haben erst die Wöhlerschen Versuche Aufschluß gebracht.

Von dem Vorhandensein von Massenwirkungen hat Farey schon etwas gewußt, wenn er sie auch noch nicht zahlenmäßig berechnet hat. Denn er sagt bei der Berechnung der Kurbelzapfen: „Ich bemerke, daß der Kurbelzapfen eine größere Beanspruchung zu tragen hat als derjenige der Kolbenkraft allein, da durch ihn die Energie der bewegten Teile der Maschine am Ende eines jeden Hubes zur Ruhe gebracht werden muß."

Was die Wöhlerschen Gesetze betrifft, so hat nach der oben auf S. 110 angeführten Briefstelle schon Watt gewußt, daß ein Maschinenteil, bei dem die beanspruchende Kraft dauernd ihre Richtung wechselt, stärker ausgeführt werden muß, als ein nur nach einer Richtung beanspruchter Maschinenteil. Und Farey hat darüber sogar Anschauungen von besonderer Klarheit gehabt, wie die folgende Stelle aus seinem Werke zeigt, mit deren Anführung ich meine Arbeit abschließe: „Es muß bemerkt werden, daß eine Achse, die sich nicht dreht, weniger der Bruchgefahr ausgesetzt ist, als ein Zapfen, der sich in seinem Lager dreht. Denn die Achse wird durch die Kraft immer in derselben Richtung gebogen; der Zapfen muß sich aber während jeder Umdrehung nach allen Richtungen nacheinander biegen. Wird er dabei so stark gebogen, daß die Elastizität des Eisens ihn nicht in seine ursprüngliche Gestalt zurückzuführen vermag, so wird er sehr bald brechen." Die Ansicht von Farey deckt sich also mit der heute noch gültigen Anschauung, daß eine ihre Richtung stetig wechselnde Kraft dann zum Bruche führt, wenn die Elastizitätsgrenze überschritten wird.

Die Entwicklung der Vakuumverdampfung.

Von

Dipl.-Ing. K. Thelen, Stolberg.

Über den geschichtlichen Entwicklungsgang der technisch so wichtigen Vakuumverdampfung sowie über ihre Apparatur ist sehr wenig bekannt. Die manchmal hierüber eingeflochtenen historischen Auslassungen in Lehrbüchern über Zuckerfabrikation, Salinenkunde usw. bieten durchaus kein einheitliches, zuverlässiges Bild über den Werdegang dieser Verdampfungsmethode.

Größere und wertvollere Mitteilungen findet man seit der Mitte des vorigen Jahrhunderts in den Zeitschriften über die Zuckerindustrie, der man ja auch Erfindung und größtenteils Ausbildung der Vakuumverdampfung verdankt. Bezüglich dieser Quellen stellt sich für eine allgemeine Darstellung der Entwicklung der Ein- und Mehrkörperverdampfung die Aufgabe, das spezifisch Fachliche von den allgemein gültigen Anwendungen zu trennen.

Die Aufgabe, die ich mir daher im folgenden gestellt habe, ist, in allgemeinen Zügen ein Bild der Entwicklung der Vakuumverdampfung zu zeichnen, hierbei die Apparatur nur soweit als es zum Verständnis des Ganzen erforderlich ist, zu streifen. Kritiklos die einzelnen Tatsachen aneinander zu reihen, hat nur wenig Wert, deshalb seien hier die einzelnen Entwicklungsabschnitte kritisch beurteilt.

Was den Wert der Vakuumverdampfung für das wirtschaftliche Leben anbetrifft, so sei darauf hingewiesen, daß für einige Industriezweige die Herstellung hochwertiger Ware nur durch die Vakuumverdampfung ermöglicht wird, daß ferner überall dort, wo diese Verdampfungsmethode zur Anwendung kommt, die Dampfmaschine infolge Verwendung ihres Auspuffes als Heizdampf des Vakuumapparates die wirtschaftlichste aller Kraftmaschinen wird und daß endlich beispielsweise für die Zuckerindustrie die Herabsetzung des Kohlenkontos von 40 kg Kohlen für 100 kg zu verarbeitender Rüben gegen Mitte des vorigen Jahrhunderts auf heutzutage weniger als $1/4$ dieses Satzes größtenteils der Mehrfachvakuumverdampfung zuzuschreiben ist.

Die erste wichtige Nachricht über die Verdampfung im luftverdünnten Raum stammt aus dem Jahre 1813[1]), wo Edward Charles Howard, ein Bruder des Herzogs von Norfolk, sich in London am 20. November 1813 ein Patent auf Verbesserungen eines am 31. Oktober 1812 patentierten Verfahrens bei der Zucker-Raffinierung erteilen ließ.

Hier gibt Howard als dritte Verbesserung seines Raffinationsverfahrens einen Apparat zum Eindampfen im leeren Raum an, da, wie das Repertory of Patent In-

---

[1]) Gills Technical Repertory 1825, p. 224, 268, hieraus in Dinglers Journal 1826, 19, 376.

ventions 1827, S. 271[1]) bemerkt, „die Verdunstung unter dem Drucke der Atmosphäre bei 200° Fahrenheit zu langweilig für die Eile war, mit welcher in einer Zucker-Raffinerie gearbeitet werden muß."

Neben dieser Leistungserhöhung infolge hohen Gefälles und der Möglichkeit der Verwendung niedrig gespannten Dampfes, welche beide Vorteile in der Technik für jede Industrie, die sich der Dampfheizung zwecks Wasserverdampfung bediente, in betracht kamen, hatte die Vakuumverdampfung für die Zuckerindustrie den besonderen Wert, die zuckerzerstörenden Wirkungen der hohen Temperaturen vermeiden zu können.

Die erste Anregung zu einer Vakuumverdampfung schreibt man einem deutschen Salinenbeamten zu Hall in Tirol[2]) zu, der schon 1782 vorgeschlagen habe, den Salzsiedeprozeß im luftleeren Raum vorzunehmen. Allein seine Vorgesetzten, welche, wie die Redaktion der Zeitschrift bitter hinzufügt, „Salinen leiten, ohne

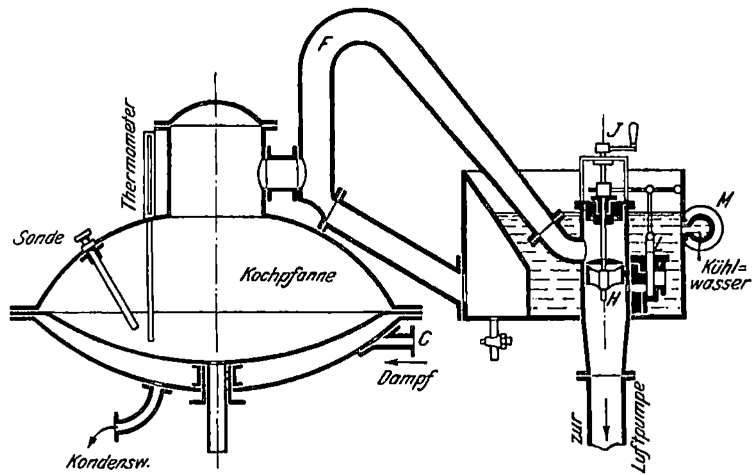

Fig. 1. Howardscher Vakuumverdampfer.

ein Titelchen von Physik zu verstehen", lachten über diesen Vorschlag, und „er konnte sich glücklich schätzen, daß er nicht ob dieser vermeintlichen Torheit in eine Salzpfanne geworfen wurde."

Der Howardsche Apparat, Fig. 1, bestand aus einer Kochpfanne, die mit Dampf geheizt wurde, aus einem Verdichter und einer Luftpumpe, welche von einer Dampfmaschine angetrieben wurde. Die Brüdendämpfe (mit diesem von der Zuckerindustrie gebrauchtem Ausdruck bezeichnet man allgemein in der Vakuumverdampfung die aus einer Lösung entwickelten Wasserdämpfe) vermengten sich in dem Verdichter mit einem Strahl kalten Wassers, wodurch sie niedergeschlagen wurden, worauf die Luftpumpe das Kondensat nebst der frei gewordenen oder eingedrungenen Luft entfernte.

Aus dem Dome der Kochpfanne führte ein nach oben gekrümmtes Rohr die Saftdämpfe zur Kondensation, während eine schräg abwärtsführende Leitung mitgerissene Saftteile ableitete. Das Kühlwasser wurde durch das Rohr M zugeführt und durch das Schieberventil L bei H nach Bedürfnis in das Kondensationsrohr

---

[1]) Dinglers Journal 1828, 27, 32.
[2]) Dinglers Journal 1828, 27, 32.

geleitet; es geschah dies in demselben Maße, als durch das Ventil *K* Dämpfe zutraten. Die Regulierung dieser Zuleitung erfolgte durch die Kurbel *J*.

Obwohl die Erfindung bedeutend zur Vermehrung der Produktion beitrug, so waren die Anschaffungs- und Unterhaltungskosten des Apparates nebst Luftpumpe und Dampfmaschine so bedeutend, daß mehrere Jahre lang nur der Patentinhaber, nicht aber die Raffineure Nutzen davon hatten.

Die Patentgebühren, welche Howard erhielt, waren sehr hoch; O. E. von Lippmann[1]) gibt aus einem Briefe J. E. Bollmanns vom 1. November 1816 an: „Man bot Howard für seine patentierte Erfindung 40 000 Pfund Sterling, die er ausschlug; er veräußerte aber an einzelne das Recht, sich ihrer zu bedienen und hatte sich schon ein jährliches Einkommen von 60 000 Pfund Sterling verschafft, als ihn der Tod abholte."

In einer vergleichenden Übersicht über die verschiedenen Verdampfapparate gibt Dinglers Journal 1834, Bd. 53, S. 44 nach dem Journal des connaissances usuelles 1834, S. 249 die Kosten eines Howardschen Apparates zu 100 000 Fr. an.

Daß die Unterhaltungskosten des Apparates recht beträchtlich gewesen sein müssen, gibt Knapp[2]) noch 1847 zu verstehen, wenn er schreibt: „Ist alles in gutem Stand, so fällt der Druck im Innern bis auf 1 Zoll Quecksilber (!), allein dieses ist doch nur mit wesentlichen Opfern erkauft, denn die Luftpumpe macht den Apparat kostbar und schwerfällig herzustellen. Sie erfordert ferner eine bewegende Kraft, welche nur bei ganz großen Fabriken rentieren kann. Dieser Fehler ist noch mit einem übermäßigen Wasserverbrauch zur Heizung, Kondensation und für die Dampfmaschine verbunden, so daß eine Fabrik, welche täglich 300 hl Saft von 4,5° Bé zu verdampfen hat, täglich die enorme Menge von 5000 hl Wasser bedarf."

Neben seiner Kostspieligkeit werden dem Apparate noch folgende Nachteile nachgewiesen: 1. sieht man nicht, was im Innern des Apparates vor sich geht; 2. ist die Probe, die man auf einmal herausnehmen kann, wegen der geringen Quantität unsicher; 3. läßt sich der Apparat nur langsam entleeren, wobei die Flüssigkeit überdies nur an einem Ort entleert werden kann, der tiefer liegt als der Apparat[3]).

Das Vakuum, das zu Anfang der 20er Jahre in den englischen Raffinerien schon allgemein verbreitet war, verpflanzte sich unter Vermittlung einer Anzahl Durchgangsstufen (siehe später Roth, Degrand, Derosne) zuerst in die französische Rübenzuckerindustrie und gewann auch hier erst allgemeinere Verbreitung mit dem Einzug der Dampfmaschine in die Zuckerindustrie. In Deutschland leistete man bis in die 40er Jahre infolge mangelhafter Vertrautheit mit jeglichen Dampfapparaten und zurückgeschreckt durch ihren hohen Preis auf die Anwendung des Vakuums Verzicht[4]).

Wer als erster den Abdampf der Dampfmaschine zur Heizung der Vakuumkessel angewandt hatte, ließ sich nicht genau feststellen; daß jedoch diese naheliegende Abdampfverwertung nicht lange auf sich hat warten lassen, beweist eine Notiz in Dinglers Journal bei Erwähnung der Verteilung von Industriepreisen

---

[1]) Abhandlungen und Vorträge zur Geschichte der Naturwissenschaften, Leipzig 1906, S. 323.

[2]) F. Knapp, Lehrbuch der chemischen Technologie 1847, Bd. II, S. 229.

[3]) Journal des connaissances usuelles 1834, S. 249, hieraus in Dinglers Journal 1834, Bd. 53, S. 44.

[4]) Schuchart, Die volkswirtschaftliche Bedeutung der technischen Entwicklung der deutschen Zuckerindustrie, Leipzig 1908, S. 34, 35.

zu Mailand am 4. Oktober 1826, wo Caldera & Comp. in Mailand die goldene Medaille für die Benutzung des Auspuffes der Dampfmaschinen zu Heizzwecken erhielten, so daß, wenn selbst die Vakuumheizung nicht gemeint ist, eine Übertragung auf diese Art Heizung doch sehr nahe lag.

Zur Regulierung eines Überschusses an Abdampf setzte man später auf das Zuleitungsrohr des Auspuffes zu den Heizrohren des Apparates ein Sicherheitsventil, welches bei Steigerung des Quantums Abdampf gegenüber dem vom Verdampfer konsumierten abblies. Außerdem wandte man hier und da zu demselben Zwecke Dampfsammler an, auf die überdies noch das Sicherheitsventil geschraubt wurde. Walkhoff[1]) macht 1867 jedoch schon darauf aufmerksam, daß diese Behälter überflüssig wären, da der in Frage kommende Dampf ein zu großes Volumen einnehme, um in einem kleinen Dampfsammler aufgespeichert zu werden.

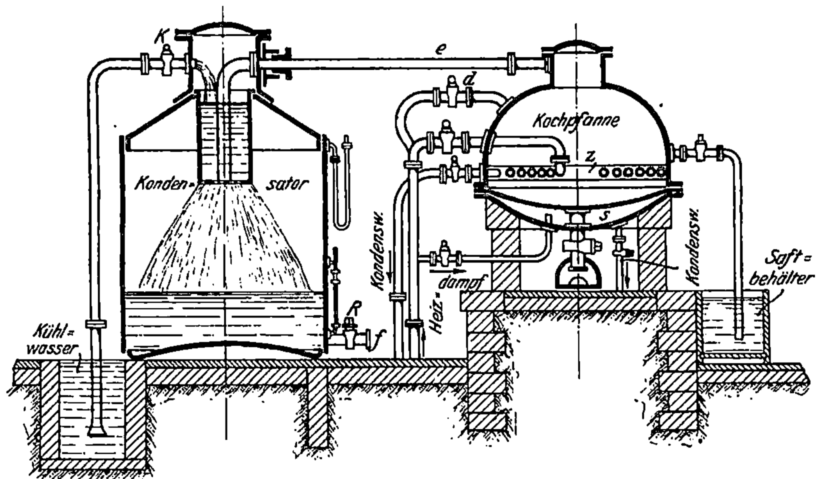

Fig. 2.　Apparat von Roth.

Die sehr teuren und mangelhaften Luftpumpen des Howardschen Apparates, sowie die erforderliche Betriebskraft zur Fortschaffung des sämtlichen Kondensationswassers und der Luft machten die ganze Anlage so kostspielig, daß die 1829 von Roth in Frankreich eingeführten Apparate unter Fortfall der Luftpumpe vorteilhafter. erschienen.

Zu diesen Gründen rein wirtschaftlicher Natur für die Ursache der Entstehung des Rothschen Apparates gibt Horsin- Déon[2]) noch an, daß die Anwendung der Luftpumpe den Raffineuren als unmöglich in der Praxis schien und daß die Fabrikanten der Einführung der Dampfmaschine als antreibende Kraft heftigen Widerstand entgegensetzten.

Bei dem Apparate von Roth, der dafür von der Société d'Encouragement pour l'Industrie Nationale zu Paris im Juni 1832 die goldene Medaille erhielt, wurde die Luftleere dadurch erzeugt, daß man durch Einströmen höher gespannter Dämpfe die Luft aus der der Howardschen ähnlich konstruierten Kochpfanne, als auch aus dem damit verbundenen Kondensator trieb und dann den Dampf

---

1) Walkhoff, Der praktische Rübenzuckerfabrikant und Raffinadeur 1867, S. 722.
2) Traité théorique et pratique de la fabrication du sucre, Paris 1882.

durch Einspritzen kalten Wassers kondensierte. Fig. 2 zeigt einen Durchschnitt dieses Apparates[1]). Der Apparat erhielt, um eine größere Leistung zu erzielen, neben dem Doppelboden noch eine Heizschlange.

Zunächst ließ man aus dem gemeinschaftlichen Dampfzuleitungsrohr durch den Hahn d stark gespannten Dampf in die Kochpfanne und von hier durch das Rohr e in den Kondensator strömen, um Kochpfanne und Kondensator von Luft zu befreien; das Gemenge Luft und Dampf strömte durch f ab. Sobald aus f nur noch Dampf ausströmte, wurden die Hähne d und R geschlossen, worauf bald durch die äußere Abkühlung eine Luftleere im Apparat entstand, die es möglich machte, die Kochpfanne durch Einnutschen von Saft aus dem Saftbehälter zu füllen. Nach der Füllung konnte das Kochen durch Zuleitung des Heizdampfes beginnen, worauf die erzeugten Saftdämpfe mit dem in entsprechendem Maße durch den Hahn K zugeleiteten kalten Wasser im oberen Teil des Kondensators zusammentrafen und so die Luftleere erhalten bleiben sollte.

Der Apparat brauchte viel Dampf. Dazu kam noch, daß die Luft, welche sich aus dem in den Kondensator geleiteten Kühlwasser und Dampf entwickelte und durch undichte Stellen der Apparatur eindrang, nach und nach die Luftleere verminderte, so daß man, da man immer nur eine Zeitlang bis auf einen bestimmten Konzentrationsgrad verdampfte, gezwungen war, auch innerhalb dieser Periode eine Luftleere durch Ausblasen mittels Dampf zu erzeugen. Daß diese Prozedur umständlich und kostspielig war, leuchtet ohne weiteres ein, und so gibt Péclet in seinem Traité de la chaleur 1860, Band 2, p. 234 an, daß infolge allzuhohen Dampfverbrauches die Rothsche Erfindung aufgegeben wurde.

Bayvet, ein Mitarbeiter Roths, versuchte ebenfalls ohne Luftpumpen auszukommen und wollte auch noch an Wasser sparen. Das gleiche Kühlwasser sollte ohne Erneuerung immer wieder zur Kondensation verwendet werden[2]). Zu dem Ende hob man das gebrauchte Wasser auf einen Behälter und ließ es durch eine Anzahl gewobener Schläuche niederrinnen, wobei es durch die an der Oberfläche stattfindende Verdunstung auf die Temperatur der Luft abgekühlt werden sollte.

Bayvet führte also hier als erster für die Vakuumverdampfindustrie das Rückkühlwerk ein; ob allerdings in dieser Urform die Bayvetsche Einrichtung hinreichende Rückkühlung erzielt hat, ist bei der primitiven Einrichtung zu bezweifeln. Die Anpreisung seiner Erfindung mit dem Hinweis, daß nur eine einmalige Zuführung von Kühlwasser für sein System erforderlich sei, wird schon von Knapp als eine blanke Unmöglichkeit bezeichnet, da ja das durch Verdunstung verloren gehende Wasser ersetzt werden mußte.

Ebenfalls auf die Kondensationseinrichtung bezog sich der Vorschlag von Trappe und Louvier - Gaspard in den 30er Jahren des vorigen Jahrhunderts, den Fallrohrkondensator für die Vakuumverdampfung anzuwenden. Während Péclet[3]) 1860 angibt, daß es bei diesem Vorschlag geblieben sei und die Kombination Vakuumapparat-Fallrohrkondensator von der Industrie nicht ausgeführt würde, erwähnt dagegen L. Walkhoff[4]) 1867, daß eine derartige Kondensationseinrichtung mit trockner Luftpumpe seit vielen Jahren in den Rübenzuckerfabriken Deutschlands ganz allgemein gebräuchlich wäre.

---

[1]) Muspratt, Theoretische, praktische und analytische Chemie 1861, 2. Anhang, S. 110.

[2]) Knapp, Lehrbuch der chemischen Technologie 1847, Bd. II, S. 228.

[3]) Péclet, Traité de la Chaleur 1860, II, p. 235.

[4]) Der praktische Rübenzuckerfabrikant und Raffinadeur 1867, 3. Auflage, S. 524.

Eine bemerkenswerte Abänderung der Howardschen Vakuumverdampf-apparatur stellte der Degrandsche Apparat mit Verbesserungen von Derosne dar. Den Degrandschen Apparat bezeichnete[1]) die Société d'encouragement zu Paris am 30. Dezember 1835 auf den Bericht von Arago, Dumas und Dulong hin als den besten der damals bestehenden Vakuumverdampfer und erkannte dem Erfinder einen Preis von 4000 Fr. zu.

Die zu kondensierenden Dämpfe wurden in einen Verdichter geführt, der, weil er auch noch eine andere Funktion zu erfüllen hatte, von Degrand conden-sateur-évaporateur genannt wurde und aus wagerechten Röhren bestand. Die Rohroberfläche wurde mit zufließender, einzudampfender Flüssigkeit benetzt, während im Innern der Rohre der zu verdichtende Dampf sich befand. Das Rohr-system war von einem Blechmantel umgeben, wodurch infolge Zugwirkung dem herunterrieselnden Saft Luft entgegengeführt und so eine Verdunstung erzeugt werden sollte. Degrand wäre somit der erste, der die sonst vom Kondensator vernichtete Brüdenwärme nutzbringend verwandt hätte. Indessen wurde hier zwar Kühlwasser gespart, jedoch auf Kosten des Vakuums, welches infolge der geringen Kühlflüssigkeit unvollkommen sein mußte.

Die Verbesserung, welche Derosne anbrachte, bestand darin, daß er zu dem Degrandschen Oberflächenkondensator eine Luftpumpe hinzufügte, also eine Ver-einigung von Howards und Degrands Apparaten schuf. Von Nutzen konnte diese Derosnesche Abänderung nur zu Anfang einer Kochperiode, also bei Schaf-fung des Vakuums sein, für dessen Unterhaltung sie durch schnellere Entfernung der Luft und der kondensierten Brüdendämpfe nur wenig beitragen konnte, da es ja an Kühlflüssigkeit gebrach.

Schon 1860 soll nach Péclet[2]) der Degrand-Derosnesche Apparat un-gefähr vollständig verschwunden sein, da die Rohre des condensateur-évaporateur zu leicht verkrusteten und der Zuckersaft durch Einwirkung der ihm entgegen-ziehenden Luft Veränderungen erlitt.

Von wesentlichem Interesse sind noch einige Neuheiten bzw. Änderungen an den Apparaten, die von den beiden Erfindern vorgeschlagen wurden.

Degrand war der erste, der es verstand, konzentrierte Flüssigkeit aus dem Siedekessel zu entfernen, ohne daß die Luftleere gestört wurde, indem er einen von ihm Cylindre de continuité genannten Behälter, ausgerüstet mit den nötigen Absperrungsorganen, mit dem Brüden- und Flüssigkeitsraum verband, der da-durch also unter Vakuum stand und so ein ununterbrochenes Ablassen ermöglichte. Ferner stattete er seinen Eindampfapparat mit Fenstern aus, durch welche man den Verlauf der Konzentration verfolgen konnte.

Derosne gab[3]) bei der Verbesserung des Degrandschen Apparates einen wirksamen Saftabscheider, indem er den Brüden vor Eintritt in den Kondensator in einem stehenden Apparat zu einem mehrmaligen Richtungswechsel und somit zur Abscheidung der mitgerissenen Saftteilchen zwang. Außerdem schuf er an seinem Apparate anstatt des schwerfälligen Howardschen einen Probenehmer, der sich bis auf den heutigen Tag in seinen Hauptzügen unverändert gehalten hat.

Vor allem aber kann Derosne als der erste angesehen werden, der, wenn auch in nicht ganz einwandsfreier Fassung, die Grundsätze des Mehrfachvakuum-

---

[1]) Knapp, Lehrbuch der chemischen Technologie 1847, Bd. II, S. 229.
[2]) a. a. O. S. 242.
[3]) Péclet, a. a. O. S. 239.

verdampfers veröffentlichte. Das Bulletin de la société d'encouragement[1] enthält März 1835 eine Abhandlung von Derosne, worin er angibt, daß der Wärmestoff des Dampfes eine dreimalige Benutzung zuläßt, indem 1. der Dampf, der aus einem unter einem etwas höheren Druck als dem der Atmosphäre befindlichen Siedekessel austritt, eine andere Flüssigkeit, welche sich unter Atmosphärendruck befindet, zum Sieden bringen kann; 2. eine unter Atmosphärendruck siedende Flüssigkeit eine andere, welche gegen diesen Druck geschützt ist, zum Sieden bringen kann; 3. daß ein Dampf, der unter einem Druck erzeugt worden, welcher geringer als jener der Atmosphäre ist, dennoch eine Flüssigkeit verdampfen kann, welche mit vielfach vermehrter Oberfläche mit der Atmosphäre in Berührung gebracht wird.

Der unter 3. angeführte Grundsatz ist in dieser Fassung nach dem zweiten Hauptsatz der Thermodynamik allerdings unmöglich; setzt man jedoch an Stelle von „verdampfen" erwärmen, so muß man anerkennen, daß Derosne in diesen drei Leitsätzen die Grundzüge des Zweifachverdampfers richtig angegeben hat. Jedoch stellt der Derosnesche Mehrkörperapparat, den uns Péclet vorführt, auch nicht im entferntesten die sinngemäße Anwendung der angeführten Grundlinien der Mehrfachverdampfung dar. Die hier bei der Derosneschen Apparatur vorgenommene Verdampfungsweise läßt sich als eine dreimalige Ausnutzung von Feuergasen einer durch Kohlen geheizten Apparatur, bei der die Brüdendämpfe einer jeden Pfanne zum Vorwärmen und eventuell Verdampfen des zu speisenden Saftes benutzt wurden, kennzeichnen.

Derosne führte aus, daß, wenn 1 kg Steinkohle 5 kg Dampf erzeugt, man mit seinem Apparat mit 1 kg Steinkohle 13 kg Dampf gewinnt, während Péclet[2] 1860 die Dampferzeugungsziffer desselben Verdampfers zu 9 kg angibt und berichtet: „cet appareil est complétement abandonné."

Ungefähr zur selben Zeit wie der Degrand-Derosnesche Verdampfer erschien der Pelletansche Apparat[3]. In einer Abhandlung „Über ein neues Verfahren, um das Austrocknen, Destillieren und Verdampfen mit großer Ersparnis an Brennmaterial oder bloß durch Anwendung mechanischer Kräfte zu bewerkstelligen", legte Pelletan, Professor an der medizinischen Schule zu Paris, die Prinzipien seines Verfahrens der französischen Akademie der Wissenschaften zu Paris vor, welche Körperschaft Arago, Dumas und Regnault mit der Prüfung des Verfahrens beauftragte.

Gemäß der Pelletanschen Behauptung sollte man mit seinem Apparate 30 bis 100 kg Wasser (ein etwas sehr reichlicher Spielraum für eine Verdampfungsziffer) mit 1 kg Kohle verdampfen können. Verdampfungsversuche, wobei jedoch die Versuchsanordnung so mangelhaft war, daß die erwähnte Kommission sich weigerte, ihnen beizuwohnen, beschränkten die Verdampfungsziffer pro Kilogramm Dampf auf 2,3 kg[4], also bezogen auf 1 kg Kohle bei einer 6fachen Verdampfung ergäbe sich nach den Versuchen 13,8 kg verdampftes Wasser gegenüber den angegebenen Pelletanschen 30 bis 100, was jedoch immerhin bezüglich der Dampfausnutzung gegenüber der Howardschen Verdampfungsmethode einen gewaltigen Fortschritt bedeutete.

---

[1] Nach Dinglers Journal 1835.
[2] a. a. O. S. 241.
[3] Journal des connaissances usuelles 1834, S. 249, hieraus Dinglers Journal 1834, Bd. 53, 39.
[4] Péclet a. a. O. S. 245.

Das Prinzip des Pelletanschen Apparates bestand darin, durch irgendein Mittel den Dampf, welcher sich aus einer siedenden Flüssigkeit bildet, anzusaugen, zu komprimieren und in den Heizraum desselben Apparates zu treiben. Als Evakuierungs- wie Kompressionsmittel diente bei Pelletan eine Dampfstrahlpumpe. Fig. 3 gibt die Einrichtung von Pelletans Apparat wieder[1]). A war ein halbzylindrischer Kessel mit Doppelboden B von 20 Fuß Länge, 2 Fuß Durchmesser und D ein zylindrischer Verdichter von 6 Fuß Höhe und 15 Zoll Durchmesser. H schloß oder öffnete den Dampfzutritt zum doppelten Boden, wobei der Dampf beim Passieren des Verdichters bei G, wo sich eine Art Dampfstrahlpumpe befand, seine aufsaugende Wirkung ausübte. Der Hahn L schloß den Verdichter von dem Kessel ab, wenn letzterer behufs Entleerung unter Druck gesetzt wurde. Der Hahn M lieferte einen Dampfstrahl, der nach Pelletan soviel atmosphärische Luft

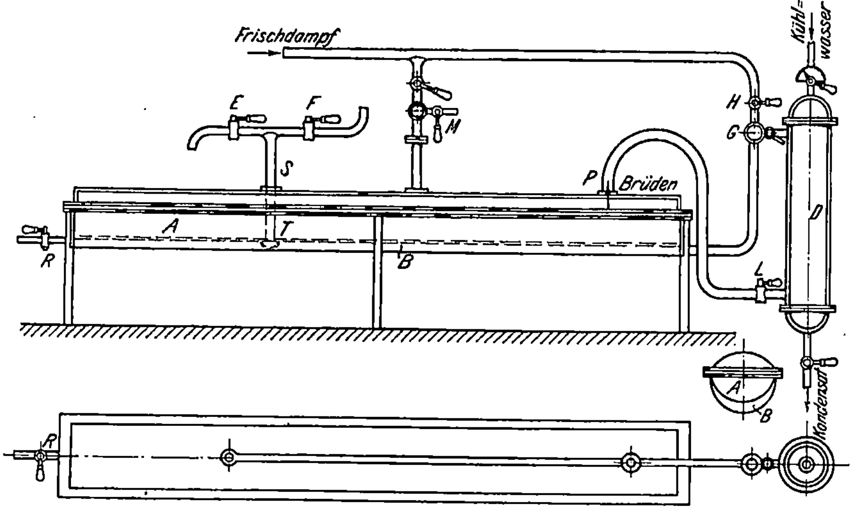

Fig. 3. Apparat von Pelletan.

in den Kessel schaffen sollte, daß ein Druck von 18 bis 20 Fuß Wassersäule in demselben entstand. Hierbei entwich dann die Flüssigkeit durch die Röhre S, welche bis zu T hinabreichte, wo sich eine Vertiefung befand, die das vollkommene Entleeren des Apparates gestattete; dieselbe Röhre diente auch zum Füllen. Der Hahn E kommunizierte mit der einzufüllenden Flüssigkeit, während Hahn F als Auslaß gebraucht wurde. Später stattete Pelletan seinen Apparat mit Heizschlangen statt des Doppelbodens aus. Diese waren zu einer Art Rost vereinigt, so daß das ganze System an einer Platte befestigt war, welche die Mündung der Pfanne verschloß. Bei der Reinigung hatte man daher nur diese Platte zu entfernen, um den Rost herauszunehmen. Auch war die Anordnung vom Verdichter und Apparat in etwas anderer Weise wie die hier skizzierte getroffen[2]).

Die übrigens recht mangelhafte Skizze läßt die Einrichtung des Verdichters ganz vermissen. Man muß ihn sich etwa in zwei Abteilungen geteilt denken. Der Brüdendampf strömt dann durch P und L durch die linke Hälfte von D nach

---

[1]) Dinglers Journal 1834, Bd. 53, 39.
[2]) Péclet, a. a. O. 1860, S. 254.

oben und wird teilweise von *G* angesaugt, während der Rest durch die rechte Hälfte von *D* vermittels Wasser verdichtet zum Abfluß gelangt.

Der Apparat wurde in der Weise betrieben, daß zu Anfang alle Luft aus dem Verdichter mittels der Dampfstrahlpumpe *G* in den Doppelboden getrieben und von hier aus durch *R* entwich. Kam die zu verarbeitende Flüssigkeit ins Sieden, so gelangte der Brüden durch die Röhre *P* in den Verdichter, aus welchem er durch den Dampfstrahl aufgesaugt und wieder in den Doppelboden geleitet wurde, so daß die Flüssigkeit sowohl durch den Dampf der Dampfstrahlpumpe wie durch ihren eigenen komprimierten Brüden geheizt wurde. Nach Pelletan sollte in dem Verdichter die Hälfte des anzusaugenden Brüdens durch Einspritzwasser verdichtet werden, so daß während der Verdampfungsperiode ein Vakuum von 20 Zoll Quecksilber eingehalten werden konnte.

Der Apparat, der eine Heizfläche von 60 Quadratfuß hatte, kostete nebst Verdichter 18 000 Frs., er führte sich nicht in die Industrie ein, da er Heizdampf von 4 bis 5 at Spannung erforderte, was nach Knapp[1] „immer ungern gesehen wird" und kompliziert und schwierig zu bedienen war, wie Péclet[2] angibt.

Die Knappsche Begründung der zu hohen Dampfspannung für das Nichtdurchdringen der Pelletanschen Erfindung muß auf die Schwierigkeit der Herstellung dichter Dampfkessel für eine solche Spannung hinzielen; bedenkt man aber, daß Trevithick nach Matschoß[3] schon 1815 betriebssichere Flammrohrkessel für einen Dampfüberdruck von 7,03 kg/qcm herstellte, die Edwardsche Maschinenfabrik zu Chaillot bei Paris in den 30er Jahren Kessel von 3 bis 4 at lieferte[4], wie auch in Deutschland Alban um 1840 schon Hochdruckkessel fabrizierte, so kann man die Knappsche Begründung kaum gelten lassen.

Eher wird man Péclets Ansicht zustimmen. Um die Pécletsche Bemerkung recht zu verstehen, muß man sich die Wirkungsweise des Apparates vergegenwärtigen.

Soll der Apparat stets dieselbe Leistung haben, so muß, abgesehen vom Gefälle, das Verhältnis der Heizdampfmenge zum Brüden konstant sein. Infolge Zuführung des vom Dampfkessel zugeleiteten Kompressionsdampfes vermehrt sich die Heizdampfmenge beständig. Daher muß entweder der überschüssige Teil des Heizdampfes nach dem Komprimieren vor seinem Eintritt in die Heizkammer oder der entsprechende Teil Brüdendampf vor dem Komprimieren abgeführt werden. Pelletan hat diesen letzteren Weg eingeschlagen und verdichtet den überschüssigen Brüdenteil, um besseres Vakuum zu erhalten. Die Regelung der Verdichtung des entsprechenden Brüdenanteiles ist beim Beginnen einer Kochperiode schwierig und wird während einer jeweiligen Operation erschwert durch die Leistungsverminderung infolge Abnahme der Gefälle. Außerdem gibt es für die Anwendung der Dampfstrahlapparate gewisse Grenzen, deren Nichtbeachtung das völlige Versagen derselben hervorruft.

Der Pelletansche Gedanke, Komprimierung des Brüdens zwecks Verwendung als Heizmittel, findet sich bei dem Verdampfungsverfahren von Edwards, Rittinger, Siemens, Piccard & Weibel, Schäffer & Budenberg, Prache-Bouillon und anderen wieder.

[1] Lehrbuch der chemischen Technologie 1841, Bd. II, S. 233.
[2] a. a. O. S. 240.
[3] Entwicklung der Dampfmaschine, Berlin 1908, Bd. I, S. 607.
[4] Entwicklung der Dampfmaschine, Berlin 1908, Bd. I, S. 610.

Edwards, Ingenieur zu Nottingham[1]), nahm am 5. November 1840 ein Patent auf eine neue Verdampfungsmethode, welche in allen Teilen eine genaue Kopie des Pelletanschen Gedankens war und wie dieser in Frankreich, hier in England keine Verbreitung fand.

Erfolgreicher schien anfangs die Rittingersche Methode der Verdampfung. In einer Broschüre: ,,Theoretisch praktische Abhandlung über ein für alle Gattungen von Flüssigkeiten neues Verdampfungsverfahren mittels ein und derselben Wärmemenge, welche zu diesem Behufe durch Wasserkraft in ununterbrochenem Kreislauf versetzt wird, mit spezieller Rücksicht auf den Salzsiedeprozeß, dargestellt von Peter Rittinger, k. k. Sektionschef in Wien, 1855"[2]), gibt er schon in der Überschrift seiner Abhandlung den Hauptvorteil seiner Methode an, nämlich Komprimierung der Brüdendämpfe zwecks Anwendung als Heizdampf durch die besonders bei den Salinen sich darbietende Wasserkraft.

Rittinger ist der Ansicht, daß eine Kompression mittels Dampfmaschinen keinerlei Ersparnis an Brennmaterial bieten kann. Er sagt darüber: ,,Es versteht sich von selbst, daß die mechanische Kraft, durch welche die Zirkulation der Wärme veranlaßt wird, nicht selbst durch Verdampfung erzeugt werden darf; weil hierdurch nichts an Brennmaterial gespart, sondern wegen der vielen Zwischenglieder noch verschwendet wird." Diese Behauptung Rittingers ist jedoch falsch. Am Schlusse seiner Abhandlung gibt Rittinger eine Zeichnung der Apparatur, wobei er den Verdampfungskessel mit seinem schon früher erfundenen Spitzkastenapparat in Verbindung setzt.

Ich muß hier von einer Beschreibung der Apparatur als unwesentlich für den Zweck der Arbeit absehen und verweise auf die diesbezügliche Literatur (Fürer, Salzbergbau- und Salinenkunde 1900, S. 896 und 897).

1856 wurde mit dem Apparate in der Saline zu Ebensee eine Reihe von Versuchen aufgestellt. Hierüber berichtet die Österreichische Zeitschrift für Berg- und Hüttenwesen 1857, Nr. 24[3]): ,,Die erlangten Resultate sind sehr glänzend und niemals ist vielleicht eine theoretische Erfindung selbst in ihren Einzelheiten durch die Praxis gleich bei der ersten Ausführung so vollkommen richtig bestätigt worden als Rittingers Abdampfverfahren bei dieser ersten Versuchsreihe. Die Ersparnis an Brennmaterial ist bereits zu 66% konstatiert worden und wird wahrscheinlich noch gesteigert werden können."

Trotz dieser schönen Perspektive blieb es bei diesem Versuchsapparat, weil sich die Ausführungen der Zeitschrift auf Versuche mit Wasser bezogen; als es zur Verdampfung von Sole kam, traten so viele Mißstände ein, daß an eine weitere Anwendung nicht zu denken war.

Bezüglich der Schwierigkeiten gibt Fürer[4]) zunächst an, daß der gepreßte Dampf um 8 bis 15° überhitzt war und ,,diese Überhitzung hatte einen sehr ungünstigen Einfluß auf den Gang des Prozesses"; aber es mußte sich diese Überhitzung, allerdings in vermindertem Maße, bei den Versuchen mit Wasser auch ergeben haben. Die Hauptursache des Versagens war wohl, daß sich das ausscheidende Salz an die Wandungen des Apparates ansetzte und jeder Versuch, dies Absetzen zu verhindern, erfolglos blieb.

---

[1]) Repertory of Patent Inventions 1841, S. 93, hieraus Dinglers Journal 1842, Bd. 82, 40.
[2]) Dinglers Journal 1855, Bd. 136, 391.
[3]) Muspratt, Enzyklopädisches Handbuch der Technischen Chemie, 4. Aufl., Bd. VI, S. 818.
[4]) Salzbergbau- und Salinenkunde 1900, S. 897.

Ganz zur Pelletanschen Idee kehrte C. W. Siemens, der bekannte Erfinder der Regenerativgasöfen und des Siemens-Martin Stahlerzeugungsverfahrens zurück. Siemens legte der Generalversammlung der Institution of Mechanical Engineers am 2. Mai 1872 eine Abhandlung „Über die Anwendung des Dampfstrahles zur Aspiration oder Kompression der Gase" vor[1]), worin er darauf hinwies, daß in Ostindien infolge des heißen Klimas zwecks Kondensation mächtige Pumpen, welche neben der Evakuierung gewaltige Kühlwassermengen herbeizuschaffen hätten, für die Vakuumverdampfung erforderlich seien, welche Übelstände sich durch geeignete Anwendung der Dampfstrahlpumpe gänzlich vermeiden ließen.

Fig. 4 zeigt den Siemens-Apparat. Das links in der Ansicht gezeichnete Abführungsrohr scheint darauf hinzuweisen, daß hier die zweite Art der für diese Verdampfungsmethode notwendigen Regulierung angewandt worden ist (siehe Pelletan). Die Apparatur selbst ist sinngemäß ausgebildet. Mir ist es unklar geblieben, warum diese Siemenssche Erfindung es nicht zu nennenswerten Ausführungen gebracht hat. Ich vermute, daß man damals den größten Wert auf einfache Bedienung und Handhabung legte, und in dieser Beziehung mußte der Apparat allerdings vor anderen zurückstehen.

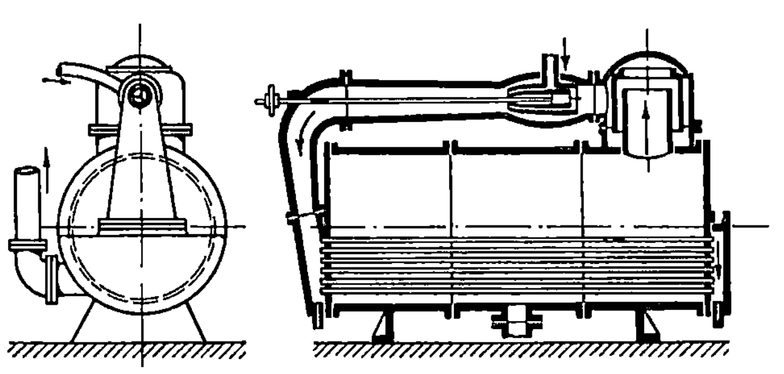

Fig. 4. Verdampfer von Siemens.

Auf demselben Prinzip wie der Rittingersche Apparat beruhte der Verdampfer von Schäffer & Budenberg[2]), der auch für denselben Industriezweig bestimmt war. Er bestand aus einem aufrecht stehenden, gut isolierten zylindrischen Kessel, in dem zur Heizung sich ein aus übereinanderliegenden hohlen Linsen bestehender Heizkörper befand; daneben waren noch verschiedene, dem zu verarbeitenden Material angepaßte Vorrichtungen, wie Schubapparat und Austragelutte, vorhanden. Ebenso wie mit dem Rittingerschen Apparate war auch die Arbeit mit dem Linsenverdampfer nicht durchführbar, indem sich trotz der Schaber Pfannenstein auf die Heizfläche festsetzte und ihre Wirkung zu sehr beeinträchtigte.

Schäffer & Budenberg erwarben hierauf das Ausführungsrecht für den Piccard-Weibelschen Apparat, der gemäß Fürer[3]) „wie ihr eigenes Patent den Zweck hatte, die einmal aufgewandte Wärmemenge immer wieder für den Verdampfungsprozeß zu gewinnen, so daß nur der erste Wärmeaufwand und die unvermeidlichen Wärmeverluste neu erzeugt werden mußten, während die übrige Arbeit durch dynamische Kräfte[4]) verrichtet werden mußte".

Der Verdampfer war von Professor Piccard in Lausanne konstruiert und von Weibel, Briquet & Comp. in Genf ausgeführt worden. In apparativer Hinsicht ging die Einrichtung von dem neuen, später von der Verdampfungstechnik noch

---

1) Dinglers Journal 1873, 207, 274.
2) Dinglers Journal 1879, 231, 65.
3) Salzbergbau- und Salinenkunde 1900, S. 902.
4) Wohl mit Rücksicht auf den Antrieb des Kompressors durch Wassermotoren so ausgedrückt.

oft benutzten Gedanken aus, den Heizraum von dem Verdampfungsraum zu trennen und somit die Heizflächen von Inkrustationen frei zu halten, indem die Salzausscheidung im Verdampfungsraum stattfinden sollte.

Fürer gibt an, daß der Apparat lange Jahre zu Bex in der Schweiz, in Ebensee und in Schönebeck im Betrieb gewesen sei, anfänglich aber die auf ihn gebauten Hoffnungen nicht in dem Maße erfüllt habe, daß er in der patentierten Form zu einer allgemeinen Verwendung bei der Salzgewinnung hätte gelangen können.

Von sonstigen Schwierigkeiten, die sich im Betrieb ergaben, interessiert hier nur die infolge der Kompression entstehende Überhitzung. Nach Fürer zeigte der Dampf statt 120° bei 2 at Druck 170° und bei 2,4 at 197° C, also 50 und 71° zuviel. Durch diese Überhitzungen wurden Wandungen und Kolben des Kompressors angegriffen, das Schmiermaterial zerstört. Piccard schlug vor, den überhitzten Dampf dadurch zu sättigen, daß ein feiner Wasserstrahl dem überhitzten Dampfstrom entgegengeführt wurde; dies hatte nicht den erwünschten Erfolg. Das lag daran, daß die Umbildung von Wasser und überhitztem Dampf zu Sattdampf Zeit braucht und ferner, daß die Mischung von Wasser und Heißdampf nicht innig genug gewesen ist.

Mit durchwegs demselben geringen Erfolg wurde anfangs der 80er Jahre der Piccard-Weibel-Apparat auch von der Zuckerindustrie angewandt; diese ließ ihn nicht als Einkörperapparat arbeiten, sondern schloß ihn an den Mehrkörpervakuumverdampfer an.

Als Vater der modernen Vakuumvielkörperverdampfung ist Norbert Rillieux anzusehen. Schon lange vor diesem hatte sich William Furnival[1] einen etwas sehr primitiven Apparat für die mehrfache Benutzung des Dampfes beim Salzsieden patentieren lassen; seine Verdampfungsmethode unterschied sich wesentlich von der Rillieuxschen dadurch, daß die Lösung in der letzten Pfanne mit der Atmosphäre korrespondierte.

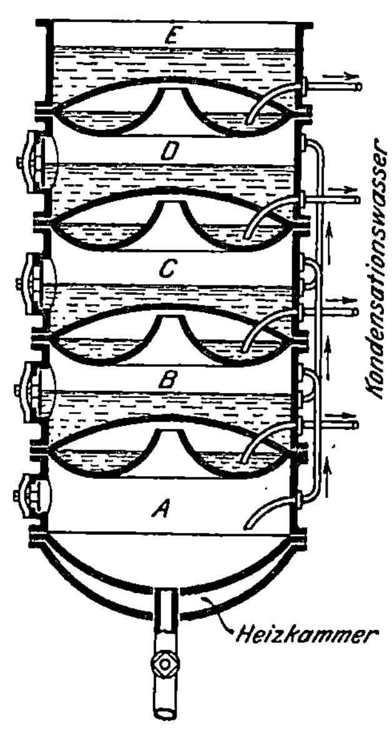

Fig. 5. Pecqueurscher Mehrfachverdampfer.

Péclet[2] stellt Pecquer aus Paris als den wahren und ersten Erfinder des Vielfachverdampfers hin. Den Pecquerschen Apparat nach dem Patente vom Jahre 1834 zeigt Fig. 5.

Die verschiedenen Verdampfungskessel A, B, C, D bilden zusammen einen stehenden Zylinder, der oben offen ist und durch linsenförmig begrenzte Hohlräume in vier Abteilungen geteilt wird. Gefüllt wurde der Apparat, indem man in D die zu verarbeitende Lösung pumpte und durch Verbindungsstutzen nacheinander C, B, A füllte; während der Verdampfung geschah die Nachfüllung von unten nach oben infolge des Pressungsunterschiedes. In E sollte Wasser umlaufen, so daß diese oberste Abteilung als Oberflächenkondensator anzusehen ist. Die geringe Heizfläche und ihre ungenügende Wirkung machte den Apparat wenig leistungsfähig.

---

[1] Journal of Arts No. 62, S. 29, Dinglers Journal 1826, 20, 342.
[2] a. a. O. 1860, II, S. 253.

Wie vorher bemerkt, hatte zwar auch Derosne 1835 die Grundlagen der Mehrfachverdampfmethode angedeutet; allein er hatte es nicht verstanden, für die praktische Nutzanwendung derselben die richtigen Formen zu finden.

Der Ruhm aber, die Verdampfung mittels mehrerer miteinander verbundenen Körper im Vakuum vorgenommen, die Grundlagen dieser Verdampfungsweise klar erkannt und demgemäß die Apparatur ausgebaut zu haben, kommt Rillieux zu.

Rillieux hatte bei Pecqueur gearbeitet. Da er ihn nicht von den Vorteilen seiner Bauart überzeugen konnte, verließ er die Stellung und ging nach Amerika[1]). Hier ließ er sich in den Vereinigten Staaten am 26. August 1843 einen Dreikörpervakuumverdampfer patentieren, welchen er in einem neuen Patente vom 10. Dezember 1843 durch einige Verbesserungen vervollkommnete. Seine Verdampfungsmethode und Apparatur wurde zuerst in den Rohrzuckerplantagen der Vereinigten Staaten angewandt.

Fig. 6 bis 9 geben den Rillieuxschen Apparat wieder. Er bestand aus 3 oder 4 zylindrischen Kesseln oder Pfannen aus Eisenblech, welche bei $3^1/_2$ Fuß Durchmesser 10 Fuß lang waren. (Bei dem Apparat mit 3 Pfannen wirkte der Dampf nur zweimal, mit 4 Pfannen dreimal.) Die Kessel lagen parallel nebeneinander, an den Enden von gußeisernen Säulen, die zugleich als Dampfleitung dienten, unterstützt. Jede dieser Pfannen hatte einen Dom und sah daher einem Lokomotivkessel nicht unähnlich. Der Abdampf der Dampfmaschine gelangte durch das Rohr I zur ersten Pfanne A. Unter diesem Rohr lag ein anderes, welches nötigenfalls Frischdampf aus dem Dampfkessel brachte. Der Brüdendampf von A zog in das Rohr h, in die Säule i, dann in das gußeiserne Gehäuse K. Hier verzweigte sich der Brüden, indem ein Teil die Säule hinaufging, um die zweite Pfanne B zu speisen, während der zweite Teil zu anderen Verdampfzwecken benutzt wurde, nämlich beim Dreikörperapparat der vierten Pfanne und beim Zweifachverdampfer der dritten Pfanne zuging, wo „auf Korn gekocht“, d. h. wo die Endkonzentration des Zuckersaftes vorgenommen wurde. Im Heizkörper wurde der Dampf in die Heizrohre, welche einen Durchmesser von 52 mm hatten, geleitet, während der Saft die Rohre umspülte. Der Brüdendampf von B zog in die Säule u, in das Gehäuse K^1, um der dritten (nicht gezeichneten) Pfanne als Heizmittel zu dienen. Der Brüdendampf dieses dritten Körpers gelangte durch ein wagerechtes Rohr in einen Fallrohrkondensator. Das Kondensationswasser der ersten Pfanne A wurde durch das Rohr t (Fig. 9) in einen gußeisernen Kasten unter der Bodenplatte der Maschine geführt, von wo es eine Druckpumpe in die Dampfkessel zurücktrieb. Die Kondenswässer der zweiten und dritten Pfanne liefen in ein besonderes Rohr ab, welches mit Zweigröhren und Regulierventilen versehen war, um von hier mit einer kleinen Pumpe als Waschwasser einem Behälter zugeführt zu werden.

Es ist von großem Interesse zu erfahren, wie sich der Erfinder des Mehrfachverdampfsystems zu der Verteilung der Heizfläche auf die einzelnen Körper stellt. Hierüber teilt uns Péclet[2]) näheres mit. Danach nahm Rillieux an, daß die Heizflächen sich vergrößern müßten in dem Maße, als sich die Dämpfe vom ersten Körper entfernten. Über das quantitative Verhältnis dieser Zunahme gibt Péclet indessen recht unwahrscheinliche Zahlen. Er sagt, würden die Heizflächen im ersten Körper ausgedrückt durch 1, so würden sie nach der Rillieuxschen Theorie

---

[1]) Journal of the Society of Chemical Industry XXII, 1905, S. 1157 „Evaporation in vacuo of solutions containing solids“ by J. Levkowitch.
[2]) a. a. O. 1860, II, 252.

für den zweiten 5 und für den dritten 20 sein. Péclet macht Rillieux den Vorwurf, daß er sich nicht vollständig Rechenschaft von den bei seinem Apparate auftretenden physikalischen Erscheinungen gegeben habe und verbessert ihn durch

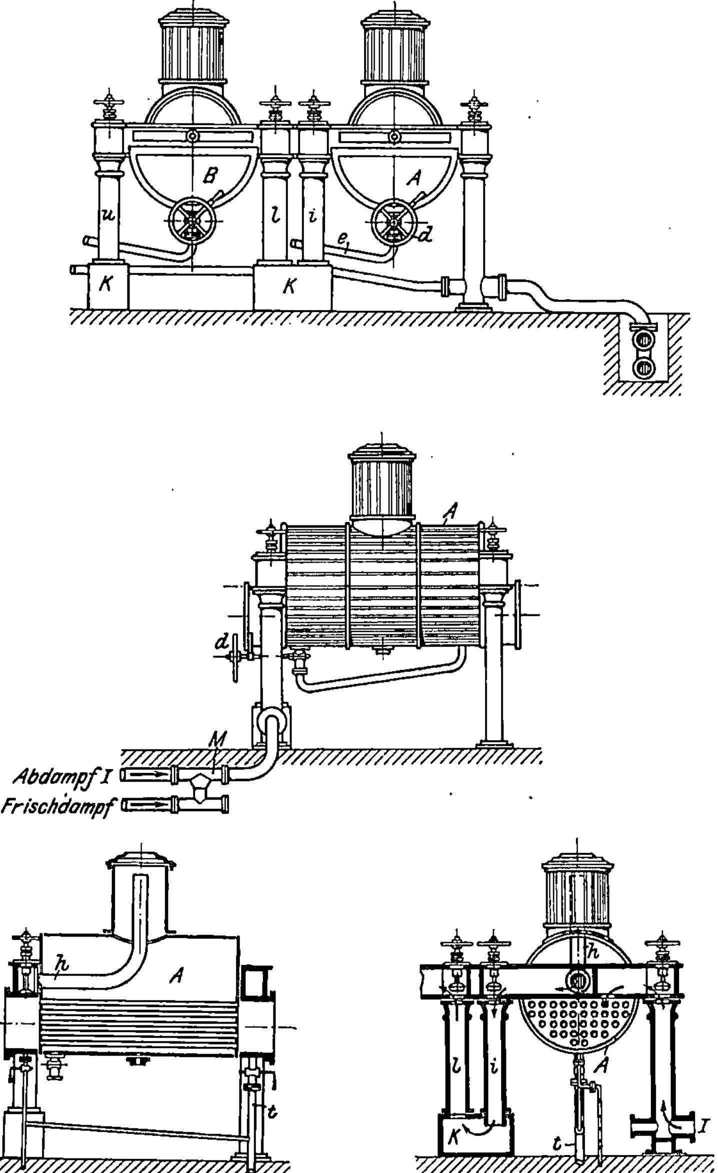

Fig. 6 bis 9. Apparat von Rillieux.

Aufstellung der (allerdings auch falschen) Regel, daß beim Mehrkörperapparat die Heizflächen umgekehrt proportional den Gefällen seien; er rät dazu, die Heizflächen bei allen Körpern gleich zu machen, weil dies praktisch sei und außer der berechneten Größe einen Zuschlag an Heizfläche zu machen, damit die Wirkung nicht durch Einführung einer kleinen Menge Luft vermindert werde.

Horsin-Déon[1]) führt die Angabe Péclets bezüglich der Rillieuxschen
überaus seltsamen Anschauung über die Heizflächenverteilung im Multiple Effet
auf die mangelhafte Kenntnis der Wirkungsweise des Rillieuxschen Apparates
zurück. Man möchte versucht sein, diesem absprechenden Urteil beizupflichten,
wenn Péclet S. 252 seines Werkes von dem Rillieux-Apparat sagt „son
appareil était composé de trois chaudières et les vapeurs produites dans la
première se condensaient à la fois dans les deux autres, effet qui ne pouvait
évidemment avoir lieu qu'autant que les liquides des ces deux chaudières pouvaient
entrer en ébullition à la même température et cependant M. Rillieux y plaçait des
liquides de densité différente."

Was die Heizflächenverteilung bei der praktischen Ausführung anbetrifft, so
hätte also gemäß Péclet Rillieux eine Heizflächenverdopplung beim letzten
Körper vorgenommen, während Horsin-Déon darauf hinweist, daß Péclet den
Rillieuxschen Dreikörperapparat für einen Double Effet angesehen und die
Dampfverteilung nach einer Ausführung von Cail & Comp. zu Paris angenommen
habe. Tatsächlich hat Rillieux bei seinen Ausführungen als Double und Triple
Effet gleiche Heizfläche jedem Körper gegeben[2]).

Erst 1849 kamen die Rillieuxschen Apparate nach Europa, wo sie unter
dem Namen Tischbein-Apparate bekannt wurden. A. Tischbein war damals
Leiter der Buckauer Maschinenfabrik, die er 1838 gegründet hatte. Der Chef des
Konstruktionsbureaus dieses Werkes, Brami Andreae[3]), jener hervorragende Ingenieur, der auch die Corlißmaschinen in Europa einführte, war nach dem Aufgeben dieser Stellung nach Amerika gegangen und hatte während seines Aufent-
haltes dort den Rillieuxschen Apparat kennen gelernt. Die große Tragweite
dieser Erfindung sofort erkennend, brachte er den Apparat in andere Konstruk-
tionsformen und führte ihn in Europa durch A. Tischbein ein. Tischbein verstand jedoch den ihm übersandten Dreifachverdampfer nicht in seinem ganzen
Umfange; er nahm allerdings drei Körper, jedoch wurden die beiden ersten zugleich geheizt und führten ihre Brüden zusammen in den dritten Körper, so daß
es in Wirklichkeit trotz der drei Körper ein „Double Effet" war.

Die Ersparnisse, die man in Europa mit dieser Bauart machte, waren so groß,
daß z. B. J. F. Cail & Comp. in Paris in der Zuckerfabrik zu Coincy einen zehn-
füßigen Apparat nach den Zeichnungen von Tischbein auf ihre eigenen Kosten
aufstellten und sich als Bezahlung nur die Brennstofferparnis von 4 Jahren aus-
bedangen.

Trotzdem brach sich das Verfahren nur langsam Bahn, weil man der Vakuumverdampfung überhaupt verschiedene, sich im Verlaufe des Zuckererzeugungs-
prozesses ergebende Mißstände zur Last legte, wie z. B. Michaelis[4]) mitteilte,

---

[1]) Traité théorique et pratique de la fabrication du sucre, S. 574.

[2]) Die Darstellungen, welche die älteren Lehrbücher der Zuckerfabrikation über das Arbeiten
des ursprünglichen Rillieux-Apparates geben, weichen sehr von einander ab. Walkhoff (Der
praktische Rübenzuckerfabrikant und Raffinadeur 1867) und Stammer (Lehrbuch der Zuckerfabrikation 1874) geben die Pécletsche Darstellung der Wirkungsweise des Rillieux-Ver-
dampfers wieder, während Stohmann (Handbuch der Zuckerfabrikation 1878 und 1885) durch
Rillieux Körper 1 und 2 mit Maschinenabdampf heizen und den Brüden von 1 und 2 nach 3
gehen läßt.

[3]) Zeitschrift d. Ver. d. Ing. 1875, Bd. XIX, S. 497 „Brami Andreae" von O. H. Mueller.

[4]) Zeitschrift für die Rübenzucker-Industrie des Deutschen Reiches, 367. Lieferung, S. 610:
„Beiträge zur Geschichte der Zuckerfabrikation" von E. O. von Lippmann.

daß der in der Luftleere eingedickte Zucker sich wegen eines größeren Gehaltes an Zuckerkalk schlecht raffinieren lasse, und noch 1862 versicherte Knauer[1], daß die Kristallisation in offenen Pfannen konzentrierten Zuckersaftes eine weit bessere sei.

Von äußeren Umständen, welche die Einführung des Mehrkörperapparates in Deutschland in die Zuckerindustrie günstig beeinflußten, erwähnt Schuchart[2] „insbesondere die unter äußerstem Widerstande der Zuckerindustriellen durchgesetzte Erhöhung des Steuersatzes im Jahre 1858 war es, welche die mehrfache Verdampfung nach Robert (siehe nachfolgend) zur Einführung in allen den Betrieben brachte, in denen die Nurpraktiker gegenüber dem kaufmännischen und dem sich ganz allmählich konsolidierenden chemisch-wissenschaftlichen Element im Weichen begriffen waren." Dadurch wurde gemäß ihm „mit einem Schlage die deutsche Zuckerindustrie an den Beginn einer ganz neuen Entwicklungsepoche gestellt".

Die ersten Rillieux- und Tischbeinschen Apparate zeigten den Nachteil einer schwierigen Reinigung und boten im Verhältnis zu dem großen Flüssigkeitsraum wenig Heizfläche. Als weiteren Nachteil führt Walkhoff[3] an: „Bei einer großen Anzahl paralleler Rohre tritt der Übelstand auf, daß sich der Dampf selten in allen Röhren gleichmäßig verteilt. Es wird die Luft daher nicht gut ausgetrieben und da die Luft ein schlechter Wärmeleiter ist, so geht nicht nur ein dem Volumen der eingeschlossenen Luftmenge entsprechender Teil der Heizfläche verloren, sondern es dehnen sich infolge desselben die Röhren ungleich aus, was zu Undichtheiten Veranlassung gibt."

Die Walkhoffsche Ausstellung ebenso wie die der schlechten Reinigung bestreitet Horsin-Déon[4], indem er auf Ausführungen in Amerika hinweist, welche diese Nachteile nicht gezeigt hätten. Jedenfalls bleibt der Hauptnachteil der Rillieuxschen Apparatur, der der geringen Leistung, unbestritten.

Um insbesondere eine bessere und bequemere Reinigung zu erzielen, stellte 1850 der Zuckerfabrikant Robert zu Seelowitz bei Brünn die Heizrohre senkrecht, ließ den Heizdampf um die Rohre statt durch die Rohre gehen, so daß sich jetzt die Verdampfungsflüssigkeit durch die Rohre bewegte. Robert war es auch, der aus dem von Tischbein verballhornten Dreikörperapparat einen wirklichen Triple Effet schuf[5].

E. O. von Lippmann[6] schildert uns die Entstehung des Robertschen Verdampfers als ein Zufallsprodukt; wie er berichtet, „ging während eines Transportes eines Tischbein-Apparates nach Seelowitz zufällig eine Kiste mit wichtigen Verbindungsteilen verloren, und um nicht auf diese warten zu müssen und unersetzliche Zeit zu verlieren, stellte Robert die Apparate nach eigenem Ermessen und in abgeänderter Weise auf."

Fig. 10 gibt die Einrichtung eines Robertschen Apparates mit zweimaliger

---

[1] Zeitschrift für die Rübenzucker-Industrie des Deutschen Reiches, 367. Lieferung, S. 610: „Beiträge zur Geschichte der Zuckerfabrikation" von E. O. von Lippmann.

[2] Schuchart, Die volkswirtschaftliche Bedeutung der technischen Entwicklung der deutschen Zuckerindustrie, S. 50.

[3] a. a. O. S. 535.

[4] a. a. O. S. 574.

[5] Horsin-Déon, a. a. O. S. 576; Stammer, a. a. O. 1874, S. 622.

[6] Die Entwicklung der deutschen Zuckerindustrie von 1850 bis 1900 von E. O. von Lippmann, S. 150.

Benutzung des Dampfes wieder[1]). Die beiden Verdampfungszylinder erhielten im wesentlichen dieselbe Einrichtung. In der unteren Hälfte schlossen die beiden Böden $a\,b$ und $c\,d$ den Heizraum gegen den Flüssigkeitsraum ab. Beide Böden wurden durch 254 nahezu zweizöllige Rohre e von Kupfer oder Messing miteinander verbunden, so daß der untere Teil mit dem oberen durch die Rohre kommunizierte. Durch das Trichterrohr g erfolgte der Zufluß des abzudampfenden Saftes, der durch die Rohre e in den oberen Teil des Körpers stieg und von hier durch das Hahnenrohr h in den unteren Teil des zweiten Zylinders zu leiten war. Aus diesem wurde dann der abgedampfte Saft durch das Hahnenrohr i, entweder

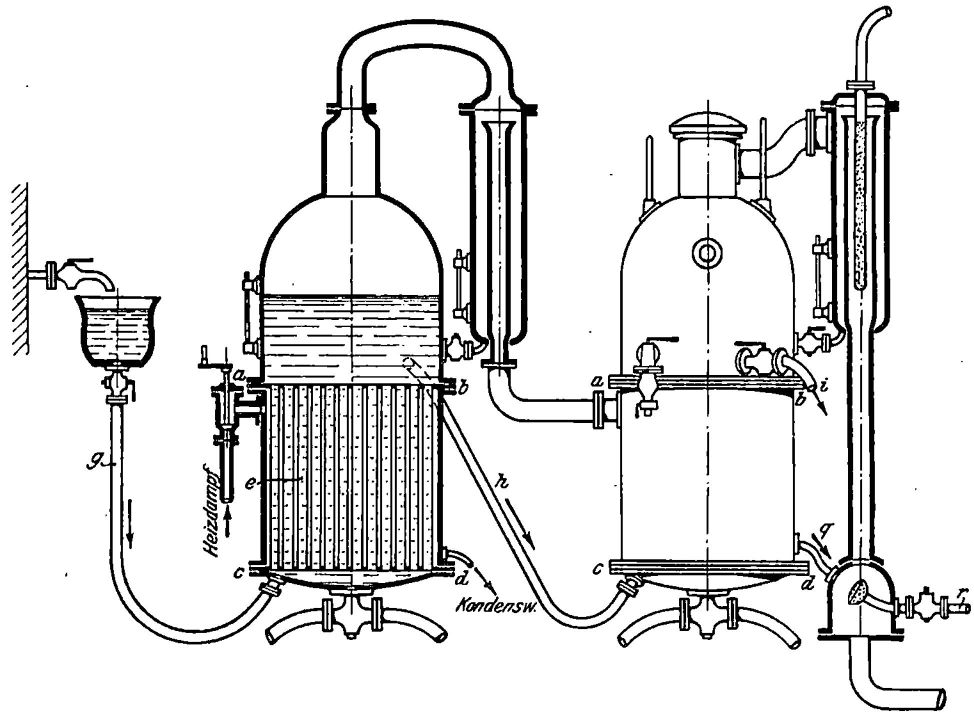

Fig. 10.   Zweikörpervakuumapparat von Robert.

mit einer Pumpe oder durch die Verbindung mit einem Vakuumkessel abgesaugt. Robert stattete zuerst seinen Verdampfer mit haltbaren und dichtschließenden Hähnen mit elastischem Anziehverschluß und Stopfbüchse aus.

Hervorzuheben ist noch, daß der Heizraum des zweiten Kessels mit dem unteren Teil des Kondensators verbunden war, wodurch ein rascher Abzug der Saftdämpfe aus dem ersten Körper zu dem Heizraum des zweiten erreicht werden sollte. Zur völligen Kondensation trat durch das Rohr r noch kaltes Wasser zu. Diese letzte Einrichtung tadelte Walkhoff[2]) mit Recht schon 1867, indem er in bezug auf einen Robertschen Dreikörperverdampfer, bei dem die Kondenswässer aus Heizkörper 2 und 3 in den Fallrohrkondensator geführt wurden, ausführt: „Da in diesem Falle noch nicht verdichteter Dampf mit ausströmen konnte, so kam der-

---

1) Dinglers Journal 1855, 137, Tafel 6.
2) a. a. O. S. 541.

selbe beim Kochen nicht mehr zur Wirkung, ging also unnütz verloren und man mußte nicht nur eine dieser Menge Dampfes proportionale Menge Wasser zur Kondensation desselben aufwenden, sondern es wurde bei der Verdichtung desselben durch Wasser auch wieder Wasser verdampft. Infolgedessen setzten sich um so mehr feste Teile des Wassers als inkrustierende Niederschläge in den Rohren und Pumpenteilen ab, was zu sehr großen Unannehmlichkeiten, öfterem Reinigen, dadurch bedingtem Außerbetriebsetzen des Apparates usw. Veranlassung gab. Einige wollen diese störenden Ablagerungen von sogenanntem Wasserstein durch Einwirkung des in jenen Dämpfen sich vorfindenden Ammoniaks auf die alkalischen Bestandteile des Wassers erklären. Wie dem auch sei, Tatsache ist, daß jene Inkrustationen weit bedeutender sind, wo diese Kondenswasserrohre direkt mit dem Kondensator in Verbindung stehen, als bei Anwendung der Briechenpumpe (Brüdenpumpe), deren Auswurf außerdem beständig leicht auf eine etwa darin enthaltende durch irgendeine Undichtheit der Röhren gedrungene Zuckermenge zu untersuchen ist."

Walkhoff[1]) spricht übrigens Robert die Priorität der Einführung der senkrechten Rohre in dem Vakuumapparat ab. Nach ihm ist „diese Anordnung schon im Jahre 1834 in der Zuckerraffinerie des Herrn Ritter in Görz in Anwendung gewesen und daher keineswegs neu. Sie ist bei diesen Apparaten nur auf die Rübenzuckerfabrikation übertragen worden".

Vor- und Nachteile der Robertschen Apparatur kritisiert Walkhoff wie folgt: „Sie bietet den Vorteil, die Abscheidungen des Saftes mechanisch mittels eines zweifachen, zu jeder Seite halbrunden Messers an einem langen, sich federnden Stiele entfernen zu können; sie hat aber den Nachteil, daß der Dampf, der um die Röhren spielt, aus diesem Raume die Luft nicht vollständig verdrängen kann, ja es ist nicht einmal eine Vorrichtung dazu angebracht. Ein kleiner Hahn oder mehrere am oberen Rande des Dampfgehäuses angebracht, könnten diesem Übelstand teilweise abhelfen. Ein nicht zu beseitigender Übelstand aber bleiben die vielfachen Verbindungen, die den Apparat ebenso sehr verteuern, als sie ihn weniger solide machen."

Ein Mangel des Apparates besonders für die Zuckerfabrikation bestand in der unvollkommenen Trennung der älteren bereits konzentrierten von der frisch zufließenden dünneren Lösung, wodurch eine Ungleichheit in der Zeitdauer des Einflusses der Kochhitze entstand und die Güte des Saftes abnahm.

Um diesen Nachteil zu beseitigen, stellte Walkhoff die Zuleitung des Saftes statt von unten von oben und ebenso seine Ableitung von unten statt von oben her, so daß also der frische Saft oberhalb der Heizrohre eintrat, der mehr eingedampfte, spezifisch schwere Saft vom unteren Teil des ersten Körpers in den oberen Teil des zweiten und ebenso vom zweiten in den dritten Körper gelangte. Dabei bewerkstelligte Walkhoff die Ableitung der Brüden durch ein im Innern des Kochraumes angebrachtes Rohr, um die schädliche äußere Abkühlung zu vermeiden. Diese Walkhoffsche Abänderung hatte übrigens einen Vorläufer in einem mit denselben Brüdenabzugrohren ausgestatteten Pecqueurschen Apparat[2]).

Der Nachteil einer Mischung der zu verschiedenen Zeiten in den Körper eingetretenen Lösungsteilchen wird nun keineswegs durch ein solch einfaches Mittel, wie Walkhoff es anwandte, verhindert. Außerdem muß befürchtet werden, daß

---

[1]) a. a. O. S. 538.
[2]) Péclet, a. a. O. S. 247.

durch die getroffene Anordnung des Safteintrittes im oberen Teil des jeweiligen Körpers allzu leicht Saftteilchen in das Brüdenrohr und damit in den Heizkörper des folgenden Apparates gelangen und zu Verlusten Anlaß geben.

An dem Walkhoffschen Apparat rühmt Stohmann[1]), daß seine Heizrohre kürzer seien als die des Robertschen Apparates, weil in den längeren Rohren die Verdampfung des Saftes durch die aufsteigenden Dampfblasen verhindert werde, eine recht merkwürdige Ansicht über die Rolle der Dampfblasen in langen Rohren. Verminderte man nicht den Saftstand in den Körpern, so war die Anwendung kurzer Rohre vollständig wertlos.

Die anfangs häufig vorgekommene mangelhafte Befestigung der Rohre in den den Dampfraum einschließenden Böden und die verhältnismäßig geringe Leistung der Heizflächen ließ die Umänderung von Danneck aufkommen, welche namentlich in Böhmen verbreitet war. Dieselbe unterschied sich von dem Robertschen Apparat dadurch, daß die geraden Rohre durch spiralförmig gewundene, liegende ersetzt waren. Diese waren an einem Ende zum Eintritt des Dampfes und am anderen zur Ableitung des Kondensats mit einem gemeinschaftlichen Dampfstutzen und mit einer ebensolchen gemeinschaftlichen Ableitung des Wassers verbunden, die es möglich machten, die Rohre zur Reinigung leicht ab- und wieder anzuschrauben. Von wesentlich praktischem Wert muß jedoch die Danneck - Konstruktion nicht gewesen sein, denn schon 1880 gibt Muspratt[2]) von ihr an, daß sie „gegenwärtig nur noch geschichtliches Interesse hat".

Inzwischen erfuhren auch die liegenden Apparate verschiedene Veränderungen. Bei der ursprünglichen Rillieux - Tischbeinschen Konstruktion der Verdampfapparate, bei welchen der Dampf in die im Safte liegenden Heizrohre sich verbreitete, wurden die Heizrohre in die Rohrwände der Heizkammern durch Einstemmen befestigt[3]); später setzte man die Rohre an beiden Enden mit Stopfbüchsen und Gummiringen ein, ähnlich wie dies bei den Wasserstandsgläsern geschieht. Diese Art der Befestigung sollte den Rohren eine gewisse Ausdehnung und Verkürzung je nach ihrer Erwärmung erlauben und die Dichtigkeit selbst bei einem vorkommenden Verziehen der Rohrwände, wie solches bei größerem Durchmesser der Böden nicht selten der Fall war, erhalten.

Ferner verlegte man (Apparat von Kupfer) die beiden Dampfkammern (Dampfeintritt und Kondensataustritt) nach vorne, indem der Heizdampf aus der Dampfkammer in Leitungsrohre einströmte und durch Löcher, welche am Ende derselben gebohrt waren, in die sie umgebenden Heizrohre von größerem Durchmesser gelangte, welche Heizrohre dann in eine sogenannte Retourkammer mündeten, woraus der kondensierte Dampf abgeleitet wurde. Der Erfinder glaubte, daß durch eine solche Zurückleitung dem Dampf seine Wärme besser entzogen würde als bei der gewöhnlichen Tischbeinschen Anordnung. Einen wesentlichen Vorteil sollte der Apparat auch durch die eigentümliche Art und Weise des Einsetzens der Heizrohre gewähren. Diese waren nämlich nur an einem Ende in dem Rohrboden der Kammer konisch festgemacht, während das andere in der Dampfkammer sich frei bewegen konnte. Hierdurch sollten die Rohre beim Wechsel der Temperatur sich ohne Nachteil mehr ausdehnen oder zusammenziehen können.

---

1) Muspratts Enzyklopädie der technischen Chemie von F. Stohmann und C. Siemen. 1862.

2) Technische Chemie, 3. Aufl., Bd. VII, S. 2138.

3) Zeitschrift für die Rübenzucker-Industrie des Deutschen Reiches 1866, S. 173.

Dabei ließen sich die Heizrohre sehr leicht herausnehmen, wozu es nur der Lösung einer Mutterschraube, die sie mit den inneren Leitungsrohren verband, bedurfte. Hierdurch sollte eine leichte und vollständige Reinigung und das Wiedereinsetzen durch jeden Arbeiter ermöglicht werden.

Über diesen Apparat urteilt Walkhoff[1] wie folgt: „Diese Einrichtung ist wegen der doppelten Kupferröhren zu kostspielig und das Austreiben der Luft nahezu so schwierig, wie in allen ähnlichen Apparaten; nur der freieren Ausdehnung nach einer Seite wäre einige Rechnung getragen, weshalb denn auch diese Apparate von mehreren Seiten gelobt werden."

Indem man eine geringe Leistung der Heizfläche der schlechten Dampfverteilung im Heizkörper zuschrieb, strebte eine Reihe von Konstruktionen, wie sie von Cail zu Paris, Piedboef in Deutschland, Séraphin in Paris, Fives-Lille geliefert wurden, danach, diese Dampfverteilung durch geeignete Einrichtungen zu verbessern[2].

Während man sich so bemühte, die Apparatur der Verdampfer auszugestalten, ging man in Deutschland in der Anwendung und Ausbildung des Mehrfachverdampfsystems zurück; statt des Dreikörperapparates wandte man hier in den 60er und 70er Jahren des vorigen Jahrhunderts fast überall das Zweikörpersystem an. Der „Triple Effet" war damals als „Triste Effet" verschrien. Zwar hatte man drei Körper, jedoch vereinigten zwei erste Körper ihren Dampf auf einen dritten Körper, so daß man tatsächlich mit einem „Double Effet", also wieder mit jenem von Tischbein verkümmerten Mehrkörperapparat arbeitete.

Stohmann[3] führt 1878 an, daß sich der Dreikörperapparat wenig bewährt habe, da „es schwer hält, eine gleichmäßige Verdampfung in allen drei Körpern zu erhalten"; er empfiehlt dann den vorhin erwähnten Pseudo-Triple Effet.

Bessere Gründe für den Rückgang in der Dampfausnutzung, wie ich sie einer in der Generalversammlung des Vereins für die Rübenzucker-Industrie des Deutschen Reiches zu Breslau am 21. Mai 1879[4] sich ergebenden Diskussion über die Frage: „Weshalb hat man in Deutschland das im Auslande noch im Betriebe befindliche Dreikörpersystem der Verdampfapparate verlassen" entnehme, waren die folgenden: Nach der Walkhoffschen Theorie war die Verdampfung nur bedingt durch die Differenz der Temperatur der siedenden Flüssigkeit und des Heizdampfes, und man würde mit zwei Körpern von je 100 qm Heizfläche dasselbe erreichen, wenn man mit Dampf von 106° heizte und den Siedepunkt der Verdampfungsflüssigkeit auf 60° erniedrigte, also mit einer Temperaturdifferenz von 46° arbeitete, wie mit einem Dreikörperapparat von 300 qm Heizfläche bei derselben Temperaturdifferenz. Geht man, so sagte man sich, vom Zwei- zum Dreikörperverdampfer über, so muß man für dieselbe Leistung eine um $^1/_3$ größere Heizfläche haben, vergrößert demnach die Anlagekosten um $^1/_3$. Da man nun zu jener Zeit sehr viel Abdampf in den deutschen Zuckerfabriken zur Verfügung hatte, so hatte es wenig Reiz, Dampf zu sparen durch Verwendung einer wesentlich teueren Einrichtung.

Indem aber mit wachsender Produktion die Abdampfmenge nicht entsprechend der einzudampfenden Saftmenge zunahm und man sich gezwungen sah, Frisch-

---

[1] a. a. O. S. 550.

[2] Horsin-Déon, a. a. O. S. 676; Stammer, Lehrbuch der Zuckerfabrikation 1874, S. 637.

[3] Handbuch der Zuckerfabrikation 1878, S. 303.

[4] Zeitschrift des Vereins für die Rübenzucker-Industrie des Deutschen Reiches 1879, S. 658.

dampf hinzuzunehmen, während man bei ungenügender Heizfläche noch einen ersten Körper hinzusetzte bzw. das bestehende System durch ein neues vermehrte, fiel dieser Grund fort und daher wird im Verlaufe der Diskussion das Verharren beim Zweikörpersystem als unverständlicher Fehler gekennzeichnet.

Die vorhin erwähnte Diskussion wirft interessante Streiflichter auf die Theorie der Verdampfung in bezug auf die Heizflächenverteilung, weshalb ich etwas näher darauf eingehe. Der Korreferent über die eingangs gestellte Frage, Direktor Riedel, Halle, griff die vorhin erwähnte Walkhoffsche Theorie der Heizflächenverteilung beim Zwei- und Dreikörperapparat an. Ich zitiere im folgenden seine Hauptauslassungen wörtlich: „Ich bin auf den Verdacht, daß die Walkhoffsche Theorie falsch sei, zuerst durch das auffällige Faktum gekommen, daß, während Sie in jeder modernen (1879) deutschen Zuckerfabrik wahre Elefanten von Verdampfapparaten sehen, so groß, daß wir z. B. bei dem Durchmesser der stehenden Apparate wegen der Schwierigkeit der Herstellung so großer Rohrböden in einem Stück bereits an die Grenze des Möglichen gekommen sind, Sie in den belgischen und holländischen Zuckerfabriken, da wo das Dreikörpersystem herrscht, kleine, niedliche Apparate finden, welche trotzdem spielend die Menge Saft verschlucken, obwohl die Rüben dort von vornherein viel dünnere Säfte haben und die Fabriken im Durchschnitt viel größer sind als bei uns." Riedel weist dann darauf hin, daß die Walkhoffsche Theorie die zunehmende Konzentration der Säfte und die gewaltigen Hindernisse vergesse, die für die Verdampfung entstehen, wenn die Säfte schwerer werden.

Diese an und für sich richtige Folgerung verschmilzt Riedel im Verlaufe der Entwicklung seiner Theorie mit falschen Schlüssen aus der Verdampfungspraxis, kommt indessen, wenn auch auf Grund einer falschen Theorie, zu der bemerkenswerten Folgerung: „Ich wage zu behaupten, daß die Dreikörperapparate mit Unrecht verketzert sind und daß sie sich auch bei uns wieder einführen werden."

Dieser Schlußsatz des Riedelschen Vortrages verfehlte nicht, die Blicke der Fabrikanten auf die mehr als zweifache Verdampfung zu lenken und bereitete so den Boden für die Ausführung neuer Rillieuxscher Patente vor.

Am 20. Januar 1878 erhielt Rillieux in Frankreich, wohin er sich inzwischen begeben hatte, ein Patent „auf ein System für die Verdampfung bei Luftleere mit vielfacher Wirkung, welche derjenigen des Dreikörperapparates überlegen und auf Zuckersäfte und andere Flüssigkeiten anwendbar ist". Dieses Patent hatte zwar schon einen Vorgänger gehabt, indem Cail & Comp. am 24. Juni 1870 in Frankreich ein Patent auf ein System von Verdampfapparaten nahmen, dessen Wirksamkeit mit abnehmendem Druck stattfände, um die zu seiner ersten Wirksamkeit notwendige Wärme eine unbegrenzte Anzahl Mal zu benutzen. Da Cail den Brüdenraum des letzten Verdampfkörpers statt mit dem Kondensator mit dem Heizraum eines zur Endkonzentration der Lösung dienenden Einkörperapparates verband, mußte sein Patent für die Praxis unbrauchbar sein. Es verfiel wegen Nichtbezahlung der jährlichen Patentgebühren.

Dem vorher angeführten Rillieuxschen Patente schlossen sich in den Jahren 1879, 1880 und 1881 noch mehrere auf diesem Gebiete an, so auf einen Oberflächenkondensator, auf einen Kondenstopf für zwei Körper, auf die Entnahme von Brüden aus den einzelnen Körpern zwecks anderweitiger Verwendung, auf die Heizung des ersten Körpers eines Systems mit Maschinenabdampf und höher gespanntem Dampf.

Besonders für die Zuckerfabrikation bahnten Rillieux's Arbeiten eine systematische Verwendung aller im Betrieb der Zuckerfabrik frei werdenden Wärmemengen an. Ihm und seinem Mitarbeiter Lexa gebührt „unbedingt das Verdienst, durch alleinige Beheizung des ersten Körpers mit Rückdampf und systematische Benützung der Saftdämpfe zum Kochen im Vakuum und zum Anwärmen der Säfte auf allen Stationen der Fabrik eine völlige Umwälzung der Dampfverwendung in der Zuckerfabrikation angebahnt zu haben"[1].

Der Erfolg der Rillieuxschen Arbeiten für die Zuckerfabrikation war eine Ersparnis am Kohlenkonto, die für 1884 auf 30 v. H. und mehr angegeben wird[2].

Durch diese Patente und ihre Anwendung wurden von neuem die Blicke der technischen Welt auf die mehrfache Ausnutzung des Dampfes und die damit verbundene Ersparnis gelenkt, so daß 1880 der Vielfachverdampfer auch in der chemischen Industrie seinen Einzug hielt, und zwar gebührt L. Wüstenhagen in Staßfurt das Verdienst, einen solchen Apparat für Chlorkaliumlaugen praktisch und erfolgreich eingeführt zu haben[3]. In Frankreich war es zuerst J. Buffel, welcher 1881 einen Vierfachverdampfer in der Fabrik Malétra zu Petit-Queville zur Konzentration von Sodalösung anwandte. Jedoch nahm in der chemischen Industrie die Verbreitung des Multiple Effets anfangs nur langsam zu. Um die Verbreitung des Vielfachverdampfsystems haben sich seitdem verdient gemacht

     a) durch Verbesserung der Apparate: F. Wellner[4], H. T. Yaryan[5], W. Greiner[6], L. Kaufmann[7], E. Kestner[8];

     b) durch wissenschaftliche Untersuchungen über den Mehrkörperapparat: H. Jelinek[9], P. Horsin-Déon[10], E. Hausbrand[11], H. Claassen[12].

Es drängt sich hier die Frage auf, wie kommt es, daß die Ein- und Mehrkörpervakuumverdampfung, nachdem sie jahrzehntelang von der Zuckerindustrie angewandt worden war, so spät zu den anderen Industriezweigen überging.

Der Einkörpervakuumapparat hat, wie eingangs erwähnt, für die Zuckerindustrie neben der Leistungserhöhung hauptsächlich den Wert, die zuckerzerstörenden Einwirkungen der hohen Temperaturen zu vermeiden. Das Sieden bei niederer Temperatur an und für sich spielt aber für die Lösungen der meisten anderen Industrien keine Rolle, so daß man die zu konzentrierenden Lösungen mittels direkten Feuers einengen konnte. Mit dieser Methode konnte der Einkörperapparat mit der damals unausgebildeten, nicht dem jeweiligen Zwecke angepaßten Apparatur nicht konkurrieren. Hinzu kommt, daß eine Brennstoffersparnis, abgesehen natürlich von der Abdampfverwertung, bei Anlagen mit rationell angelegten Feuerungen gegenüber denselben mit Einkörperapparaten

<hr>

[1] E. von Lippmann, Festschrift S. 157.

[2] Schuchart, a. a. O. S. 65.

[3] Zeitschrift für angewandte Chemie 1892, S. 478.

[4] Erfinder des weitverbreiteten Wellner-Jelinek Kofferapparates.

[5] Erfinder eines in Amerika sehr gebräuchlichen Rieselapparates.

[6] Schuf mehrere neue Apparatkonstruktionen.

[7] Vgl. Zeitschrift des Vereins deutscher Ingenieure 1903, S. 899.

[8] Erfinder eines ganz neuen Typs der Vakuumverdampfer.

[9] Lehrbuch „Verdampfapparate und Verdampfstationen".

[10] Größere Abhandlung über Vakuumverdampfung als Anhang zu seinem Traité théorique et pratique de la fabrication du sucre.

[11] Verdampfen, Kondensieren und Kühlen, Berlin 1909.

[12] Mitteilungen über Forschungsarbeiten, Heft 4; eine Reihe wertvoller Aufsätze und Untersuchungen in den Zeitschriften für die Zuckerindustrie.

selbst mit Rücksicht auf die Zentralisation der Dampferzeugung nicht zu erwarten ist.

Anders dagegen der Mehrfachverdampfer, der in erster Linie eine Reduktion der Brennstoffmenge bezweckt. So erwähnt denn auch schon 1860 Péclet[1]), daß ein Engländer namens Reynolds versucht habe, den Mehrfachverdampfer in die Kochsalzindustrie einzuführen. Die vergeblichen Versuche Reynolds, bei dessen Apparatur die Heizflächen durch ausfallende Salze verkrusteten, veranlaßten Péclet zu dem Ausspruche: ,,Que les appareils à effets multiples ne peuvent guère être employés pour la concentration des dissolutions salines qu'autant qu'on n'atteindra pas la saturation." Man beachtete damals nicht, daß die bloße Übertragung einer Verdampferbauart, welche sich in dem einen Industriezweig als erfolgreich erwiesen hatte, auf eine andere Industrie häufig vollständig fehlschlagen mußte.

J. Lewkowitch[2]) weist darauf hin: ,,Perhaps it was owing to the want of the co-operation of the chemist with the engineer that the application of Rillieux's system in chemical works other than sugar works was so long delayed".

Außerdem waren die Anforderungen, die in der zweiten Hälfte des 19. Jahrhunderts, wo die Industrialisierung besonders schnell und heftig einsetzte, an die Maschinenindustrie gestellt wurden, so unendlich vielseitig, daß eine Spezialisierung für den Bau von Vakuumverdampfern erst gegen Ende des vorigen Jahrhunderts eintrat; seit dieser Zeit ist es gelungen, der apparativen Schwierigkeit der Entfernung der während der Konzentration ausfallenden Salze von der Heizfläche Herr zu werden, so daß selbst so schwierig zu behandelnde Lösungen wie die Mutterlaugen von Chlorkalium und die elektrolytisch gewonnenen Alkalilaugen sich der Mehrfachvakuumverdampfung bedienen können.

Wie sehr nun auch die Rillieuxschen Arbeiten fördernd auf die Mehrfachvakuumverdampfung gewirkt haben, so waren doch anderseits seine Patente eine Fessel für die Verbreitung des Vielfachverdampfsystems, und infolge der vielfachen Belästigungen, welche der Zuckerindustrie hierdurch erwuchsen, erhob F. Walkhoff in Magdeburg die Nichtigkeitsklage in betreff der wesentlichsten Patentansprüche[3]).

Das kaiserliche Patentamt verwarf durch Entscheidung vom 29. November 1888 das Patent auf die vielfache Ausnutzung des Dampfes, indem es auf das bereits angeführte Cailsche Patent hinwies und vernichtete ferner noch zwei Patentansprüche auf die Verwendung von Maschinenabdampf und höher gespanntem Dampf zum Verkochen in einem Zweikörperapparat mit Heizschlange, sowie auf die alternierende Brüdenentnahme zu sonstigen Kochzwecken. Die Berufung, welche Rillieux gegen diese Entscheidung beim Reichsgericht einlegte, wurde verworfen.

Seitdem ist das Vielfachvakuumverdampfsystem für die Konzentration von Lösungen Allgemeingut geworden[4]). Abgesehen von der Chlorkaliumindustrie, in der infolge des erforderlichen hohen Gesamtgefälles der Zweifachverdampfer vor-

---

[1]) a. a. O. S. 246.

[2]) Journal of the Society of Chemical Industry 1905, XXIV, S. 1156.

[3]) Stammer, Lehrbuch der Zuckerfabrikation, 2. Aufl., S. 776, 825.

[4]) Als Kuriosum zu dieser Ausführung sei erwähnt, daß selbst heute noch die Ätznatronindustrie Englands nach der Leblancschen Methode gegenüber dem gleichen Verfahren anderer Länder, von der Anwendung der Mehrkörpervakuumverdampfung absieht, indem hier Billigkeit der Kohlen und eine peinlichst ausgearbeitete Feuerungstechnik den Vorteilen des Multiple Effets standhalten sollen.

herrscht, stellt der Dreikörperapparat wohl das Minimum der Körperzahl des Vielfachverdampfsystems dar; der Vierkörperapparat ist am meisten vertreten, fünf und sechs Körper zu einem System vereinigt treten hier und da auf, während eine größere Körperzahl sich wohl kaum vorfindet.

Um die durch den Mehrkörperapparat erzielte Wärmeausnutzung zu erhöhen, hatte man in den 80er Jahren nach zwei Richtungen hin unternommen, den reinen Mehrfachverdampfungsprozeß zu diesem Zwecke zu durchbrechen, indem man 1. das sogenannte Pauli-Greiner-Verfahren[1] anwandte, welches darin bestand, daß man dem Mehrkörperapparat einen Einfachverdampfer vorschaltete, der mit Kesseldampf geheizt wurde und dessen Brüden zu weiteren Heizzwecken verwandt wurde, während die hoch erwärmte Lösung dem Multiple-Effet zuging.

Ebenso erfolgreich und zwanglos, wie sich dieses Verfahren für jede Industrie unter gewissen Bedingungen anwenden läßt, ebensowenig Erfolg hatte der zweite Versuch, die Wärmeausnutzung des Vielfachverdampfers zu heben, nämlich die Vereinigung Mehrkörperapparat-Kompressionsverdampfer. Ein Teil des Brüdendampfes des ersten Körpers wurde abgesaugt, komprimiert und wieder in die Heizkammer des betreffenden Körpers gedrückt, während der Rest des Brüdendampfes zu dem zweiten Körper überging, und zwar diente der Auspuffdampf der Antriebsmaschine des Kompressors dazu, diesen überschießenden, für die Heizkammer des zweiten Körpers bestimmten Brüdenteil zu erzeugen.

Hinsichtlich der Dampfausnutzung arbeitete der Dreikörper-Kompressionsapparat äußerst günstig[2]); Versuche ergaben, daß mit 1 kg Dampf 4,4 kg Wasser verdampft wurden, was bei einer siebenfachen Verdampfung eine Verdampfungsziffer von 30,8 kg Wasser für 1 Kilogramm Kohle ergäbe.

Allein auch hier trat wie bei den Bexer Versuchen die Überhitzung störend ein und beeinträchtigte die Leistung; der Vorschlag, aus dem überhitzten Dampf durch Einführung von Naßdampf ein Gemisch von trocken gesättigtem Dampf herzustellen, scheiterte. Auch soll die Apparatur für manche Industriebezirke zu verwickelt gewesen sein, wie z. B. Walkhoff[3] feststellt, daß der Kompressions-Mehrkörperverdampfer infolge seiner Kompliziertheit sich nicht in Rußland einführen konnte; die russischen Fabrikanten nannten ihn „Safträuber", weil der Kompressor neben Dampf Saft herüberriß. Dabei sollte die Einrichtung dort mehr Kohlen gebraucht haben, als der gewöhnliche Triple Effet.

In neuerer Zeit haben Prache und Bouillon[4] das Verfahren der Wiederverwendung niedrig gespannter Dämpfe durch Kompression in ein modernes Gewand gekleidet, indem sie die Kompression mit Dampfturbinen und Kreiselgebläsen ausführen wollen. Sie wollen, ohne den Kompressionsverdampfer mit dem Mehrkörperapparat zu vereinigen, mit ihm eine größere Dampfausnutzung erzielen, als mit den üblichen Vielkörpern.

Zweifelsohne läßt sich theoretisch der Nachweis führen, daß die Verdampfungsziffer des Kompressionsverdampfers der der gebräuchlichen Bauarten des Vielfach-

---

[1] Wurde gleichzeitig und unabhängig voneinander in der Campagne 1887 bis 1888 von Greiner in der Zuckerfabrik Gröningen und von Dr. Pauli in der Zuckerfabrik Mühlberg a. E. angewandt.

[2] Böhmische Zeitschrift für Zuckerindustrie 1883, Januarheft: „Resultate der Pohrlitzer Piccard-Weibel-Verdampfstation" von Urban.

[3] Zeitschrift des Vereins für die Rübenzucker-Industrie des Deutschen Reiches 1885, S. 868.

[4] D. R. P. vom 25. März 1905.

verdampfsystems überlegen ist. Für die industrielle Verwendung ist diese einseitige Bewertung eines Verdampfsystems gegen das andere nicht maßgebend; hier muß erwogen werden, wie gliedert sich der Verdampfer den sonstigen Betriebsfaktoren als Wärmespender bzw. -empfänger an, und so weist denn für die Zuckerindustrie Dr. Claassen[1]) nach, daß für diese Industrie von dem Kompressionsverdampfer mittels Dampfmotor als Antriebsmaschine keine Wärmeersparnis gegenüber dem Vielfachverdampfsystem zu erwarten ist.

Das Prache-Bouillonsche Kompressionsverfahren hat ebenso wie sein mit dem Kolbengebläse arbeitender Vorgänger keine Erfolge in der Praxis gehabt. Um so größere Hoffnungen setzen die Erfinder in neuester Zeit[2]) auf die Verdampfung mittels des „thermo-compresseur"; neu ist jedoch bei diesem Verdampfungsverfahren nur der Name thermo-compresseur, da ja, wie gezeigt, die Anwendung der durch ihn bezeichneten Dampfstrahlpumpe zur Verdampfung weit älter wie die Erfinder ist. Immerhin wird die Kombination Dampfstrahlpumpe-Mehrkörperapparat unter gewissen Bedingungen lebenskräftig sein und Zukunft haben.

Zum Schlusse möchte ich aus der geschichtlichen Entwicklung einer Reihe Einzelheiten in der Vakuumverdampfung — hierher gehört beispielsweise eine Betrachtung über die Wandlungen in der Ableitung des Kondenswassers, über die Versuche, die Wärmeausnutzung und Leistung zu steigern, über die Ansichten bezüglich Luft- und Gasansammlungen usw. — die vielumstrittene wichtige Frage der Heizflächenverteilung hinsichtlich der Leistung im Mehrkörpervakuumverdampfer herausgreifen.

Bezüglich der Stellungnahme der die vorliegende Frage behandelnden Autoren seit Erfindung des Multiple Effets bis zum heutigen Tage muß man zwei Fälle unterscheiden:

　　a) Wie hat man die Größe der Heizfläche beim Übergang vom $(n-1)$ Körpersystem zum n Körperapparat sich ändern lassen;

　　b) Wie ist die Heizflächenverteilung bei den einzelnen Körpern eines und desselben Systems vorgenommen worden.

　　a) In den äußerst spärlichen Veröffentlichungen über diesen Gegenstand stehen sich zwei Ansichten gegenüber. Die erste ist die seit jeher von der Praxis geübte und gelegentlich literarisch berührte Methode beim Übergang vom $(n-1)$ zum n Körpersystem dem hinzukommenden $n$ten Körper die gleiche Heizfläche wie dem letzten Körper des $(n-1)$ Körpersystems zu geben. So hat's Rillieux mit der Heizflächenverteilung getan, so hat's Walkhoff in seiner erwähnten Theorie gepflegt und so übt man's heute noch[3]). Dieser Standpunkt bedürfte aber zu seiner vollwertigen Behauptung der beweisenden Versuche.

Die zweite Anschauung über den vorliegenden Punkt war die erwähnte Riedelsche, dessen Theorie sich indessen auf unzureichende Erklärungen des ihm zur Verfügung stehenden Tatsachenmaterials stützte und daher als falsch bezeichnet werden muß.

　　b) Im erfreulichen Gegensatz zu der vorigen Frage steht die der Heizflächenverteilung bei ein und demselben System. Hierüber gibt es eine, wenn allerdings auch erst spät einsetzende, reiche Literatur, ja man kann diesen Punkt dank der

---

[1]) Centralblatt für die Zuckerindustrie 1905, 13, 1238.

[2]) Mémoires et Travaux de la Socéité des Ingénieurs Civils de France, Bulletin d'Avril 1909, S. 460 bis 504.

[3]) Vgl. Hausbrand, Verdampfen, Kondensieren und Kühlen, Berlin 1909.

nachfolgend zu erwähnenden beweiskräftigen Versuche von Dr. Claassen als geklärt betrachten.

Die Stellungnahme des Erfinders des Multiple Effets zu der hier zu besprechenden Heizflächenverteilung ist im Verlaufe der Arbeit dahingehend gekennzeichnet worden, daß Rillieux jedem Körper die gleiche Heizfläche gab. Bis zu den 8oer Jahren stützen sich die Konstrukteure der Apparatur nach dem Rillieux-System teils auf die Volumzunahme der Heizdämpfe mit steigender Körperzahl und nehmen darauf fußend eine Heizflächenvergrößerung vor, wie uns dies beispielsweise in dem von Cail & Comp. zu Paris in den 7oer Jahren für die Fabrik zu Flavy-le-Martel ausgeführten Triple Effet entgegentritt[1]), dessen Körper eine Heizfläche von 206, 263 und 315 qm hatten; teils rechnen sie mit Faustregeln, wie z. B. Walkhoff[2]) angibt, daß man mit

1 Qu.-Zoll Heizfläche beim Zweikörperapparat (gerade Rohre) 8,8 Pfd. Wasser pro Stunde verdampft

,, ,, ,, ,, Dreikörperapparat ,, ,, 4,5 ,, ,, ,, ,, ,,

Diese Angabe mußte, wenn man nicht gefühlsmäßig Vergrößerung der so berechneten Heizflächen vornahm, zu einer Bauart mit gleich bemessenen Heizkörpern führen.

Wie schwer es war, sich zu dieser Zeit in Fragen der Mehrkörperverdampfung zu unterrichten, bezeugt F. Sach[3]), daß in den 6oer und 7oer Jahren die Fachingenieure ihre Kenntnis vom Multiple Effet als tiefes Geheimnis bewahrten und ungeheure Summen für die Verwertung ihres Wissens verlangten.

Diesem Zustande wurde zu Anfang der 8oer Jahre durch die Veröffentlichung der Abhandlungen zweier Männer, Hugo Jelinek und Paul Horsin-Déon, ein Ende gemacht.

Der letztere schildert uns zu Ende seiner Abhandlung recht anschaulich den Stand der Kenntnisse über das Rillieux-System vor seiner Veröffentlichung mit folgenden Worten: ,,Pour terminer nous dirons que ce travail que nous venons de mettre sous les yeux des lecteurs a été fait une première fois par M. Rillieux, il y a cinquante ans, pour l'établissement de ses premiers appareils. Depuis on a tout modifié sans recommencer aucun de ses calculs. Aussi les appareils européens eurent-ils grand mal à prendre leur essor dans le principe tandis que ceux de M. Rillieux marchèrent du premier coup et sans école. Puisse cet exemple engager les constructeurs à quitter le methode des tâtonnements pour entrer dans celle des calculs."

Die Art und Weise, wie Horsin-Déon und Jelinek[4]) die Theorie der Verdampfung, insbesondere die der Heizflächenbestimmung behandelten, charakterisiert uns F. Sach in seinem erwähnten Jahresbericht dahingehend, daß Horsin-Déon seine Abhandlung vom Standpunkte des Mathematikers und Physikers geschrieben habe, welcher vom Praktiker wenig verstanden würde, während Jelinek jede Komplikation vermieden habe, damit ihn jedermann verstehe.

Beide Autoren kommen in den für die Heizflächenbestimmung entwickelten Formeln zu Mehrfachverdampfern, deren Heizflächen vom ersten bis $n$ten Körper zunehmen. Dagegen rät Horsin-Déon, für die Praxis die Heizflächen gleich zu

---

[1]) Payen, Traité de chimie industrielle 6e edition 2e vol.

[2]) a. a. O. 1867, S. 707.

[3]) Allgemeiner Überblick über den Fortschritt der Zuckerfabrikation 1883 bis 1887.

[4]) Verdampfapparate und Verdampfstationen, Prag 1886.

machen, während nach Jelinek für die dem ersten Körper folgenden Körper ein wachsender Zuschlag zur berechneten Heizfläche infolge Inkrustation kommen soll.

Ohne auf die komplizierte Horsin-Déonsche Entwicklung, wie auch die weit einfachere Jelineksche Darstellung der Heizflächengröße pro Körper einzugehen, möge hier nur als wesentlicher Fehler beider Theorien die Annahme eines gleichbleibenden Transmissionskoeffizienten für alle Körper eines Systems hervorgehoben werden. In denselben Fehler fallen dann eine Reihe anderer Autoren, so Spoliansky[1]), LaBaume[2]), Kaufmann[3]), Foster[4]), Willaine[5]), Voß[6]) usw.

Bei der praktischen Ausführung der Apparatur des Mehrfachverdampfsystems wurde fast stets eine Heizflächenvergrößerung von Körper zu Körper oder wenigstens des letzten Körpers vorgenommen.

Es ist das Verdienst Dr. Claassens in Dormagen, an Hand genauer Versuche den Nachweis erbracht zu haben, daß die auf Grund der bisherigen Theorie vorgenommene Heizflächenverteilung beim Multiple Effet falsch ist und gestützt auf seine Versuche eine Berechnung und Verteilung der Heizflächen zu geben, die dazu führt, eine Heizflächenverminderung mit steigender Körperzahl vorzunehmen[7]).

Wenngleich die von Claassen ermittelten Versuchsergebnisse in bezug auf das Konzentrationsmittel sich nur auf Zuckerlösung bezogen, also nicht quantitativ auf andere Lösungen übertragen werden können, so geht man doch für diese seitdem wenigstens von dem Prinzip der Heizflächenvermehrung ab und stellt heute durchwegs eine Gleichheit der Größe der Heizfläche für jeden Körper her[8]).

Welchen Schwierigkeiten sich indessen der eindeutigen Bestimmung der Heizflächengröße und -verteilung im Mehrkörpervakuumverdampfer entgegensetzen, das glaube ich am besten durch Wiedergabe der Claassenschen Worte bei Gelegenheit eines Vortrages über „Die Wärmeübertragung bei der Verdampfung und Anwärmung"[9]) zu kennzeichnen: „Es scheint mir völlig ausgeschlossen, daß es jemals möglich sein wird, auf theoretischem Wege die Größe der Heizfläche eines Verdampfapparates zu berechnen. Alle Faktoren, welche von Einfluß sind, stehen in wechselseitiger Beziehung zueinander, die sich aber in einfacher Weise oder überhaupt nicht ableiten läßt."

---

[1]) Journal für die russische Zuckerfabrikation 1884, S. 116.
[2]) Zeitschrift des internat. Verbandes der Dampfkesselüberwachvereine 1889.
[3]) Zeitschrift des Vereins deutscher Ingenieure 1892.
[4]) Foster, Evaporation by the Multiple Effet 1895.
[5]) Bullet. ass. chim. fran. 20, 1163.
[6]) Chemiker-Zeitung 1907, 397.
[7]) Zeitschrift für die Rübenzucker-Industrie des Deutschen Reiches 1893.
[8]) Hausbrand, Verdampfen, Kondensieren und Kühlen, Berlin 1909, S. 124.
[9]) 5. Internationaler Kongreß für angewandte Chemie, 3. Bd., S. 253 bis 261.

Die geschichtliche Entwicklung des Akkumulators.

Von

Professor Dr. Edm. Hoppe, Niendorf bei Hamburg.

Als am 11. Oktober 1745 der Domherr Prälat von Kleist die Entdeckung der Verstärkungsflaschen gemacht hatte und damit die Möglichkeit bot, bisher unerhörte Spannungen der Elektrizität zu erzeugen, tauchte schon die Bezeichnung Akkumulator für diese Apparate auf in dem Sinne, daß man damit die Intensität der Elektrizität verstärken und die Entladung auf die Spitze treiben könne[1]). In der Tat waren die nächsten Jahre angefüllt mit Versuchen, so hohe Spannungen herzustellen, daß man die Wirkung des Blitzes damit nachmachen könne, und wenn es Musschenbroek und Franklin gelang, nicht nur kleine Vögel, sondern sogar große Hähne durch die Entladung ihrer Verstärkungsflaschen zu töten[2]), so ist es verständlich, daß diese Verstärkung der Spannung überall in dem Vordergrund des Interesses stand. Doch schon bei Wilke tritt 1758 der Gedanke auf, daß man die Verstärkungsflaschen benutzen könne, um Elektrizität aufzubewahren, zu sammeln, und im Jahre 1777 teilt er bei seiner Erklärung des Elektrophors dieser Ansammlung und Aufbewahrung der Elektrizität durch solche Flaschen und Harzkuchen die wichtigste Rolle zu[3]). Solange man nur Reibungselektrizität zur Verfügung hatte, war an einen weiteren Fortschritt nicht zu denken, diese Experimente gehören darum nicht eigentlich zur Vorgeschichte des Akkumulators; aber es wird uns in Plantés Arbeiten der analoge Gedankengang entgegentreten, und darum scheint es nicht unwichtig darauf hinzuweisen, daß schon die Reibungselektrizität solche Gedanken und Wünsche für technische Verwertung hervorrief, wie wir sie hundert Jahre später bei Planté wiederfinden.

Der moderne Akkumulator hat seine Vorgeschichte in der Polarisationszelle, und wissenschaftlich betrachtet ist derselbe nur ein besonderer Fall dieser auf Polarisation beruhenden Stromquellen. Bald nachdem Galvani die Berührungselektrizität entdeckt hatte, wurde die Polarisation gefunden. Man findet oft als Entdecker Gautherot[4]) angegeben, welcher 1801 eine dahingehende Beobachtung machte, ohne deren Sinn zu verstehen; aber schon viel früher hat der englische Arzt Ash in einem

---

[1]) Die ausführliche Darstellung dieser Versuche ist in meiner „Geschichte der Elektrizität", Leipzig 1884, S. 18 ff. zu finden.

[2]) Franklin, Observations on Elektr., S. 38.

[3]) Abhandlungen der schwed. Akad. d. Wiss. 1777, S. 54, 116, 200 ff.

[4]) Mém. des. Soc. sav. et litt. d. l. Rép. Franc. Paris 1801, cf. Voigts Magaz. f. d. neu. Zust. d. Naturk. 4, 1802, 713. Gautherot schließt aus seinen Versuchen, daß zwischen Elektrizität und Galvanismus ein materieller Unterschied sei, übrigens sind sie den ersten Versuchen Ritters gleich.

"

Briefe an A. v. Humboldt vom 10. April 1796 die Bemerkung gemacht[1]), daß die Metalle, welche zur Erzeugung des galvanischen Stromes im Element benutzt waren, „eine merkliche Veränderung an ihrer Oberfläche zeigten", und Humboldt findet die richtige Ursache dieser Veränderung in der Wasserzersetzung (1797). Er fand, daß in einem aus Zink-Wasser-Silber bestehenden Elemente die Zinkplatte oxydiert wurde und die Silberplatte sich mit Wasserstoffbläschen bedeckte. Wenn diese Überzüge in hinreichender Menge erzeugt waren, wurde die elektromotorische Kraft des Elementes immer schwächer und hörte schließlich ganz auf. Woher diese Verminderung der Kraft kam, erkannte freilich Humboldt auch nicht, aber als Ritter[2]) die Versuche Humboldts wiederholte (1799) erkannte dieser, daß die Ursache der Ermüdung im Elemente die durch die Zersetzung erzeugten Oberflächenschichten seien, und daß man, um die erste Kraft wieder zu erhalten, die Platten trocken abreiben müsse.

Diese Beobachtung am Element veranlaßte Ritter dann weiter zu untersuchen, ob bei Platten, durch welche der Strom in einen feuchten Leiter gebracht werde, die gleiche Beobachtung zu machen sei. Er findet (1801), daß, wenn er den Strom einer Batterie durch seinen Körper schickt, z. B. durch zwei auf seine Zunge gelegte Golddrähte, die Gefühle und Empfindungen im Augenblick der Stromunterbrechung „gerade in entgegengesetzter Weise verlaufen, wie während des Stromschlusses", so daß er an der Stelle, wo er während des Stromschlusses einen Säuregeschmack gehabt hatte, nun einen Alkaligeschmack spürte und umgekehrt. Aber auf dieses subjektive Experiment will sich Ritter nicht verlassen, er stellt einen Stromschluß her aus galvanischer Kette und Zersetzungsapparat mit zwei Golddrähten; wenn er nach einiger Zeit die galvanische Kette ausschaltet und die Golddrähte direkt schließt, beobachtet er, daß wieder Gaserzeugung eintritt, doch entsteht nun Wasserstoff an dem Draht, wo vorher Sauerstoff abgeschieden war. Diesen grundlegenden Versuch hat Ritter dann noch in vielen verschiedenen Formen wiederholt. Überall stellt er die Umkehrung der Polarität fest. Von den Metallen sind ihm nur Zink, Zinn und Blei für seine Versuche nicht brauchbar[3]). Daß gerade Blei ihm hierbei versagt, während wir es für das Brauchbarste halten, hat seinen Grund darin, daß Ritter fast ausschließlich mit Salzwasser, aber nicht mit verdünnter Schwefelsäure arbeitete und daher am negativen Pol Bleichlorür erhielt, welches schwer löslich und sehr schlecht leitend ist. Aber die anderen Metalle geben ihm die Gewißheit, daß er es hier mit einer oberflächlichen Veränderung an den Drähten zu tun hat.

Er beobachtet darum auch schon, daß der Erfolg durch häufige Wiederholung des Experimentes wächst, daß diese Veränderung wieder verschwindet, wenn man die Drähte längere Zeit ($^1/_2$ bis $^3/_4$ Stunden) ungeschlossen stehen läßt, daß der Strom, welcher bei unmittelbarem Schließen nach Ausschaltung des primären Elementes recht stark ist, schnell an Intensität verliert, daß aber nach einer kurzen Ruhepause von neuem ein, wenn auch schwächerer, Strom geliefert wird. Das alles hat Ritter schon 1801 richtig gefunden. Wie er auch der wirkliche Entdecker fast aller der chemischen Wirkungen des Stromes war, die nach ihm von Davy, Simon, Nicholson und Carlisle gefunden wurden. Er hat zuerst den Sauerstoff und Wasserstoff einzeln aufgefangen, hat die beiden Gase dann in einem Glase durch den

---

[1]) A. v. Humboldt, Über die gereizte Muskel- und Nervenfaser. **1**, 1797, 472 ff.

[2]) Ritter, Gilberts Annal. **2**, 1799, 80.

[3]) Voigts Magaz. **6**, 1803, 104.

elektrischen Funken wieder zu Wasser vereinigt, hat zuerst die Metallfällungen aus Lösungen in vielen Fällen nachgewiesen, er hat zuerst die sogenannten Dendriten, die bei der Metallabscheidung eintretende Bäumchenbildung, an einem schönen Kupferbaum gefunden[1]).

Es ist kein Wunder, daß ein so intelligenter Experimentator nicht bei dem Nachweis der Polarisation stehen blieb, sondern als der Erste eine „Ladungssäule" konstruierte[2]). Er nimmt 50 Kupferplatten von der Größe eines Talers und der Dicke eines Kartonblattes, welche er durch Pappscheiben trennt, die in eine Kochsalzlösung gelegt waren. Eine solche nur aus einem Metall und einer Flüssigkeit gebildete Säule liefert natürlich keinerlei Elektrizität. Er verbindet nun das eine Ende dieser Säule mit dem positiven, das andere mit dem negativen Pol einer aus 100 Lagen Kupfer-Pappe-Zink bestehenden Voltaschen Säule und läßt den Strom fünf Minuten durch seine Ladungssäule gehen. Nachdem er die Voltasche Säule abgeschaltet hat, schließt er die Ladungssäule schnell durch einen Eisendraht in sich selbst und kann nun Funken wie bei einer Voltaschen Säule hervorrufen; ja sogar die Verbrennung von Gold- oder Silberschaum gelingt mit der Ladungssäule.

Er findet auch eine schwache Gasentwicklung, wenn er die an den Enden der Ladungssäule befestigten Drähte in eine Salzlösung taucht, und zwar zeigt der Draht, welcher mit der oberen, während der Ladung mit dem positiven Pol der Voltaschen Säule verbundenen Platte in Verbindung steht, eine Entwicklung von Sauerstoff, wogegen das Ende, welches während der Ladung mit dem negativen Pol verbunden war, Wasserstoff lieferte. Er fand also richtig, daß während der Entladung die Stromrichtung in seiner Ladungssäule entgegengesetzt gerichtet war, wie während der Ladung. Er findet ferner, daß in einer solchen Ladungssäule im ungeschlossenen Zustande eine ganz langsame innere Entladung stattfindet, daß dagegen durch einen Schluß der Säule die Entladung sehr schnell erfolgt und nur für kurze Zeiten die Intensität groß genug ist, um jene Wirkungen hervorzurufen. Aber wenn er die Verbindung aufhebt, nachdem die Ladung so weit heruntergegangen ist, daß er keine Wirkungen mehr verspürt, so „erholt" sich die Säule in einigen Minuten und liefert dann von neuem Strom.

Auch den Einfluß des inneren Widerstandes findet Ritter, freilich ohne diese Bezeichnung anzuwenden. Er baut sich zwei Ladungssäulen von gleicher Plattenzahl und findet, wenn er sie hintereinander zusammenlegt, die doppelte Spannung der einfachen Säule, gemessen am Elektrometerausschlag, daß aber die Stromstärke nicht die doppelte sei, sondern erheblich niedriger, so daß unter Umständen gar keine Stromvermehrung einträte. Dagegen kann er die Stromstärke wesentlich vermehren durch Vergrößerung der Plattenoberfläche. Während er mit einer Säule, deren Platten zwei Quadratzoll Oberfläche haben, eine dauernde Wasserzersetzung überhaupt nicht erhält und nur geringe Funken, liefert ihm eine Säule mit Platten von 64 Quadratzoll Fläche, die auf gleiche Weise geladen ist, wie die kleine Säule, eine Gasentwicklung im Wasserzersetzungsapparat, die anfänglich sehr stark war, aber allmählich schwächer wurde, jedoch 10 Minuten andauerte, ehe sie verschwand. Die Funken, welche er mit seiner großen Säule erhielt, waren zehn bis zwölf Linien lang, so daß er die Hoffnung aussprechen kann, die Ladungs-

---

[1]) Eine ausführliche Darstellung der elektrochemischen Resultate Ritters ist gegeben in: Hoppe, Die Akkumulatoren für Elektrizität, 3. Aufl. 1898, S. 3 ff.

[2]) Voigts Magaz. 6, 1803, 115, 182.

säulen würden für die Berührungselektrizität dieselbe Rolle spielen, wie die Leidener Flasche für die Reibungselektrizität. Solche Ladungssäulen sollten als Ansammlungs- und Verstärkungsapparate dienen, da der Vergrößerung der Platten nichts im Wege stehe; auch sei wohl zu erwarten, daß durch Auffindung geeigneterer Metallplatten die Wirkung verstärkt werden könne.

Der Vergleich mit den Leidener Flaschen hat Ritter freilich verführt, zunächst eine verkehrte Vorstellung von dem Vorgange beim Laden zu bilden. Er faßt den Vorgang als eine Spannungserscheinung auf. Die Elektrizität der Voltaschen Säule, die er zum Laden benutzt, wird auf den Kupferplatten zurückgehalten, da die Pappscheiben dieselbe weniger gut leiten. Das Verhältnis dieser Leitungsfähigkeit bestimmt die Menge der auf den Platten zurückgehaltenen Elektrizität, welche von Platte zu Platte immer geringer wird. So entstehen auf den Platten positive und negative Spannungsbelegungen, die auch bei der offenen Ladungssäule sich langsam wegen der schlechten Leitung der Pappscheiben entladen. Erst Volta[1]) zeigte, daß man es in der Ladungssäule nicht mit Spannungserscheinungen zu tun habe, sondern mit chemischen Wirkungen. Freilich sind die beiden an einer Pappscheibe anliegenden Kupferflächen entgegengesetzt elektrisch, aber nicht durch Ansammlung statischer Elektrizität, sondern durch die Zersetzungsprodukte des Wassers, welches in der Pappe vorhanden ist. Diese Zersetzung durch den Ladungsstrom liefert auf der positiven Platte Sauerstoff und auf der negativen Wasserstoff. Die Gase können aber nicht entweichen, wie in der offenen Zersetzungszelle, der Druck der Platten gegen die Pappe hält vielmehr die Gase in der Oberflächenschicht zurück. Darum stellt eine solche Ladungssäule nach beendeter Ladung ein System von Elementen dar, das nach dem Muster der Davyschen „Flüssigkeitsketten" aus einem Metall und zwei Flüssigkeiten gebildet ist: Wasserstoff-Kupfer-Sauerstoff. Diese Voltasche Auffassung rechnet also zum ersten Male mit sogenannten Gasketten und spricht direkt von einer Gaspolarisation.

Ritter[2]) nahm die Voltasche Erklärung an und hat insofern eine bessere Auffassung der Sache, als er die Ladungssäule nicht mit den Davyschen Ketten identifiziert, sondern die Gasbelegungen auf den Metallplatten als zu dem Metall gehörig betrachtet, so daß er von oxygenisiertem und hydrogenisiertem Metall spricht. Durch diese Gasschichten werden die Metalle, wie er meint, eine andere Stelle in der Spannungsreihe erhalten, die sie mit der Entladung wieder verlieren. Auch den Unterschied zwischen positivem und negativem Pol findet Ritter jetzt richtig. Am negativen Pol, wo der Wasserstoff abgeschieden wird, spielt die Wahl des Metalles kaum eine Rolle, die Polarisation findet bei allen in fast gleicher Weise statt; dagegen ist es nicht gleichgültig, welches Metall als positive Elektrode verwendet wird. Die leicht oxydierbaren Metalle wie Blei, Zinn und Zink bekommen keine solche Gasschicht, dagegen sind Gold, Platin, Stahl, Silber, weniger Eisen und Kupfer, hier geeignet, eine Sauerstoffschicht auf der Oberfläche aufzunehmen. Es ist in der Tat sehr auffallend, daß Ritter nun nicht auf die Oxydschichten an der Oberfläche seiner Bleiplatten aufmerksam geworden ist, bei Zink und Zinn ist dies Übersehen ja verständlicher, weil er da jedenfalls keine zusammenhängende Oxydschicht bekommen hat. Vermutlich hat er nach den ersten negativen Versuchen mit Blei dies Metall einfach zum Zink und Zinn gerechnet und die Ladung nicht wiederholt, sonst hätte er die Verstärkung der Oxydschicht bei der Wieder-

<hr>

[1]) Gilberts Annal. **19**, 1805, 490.
[2]) Allgem. Journ. f. Chemie **3**, 696.

holung finden müssen. Dagegen darf noch erwähnt werden, daß Ritter bei dieser Gelegenheit bereits die später sogenannte „Okklusion" des Wasserstoffes bei einer Silberplatte findet, indem sich hier das schwarze hydrogenisierte Silber bildet, ohne daß eine Verbindung entsteht. Dieses „schwammige" Silber wird dagegen von Brugnatelli[1]) als ein Hydrat aufgefaßt, obwohl derselbe beobachtet hat, daß die Platte trocken abgewischt wieder blankes Silber ist. Bei Untersuchung der Elektroden hat Ritter noch weitere Beobachtungen gemacht, die für die späteren Untersuchungen der Polarisation von Wichtigkeit wurden. Zunächst findet er, daß die Oxyde sämtlich sehr schlechte Leiter für den Strom sind, was er besonders für das Zinkoxyd und Kupferoxyd nachweist. Ebenso will er das Verhältnis des Wasserstoffes zu den Metallen untersuchen und findet, daß bei den meisten Metallen gar keine direkte Verbindung möglich ist, während bei anderen die Fähigkeit der Okklusion vorliegt. Das ist besonders bei Platin und Silber der Fall. Endlich gibt es solche Metalle, welche mit Wasserstoff direkte Verbindung eingehen; als Beispiel dafür findet Ritter den Tellurwasserstoff[2]). Als ein weiteres Metall, das Wasserstoff aufnimmt, findet Ruhland das Antimon[3]), welches Antimonwasserstoff bildet. Brugnatelli will auch die Aufnahme des Wasserstoffes in Silber als Wasserstoffsilber bezeichnen[4]), obwohl es sich dabei doch nur um Okklusion handelt, wie seine eigenen Experimente ihm bewiesen hatten.

Nahezu gleichzeitig hatte Kastner[5]) das Blei untersucht. Er stellt zwei Bleiplatten als Elektroden in die Zersetzungszelle und findet an dem positiven Pol die Bildung von Bleisuperoxyd, welches „schöne, braune, glänzende, nie schuppige Überzüge" bildet. Am negativen wird das Blei schwammig, und da der entweichende Wasserstoff in keinem Verhältnis steht zu der Menge des zersetzten Wassers, meint Kastner, daß er mit dem Blei eine Verbindung eingegangen sei und daß der Bleiwasserstoff eben die schwammige Struktur habe. Aber bei diesen Versuchen handelt es sich in keinem Falle um die elektromotorische Wirksamkeit der Zersetzungsprodukte, von keinem der Genannten ist die durch die Niederschläge und die Verbindungen der Zersetzungsprodukte mit den Metallen erzeugte elektrische „Verschiebung in der Spannungsreihe", wie man es damals nannte, untersucht worden, so naheliegend uns dieser Fortgang der Untersuchung zu liegen scheint.

Von den bisher genannten Männern ist der bei weitem glücklichste und beharrlichste Beobachter und Entdecker Johann Wilhelm Ritter. Von seinen Lebensschicksalen ist sehr wenig bekannt; 1776 in Samnitz bei Hainau in Schlesien geboren, wurde er Apotheker und blieb fünf Jahre in diesem „rein technischen Berufe". Als er aber 1797 anfing in Jena zu studieren, begann er auch seine selbständigen wissenschaftlichen Untersuchungen, von denen wir einen Teil hier als die Grundlage der Elektrochemie, als die Anfänge der elektrochemischen Technik haben vor unseren Augen passieren lassen. Sie erstreckten sich fast alle auf Erforschung der Wirkungen des galvanischen Stromes, und es mag besonders seiner Untersuchungen der Wirkung des Stromes auf die Nerven gedacht werden, weil diese neben den chemischen Arbeiten das Wichtigste sind, was Ritter geschaffen. In seiner pekuniär sehr gedrückten Lage fand er nicht die Mittel, sich durch eine Promotion den Zugang zur akade-

---

[1]) Journ. de Phys. **62**, 298.
[2]) Gehlens Journ. **5**, 445.
[3]) Schweigg. Journ. **15**, 417.
[4]) Gehlens Journ. **1**, 71.
[5]) Kastners Archiv **6**, 440.

mischen Lehrtätigkeit zu sichern. Selbst die Fürsprache des Herzogs Karl August von Weimar konnte ihm den Boden in Jena nicht ebnen. Zeitweilig lebte er in Weimar und Gotha, von dem Fürsten und einigen Freunden unterstützt, sonst aber gezwungen, sich durch Unterricht und Schriftstellerei sein Brot zu verdienen. Im Jahre 1804 wurde er nach München als Mitglied der Akademie berufen und damit scheinbar vom Druck befreit; tätsächlich aber war ihm diese Berufung höchst verderblich, seine geniale Phantasie ließ sich durch Schellings Einfluß in das Gebiet der Naturphilosophie leiten, und nun spekulierte er ohne Beobachtungen und wollte Naturerkenntnis ohne Forschung gewinnen, so daß er, wie Pfaff schreibt, aus dem Kreise der Physiker ausschied. Vielleicht hängt diese unglückliche Entwicklung auch mit dem Fortschreiten der schon lange an seiner Kraft zehrenden Schwindsucht zusammen. Sie setzte 1810 dem Leben dieses vielversprechenden Forschers ein Ziel.

Man beobachtet oft in der Geschichte der Wissenschaft, wie der natürliche Gang der Entwicklung jäh unterbrochen und auf viele Jahre, oft gar auf Jahrhunderte, aufgehalten wird durch die irrtümliche Beobachtung eines sonst bedeutenden Mannes. Es wäre wirklich kaum wunderbar gewesen, wenn aus den schon geschilderten Entdeckungen dieser Zeitepoche von 1798 bis 1808 das Ohmsche Gesetz, die Polarisationszellen, die konstanten Elemente, die Akkumulatoren in kürzester Frist entwickelt worden wären, denn für alles dies waren die grundlegenden Beobachtungen gemacht; man brauchte nur zuzugreifen, so scheint es! Da erschien von dem sehr verdienten Erman[1]) die Arbeit über die Unipolarität der Seife, und nun hat die Frage nach der Unipolarität und im Anschluß daran die Frage nach dem Übergangswiderstand für lange Zeit den wirklichen Fortschritt gelähmt. Die überaus gesunden Anfänge, von denen wir berichtet haben, wurden vergessen, so gründlich vergessen, daß, als nun nach langen 30 Jahren der erste Fortschritt wieder zu verzeichnen war, die Verbindung mit dem Vorherigen fehlte, und die Untersuchung, welche die uns vorliegende Frage wesentlich förderte, gar nicht an die Ritterschen und Kastnerschen Beobachtungen anknüpfte, sondern von ganz anderen Gesichtspunkten ausging; ja so gründlich vergessen, daß, als nun die Hoffnungen Ritters in den fertigen Akkumulatoren erfüllt waren, kein Mensch sich dieses Pioniers und seiner weitvoraussehenden Ideen mehr erinnerte. Es kommt freilich noch etwas hinzu, wodurch diese Abirrung erklärbar wird, das ist die mangelhafte Ausbildung der Meßwerkzeuge. Wohl hatte man zur Zeit der Ritterschen Versuche Elektrometer, welche gestatteten, die Spannung mit leidlicher Sicherheit zu messen; aber für die Intensität des Stromes war man auf die chemischen Wirkungen oder auf die Funkenstrecken resp. die Wärmewirkungen angewiesen, und da es sich hier gerade um chemische Entdeckungen handelte, war die Messung nach der Menge des erzeugten Wasserstoffes eine unsichere, mindestens zu Verwechslungen Anlaß gebende. Erst nachdem durch die Wirkungen des Stromes auf die Magnetnadel eine bequeme Intensitätsmessung geboten war, sind auch auf diesem Gebiete der Polarisationserscheinungen Fortschritte zu verzeichnen.

Zu diesen Fortschritten führten Untersuchungen, welche sich auf die Elemente selbst bezogen. Schon 1801 hatte Simon[2]) gezeigt, daß die Elemente mit reinem Wasser nur sehr wenig Elektrizität liefern, daß der Zusatz von Schwefelsäure oder Salz von wesentlicher Bedeutung sei. Davy[3]) fand das bestätigt in seinen Unter-

---

[1]) Gilberts Annal. **22**, 1806, 14; **28**, 1808, 310.
[2]) Gilberts Annal. **8**, 1801, 30; **10**, 1802, 282.
[3]) Nicholsons Journ. **4**, 356 u. 527.

suchungen über die aus Zink-Wasser-Silber bestehenden Elemente. Um hier die durch die Gaspolarisation eintretende Spannungsabnahme zu verhindern, sagt er, müsse man dem Wasser solche Säuren als „Metallauflösungen" zusetzen, welche die Oxydation des Zinks befördern und den Wasserstoff „verschlucken". Daß aber das Wasser selbst in reinem Zustande überhaupt nicht zersetzt wird und darum für ein Element gar nicht brauchbar ist, hat mit voller Überzeugung zuerst Erman[1]) nachgewiesen. In den Arbeiten von Simon und Erman ist zum ersten Male von einem Transport der Zersetzungsprodukte (Ionen) die Rede, ausführlicher erkennt das Davy[2]) an den Ionen verschiedener Salzlösungen. Aber erst Porret[3]) erweitert den Nachweis, daß das Wasser nicht zersetzt werde, durch die Entdeckung, daß dasselbe, wie jede nichtzersetzbare Flüssigkeit, einen mechanischen Transport durch den Strom erfährt, so daß, wenn in einer Zersetzungszelle die beiden Elektroden durch eine tierische Membran getrennt werden, an der negativen Elektrode ein Überdruck entsteht, während der Wasserstand an der positiven Seite fällt.

Die Erkenntnis, daß die „Beimischungen" zum Wasser bei der Wasserzersetzung die Hauptrolle spielen, führte Fechner[4]) zu der Untersuchung, durch welche der Nachweis erbracht wurde, daß die Metalle ganz verschiedene Spannungswerte haben, je nach dem Salz oder der Säure, die dem Wasser beigemischt sind, d. h. je nach dem gelösten Körper; besonders aber ist die Untersuchung Fechners wertvoll durch den Nachweis des Einflusses, welchen die Konzentration der Lösung auf die elektrische Stellung der Metalle ausübt. Wenn er eine Säule herstellt aus Eisen und Kupfer in einer verdünnten Salzlösung oder in verdünnter Säure, so ist das Eisen positiv gegen das Kupfer (nach Voltascher Bezeichnung); dieselben Metalle aber in konzentrierter Schwefelleberlösung ($\frac{1}{4}$ K$_2$SO$_4$ + $\frac{3}{4}$ K$_2$S$_5$) zeigen das entgegengesetzte Verhalten. Das Kupfer kann durch Silber, das Eisen durch Wismut ersetzt werden, ohne das Ergebnis zu ändern. Die Ursache dieser Veränderung besteht in einer chemischen Umwandlung der Metalle an der Oberfläche, darum kann man diese Veränderung auch außerhalb des Elementes vorher an einer der Metallplatten vollziehen und dann sofort, ohne daß ein Strom durch die Zelle geschickt wäre, die veränderte Polarität erhalten. Wenn z. B. die Kupferplatte eine Zeitlang in verdünnte Lösung gestellt wird, ohne daß ein anderes Metall anwesend ist, oder daß ein Strom durch die Lösung geht, und man stellt nun eine Eisenplatte in denselben Becher, so ist das Kupfer sofort positiv gegen das Eisen, während es sonst negativ war. An einer großen Reihe von Metallen und Lösungen bzw. Säuren hat Fechner[5]) dies Verhalten studiert und damit den Nachweis erbracht, daß die bei der Gaspolarisation beobachtete Umkehrung der Polarität ebensogut durch eine chemische Umwandlung der Oberfläche der Metallplatten bewirkt werden kann. Diese Polarisationsumkehrungen haben gegenüber der Gaspolarisation dann den großen Vorteil, daß sie erheblich länger Strom liefern, und daß dieser Strom in bestimmten Fällen sehr viel stärker ist als der durch Sauerstoff- und Wasserstoffpolarisation hervorgerufene.

Von hier aus war nur noch ein kleiner Schritt zur Herstellung von Polarisationszellen, die nicht auf Gaspolarisation beruhen. Daniell[6]) stellte eine solche Zelle her, indem er den Strom einer aus Platin und amalgamiertem Zink in verdünnter

---

1) Gilberts Annal. **10**, 1802, 1.
2) Gilberts Annal. **28**, 1808, 26.
3) Poggend. Annal. **12**, 1816, 618.
4) Schweigg. Journ. **53**, 61 u. 129.
5) Fechner, Lehrbuch der Physik 1829, 2. Aufl., III, S. 101.
6) Poggend. Annal. **42**, 1837, 265.

Schwefelsäure, die mit Salpetersäure versetzt war, bestehenden Batterie durch eine Zersetzungszelle, in welcher eine Zink- und Platinelektrode in Jodkaliumkleister tauchte, schickte. Er verband die Zinkplatte seines Elementes mit der Zinkplatte der Zersetzungszelle und ebenso die beiden Platinplatten. Die Zersetzungszelle stellt also selbst ein Element dar, aber der Strom dieses Elementes ist schwächer als der aus der Säurelösung; so wird der Strom des ersten Elementes in dem zweiten wie in einer Zersetzungszelle arbeiten und den Jodkaliumkleister zersetzen, es wird also an der Platinplatte Jod niedergeschlagen. Nachdem dies geschehen, wird die Verbindung mit dem ersten Element gelöst, und die Zersetzungszelle liefert nun einen Polarisationsstrom, der bewirkt, daß nun an der Platinplatte Wasserstoff abgeschieden wird, welcher das Jod wieder resorbiert. Wir haben hier die erste Polarisationszelle vor uns, welche nicht die Gaspolarisation benutzt, die aber von dem Akkumulator noch weit entfernt ist. Für die Fortführung der Untersuchung in dieser Richtung ist darum das Daniellsche Experiment auch ohne wesentliche Bedeutung geblieben.

Von größter Bedeutung dagegen waren die Resultate Daniells[1]) in bezug auf die Zersetzung durch den Strom. Nachdem er sich überzeugt hat, daß das Wasser in reinem Zustande nicht zersetzt wird, untersucht er die Zersetzung des schwefelsauren Natrons; diese erfolgt nicht in der Form, wie bisher die Zusammensetzung der schwefelsauren Salze gedacht war, in SO_3 und NaO, sondern in Metall Na und Säurerest SO_4. Das Wasser spielt bei der Zersetzung selbst aber gar keine Rolle, erst nachdem das Salz in der angegebenen Weise zersetzt ist, wird durch das SO_4 sekundär auch das Wasser zersetzt. Man muß also die Zersetzung in primäre und sekundäre trennen, die letztere hat mit der eigentlichen Stromarbeit gar nichts zu tun, sie erfolgt durch die chemische Reaktion der Ionen auf das Lösungsmittel. Auch für diese Reaktionen ist Daniell der erste, welcher die bis dahin beliebte Darstellung mit „Wahlverwandtschaften" durch die Substitutionstheorie ersetzt. Bei der Zersetzung ist das Metall und der Wasserstoff stets das positive Radikal, welches also an dem negativen Pol erscheint, der Säurerest das negative, welches entweder an der positiven Elektrode eine Veränderung hervorruft oder auf das Lösungsmittel reagiert und dann Sauerstoff an der positiven Platte absondert. Es muß darauf hingewiesen werden, daß Daniell den modernen Ausdruck „Säurerest" nicht gebraucht, er nennt ihn „Oxysulphion". Diese Auffassung Daniells wurde durch zahlreiche Untersuchungen E. Becquerels[2]) bestätigt und auf alle binären Verbindungen ausgedehnt.

Freilich fand die Daniellsche Ansicht bei seinen Zeitgenossen besonders um deswillen lebhaften Widerspruch, weil der Atomkomplex SO_4 nicht für sich nachgewiesen werden konnte; man übersah aber dabei, daß das von jenen Gegnern an die Stelle gesetzte SO_3 ebensowenig in der Zersetzungszelle nachzuweisen war, während Daniell darauf hinwies, daß dies SO_4 an der positiven Elektrode äußerst wirksam sei, indem bei geeigneten Metallen dadurch direkt schwefelsaure Salze gebildet würden. Aber noch 1858 kämpft Magnus energisch gegen den Säurerest, indem er statt SO_4 schreibt: $O + SO_3$ und die Bildung von $CuSO_4$ bei Kupferelektroden ersetzen will durch $\left.\begin{array}{l} SO_2 \\ Cu \end{array}\right\} O_2$. Erst 30 Jahre später hat sich die Daniellsche Auffassung durchsetzen können.

[1]) Phil. Trans. 1839, 1, 97; 1840, 1, 209.
[2]) Annal. de Chim. et de Phys. S. III 11, 162 u. 257.

Unmittelbar nach diesen Daniellschen Arbeiten werden nun Versuche an Bleiplatten angestellt. Bei einer Untersuchung über die elektromotorische Kraft verschiedener Metallkombinationen findet Schönbein[1] auch die stark positive Stellung des Bleisuperoxyds, so daß, wenn es in die Spannungsreihe eingerückt werden soll, seine Stelle vor dem Silber zu stehen kommt. Ausführlicher noch als die Schönbeinschen Experimente sind die Untersuchungen Gmelins[2]), welcher die Superoxyde von Blei und Mangan in die Spannungsreihe einordnet; er findet, daß sie nach der Voltaschen Bezeichnung an das äußerste negative Ende zu setzen sind und daß das Bleisuperoxyd noch stärkere Spannungsdifferenz liefert als der Braunstein, der schon von Volta in seiner zweiten Spannungsreihe an das äußerste Ende gesetzt war. Gmelin gibt den Grund für diese Stellung der Superoxyde an, er sagt: „Da sie Sauerstoff an den Wasserstoff abzutreten geneigt sind, sind sie geeignet, eine Elektrolyse in dem Sinne einzuleiten, daß der Wasserstoff in der wässerigen Lösung sich ihnen zukehren wird." Sowohl Schönbeins wie Gmelins Resultate fanden durch die Messungen de la Rives[3]) eine Bestätigung. Doch dachten beide nicht daran, dieses Bleisuperoxyd nun als Elektrode zu verwenden, sie untersuchten die Stellung dieses Superoxyds in Verbindung mit den Superoxyden überhaupt.

Einen wesentlichen Fortschritt stellt die Arbeit Wheatstones[4]) dar, in welcher verschiedene Elemente zusammengestellt werden mit Superoxyden als Elektroden. Zunächst stellt er fest, daß die elektromotorische Kraft eines Elementes aus zwei Metallen und einer Flüssigkeit dadurch erhöht wird, daß in die Lösung ein solches Metallsalz gebracht wird, dessen Metall mit der Kathode identisch ist, z. B.: Ein Element aus amalgamiertem Zink, verdünnter Schwefelsäure und Kupfer hat eine geringere elektromotorische Kraft als das Element: amalgamiertes Zink, Kupfervitriollösung und Kupfer. Dies letztere Element benutzt er als Vergleichsobjekt für die mit Superoxyden hergestellten Elemente. Zunächst stellt er sich solche Superoxydelektroden durch Zersetzung her. Zwei Platinplatten stellt er als Elektroden in eine Bleiacetatlösung, die positive Platte überzieht sich mit einer dünnen Schicht von Bleisuperoxyd. Ebenso stellt er die Platinplatten in eine Lösung von Manganchlorid, dann erhält er auf der positiven Platinplatte einen Überzug von Mangansuperoxyd. Wenn er nun die Superoxydplatten mit blanken Platinplatten in verdünnte Schwefelsäure stellte, erhält er nur einen schwachen Strom, dagegen liefern sie sehr starke elektromotorische Kräfte in der Verbindung mit Zinkamalgam oder gar mit Kaliumamalgam in verdünnter Schwefelsäure. Die Beobachtungen selbst stellt folgende Tabelle dar, wo die Stärke der elektromotorischen Kraft mit einem Elektrometer gemessen ist, welches für die Kombination Zink-Kupfervitriollösung-Kupfer einen Ausschlag von 30 Skalenteilen gab:

Zinkamalgam-Kupfervitriol-Kupfer	30	Skalenteile
Zinkamalgam-verdünnte Schwefelsäure-Mangansuperoxyd .	54	„
Kaliumamalgam-verdünnte Schwefelsäure-Mangansuperoxyd	84	„
Zinkamalgam-verdünnte Schwefelsäure-Bleisuperoxyd . . .	68	„
Kaliumamalgam-verdünnte Schwefelsäure-Bleisuperoxyd . .	98	„

---

[1]) Phil. Mag. S. III **12**, 1838, 225.
[2]) Poggend. Annal. **44**, 1838, 1.
[3]) Archives de l'électricité, No. 7, 1843.
[4]) Phil. Trans. 1843, **1**, 303.

Von großem Interesse ist hier auch der Umstand, daß Wheatstone die Superoxydschichten auf elektrochemischem Wege herstellt; aber auf die Idee, diese Herstellungszelle selbst nun auch als sekundäres Element zu benutzen, ist er nicht gekommen, wohl aus dem Grunde, weil die Platinplatten, welche er zur Zersetzung verwendet, ihm nur einen sehr schwachen Strom lieferten.

Das Interesse der Physiker war damals wesentlich den Polarisationszellen, in welchen nur Gaspolarisation vorkam, zugewandt, und die Resultate dieser Untersuchungen sind zwar für die Akkumulatoren von großer Wichtigkeit, wie sich nachher noch zeigen wird, führten aber nicht zur Konstruktion solcher Ansammlungsapparate. Das wesentlichste allgemeine Resultat läßt sich nach Poggendorff[1] für die Gaspolarisation in folgende Sätze zusammenfassen. 1. Die Polarisation wächst mit der Stärke des primären Stromes. 2. Sie wächst bei konstanter Stärke des Ladestromes mit der Verkleinerung der Elektroden (mit der Dichtigkeit des Ladestromes [Crova]). Die Polarisation ist 3. abhängig von der Natur der Elektroden, 4. abhängig von der Natur des Elektrolyts, 5. fast unabhängig von dem in der Zersetzungszelle vorhandenen Druck, 6. wird kleiner bei Temperaturerhöhung und bei Erschütterung der Zersetzungszelle oder der Elektroden. — Es ist hier nicht der Ort, auf die Einzelheiten dieser Untersuchungen einzugehen, ich verweise auf die umfassende Darstellung aller Beobachtungsresultate auf diesem Gebiete, bis in die neueste Zeit reichend, in meinem größeren Werk über Akkumulatoren[2]. Nur das sei noch besonders erwähnt, daß sich in dieser Poggendorffschen Arbeit die Beschreibung der „Wippe" findet, welche für Ladung und Entladung die Stromzufuhr und Ableitung so gestattet, daß bei der Ladung alle Zellen parallel bei der Entladung hintereinandergeschaltet sind. Sie ist das Vorbild gewesen, wonach Faure später bei seinen ersten Akkumulatorenbatterien den Kommutator konstruierte, nur daß er nicht, wie Poggendorff, Quecksilberkontakt, sondern Schleifkontakt anwandte. Bekanntlich ist der Fauresche Kommutator dann wieder der Ausgangspunkt für die modernen „Zellenschalter" geworden.

Der erste, welcher einen wirklichen Akkumulator konstruierte, war Sinsteden[3] 1854. Freilich trägt die Arbeit, worin dies mitgeteilt wird, einen Titel, der nicht vermuten läßt, daß darin von Akkumulatoren die Rede sein würde, er lautet: „Versuche über den Grad der Kontinuität und die Stärke des Stromes eines größeren magnetelektrischen Rotationsapparates und über die eigentümliche Wirkung der Eisendrahtbündel in den Induktionszellen dieser Apparate." Sinsteden konstruiert eine magnetelektrische Maschine und will deren Leistungsfähigkeit prüfen. Zu diesem Zwecke mißt er die Stromstärke mit einem Voltameter, dessen blanke Platinplatten 2 Zoll lang und 1 Zoll breit sind. In diesem Voltameter entwickelt der Strom seiner Maschine in einer Minute 3 Kubikzoll Knallgas. Nachdem Sinsteden längere Zeit dies Voltameter gebraucht hat, beobachtet er, daß die Platinplatten ihren Glanz verlieren, sie werden matt und grau, und am Boden des Gefäßes sammelt sich schwarzes Pulver. Dies Pulver, mit destilliertem Wasser ausgewaschen und sorgfältig getrocknet, zündet einen daraufgeleiteten Wasserstoffstrahl durchaus sicher, d. h. es erwies sich als feinverteiltes regulinisches Platinpulver. In einem Voltameter mit kleineren Elektroden erfolgt diese Bildung noch schneller. Als er sechs verschiedene Voltameter mit verschieden großen Oberflächen hintereinander

---

[1] Poggend. Annal. **61**, 1844, 586.
[2] Hoppe, Die Akkumulatoren für Elektrizität, 3. Aufl., 1898, S. 90 ff.
[3] Poggend. Annal. **92**, 1854, 1.

schaltet, bekommt er zwar eine Verstärkung der Gesamtentwicklung von Knallgas, aber nicht proportional der Zahl der Zersetzungszellen, so daß man schließlich zu einem bestimmten Maximum der chemischen Stromarbeit kommen müßte. Die Veränderung an der Platinoberfläche erweist sich als eine durch Herausreißen einzelner Teilchen entstandene Rauhigkeit, wie wenn die Platinplatte von den Ionen angefressen sei; er schließt daraus, daß der Ozonsauerstoff auch solche Metalle angreife, die sonst nicht oxydierbar seien. Aber eins ist ihm besonders auffallend, daß trotz dieser überaus starken Zersetzung der nach Aufhören des primären Stromes zu beobachtende Polarisationsstrom auffallend schwach ist.

Er ersetzt darum die Platinplatten durch Blei-, Silber- und Nickelelektroden und erhält nun überaus kräftige und andauernde sekundäre Ströme. Wir lassen seine Worte selbst folgen: „Zwei Zersetzungszellen, in Voltameterform zum Auffangen der Gase eingerichtet, welche in sehr verdünnter Schwefelsäure (40 Tropfen reiner Säure auf 12 Unzen Wasser) ·3 Zoll lange und $1^5/_8$ Zoll breite Platten von chemisch reinem Silber enthielten, wurden hintereinander in den Strom des Rotationsapparates (der magnetelektrischen Maschine) eingeschaltet. Nachdem der Strom einige Sekunden hindurchgegangen war, bekleideten sich die Silberplatten mit einem Gasschleier, darauf wurden die beiden positiven Platten schwarzgrau (Silberoxyd), die beiden negativen aber mit einem zarten grauen Überzug bedeckt, der rasch in eine sammetschwarze Farbe überging und sich jetzt schnell verdickte, so daß er die Platten auf beiden Seiten wie ein zottiger Mantel, der durch auf- und durchstreichende Gasperlen mit vielen Löchern und Kanälen versehen war, bedeckte und zuletzt lappenartig an den Platten herabfiel.

In dem Augenblicke, wo dies geschieht, färbt sich der Niederschlag weißgrau, und die danach grau zum Vorschein kommenden negativen Platten bedecken sich von neuem mit einem Überzug, der die schwarze Farbe sogleich wieder annimmt.

Die positiven Silberelektroden behielten dabei ihre schwarzgraue Farbe beständig; erst wenn die Zersetzungszellen längere Zeit ohne Strom gestanden hatten, waren sowohl die negativen, wie auch die positiven Platten gleichmäßig mit einem dicken gelblichweißen Überzug belegt, und von gleicher Farbe war auch der auf dem Boden des Voltameters liegende Niederschlag. Auf einem Papier etwas davon ausgebreitet und mit dem Fingernagel leicht zerrieben, zeigte dieser den feinsten Silberglanz; er war also fein zerteiltes Silber. — Gase wurden in den beiden Zersetzungszellen nur sehr wenig entwickelt, Ozon enthielten sie gar nicht, denn sie bläuten Jodstärke nicht. Löste man nun die beiden Zersetzungszellen, nachdem der magnetelektrische Strom etwa eine halbe Minute lang durch denselben hindurchgegangen war, und die beiden negativen Elektroden sich geschwärzt hatten, von dem Rotationsapparat, so hatte man an ihnen eine äußerst kräftige, zweielementige Ladungssäule, die Wasser zersetzte, Funken gab und 1 Zoll lange Eisen- oder Platindrähte glühen machte und durchschmolz." Nachdem dann einige Beobachtungen über die anfängliche Stärke der Ladung durch Schilderung der physiologischen Wirkungen der Schließung und Öffnung des Stromkreises gegeben sind, fährt Sinsteden fort: „Die Ladung der Säule erhält sich 15 Minuten lang in ziemlich gleichbleibender Stärke und gibt, wenn man sie in der Minute nur vier- bis fünfmal schließt und sogleich wieder öffnet, diese ganze Zeit hindurch gleich starke Funken und Erschütterungsschläge. Während dieses sekundären Stromes entwickelten beide Ladungselemente zusammen 5 Kubikzoll Gas, welches entzündet

schwach detonierte. Verbindet man aber die Pole der Säule durch einen kurzen
gut leitenden Draht, wie bei den oben angegebenen Glühversuchen, so erschöpft
sie sich sehr bald und gibt schon nach einer Minute für sich keine Funken mehr;
läßt man sie jetzt eine Weile ungeschlossen stehen, so gibt sie in Verknüpfung mit
einer Induktionsspirale wieder einige Male Funken und Erschütterungsschläge,
die aber gleichfalls bald aufhören. Auf die Multiplikatornadel wirkt sie aber auch
jetzt noch sehr lange kräftig ein." Durch Zusatz von Kalilösung zum Element
kann die Ladung desselben verhindert werden.

Dann fährt Sinsteden fort: „Bleiplatten in verdünnter Schwefelsäure geben
einen ganz ebenso starken und dauernden sekundären Strom wie die Silberplatten.
Ich benutzte Bleiplatten 7 Zoll lang und 4 Zoll breit in ebenso verdünnter Schwefelsäure, wie im vorigen Versuche mit den Silberplatten. Der magnetelektrische Strom
verursachte, nachdem er einige Sekunden hindurchgegangen war, Gasentwicklung
über der ganzen Fläche beider Bleiplatten auf beiden Seiten; dann bräunte sich
die positive Elektrode durch einen dichten Überzug von Bleisuperoxyd, der die
der negativen Elektrode zugekehrte Fläche ganz, die abgekehrte nur teilweise an
den Rändern bedeckte. Die negative Elektrode wurde dabei schwarzgrau, ohne daß
sich aber, wie beim Silber, ein dicker Niederschlag auf sie absetzte."

Während der Entladung erhält sich die verschiedene Färbung der Bleiplatten,
und auch nachher kann man sie noch dadurch unterscheiden. Notwendig ist aber,
daß die Platten in die Flüssigkeit eingetaucht stehen bleiben, wenn das Voltameter
längere Zeit brauchbar bleiben soll, dann aber ist es ein sehr brauchbares Instrument.
In derselben Zeit, wo ein Platinvoltameter 50 ccm Knallgas liefert, liefert ein gleich
großes mit Bleiplatten 46 ccm.

Darauf untersucht Sinsteden noch Nickelplatten von 1 Quadratzoll Fläche
ebenfalls in verdünnter Schwefelsäure und findet auch hier einen starken und
dauernden Sekundärstrom. Desgleichen liefern Zinkplatten in Kalilösung einen
starken Entladestrom, aber nur von ganz kurzer Dauer, da sich sehr bald in der
Zelle ein starker weißer Niederschlag ergibt, der die Stromlieferung zerstört.

Das Gemeinschaftliche an allen diesen starken Ladungsketten ist, daß alle
Metalle Superoxyde bilden, daß bei der Ladung kein Ozon entwickelt werden
darf und daß der sekundäre, d. h. der Entladestrom bald zerstört ist, wenn
Kalilösung dem Element zugesetzt ist. Sinsteden bezeichnet als nächste
Aufgabe die Untersuchung des Anteils der positiven und negativen Platte an der
Strombildung und die Frage: Welche chemischen Umwandlungen sowohl bei der
Ladung wie bei der Entladung vor sich gehen? — Leider hat er dies weite Feld
interessanter Untersuchungen weder selbst in Angriff genommen, noch ist seine
Arbeit dazu für andere die Veranlassung gewesen. Aber ich habe seine Resultate
auf diesem Gebiet zum großen Teil wörtlich hierhergestellt, da sie von der Nach-
welt fast gänzlich vergessen sind und mit Stillschweigen übergangen zu werden
pflegen, obgleich sie nahezu alles enthalten, was in ausführlicherer Weise Planté
über die Vorgänge im Akkumulator zu sagen fand. Es muß auch darauf hingewiesen
werden, daß Planté diese Sinstedensche Arbeit kannte, da er sie einmal zitiert.

Wenn man mit diesen Sinstedenschen Resultaten die oben angegebenen Beobachtungen Gmelins über den von Superoxydplatten mit blanken Bleiplatten
in verdünnter Schwefelsäure gelieferten Strom verbindet, so daß der Nachweis
erbracht erscheint, daß die Wirksamkeit der Sinstedenschen Kombinationen auf
der Erzeugung der Superoxydschicht beruhe, so hat man in diesen beiden Arbeiten

die ganze wissenschaftliche Grundlage für die Akkumulatoren. Aber das muß anerkannt werden, daß auch Sinsteden nicht erkannt hat, daß das Wesen einer solchen Ladungssäule in der Umkehrbarkeit der chemischen Prozesse in Ladung und Entladung beruht. Von den Sinstedenschen Platten kommen für die Akkumulatoren die Silberplatten wegen des Preises nicht in Betracht; da auch Nickel erheblich teurer ist als Blei und nicht mehr leistet als jenes, scheidet auch Nickel für die Technik aus, und es bleibt als brauchbares Metall für Akkumulatoren eigentlich nur Blei übrig. Dafür hat Sinsteden aber die grundlegende Untersuchung geliefert.

Da außer dem Bleiakkumulator auch Kupfer und Zink in verschiedenen Akkumulatoren verwendet sind, mag noch darauf hingewiesen werden, daß in den Versuchen, welche zur Auffindung konstanter Elemente gemacht worden sind, die Grundlage auch für diese Akkumulatoren gegeben ist. Ohne ausführlicher auf diese Bestrebungen einzugehen, welche in meiner Geschichte der Elektrizität ausführlich besprochen sind[1]), soll nur daran erinnert werden, daß Daniell[2]) nicht nur die Bedingung für die Konstanz eines Elementes, nämlich die Unschädlichmachung der Ionen, richtig erkannt hat, sondern auch den chemischen Vorgang in seiner Zelle so richtig darstellt, daß daraus erhellt, daß man dasselbe als Akkumulator verwenden kann, denn der Prozeß des Daniellschen Elementes ist vollständig umkehrbar. Wenn Daniell die chemische Arbeit seines Elementes durch die Formel darstellt: $Zn + H_2SO_4 \rightarrow ZnSO_4 + 2H$ und $2H + CuSO_4 \rightarrow Cu + H_2SO_4$, so wird ein Strom, der durch die Kupferelektrode eintritt, nach folgendem Schema arbeiten: $Cu + H_2SO_4 \rightarrow CuSO_4 + 2H$ und $2H + ZnSO_4 \rightarrow Zn + H_2SO_4$. Damit ist aber die theoretische Grundlage für Kupfer-Zinkakkumulatoren gegeben.

Gaston Planté.

Es sind gerade 50 Jahre vergangen, seit die erste Arbeit G. Plantés über Akkumulatoren[3]) erschien, der dann im folgenden Jahre die Konstruktion und die Veröffentlichung folgte, die allgemein als Plantéscher Akkumulator bekannt ist. Es hatte sich, solange man sein Augenmerk wesentlich auf die Gaspolarisation richtete, die Benutzung von platinierten Elektroden eingebürgert, welche wegen der großen Oberfläche eine stärkere Polarisation geben als blanke Platinelektroden. Planté wurde nun durch eine Bemerkung de la Rives auf die Bleisuperoxydplatten aufmerksam, deren große Affinität zum Wasserstoff de la Rive nachgewiesen hatte. Daß nicht de la Rive der Entdecker dieser Eigenschaft sei, habe ich im vorstehenden Abschnitt ausführlich dargetan. Doch beruft sich Planté wiederholt auf de la Rive. So ersetzte nun Planté die platinierten Platten durch Bleiplatten, auf denen die Superoxydschicht nach dem Vorgange Sinstedens durch einen Ladestrom hervorgerufen war. Daß sich Planté überhaupt dieser Frage zuwandte, war durch eine Äußerung Jakobis (1850) veranlaßt. Derselbe hatte gemeint, da es sich bei der Ausdehnung der Telegraphenleitungen immer mehr als wünschenswert herausstellte, einen Ersatz für die teuern und viel Raum und Wartung fordernden Elemente zu haben und zur Überwindung des großen Widerstandes der langen Leitungen ein Element mit hoher Spannung und großer Kapazität am geeignetsten sei, so werde der Akkumulator, damals noch Ladungssäule genannt, am besten geeignet sein, für die Leitung den Strom zu liefern. Es war also von vornherein ein wesent-

---

[1]) Hoppe, Geschichte d. Elektrizität 1884, S. 281 ff.
[2]) Poggend. Annal. **42**, 1837, 272.
[3]) Compt. rend. **49**, 1859, 402; **50**, 1860, 640.

lich technisches Interesse, welches Planté zu diesem Studium trieb, und es ist nicht uninteressant, daran zu erinnern, daß die Arbeit Sinstedens, worin er die vorzüglichen Resultate für die Akkumulatoren niederlegte, auch der Aufgabe diente, für die Telegraphenleitung einen geeigneten Stromersatz zu schaffen. Sinsteden fand ihn in seiner Maschine und benutzte die Akkumulatoren nicht, Planté hingegen ging zu dem Zweck an die Arbeit, die Ladungssäulen so umzubauen, daß sie geeignet seien für die Telegraphie.

Gaston Planté.

(Bild aus Albrecht, Geschichte der Elektrizität. Wien 1885.

R. L. Gaston Planté wurde am 22. April 1834 in Orthez (Pyrenäen) geboren, studierte in Paris und wurde hier 1854 Préparateur de Phys. am Conservat. des Arts et Mét. In dieser Stellung blieb er bis 1860, wo er zum Professor der Physik für die Assoc. polytechn. gewählt wurde. Schon 1862 mußte er kränklichkeitshalber seine Stellung aufgeben und lebte als Privatmann in Paris bis zu seinem Tode am 21. Mai 1889. Außer einer Reihe von Arbeiten in den Comp. rend. erschien von ihm das bekannte Werk Recherch. s. l'électricité 1879, 2. Aufl. 1884. 1881 erhielt er einen Akademiepreis für seinen Akkumulator. Seit 1880 beschäftigte er sich wesentlich mit kosmisch-physikalischen Fragen.

Zunächst stellt Planté durch Messung am Elektrometer fest, daß die elektromotorische Kraft einer aus Blei, angesäuertem Wasser und Bleisuperoxyd bestehenden Zelle 1,5 mal so groß ist als die eines Bunsenelementes, oder 2,5 mal so groß als die einer Ladungssäule mit platinierten Platten, oder 6,5 mal so groß als die einer Zelle mit blanken Platinplatten. Es kommt also nur darauf an, ein Element mit möglichst großer Oberfläche herzustellen.

Zu dem Zweck baut er eine Säule aus neun Elementen mit der Gesamtoberfläche von 10 Quadratmetern und teilt die neun Elemente in drei Gruppen zu je drei Zellen. Jede Zelle besteht aus zwei großen Bleiplatten, die durch ein Tuch aus grobem Leinen voneinander getrennt waren. Diese Bleiplatten wickelt er auf einen dünnen Holzzylinder zu einer Rolle auf, „nach Art der Hareschen Spirale". Beide Bleiplatten haben je eine lange Fahne, so daß, wenn die aufgewickelte Rolle nun in ein Glas gestellt wird, diese Fahnen oben heraussehen, Fig. 1. Die Fahnen werden dann an Leisten geschraubt, so daß die neun Zellen alle parallel geschaltet sind, Fig. 2.

Es mag übrigens bemerkt werden, daß diese Aufwickelung zu einer Hareschen Spirale gar nicht von Hare herrührt, obwohl sie überall so beschrieben wird, sondern von Patterson und Lukens[1]). Die von Hare 1819 vorgeschlagene Aufwickelung von Zink und Kupferplatten, welche durch zwischengelegte Korkstückchen getrennt waren, ist sehr unpraktisch wegen der unvermeidlichen Einbeulung der Platten; die Zwischenlage von Tuch hat zuerst Moll in Utrecht[2]) ausgeführt.

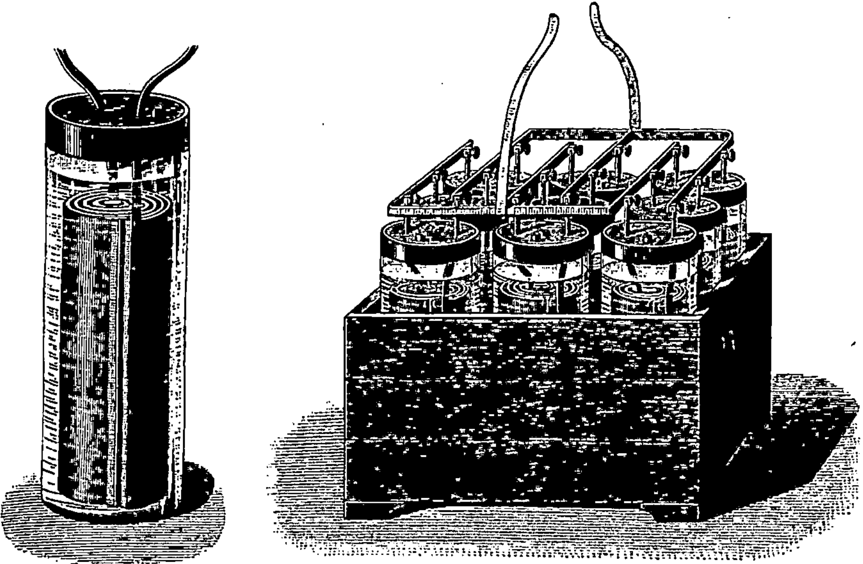

Fig. 1 und 2. Planté-Akkumulator 1859.

Diese Batterie lud Planté durch fünf hintereinandergeschaltete kleine Bunsenelemente, deren Zinkplatten 7 cm tief eintauchten und erhielt nach kurzer Ladung von wenigen Minuten eine beträchtliche Ladung, so daß die Funken sehr kräftig waren, welche er den Mitgliedern der Akademie am 26. März 1860 vorführte. Er überzeugte sich jedoch gleich, daß diese sehr hohe Spannung in dem Akkumulator nur ganz kurze Zeit anhielt; schon nach drei Minuten, während der die Sekundärbatterie, nachdem ein Funke damit erzeugt war, offen gestanden hatte, war die Spannung erheblich geringer. Hatte er mit der elektromagnetischen Wage zu Anfang eine Spannung gleich 1,44 eines Bunsenelementes gemessen, so ergab sich nach drei Minuten nur 1,17. Auf diesem Werte blieb die Spannung aber lange Zeit konstant stehen, fast bis zum Ende der ganzen Entladung. Planté gibt hierfür auch den richtigen Grund an. Unmittelbar nach Schluß der Ladung wirkt nicht nur das Superoxyd, welches auf der Bleiplatte erzeugt ist, sondern auch die Gaspolarisation

1) Schweigg. Journ. **26**, 313.
2) Hoppe, Geschichte d. Elektrizität 226.

und die mit Sauerstoff gefüllte Flüssigkeitsschicht in der Umgebung der positiven Elektrode. Diese aber entladen sich schnell, und dann erst kommt die Ladung durch Superoxyd zur alleinigen Geltung, welche er mit einem gewöhnlichen Voltameter mißt.

Die Untersuchung an den Voltametern hat Planté nebenbei zu einer interessanten Beobachtung an Aluminiumvoltametern[1]) geführt, die den Ausgangspunkt bildet für die Konstruktion der Aluminiumzellen von Graetz[2]), welche als Drosselzellen für Wechselstrom Verwendung finden. Planté kannte die Versuche Buffs über die Passivität des Aluminiums[3]) in sauerstoffabsondernden Lösungen; er wandte nun Voltameter mit Aluminiumelektroden an und findet, daß die Oxydschicht auf der positiven Platte die Ursache ist, daß nach kurzer Zeit gar kein Strom mehr durch das Voltameter geht; dabei ist der sekundäre Strom äußerst gering. Da Planté nur mit fünf Bunsenelementen arbeitete, konnte er die Grenze von 22 Volt für diese Abdrosselung natürlich nicht finden. Von Ducrotet[4]) wurde diese Eigenschaft des Aluminiums dann benutzt, um in einer Telegraphenleitung eine bestimmte Stromrichtung zu sichern; macht man nämlich die Aluminiumplatte zur Kathode, während man als Anode irgendeine indifferente Platte verwendet, so geht wohl in dieser Richtung Strom durch das Voltameter, aber nicht in der entgegengesetzten.

Da die zur Isolierung verwendete Leinwand in der Säure bald zersetzt wurde, und dann die Platten nicht mehr sicher isoliert waren, konstruierte Planté 1868[5]) einen Akkumulator mit geraden Platten. In ein Hartgummigefäß von rechteckigem Querschnitt, welches auf den schmalen Seiten sechs Furchen hatte, stellte er sechs Bleiplatten, die durch die Furchen des Kastens gehalten waren und außerdem voneinander durch zwischengesteckte Stäbchen aus Hartgummi isoliert waren. Die Platten von 0,22 m Höhe und 0,2 m Länge hatten seitliche Vorsprünge (Nasen), welche abwechselnd nach rechts oder links gerichtet waren, Fig. 3. Die nach einer Seite stehenden Nasen lötete er an je einen Streifen und zu diesen Streifen leitete er den Ladungsstrom. Durch eine am Element selbst angebrachte sinnreiche Kommutatorvorrichtung konnte der eine Pol dieser Säule leicht an die Ladungsbatterie oder an die zur Entladung angebrachte Schraube angelegt werden. Es war das also ein kleiner transportabler Akkumulator, wie er noch heute vielfach gebraucht wird.

Fig. 3.

Da die Hartgummizelle die Beobachtung des Ladungs- und Entladungsvorganges nicht gestattet, kehrt Planté zu seiner ersten Konstruktion bald zurück[6]); doch vermeidet er nun das isolierende Tuch und ersetzt es durch zwei Gummistreifen, welche die beiden aufzurollenden Platten trennen. Um nach der Aufrollung die Platten dann in gewünschtem Abstande zu halten und ihnen mehr Festigkeit zu geben, drückt er ein Kautschukkreuz, welches erwärmt und dadurch weich gemacht ist, oben auf die Platten, Fig. 4. Wenn breite Platten verwendet werden, kann natürlich die Zahl der trennenden Gummistreifen vermehrt werden. Er wendet in der Regel Platten von 0,5 m Länge, 0,2 m Breite und 1 mm Dicke

<hr>

[1]) Bibl. univ. de Genève 7, 1860, 292.
[2]) Zeitschr. f. Elektrochemie 4, 1897, 17.
[3]) Annal. d. Chem. u. Pharm. 102, 1857, 296.
[4]) Bull. d. séan. d. l. Soc. d. phys. 1875, 17.
[5]) Compt. rend. 66, 1869, 1255.
[6]) Compt. rend. 74, 1872, 592.

an. Diese sind aufgerollt in Glasgefäße gestellt; und ein solches Element wird durch zwei Bunsenbecher geladen, Fig. 5.

Obwohl Planté mit diesen Akkumulatoren eine Reihe sehr interessanter Experimente machte, fand er doch wenig Beachtung. Er stellte sich z. B. 20 solche Akkumulatoren zu einer Batterie zu sammen, die an einen Kommutator angeschlossen war, durch welchen während der Ladung alle 20 Elemente parallelgeschaltet waren, während bei der Entladung alle hintereinandergeschaltet wurden, Fig. 6. Es

Fig. 4.

war doch gewiß für das Jahr 1872 ein überraschender Effekt, daß zwei kleine Bunsenelemente zum Laden benutzt wurden, um dann mit den Akkumulatoren zehn Minuten lang ein Bogenlicht zu erzeugen. Auch die kleinen Hochspannungsakkumulatoren, wie sie heute noch in jedem Laboratorium gebraucht werden, hat Planté schon 1868 konstruiert[1]), indem er 40 Elemente aus kleinen Reagensgläsern mit Platten von wenigen Quadratzentimetern Oberfläche bildete. Später gebrauchte er schon Batterien von 800 solchen Elementen[2]), welche er mit einem Kondensator verbunden benutzte, um Blitzerscheinungen nachzumachen.

Planté selbst faßte endlich alle seine Erfahrungen zusammen in dem 1879 erschienenen Buche[3]), worin er neben der Konstruktion der Elemente auch die Anwendungen derselben bespricht. Darin findet sich auch seine endgültige Meinung über das Wesen der Akkumulatoren. Danach sind die Vorzüge des Bleies zweierlei Art: es ist erstens in verdünnter Schwefelsäure nicht löslich, zweitens vermag es eine sehr sauerstoffreiche Verbindung, das Bleisuperoxyd, zu bilden. Der Vorgang des Ladens ist demnach der, daß beide in der verdünnten Schwefelsäure als Elektroden stehenden Bleiplatten die Zersetzungsprodukte der Flüssigkeit aufnehmen, und

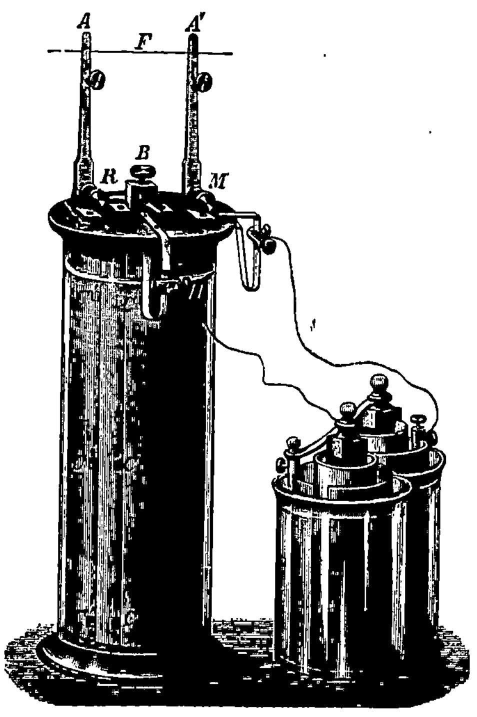

Fig. 5.

---

1) Annal. de Chim. et de Phys. Ser. 4, 15, 1868, 27.
2) La nature 1878, 179 u. Compt. rend. 87, 1878, 325.
3) Recherches sur l'Electricité. Paris 1879.

zwar wird die positive Platte, d. h. die, welche für den ladenden Strom die Eintrittsstelle war, durch die Sauerstoffaufnahme in Bleisuperoxyd verwandelt, während auf der negativen Platte, wenn diese vorher oxydiert war, durch den Wasserstoff das Oxyd wieder zu metallischem Blei reduziert wird. War sie noch nicht oxydiert, so wird ein Teil des entstehenden Wasserstoffes okkludiert, während der andere entweicht. In beiden Fällen aber wird die negative Elektrode durch das Laden nicht angegriffen, nur an der Oberfläche wird sie sowohl durch die Reduktion des Oxyds wie auch durch die Okklusion für chemische Prozesse empfänglicher gemacht, weil das Blei weich und porös wird und damit eine erheblich größere Oberflächenwirkung bietet als ohne den Ladungsprozeß.

Der Vorgang des Entladens ist dann folgender: Das sauerstoffreiche Bleisuperoxyd hat eine große Affinität zum Wasserstoff, ist also bestrebt, ihn an sich

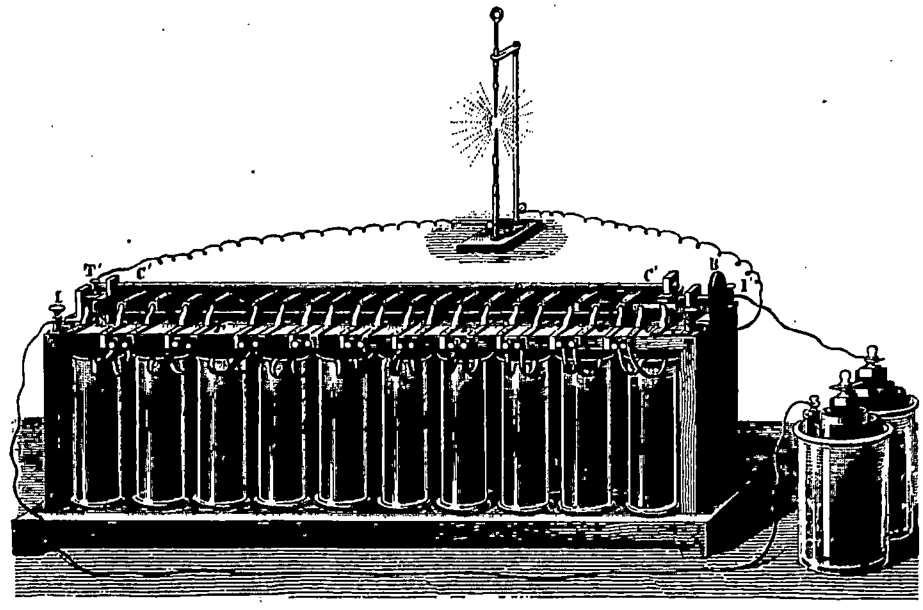

Fig. 6.

zu reißen aus dem Wasser, und spielt somit dieselbe Rolle wie das Kupfer im Voltaschen Element, während die vorher negative Elektrode jetzt bei der Entladung die Rolle des Zinks übernimmt. Der nun an der Superoxydplatte auftretende Wasserstoff reduziert also das Bleisuperoxyd zu Blei, während an der negativen Seite zunächst der dort okkludierte Wasserstoff zu Wasser reduziert wird. Nachdem dies geschehen, muß der entwickelte Sauerstoff mit dem Blei nun Oxyd bilden, welches um so leichter geschieht, je poröser die Bleiplatte ist, also je größer die Oberfläche! Nachdem einmal entladen ist, wird bei einer erneuten Ladung der Vorgang dadurch etwas abgeändert, daß an der negativen Elektrode jetzt eine wenn auch dünne Schicht Superoxyd, während an der positiven eine Schicht reduzierten Bleies vorhanden ist. Diese ist der erneuten Oxydation in der Ladung nur günstig, auf der negativen Seite dagegen wird wieder das Superoxyd reduziert durch den in der erneuten Ladung sich bildenden Wasserstoff. So kommt es, daß mit jeder neuen Ladung die Menge des an der Zersetzung teilnehmenden Bleies größer wird. Aus dieser Überlegung leitet er seine Vorschrift zur Formierung der Platten ab. Es kommt darauf an, eine möglichst gleichmäßige Schicht des Bleies an der Stromarbeit teilnehmen zu lassen, sie also möglichst langsam zu formieren. Darum läßt er am ersten Tage sechs- bis achtmal den Strom von zwei Bunsenelementen in abwechselndem Sinne durch die Bleiplatten gehen, indem die Dauer des Stromschlusses bei jeder folgenden Ladung von $^1/_4$ Stunde bis zu 1 Stunde vermehrt wird. Nach jeder einzelnen Ladung wird das sekundäre Element aber erst vollständig entladen, ehe die folgende Ladung in entgegengesetztem Sinne beginnt. Zum Schlusse lasse man das Element geladen stehen bis zum nächsten Tage. An diesem fahre man fort, in gleicher Weise zu formieren, stets die Dauer des Stromschlusses vergrößernd bis zu 2 Stunden und jedesmal nach der Entladung im entgegengesetzten Sinne ladend. So fährt man fort, bis sich nicht mehr eine Zunahme der Entladungszeit ergibt. Dann läßt man das sekundäre Element 8 Tage geladen stehen, entladet es und ladet wieder umgekehrt, darauf folgt eine längere Ruhepause bis zu 14 Tagen, 1 Monat, 2 Monaten usw. Ist das Element so zu einem Maximum der Aufnahmefähigkeit gekommen, was dadurch konstatiert wird, daß keine Vergrößerung der Entladezeit mehr eintritt, so soll kein Wechsel der Stromrichtung beim Laden mehr eintreten. Der Zeitpunkt, wann das eintritt, hängt nur von der Dicke der Platte ab. Bei ganz dünnen Platten wird die ganze Platte schließlich nach seiner Ansicht in krystallinisches Superoxyd verwandelt auf der positiven Seite, während die negative Platte bis zu einer gewissen Tiefe in körniges krystallinisches Blei verwandelt wird. Es ist nicht gut, die Platten in der ganzen Dicke an diesem Umwandlungsprozeß teilnehmen zu lassen, da der Leitungswiderstand dadurch so erhöht wird, daß die Ladung dann nur ganz langsam vor sich geht. Den Endpunkt der Ladung bestimmt Planté durch die Beobachtung der Gasabsonderung an den Platten. Zunächst wird alles Gas von den Platten absorbiert, erst nach etwa 30 Minuten zeigt eine Zelle von 1 qm Oberfläche beim Laden durch zwei Bunsenelemente etwas Gasentwicklung; jedoch erst, wenn beide Gase, auch der Sauerstoff, in größerer Menge erscheint, ist die Ladung beendet. Es ist ferner nicht gut, eine geladene Zelle lange stehen zu lassen, da sich durch innere Entladung allmählich das Superoxyd auf der Oberfläche in Oxyd verwandelt. Als Flüssigkeit verwendet Planté bei allen Versuchen nur 10 proz. Schwefelsäurelösung. Der innere Widerstand des Elementes wird von ihm gleich dem eines Kupferdrahtes von 1 qmm Querschnitt und 3 bis 5 m Länge angegeben, je nach der Größe der Platten, besonders aber nach dem Abstand der Platten voneinander.

Planté ladet seine Batterien auch durch andere Stromquellen als konstante Elemente, z. B. durch Thermoströme und durch die Grammesche Maschine. In beiden Fällen zeigt er, daß der ganze Prozeß umkehrbar ist. Durch Thermoströme ladet er die Zelle, diese benutzt er, um einen Draht glühend zu machen und so wieder Wärme zu erzeugen. Ebenso läßt er die Batterie mechanische Arbeit verrichten zur Drehung der Dynamomaschine. Ist die Ladung beendet, läßt er die Maschine anhalten, aber mit dem Akkumulator in Verbindung bleiben, dann dreht der Entladungsstrom die Maschine in dem gleichen Sinne, wie sie beim Laden gedreht wurde, liefert also wieder mechanische Arbeit. Diese Versuche veranlaßten Planté, das Güteverhältnis, d. h. das Verhältnis der elektrischen Arbeit, welche bei der Entladung zurückerstattet wird, zu der elektrischen Arbeit, die bei der Ladung verbraucht wird, festzustellen. Er schaltet in den Ladestromkreis ein Kupfer-

voltameter ein, und ebenso in den Entladestromkreis, in letzteren auch ein Galvano-
meter. Die Ladung wird bis zur vollen Gasentwicklung, die Entladung bis zur
Galvanometerablenkung = o gebracht, dann verhalten sich die Kupferniederschläge
wie 88 zu 100.

Wir sehen, Planté faßt den Akkumulator ganz richtig als einen elektrischen
Energieaufspeicherer auf. Er sagt ausdrücklich: „Einer der Hauptvorzüge, welche
diese Sekundärelemente darbieten, ist der, daß sie einen Vorrat von disponibler
elektrischer Arbeit — potentielle Energie — darbieten, welche man in einer mehr
oder weniger langen Zeit nach Belieben aufwenden kann." In erster Linie benutzt
er selbst den Akkumulator freilich nur zu wissenschaftlichen Zwecken, aber er gibt
doch schon alle möglichen technischen Verwendungen an, z. B. in der Medizin
zur Galvanokaustik und Beleuchtung der Hohlräume des Körpers, zur Minen-
zündung, zum Antrieb elektromagnetischer Bremsen und zur Beleuchtung. Besonders
glänzend waren seine Versuche mit Hochspannungsbatterien, wodurch er die
Blitzkugeln und magnetische Wirbel erzeugte, Anwendungen, welche noch heute
in den Laboratorien in Gebrauch sind. Daß der Plantésche Akkumulator auch
heute noch für bestimmte technische Zwecke Bedeutung hat, ist ja allgemein bekannt, wenn auch das Formierungsverfahren nicht mehr in solch langsamer Weise
erfolgt, wie Planté es vorgeschrieben hat. Allgemein muß man alle diejenigen
Akkumulatoren, welche reine Bleiplatten, einerlei, ob dieselben vorher mechanisch
zur Vergrößerung der Oberfläche behandelt sind, oder nicht, als Plantésche Akkumulatoren bezeichnen.

Die technische Entwicklung der Akkumulatoren.

Kaum war durch die Monographie Plantés die Aufmerksamkeit der wissenschaftlichen Welt auf den Akkumulator gelenkt, so begann die Hochflut der Patente
auf elektrische Sammler. Planté hatte kein Patent genommen, und so konnte an
seine Untersuchung überall angeknüpft werden. Diese Patente erstreben, soweit
sie sich auf Bleiakkumulatoren beziehen, zweierlei: Entweder will man durch Vergrößerung der wirksamen Oberfläche bei Verminderung des Gewichtes eine größere
Kapazität herstellen, oder man will den Formierungsprozeß abkürzen bzw. ganz
vermeiden. Nebenher gehen die Bestrebungen, durch die Konstruktion die Lebens-
dauer der Platten zu vergrößern. Das waren alle die verbesserungsbedürftigen
Punkte bei den Plantéschen Akkumulatoren, und diese sind an der Hand der Erfahrung gegenwärtig als gelöst zu betrachten. Als zweite Aufgabe ergab sich eine
genauere Untersuchung des chemischen Vorganges beim Laden und Entladen der
Platten. Auch aus der Lösung dieser Aufgabe ergab sich eine Änderung der Konstruktion der Platten, und besonders für die negative Elektrode wurde durch diese
Untersuchung eine weitverbreitete Form geschaffen, die mit verschiedenartigen
positiven Platten zu neuen Elementen verbunden wurde.

An der Spitze der schier endlosen Reihe von Patenten stehen zwei, welche
für die übrigen die Wege gewiesen haben, es sind das die Patente von Faure vom
8. Februar 1881 und von Volckmar vom 9. Dezember 1881. Das erste erstrebte
die Abkürzung des Formierungsverfahrens, das andere die Vergrößerung der wirksamen Masse.

Faure sagte sich, daß die Herstellung einer hinreichend großen Schicht von
Bleisuperoxyd auf der positiven Elektrode, welche durch das Formierungsverfahren
Plantés mühsam durch den Strom erzielt wurde, bequemer erreichbar sein müsse,

wenn man von vornherein auf der Platte solche Stoffe habe, die bereits einen Überschuß von Sauerstoff besäßen. Er will darum die Platten seiner Elemente, sei es durch Pinselanstrich, sei es durch galvanischen Niederschlag oder durch chemische Füllung mit einer genügend starken Schicht schwammigen oder porösen Bleies überkleiden und zweitens die Absonderung und das Abfallen des porösen Bleiniederschlags durch besondere poröse Scheidewände verhüten. Er bedeckt darum die Elektrode auf galvanoplastischem Wege oder mittels teigigen Niederschlags mit einem Stoff, welcher Mennige oder ein anderes Bleioxyd oder Bleisalz, welches unlöslich in der Flüssigkeit des Elementes ist, sein kann, ja auch andere Metallsalze, bzw. deren mehrere gleichzeitig, z. B. Mangan, Nickel- oder Silbersalze sollen nicht ausgeschlossen sein. Wählt man Bleisalze, so soll beim Laden auf der einen Seite eine Menge Bleisuperoxyd, auf der andern reduziertes Blei entstehen, deren Porosität und damit deren wirksame Oberfläche noch dadurch vermehrt werden kann, daß passiv bleibende Stoffe wie Koks mit dem Bleioxyd gemischt werden dürfen. Auch die Platte selbst, auf welche dieser Überzug aufgetragen werden soll, kann aus den verschiedensten Stoffen, aus Kupfer, Koks, Kohle usw., überhaupt aus irgendeinem Leiter bestehen, der den Prozeß des Ladens und Entladens nicht stört. Sogar die Flüssigkeit wird nicht fest benannt, es soll auch erlaubt sein, das angesäuerte Wasser durch die Lösung eines Alkali- oder Erdmetallsalzes oder eines ähnlichen Salzes zu ersetzen, dessen Basis mit den Bleioxyden ein unlösliches Salz bilden kann, oder dessen basisches Oxyd selbst sehr wenig löslich ist. Für die porösen Scheidewände hält sich Faure Pergament, Filz, Tuch, Asbest oder sonstige poröse Stoffe frei.

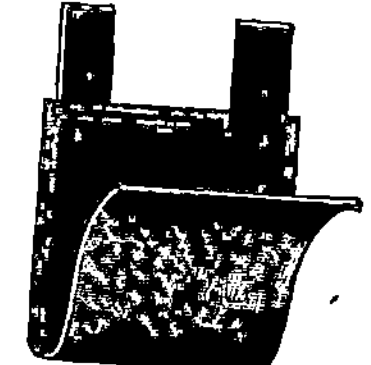

Fig. 7.

Auf Grund dieser umfassenden Möglichkeiten sind denn Faure in der Tat folgende vier Punkte patentiert worden: 1. die vorgängige Hervorbringung einer metallischen, schwammigen (porösen) Schicht auf den Elementen (Elektroden) der Sekundärbatterien, sei es durch Überstreichen oder durch galvanische oder chemische Niederschläge, wobei diese Schicht, welche aus Blei im Zustande des Überoxyds, Oxydes oder unlöslicher Salze besteht, die Batterie befähigt, eine große Menge Elektrizität aufzuspeichern und zu weiterer Verwendung bereitzuhalten. 2. Die beschriebene neue (?) Anwendung von porösen Scheidewänden aus Filz u. dgl., um den Anstrich oder die schwammige bzw. poröse Schicht metallischer Stoffe, welche auch noch mit passiven Körpern, wie Koks, gemischt sein können, in sicherem Abstande voneinander und in fester Berührung mit den Platten zu erhalten. 3. Die Anwendung der unter 2. erwähnten porösen Scheidewände in dem Falle, wo die sekundären Batterien aus einfachen Bleiplatten hergestellt werden, und zwar als Neuerung (Planté hatte solche Schichten selbst angewendet) der Methode von G. Planté. 4. Die Anordnung leitender Elemententräger in Gestalt von Platten oder Drähten aus Blei, welch letztere zu Seilen gedreht oder zu Geweben verflochten und mit porösen Bleioxyden oder dergleichen Bleisalzen bedeckt und in der unter 2. erwähnten Weise mit Scheidewänden kombiniert sind.

Die wirkliche Ausführung der Faureschen Akkumulatoren entsprach nun durchaus nicht seinen Patentansprüchen. Er bestrich einfach die Bleiplatten mit einem Brei aus Mennige mit verdünnter Schwefelsäure, bedeckte diese angestrichenen Platten mit Filzstreifen, Fig. 7, so daß die an den Platten herausragenden Fahnen nicht mit bedeckt waren, und ordnete diese Platten so, daß abwechselnd die

Fahnen rechts oder links lagen. Eine größere Anzahl solcher Platten stellte er in Hartgummi- oder auch Holztröge, die mit Blei ausgekleidet waren und ließ die Fahnen durch einen Hartgummideckel ragen, wo sie mit Federn in Verbindung standen, die an einem Kommutator, ähnlich dem Plantéschen, schliffen, Fig. 8. Durch den Kommutator war es möglich, alle Elemente parallel zu schalten während der Ladung und hintereinander während der Entladung.

Fig. 8.

Dies deutsche Patent Faures hat eine sehr ungünstige Wirkung gehabt; während seiner 15jährigen Dauer haben die Patentprozesse kaum aufgehört, und wegen der ungenauen Fassung war kaum ein Fortschritt für die Bleiakkumulatoren möglich, da alle Bleisalze ausgeschlossen waren.

Das zweite grundlegende Patent war das Volckmars für die „Gitterplatten", Fig. 9. Ihm liegt der Gedanke zugrunde, die Stromzuführung von der „wirksamen" Masse zu trennen; die Stromzuführung soll durch die festen gepreßten oder gegossenen Gitterstäbe bewirkt werden, aber diese sollen selbst nicht an der chemischen Umwandlung teilnehmen, sondern das soll lediglich durch die Masse geschehen, welche in die Löcher der Platten hineingeschmiert wird. Um hier nicht

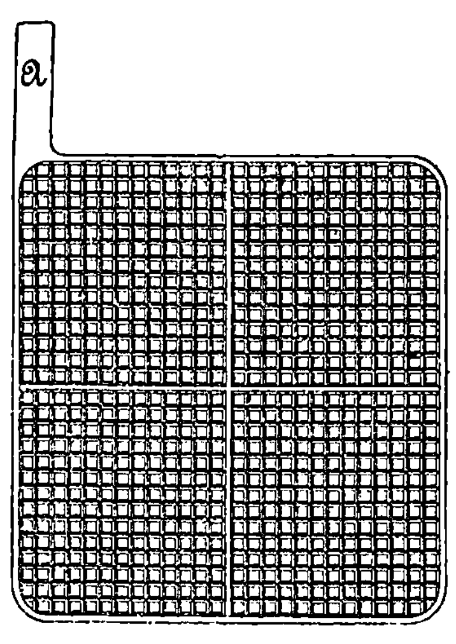

Fig. 9.

mit Faure in Konflikt zu geraten, bildete Volckmar diese Füllmasse aus Bleispänen oder Bleipulver; so gehört der Volckmarsche Akkumulator zu der Gruppe Planté, wo reines Blei angewendet wird. Es muß daher auch ein längeres Formierungsverfahren angewendet werden, um den Akkumulator gebrauchsfertig zu machen.

Es würde nun zu weit führen, die ganze große Zahl von Patenten und Erfindungen hier Revue passieren zu lassen, die sich mit der Vervollkommnung dieser beiden Grundgedanken beschäftigen. Zum großen Teil waren sie dadurch veranlaßt, daß aus diesen Volckmarschen Gittern leicht die Füllmasse ausfiel und sich dann zwischen die positive und negative Platte klemmte und so einen Kurzschluß im Element selbst herstellte, so daß die Ladung verloren ging. Man versuchte daher durch andersartige Profilierung der Gitterstäbe das Herausfallen der Füllmasse unmöglich zu machen, und in manchen Patenten finden wir feindurchdachte Vorkehrungen patentiert, welche diesen Zweck erfüllen sollen, so in den de Khotinskyschen, den Corrensschen und den Hagenschen Gittern[1]; doch erst durch Verbindung dieser Gitter mit der Faureschen Anwendung von Bleisalzen konnte die Herstellung solcher Akkumulatorenzellen erreicht werden, wie sie dem Bedürfnis der Technik entsprechen.

Aber selbst die künstlichste Herstellung der Gitter verhindert nicht durchaus

---

[1] Die ausführliche Zusammenstellung der verschiedenen Patente ist in meinem Buche „Die Akkumulatoren für Elektr." gegeben von S. 132 bis 233.

das Ausfallen der Füllmasse, es war daher wünschenswert, daß durch die Anordnung der Platten diese Abfälle ohne Schaden auf den Boden des Gefäßes fallen konnten. Nachdem man die feste Bauart des Faureschen Akkumulators für solche Zellen, welche stationär aufgestellt werden sollen, verlassen hatte, stellte Volckmar seine Gitterplatten auf zwei Glasprismen, welche auf dem Boden des Gefäßes ruhten. Aber schon im folgenden Jahre (1882) führte die Electric Power Storage Comp. die Aufhängung der Platten durch vorstehende Nasen auf Glasplatten aus, die seitlich in die Kästen gestellt waren, Fig. 10. Da es sich ferner als wünschenswert erwies, daß man die Oberfläche der Platten stets kontrollieren könne, um sich von ihrem unverletzten Zustand zu überzeugen, da man ferner die Gasentwicklung an der positiven Platte allgemein als Kennzeichen der vollständigen Ladung betrachtete, so

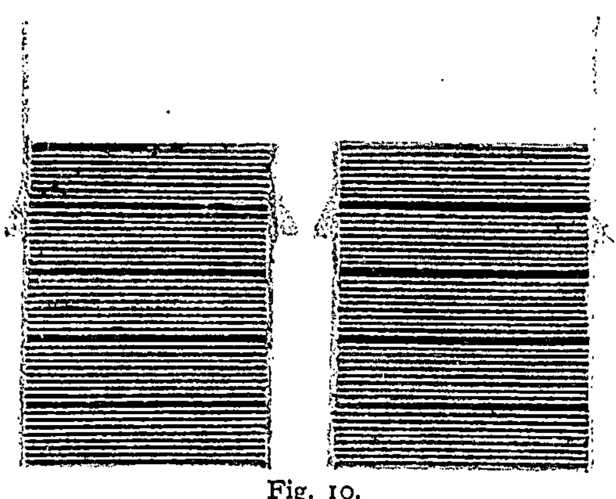

Fig. 10.

verließ man die Aufstellung in Holztröge oder Steingutbehälter und stellte große Glaskasten her. Hier war nun die Möglichkeit, die Platten direkt auf dem Rande der Glasgefäße aufzuhängen, gegeben. Dann wurden die Nasen zum Aufhängen nicht an der Platte selbst angebracht, sondern am oberen Ende des Gitterrahmens, Fig. 11, und diese heute sehr verbreitete Bauart hat sich bereits 1884 eingeführt und wurde in Wien 1885 von der Electric Power Storage Comp. ausgestellt. Damit war die Bauart gegeben, welche heute bei den meisten Akkumulatoren für stationären Betrieb gebraucht wird.

Neben dem Ausfallen der Füllmasse war ein schon bei den ersten technischen Versuchen beobachteter Übelstand, das „Werfen" der negativen Platten, d. h. die Ausbiegungen und Beulungen der negativen Platten, welche durch die Entladung hervorgerufen werden. Durch diese Profilveränderungen wurde der Abstand der positiven und negativen Platten ungleichmäßig, infolgedessen wurde dort, wo die Platten sich näher kommen, wegen des geringeren Widerstandes eine erhebliche Verstärkung der

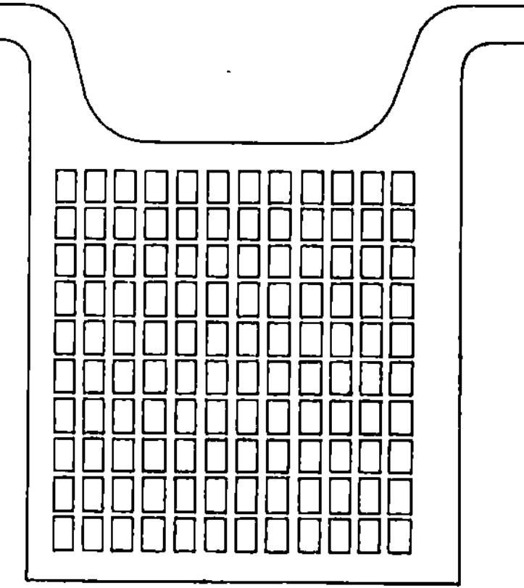

Fig. 11.

Stromdichte erreicht. Diese beförderte wieder die Körnung der Platte, und so konnte dieselbe bald so stark ausgebogen sein, daß sie die positive berührte und damit inneren Schluß und innere Entladung herbeiführte. Um das zu verhindern, hatte Volckmar bei seinen Gittern bereits vorgeschlagen (1881), nachdem der Teig in die Gitter eingefüllt war, einige (4 bis 5) dieser Füllräume wieder auszukratzen und in die leeren Löcher Gummistopfen zu klemmen, welche an beiden Seiten etwas über die Platte hinausragten und gegen die negative Platte drückten. Die in einem Element vereinigten Platten wurden dann durch zwei starke Gummibänder fest zusammengedrückt, so daß sie nun eine ganz kompakte Masse bildeten. Da die Widerstandsfähigkeit des Gummis in der Säure nicht sehr groß ist, konnte sich diese Einrichtung natürlich nicht bewähren, es wurde daher bald von allen Seiten die sichere Trennung der Platten durch Glas eingeführt, in der Regel, indem man nach dem Vorgange von Tudor (1884) die Zwischenräume zwischen den Platten durch Glasröhren sichert, oder indem man das Glasgefäß mit starken, vertikalen Rippen an den Stirnseiten versieht und die Platten in die zwischen den Rippen liegenden Hohlräume einschiebt. Die von anderer Seite benutzten paraffinierten Holzstäbe oder die Kautschukstreifen zur Trennung der Platten hat man meines Wissens überall wieder fallen gelassen. Um bei diesen zwischengestellten Glasröhren das Werfen sicher zu verhindern, ist es nötig, daß die Platten fest gegen die Röhren gedrückt werden; das erreicht man durch gebogene Hartbleistreifen, welche zwischen die äußersten negativen Platten und die Gefäßwand geklemmt werden. Auch diese Einrichtung ist in den Tudorzellen 1885 zuerst eingeführt.

Da das Gitter in den mit Füllmasse versehenen Platten an der Stromarbeit nicht teilnehmen soll, sondern nur zur Verteilung des Stromes dient und darum möglichst widerstandsfähig sein soll, hat Julien 1884 vorgeschlagen, nicht reines Blei für diese Gitter zu gebrauchen, sondern sogenanntes Hartblei, welches er aus 4% Antimon und 96% Blei herstellte; dadurch bekommt die Platte einen hohen Grad von Stabilität, so daß in solchen Gitterplatten die Verbiegungen höchst selten sind. Statt des Antimons hat 1890 Nevins eine Blei-Zinnlegierung aus 30 Teilen Zinn auf 100 Teile Blei eingeführt; auch diese liefert ein widerstandsfähiges Hartblei. Nach beiden Methoden wird noch heute gearbeitet.

Während nun Faure bei seinen Akkumulatoren nur Mennige anwandte, zeigte die Untersuchung des chemischen Vorganges sehr bald, daß die Mennige nur für die positiven Platten eine geeignete Füllung ergab, daß dagegen für die negative Platte, wo es auf die Reduktion durch den Wasserstoff ankommt, andere Bleisalze, besonders Bleiglätte, viel wirksamer sind. Die Bleiglätte wurde zuerst von Somzée (1882) für beide Elektroden benutzt, für die negative Platte hat sie sich bis heute erhalten, oft mit Kokspulver oder sonst einem indifferenten Körper gemischt, um größere Porosität zu erzielen. Dagegen hat man die anfänglich von verschiedenen versuchte Benutzung von Schwefelblei überall wieder aufgegeben.

Das Fauresche Patent hatte die Konstruktion der Gitterplatten veranlaßt, wo die Hohlräume mit Mennige ausgefüllt wurden, aber wenn auch die Formierung dadurch sehr abgekürzt wurde und diese Akkumulatoren zunächst sehr leistungsfähig waren, so war das Ausfallen der Füllmasse doch auf die Dauer nicht zu vermeiden. Es war daher die Rückkehr zu dem Plantéschen Verfahren, wie es in dem Tudor-Akkumulator (1884) geschah, von großem Wert. Um eine große, aktive Oberfläche zu erhalten, werden die massiven Bleiplatten mit tiefen, wagerecht verlaufenden Rillen versehen, die nur $^1/_8$ der ganzen Plattendicke unberührt lassen. Um aber die Platte dabei doch steif zu erhalten, werden senkrechte Streifen von den Rillen freigelassen, so daß die Rillen absatzweise über die Platte laufen. Ursprünglich hatten die Brüder Tudor die Hohlräume dieser Rillen mit Mennige allmählich ausgefüllt, allein auch dies langsame Herstellungsverfahren hinderte nicht, daß die Füllmasse herausfiel und für den Akkumulator gefährlich wurde. Nachdem das Tudor-Patent an die Hagener Akkumulatorenfabrik übergegangen war, gab dieselbe die Benutzung der Mennige daher gänzlich auf und formierte die positiven Platten nach dem Plantéschen Verfahren in abgekürzter Zeit ohne die fortgesetzten Stromumkehrungen in etwa $1^1/_2$ Monat. Für die negativen Platten dagegen ist das Gitter mit Bleiglätte als Füllmasse beibehalten, weil hier die Füllmasse nicht ausfällt, aber eine solche Gitterplatte erheblich leichter ist als eine reine Bleiplatte. Es werden auch hier die negativen Platten so gestellt, daß sie den Anfang und den Schluß in einem Element bilden, so daß die positiven Elektroden an beiden Seiten einer negativen gegenüberstehen. An den Enden aber sind nur Halbplatten aufgestellt. Auf diese Weise ist ein sehr widerstandsfähiger Akkumulator geschaffen, der bei normaler Behandlung jahrzehntelang ohne Reparatur gebraucht werden kann.

Nur mit wenigen Worten brauchen wir der Akkumulatoren zu gedenken, die entweder auf Blei ganz verzichten oder dasselbe doch nur als Überzug über die Platten verwenden wollen. Letztere stellten diesen Überzug von Superoxyd auf einer Platin- oder Kohleplatte durch Elektrolyse einer Bleisalzlösung her, mit nachfolgender Behandlung in verschiedenen Säuren. Schon 1862 machte Kirchhoff in Neuyork derartige Versuche, die mit allen den späteren immer daran gescheitert sind, daß die Überzüge abfielen und damit dem Akkumulator ein jähes Ende bereiten. Diejenigen Akkumulatoren aber, welche andere Metalle verwenden als Blei, haben bis jetzt auch noch keine allgemeine Bedeutung erlangen können, trotz der gelegentlichen Reklame, die mit Edisons Erfindertalent in den Zeitungen getrieben wird. Es ist natürlich, daß das hohe Gewicht des Bleiakkumulators von vornherein den Wunsch nahelegte, einen leichten Akkumulator zu haben, der imstande wäre, für transportable Zwecke, besonders für Fahrzeuge, die Bewegungsenergie zu liefern und da die gleiche zuverlässige Stromquelle darzustellen, wie der Bleiakkumulator für stationäre Betriebe. Schon 1881, gleichzeitig mit dem Faureschen Patent, wurden von Laurie Kohle- und Zinkplatten in Jodzinklösung oder Kupfer- und Zinkplatten in Zinkchlorürlösung empfohlen. Die alkalische Lösung wird zuerst von Boettcher in einer 50 proz. Kalihydratlösung bei Zink- und Kupferelektroden verwendet. Aus den Versuchen mit Kupferelektroden ist dann als bleibendes Ergebnis das Kupronelement hervorgegangen.

Daß Eisen ein geeignetes Metall für negative Elektroden sei, hat schon Rousse in einer heute scheinbar in Vergessenheit geratenen Arbeit nachgewiesen (1881)[1]. Er stellte damals die Eisenplatte als negative Elektrode mit einer Bleiplatte, die entweder rein oder auch mit einem Überzug aus Bleioxyden präpariert sein konnte, als positive Elektrode in schwefelsaure Ammoniaklösung von 50 %. Statt der Bleiplatte als Anode versucht er auch Mangan-Eisenlegierung für die positive Elektrode. In derselben Arbeit findet sich auch als negative Elektrode das Palladium verwendet. Während Eisen und Kupfer in dem Akkumulator Lalandes (1885) als Elektroden in Kalilauge stehen, wird Nickel zuerst von Dun (1885) im Elektrolyten angewendet; er überzieht beim Laden die indifferente Elektrode (Kohle) mit Nickel und erhält damit eine wirksame Platte. Die Anordnung der wirksamen Oxyde in Beuteln oder porösen Zellen, in welchen dann indifferente Elektroden die Stromzuleitung besorgen, findet sich zuerst 1883 bei Fitz-Gerald und Jones.

Von allen diesen zahlreichen Versuchen hat sich der Eisen-Nickel-Akkumulator etwa 25 Jahre nach der Rousseschen Arbeit zu einer technischen Bedeutung durch-

---

[1] Compt. rend. **93**, 1881, 545.

setzen können, als eine geschickte Kombination dieser längst vergessenen Versuche. Ob er aber berufen sein wird, den Bleiakkumulator auch nur bei transportabeln Batterien zu verdrängen, dürfte noch nicht als ausgemacht anzusehen sein.

Die Verwendung der Akkumulatoren.

Ich habe schon darauf aufmerksam gemacht, daß Planté wesentlich nur wissenschaftliche Verwendung für seine Akkumulatoren angab, während er doch gerade durch den Hinweis Jakobis auf die Telegraphentechnik zu seinen Studien veranlaßt wurde. Auch der Fauresche Akkumulator hatte für die Technik keine epochemachende Bedeutung. Man begegnete demselben mit Mißtrauen und berief sich auf die mancherlei Störungen, welche durch das Abfallen der Füllmasse hervorgerufen wurden. Erst nach langem Kampf gelang es dem Akkumulator, sich die Telegraphenämter zu erobern. Der erste Versuch war wohl der von Higgins in London 1886 mit 210 Zellen der Electric Power Storage Comp. Obwohl sich dieser Versuch sehr bewährte, sträubten sich andere Telegraphenverwaltungen gegen die Neuerung. In Amerika war man schon 1880 zur Stromlieferung durch Dynamomaschinen übergegangen und betrachtete die Einführung der Akkumulatoren als einen Rückschritt. In Deutschland klebte man am Althergebrachten und scheute die Kosten. Erst 1889 wurde in Berlin ein schüchterner Versuch mit 25 Tudorzellen gemacht, und erst nachdem man sich überzeugt hatte, daß diese Akkumulatoren erheblich weniger Wartung und Reparatur erforderten als die Primärzellen, entschloß man sich 1890, 120 Tudorzellen in drei Abteilungen eingeteilt aufzustellen, um damit die Gesamtstromlieferung, welche bisher von 6000 Elementen besorgt war, zu bewerkstelligen. In anderen Städten dauerte es noch länger, ehe der Akkumulator in diesen Betrieb einzog. In Paris wurde 1897, in Stuttgart 1898 die Akkumulatorenbatterie für das Telegraphenamt aufgestellt. In dem letztgenannten Jahre eroberte sich der Akkumulator auch die Telephonie, indem in Christiania der Strom für die Mikrophone einer Akkumulatorenbatterie von zweimal 400 Amperestunden entnommen wurde.

Der Widerstand gegen die technische Verwendung der Akkumulatoren ging ganz besonders von den Maschinentechnikern aus. Man fürchtete ein unsicheres Element in die Rentabilitätsberechnung einzuführen und meinte den Strombedürfnissen durch reinen Maschinenbetrieb vollständig genügen zu können. Während die Ingenieure, welche Akkumulatoren bauten, alles aufboten, um hier oder da eine kleine Beleuchtungsanlage ausführen zu können, erstanden in allen größeren Städten Zentralen, welche durchweg nur Maschinenbetrieb vorsahen. Der Kampf zwischen Gleichstrom und Wechselstrom schloß zum Teil auch die Frage ein, ob es ratsam sei, sich eine Akkumulatorenreserve zu schaffen; denn damals war die Aluminiumzelle, welche auch der Wechselstromzentrale die Benutzung von Akkumulatoren gestattet nach dem Vorgange von Pollak in Frankfurt a. M. (1895), noch nicht erfunden, und darum war für die Wechselstromzentrale der Akkumulator ausgeschlossen. Zunächst war ja auch die Erzeugung von Elektrizität für den allgemeinen Bedarf noch nicht eingeführt, elektrische Zentralen entstanden sehr langsam, bis zum 1. Januar 1889 waren in ganz Deutschland erst 8 Zentralen errichtet. Bis dahin wurde nur für Privatbetriebe elektrische Beleuchtung beschafft. Trotzdem wurde schon 1883 eine Akkumulatorenbatterie zur Ergänzung der Maschinenanlage für Lichtlieferung in Bromley aufgestellt; in Deutschland wurden die ersten derartigen Anlagen meines Wissens 1885 ausgeführt. Aber wie sehr die Maschinentechniker gegen die Akkumulatoren eingenommen waren, erhellt aus der Tatsache, daß das

Gutachten, welches Kittler, Weber und Uppenborn 1890 für die beabsichtigte Zentrale in Frankfurt a. M. lieferten, worin sie die Aufstellung einer größeren Akkumulatorenbatterie befürworteten, heftigen Widerspruch erfuhr. Die ersten Zentralen, welche sich eine Akkumulatorenreserve gleich bei der Anlage einrichteten, waren meines Wissens Darmstadt und Barmen, welche 1888 eröffnet wurden. Erst ganz allmählich setzte sich die Akkumulatorenreserve überall dort durch, wo Gleichstrom geliefert wurde. Im Jahre 1890 hatten noch nicht 10 v. H. der vorhandenen Zentralen Akkumulatoren aufgestellt, im Jahre 1897 waren es etwa 60 v. H. aller Zentralen Deutschlands, und für das Jahr 1908 finde ich unter den etwa 1600 Zentralen, von denen Angaben veröffentlicht sind, nur 26 Anlagen mit Dampfbetrieb für Gleichstrom ohne Akkumulatoren. Für Wechselstrom und Drehstrom kommen die Akkumulatoren freilich nicht ganz außer Betracht, man verbindet sie damit durch Umformer, welche Gleichstrom liefern, aber naturgemäß kommen sie dort weniger in Frage. Ebenso fehlen die Akkumulatoren meist dort, wo billige und ausreichende Wasserkraft für den Maschinenbetrieb vorhanden ist, so daß die durch gleichmäßige Belastung der Maschine erzielte Kohlenersparnis keine Rolle spielt.

Bei der Benutzung der Akkumulatoren war die Aufgabe, welche man ihnen zuwies, sehr verschieden. Das Verhältnis der von den Akkumulatoren zu liefernden Energie im Verhältnis zu der von den Maschinen in das Leitungsnetz gelieferten Energie schwankt zwischen 10 und 342 v. H. In letzterem Falle liefert die Batterie fast die ganze Strommenge für die Beleuchtung, und die Maschine hat im wesentlichen nur die Aufgabe, während der Tagesstunden die Batterie zu laden, welche in Abteilungen geschaltet ist. Für Zentralen ergab sich die Bedeutung der Batterie nach zwei Richtungen. Man weist ihr entweder nur eine Ausgleichsarbeit zu, oft als Pufferbatterie bezeichnet, so daß die Batterie die in einer Zentrale stets vorhandenen Schwankungen im Verbrauch aufnehmen muß; bei starkem Lichtverbrauch liefert sie parallel zur Maschine Strom in die Leitung, bei vermindertem Verbrauch wird sie geladen. In dieser Absicht wurden die ersten Batterien 1888 eingerichtet. Daß sich eine solche Verwendung als notwendige Ergänzung der Maschinenanlage besonders beim Kraftverbrauch herausstellte, konnte natürlich erst erkannt werden bei größerer Verwendung der Motoren im Fabrik- und Arbeitsbetrieb. Zuerst wurde für diese Zwecke die Pufferbatterie 1888 vorgeschlagen, die heute wohl in den meisten Anlagen für Motorbetriebe aufgestellt ist. Die zweite Verwendung von Akkumulatoren für Zentralen ist die Anlage von Batterieunterstationen, welche ein Gebiet des zur Zentrale gehörigen Umkreises selbständig mit Strom versorgen. Die Maschinenzentrale besorgt am Tage die Ladung der Station, von hier aus wird dann der Strom in das Leiternetz abgegeben. Solche Einrichtung ist zuerst von Turrettini 1887 vorgeschlagen und wurde in der Genfer Zentrale zuerst ausgeführt. Ein durch die Spannung betätigter automatischer Ausschalter kontrolliert die Beendigung der Ladung, und darum arbeitet eine solche Unterstation mit einem Minimum von menschlicher Arbeitskraft.

Neben den stationären Batterien haben die transportabeln von jeher eine große Rolle gespielt. War doch die erste Einrichtung der Akkumulatoren wesentlich zur Benutzung an beliebigen Stellen eingerichtet. Man glaubte in ihnen bereits das Mittel für Kraftfahrzeuge jeder Art zu haben. Um diesen Zwecken zu dienen, wurden die vielen Versuche unternommen, leichtere Akkumulatoren zu bauen, als es die Bleiakkumulatoren waren. Zunächst ließ Trouvé bereits 1881 ein durch Akkumulatoren getriebenes Boot auf der Seine fahren; in den nächsten Jahren wurden weitere Versuche von Reckenzaun, Siemens & Halske und anderen vorgeführt, aber zu einer allgemeineren Verwendung ist man auf diesem Gebiete nicht gekommen, und die Dampfmaschine oder den Benzinmotor hat man nicht verdrängen können, wie man es erhofft hatte.

Ebenso ungünstig sind die Versuche, den Akkumulator in den Straßenbahnbetrieb einzuführen, verlaufen. Von den ersten Versuchen in Brüssel 1883 mit Julienschen Akkumulatoren bis zu dem Zusammenbruch der Hannoverschen Straßenbahn sind noch alle Versuche, hier gegen die direkte Stromzuleitung aus der Oberleitung von der Maschinenzentrale aus zu konkurrieren, gescheitert. Daß der Zusammenbruch der Hannoverschen Straßenbahn nicht durch die Akkumulatoren herbeigeführt ist, sondern durch eine vorschnelle Ausdehnung des Betriebes auf weit entlegene, nicht stark bevölkerte Gebiete und dadurch herbeigeführte ungeheure Kapitalanlage für Zentralen, dürfte als bekannt angesehen werden. Immerhin hatten sich erhebliche Mängel in der Konstruktion der Wagen herausgestellt und so war natürlich, daß bei der Rekonstruktion jener Gesellschaft der Akkumulatorenbetrieb, der jedenfalls teurer ist als der durch Oberleitung, aufgegeben wurde. Jene Katastrophe in Hannover wurde vom Publikum meist den Akkumulatoren zur Last gelegt, und daher ist seitdem die Benutzung der Akkumulatoren für Straßenbahnen zum Stillstand gekommen.

Dagegen hat sich der Akkumulator in jüngster Zeit den Droschkenbetrieb erobert, und hier scheinen die Erfolge auch finanziell günstig zu liegen. Die Schwierigkeit lag hier nicht sowohl in den Akkumulatoren als in der passenden Konstruktion der Motoren. Daß diese elektrisch angetriebenen Kraftfahrer die Automobile mit Benzinmotor verdrängen sollten, ist natürlich nicht zu erwarten, da die elektrischen Wagen immer nur auf verhältnismäßig kleine Entfernungen von dem Leiternetz einer elektrischen Zentrale angewiesen sind.

Die Hoffnungen, welche man an die Akkumulatoren im Betrieb lenkbarer Luftballons knüpfte, haben sich trotz der gelungenen Ballonfahrt mit einem elektrisch getriebenen Ballon von Meudon nach Paris (1886) und zurück nicht erfüllt. Der Benzinmotor hat wegen des geringeren Gewichtes den Wettbewerb der elektrischen Motoren siegreich aus dem Felde geschlagen.

Die Theorie des Akkumulators.

Es bleibt übrig, noch einige Angaben über die Entwicklung der Ansichten über die Stromerzeugung im Akkumulator zu sagen, da sich aus der verkehrten oder mangelnden Vorstellung von dem Vorgange im Akkumulator so viele der vergeblichen Versuche, den Akkumulator zu verbessern, erklären und da die wirksamen Konstruktionen von Akkumulatoren Hand in Hand gehen mit der Erkenntnis der Verwandlungen im Akkumulator selbst. Wenn wir uns bei dieser Darstellung lediglich mit dem Bleiakkumulator und dem Eisen-Nickelakkumulator beschäftigen, so geschieht das um deswillen, weil zurzeit nur diese beiden eine technische Bedeutung erlangt haben.

Es ist auffallend, daß ein scheinbar so einfacher Apparat wie der Plantésche Akkumulator eine bis zur Gegenwart reichende wissenschaftliche Geschichte hat und eine Fülle von Erklärungsversuchen zeitigte. Es hängt das damit zusammen, daß die Theorie der Entstehung eines galvanischen Stroms überhaupt bis zu der bekannten Arbeit von Nernst[1] keine befriedigende Lösung gefunden hatte, also auch der Akkumulator keine Erklärung finden konnte.

---

[1] Zeitschr. für phys. Chemie 2, 1888, 613; 4, 1889, 129.

Planté hatte einfach nach der damals noch sehr verbreiteten Ansicht angenommen, daß bei dem angesäuerten Wasser das Wasser selbst direkt zersetzt werde, darum meinte er, an der Bleianode entstehe bei der Ladung durch den Sauerstoff das Bleisuperoxyd, während an der Kathode entweder der Wasserstoff okkludiert werde, oder soweit er nicht oberflächlich vorhandenes Bleioxyd reduziere, als Gas entweiche. Während der Entladung würde die Wanderung des Wasserstoffs und Sauerstoffs in entgegengesetzter Richtung stattfinden, und so die Superoxydplatte wieder reduziert werden, während an der Kathode der vorher okkludierte Wasserstoff wieder durch den Sauerstoff gebunden und das Blei wieder oxydiert werde.

Daß bei dieser Auffassung die Schwefelsäure ganz unberücksichtigt geblieben war, erkannten Gladstone und Tribe[1]) richtig und untersuchten daher die Platten selbst. Sie wurden besonders dazu veranlaßt durch eine von Planté als nebensächlich behandelte Beobachtung, daß die Dichtigkeit des angesäuerten Wassers sich bei der Ladung und Entladung ändere. Sie finden, daß die Platten eines gebrauchten Akkumulators stets Bleisulfat enthalten. Sie stellen sich daher auf den von Daniell zuerst vertretenen Standpunkt, daß bei der Elektrolyse einer Lösung, wie es das angesäuerte Wasser ist, der gelöste Körper und nicht das Lösungsmittel die Zersetzung erfährt, aber sie fassen den Zerfall der Säure noch so auf, daß H_2SO_4 in $H_2 + SO_3 + O$ zerfalle, und lassen SO_3 dann das Wasser aufnehmen, so daß wieder H_2SO_4 gebildet wird. Abgesehen von dieser irrtümlichen Auffassung stellen sie aber die wirklichen Verhältnisse richtig fest. Für die Entladung nehmen sie zwei Phasen an, zunächst geht $PbO_2 + 2\,H_2SO_4 + Pb$ über in $PbO + H_2O + H_2SO_4 + PbSO_4$, aber das PbO geht in Anwesenheit von H_2SO_4 über in $PbSO_4 + H_2O$, so daß der ganze Vorgang der Entladung sich in die Formel fassen läßt $PbO_2 + 2\,H_2SO_4 + Pb \rightarrow PbSO_4 + 2\,H_2O + PbSO_4$.

Für den Ladevorgang unterscheiden sie die Formierung von dem späteren Wiederaufladen. Die Formierung kann entweder direkt zu dem gewünschten Resultat führen nach dem Schema: $Pb + 2\,H_2SO_4 + Pb \rightarrow PbO_2 + 2\,SO_3 + 2\,H_2 + Pb$, wobei dann das SO_3 durch Wasseraufnahme zu H_2SO_4 wurde, oder in zwei Phasen nach dem Schema: $Pb + H_2SO_4 + Pb \rightarrow PbSO_4 + H_2 + Pb$, und darauf $PbSO_4 + H_2SO_4 + Pb \rightarrow PbO_2 + 2\,SO_3 + H_2 + Pb$.

Auch für die Fauresche Zelle mit Mennige gaben Gladstone und Tribe die Ladungsformel in einzelnen Absätzen, welche sich zusammenfassend so schreiben läßt: $2\,Pb_3O_4 + 4\,H_2SO_4 + Pb_3O_4 \rightarrow 6\,PbO_2 + 4\,SO_3 + 4\,H_2O + Pb$, wobei dann nachträglich die beiden mittleren Bestandteile zu $4\,H_2SO_4$ wurden.

Diese Darstellung des wirklichen Vorganges hat dann zu einem langen Kampf geführt, dessen Einzelheiten hier zu erörtern zu weit führen dürfte. Als Ergebnis dieses Kampfes konnte ich 1898 feststellen[2]), daß der Vorgang in dem Element sich einwandfrei in folgende Formeln fassen läßt:

	Ladung:	Endladung:
Anode	$PbSO_4 + SO_4 + 2\,H_2O \rightarrow PbO_2 + 2\,H_2SO_4$	$PbO_2 + H_2 + H_2SO_4 \rightarrow PbSO_4 + 2\,H_2O$
Kathode	$PbSO_4 + H_2 \rightarrow Pb + H_2SO_4$	$Pb + SO_4 \rightarrow PbSO_4$.

Natürlich kann man diese beiden Formeln auch in eine zusammenziehen, wie es Dolezalek[3]) tut, denn meine Darstellung sagt ja deutlich aus, daß wir es im Akkumulator mit einem reversibeln Vorgang zu tun haben. Es hat demnach

[1]) Elektrotechn. Zeitschrift 1882, S. 392.
[2]) Hoppe, Die Akkumulatoren für Elektrizität, 3. Aufl. 1898, S. 251.
[3]) Dolezalek, Die Theorie des Bleiakkumulators 1901, S. 2.

auch die thermodynamische Berechnung dieser Formel Werte geliefert, welche mit den gemessenen in guter Übereinstimmung sind. Nachdem nun aber Nernst die Entstehung eines galvanischen Stromes auf die elektrolytische Lösungstension der Metalle und den osmotischen Druck zurückgeführt hatte, entstand die Aufgabe, auch den Strom im Akkumulator durch diese Kräfte zu erklären. Le Blank war der erste, welcher diese Arbeit leistete unter Annahme von vierwertigen Bleiionen, während Liebenow die Erklärung unter Annahme von Superoxydionen durchführte. Bei beiden ist der Vorgang im Akkumulator umkehrbar. Diese Verhältnisse hat dann Dolezalek (l. c) ausführlich untersucht und den Nachweis erbracht, daß alle Beobachtungen mit der obigen Gleichung in bester Übereinstimmung sind und daß speziell der gesamte bei der Entladung auftretende Energieverlust durch die Konzentrationsänderungen in der wirksamen Masse bedingt ist. Danach würde eine Verbesserung der Bleiakkumulatoren nur zu erreichen sein, wenn es gelingt, einen Stoff zu finden, welcher, ohne die an den Metallelektroden auftretenden Reaktionen zu beeinflussen, die Konzentrationsänderung im Elektrolyten erheblich herabsetzte. Erfolgreiche Versuche nach dieser Richtung sind nicht bekannt geworden, und so ist die vorherrschende Bauart für die Bleiakkumulatoren die nach Tudorscher Vorschrift präparierte Plantéplatte, während für die negativen Platten die Gitter aus Bleiglättefüllung neben den Plantéplatten das Feld behauptet haben.

Es scheint notwendig zu sein, noch einige Worte über die Theorie der Eisen-Nickelakkumulatoren anzufügen, da dieser Akkumulator einige technische Bedeutung erlangt hat. Obwohl schon Rousse 1881 Erörterungen über die Rolle, welche negative Platten aus Eisen im Akkumulator spielen, anstellte und obgleich die Kalilauge in der Meinung gewählt war, daß dieselbe an der Stromarbeit gar keinen Anteil nehme, war Edison selbst doch der irrigen Meinung, auf der positiven Elektrode NiO_2 als wirksame Masse zu haben, und über die Vorgänge an der Eisenelektrode sowie über die Mitwirkung der Kalilauge an der Strombildung herrschte vollständige Unklarheit. Die ersten wirklich exakten Versuche, die chemischen Vorgänge in diesen Akkumulatoren zu bestimmen, sind von Zedner in zwei Arbeiten[1] und von Foerster[2] ausgeführt. Zunächst stellt Zedner fest, daß der Zustand der KOH nicht gleichgültig ist für die EMK. Er findet, daß die elektromotorische Kraft des Elementes in verdünnter Lauge höher ist als in konzentrierter. Dann untersucht er die Nickelelektrode genauer und findet, daß dieselbe in geladenem Zustande das Hydroxyd $Ni(OH)_3$, in entladenem Zustand aber das Hydroxydul $Ni(OH)_2 \cdot 2\,H_2O$ enthält. Dadurch wird verständlich, weshalb die verdünnte Kalilauge mehr elektromotorische Kraft liefert, denn es wird durch die Wasseraufnahme der Elektrode der Lauge H_2O entzogen. Hier ist aber nicht NiO_2 vorhanden, sondern nur eine Oxydationsstufe von der Form Ni_2O_3. Zedner faßt den Vorgang daher nach folgender Relation auf: $Ni(OH)_3 + 2\,H_2O \rightarrow Ni(OH)_2 \cdot 2\,H_2O + OH' + \oplus$ für die Entladung, während sie für die Ladung in umgekehrter Reihenfolge zu lesen ist. Daß diese Relation zutreffend sei, zeigt die Berechnung der elektromotorischen Kraft aus der Wärmetönung der chemischen Prozesse und dem Temperaturkoeffizenten. Die scheinbare Abweichung der Ladekurve von der Entladekurve würde als irreversibler Vorgang gedeutet werden können. Zedner glaubt aber, daß diese Abweichung durch die Konzentrationsänderungen an der Elek-

---

[1]) Z. f. Elektrochemie 11, 809, 1905; 12, 463, 1906.
[2]) Z. f. Elektrochemie 13, 414, 1907.

trode erklärbar ist. Er faßt daher die Entladung in zwei Stufen auf. Zunächst soll $Ni(OH)_3$ entladen werden, während weiter der bei der Ladung okkludierte Sauerstoff sich nachher entladen soll. Diese zweite Stufe wird das größte Hindernis für die Anerkennung der Theorie bilden und ist von Foerster auch zurückgewiesen. Foerster will vielmehr NiO_2 zur Erklärung des Vorganges heranziehen. Da NiO_2 auch anderweit nachgewiesen ist, dürfte diese Auffassung den Vorzug verdienen. Jedoch sind auch damit noch nicht alle Schwierigkeiten beseitigt[1]. Erst wenn auch die Eisenelektrode in die Betrachtung einbezogen wird, so daß eine einheitliche Formel für die Gesamtarbeit in der Zelle gefunden wird, darf der Vorgang als geklärt angesehen werden. Hier ist also noch eine wesentliche Arbeit zu leisten.

---

[1] Z. f. Elektrochemie **13**, 752, 1907; **14**, 17, 1908.

Zur Geschichte der Holzbearbeitungsmaschinen.

Von

Professor $\mathfrak{Dr}$.-$\mathfrak{Ing}$. Hermann Fischer, Hannover.

Holzhobel- und Fräsmaschinen.

Beck beschreibt[1]) eine von Leonardo da Vinci (1452 bis 1519) angegebene Hobelvorrichtung, bei welcher der auf Führungen gleitende Hobel nur hin und her geschoben zu werden braucht. Nur wenig weiter geht Samuel Bentham in einer, mehr eine Abhandlung darstellenden Patentschrift von 1791[2]), obgleich er sich anheischig macht, mit Einrichtungen, deren grundlegende Gedanken er entwickelt, das Hobeln mittelst leblosen Antriebsmittels, als Wind, Wasser, Dampf usw. zu bewirken. S. Bentham gibt auch an, es könne das Hobeln sowohl durch Verschieben des Hobels gegenüber dem ruhenden Werkstück, als auch durch Verschieben des Werkstücks gegenüber dem ruhenden Hobel erfolgen. In einem weiteren Patent[3]) gibt S. Bentham als Mechanismus für die Verschiebung Kurbel und Lenkstange an, während in dem früheren hierfür Walzen vorgeschlagen sind. Die S. Benthamschen Vorschläge sind sehr allgemein gehalten und nicht durch Abbildungen erläutert.

Bevans[4]) verwendet gegen 1803 Kurbel und Lenkstange zum Verschieben des Hobels gegenüber dem ruhenden Werkstück.

Muir[5]) schiebt das zu bearbeitende Brett mittels endloser Kette über festliegende Hobelmesser, um eine Breitseite zu glätten. Gleichzeitig schneiden Kreissägen an der einen Schmalseite die Nut, auf der anderen die Feder aus.

Solche feste Hobelmesser, die ebenso wirken, wie die Messer der Handhobel, können nur recht dünne Schichten abnehmen, nur zum Glätten dienen. Sie werden in diesem Sinne noch heute verwendet.

Die Hobelmaschinen mit gerader Arbeitsbewegung können nur wenig leisten, weil nur geringe Schnittgeschwindigkeit möglich ist. Letztere bedingt außerdem, um reine Flächen zu gewinnen, dünne Späne und besondere Vorrichtungen (z. B. sogenannte Doppeleisen), um bei kraus gewachsenem Holz das „Einreißen" zu vermindern.

---

1) Beiträge zur Geschichte des Maschinenbaues. Berlin 1899, S. 442.

2) Engl. Patent Nr. 1838 vom Jahre 1791.

3) Engl. Patent Nr. 1838 vom Jahre 1792.

5) Rees Cyclopaedia, Bd. XXVII, Schlagwort: Planing Machine.

4) Engl. Patent vom 31. Juli 1827; vgl. auch M. Powis Bale, Woodworking machinery, London 1894, S. 79.

Im Jahre 1793 wurde an Samuel Bentham ein Patent[1]) verliehen, in welchem (S. 22) ein kreisendes Werkstück vorgeschlagen wird. Nachdem er solche Werkzeuge für das Nuten usw. eingehend beschrieben, sagt Bentham: „Ist ein Messerkopf, so wie er für das Schneiden einer Nut beschrieben wurde, so breit oder so lang, daß er die ganze Breite des Werkstücks überdeckt — wie eine Walze — ich nenne ihn cutting roller — so ist er in manchen Fällen sehr vorteilhaft, den Dienst des Hobels zu verrichten."

Damit ist dasjenige Werkzeug gegeben, welches eine sehr große Schnittgeschwindigkeit ermöglicht, eine Geschwindigkeit, die heute bis zu 30 m/sek getrieben wird.

Diese jetzt bei Holzhobelmaschinen fast ausschließlich angewendete Messerwalze fand anscheinend keinen Beifall; man begegnet ihr zunächst nicht wieder.

Im Jahre 1802 nahm Bramah ein englisches Patent auf eine Scheibenhobelmaschine[2]). Am Rande einer etwa 2 m großen Scheibe sind 12 Schrupphobelmesser und zwei Schlichtmesser angebracht. Das auf einem Schlitten befestigte Werkstück wird durch Ketten der kreisenden Scheibe entlang geführt und zwar auf einer Seite ihrer Achse, so daß die Schnittfläche schmäler ist als der Halbmesser der Scheibe. Solche Scheiben- oder Querhobelmaschinen baute man — natürlich mit mancherlei Verbesserungen — zeitweise mit Vorliebe, gestatteten sie doch auch große Schnittgeschwindigkeit. Sie werden jetzt fast nirgends mehr gefunden.

Eine unter dem 15. März 1817 dem L. V. J. M. Roguin patentierte[3]) Maschine nimmt den Benthamschen Gedanken wieder auf. Ich nehme das an, weil sie mit einer Messerwalze arbeitet und weil Roguin auf Brunel zurückweist[4]) und Brunel bekanntlich im Anfange des 19. Jahrhunderts mit S. Bentham zusammen arbeitete. Die Roguinsche Messerwalze besteht aus auf eine Welle geschobenen Fräsern, ihre Zapfen drehen sich in festen Lagern und das auf einem Wagen befestigte Werkstück wird mittels Seiles quer zur Achse der Messerwalze unter dieser hinweggezogen.

Der Rechtsnachfolger von L. V. J. M. Roguin, ein Herr L. A. G. Roguin, erhielt am 30. März 1818 ein französisches Patent[5]) auf eine Hobelmaschine, dessen Messerwalze mit breiten Messern ausgestattet ist. Die Lager der Messerwalze befinden sich in einem Schlitten, der über das ruhende Werkstück hinweggezogen wird, und zwar in der Längenrichtung des letzteren.

Ein englisches Patent von A. M. Marbot[6]) bezieht sich auf eine Maschine zum Schneiden von Gesimsen in Holz; ich darf sie hier erwähnen, weil sie ihrer Auf-

---

[1]) Engl. Patent Nr. 1951 vom Jahre 1793. Die wunderbare Patentschrift enthält auf 47 Seiten eine sehr bemerkenswerte Abhandlung — ohne Abbildungen —, welche eine Fülle von Gedanken wiedergibt und auch in anderer Richtung als die vorliegende, geschichtliche Auskunft gibt. So ist in dieser Patentschrift schon angegeben, daß das Holz, um es zu biegen, gedämpft werden soll, während Beck (in seiner bedeutsamen Abhandlung über englische Ingenieure, 1750 bis 1850, welche in der Z. d. Arch. u. Ingen.-Ver. f. Hannover 1903, S. 459 veröffentlicht ist) annimmt, daß dieses Biegeverfahren zuerst gegen 1805 von Brunel angegeben sei.

[2]) Rees, Cyclopaedia, Bd. XXVII, Schlagwort: Planing Machines. Abb. Bd. IV, Bl. 1 u. 2.

[3]) Descriptions des Machines et Procédés consignés dans les Brevets d'Invention. Bd. 23, S. 207, mit Abb. Blatt 27.

[4]) Bulletin de la société d'encouragement, 21. Jahrg., Jan. 1822, S. 1 ff.

[5]) Descriptions usw. Bd. XXIII, S. 210; Abb. Bl. 28.

[6]) Engl. Patent vom 3. Febr. 1827.

machung nach zu der Walzenhobelmaschine gerechnet werden kann. Die Zapfen-
lager des Messerkopfes dieser Maschine sind fest, während der Werkstückschlitten
durch Zahnstange und Rad unter ihm hinweggeschoben wird, und zwar quer zu
seiner Achse.

Das Werkstück wird hier mit der Zuschiebungsgeschwindigkeit geradlinig verschoben, was, da diese Geschwindigkeit verhältnismäßig gering ist, keinerlei
Schwierigkeiten verursacht.

Schon Bentham empfahl das Werkstück auf einem Schlitten zu befestigen,
welcher in genauen Bahnen verschieblich ist. Hierdurch entstehen genaue Schnitt-
flächen. Werden solche verlangt, so sind derartige Schlitten zweifellos zweckmäßig.
Sie sind denn auch vielfach verwendet worden, sowohl mit dem Brahmahschen
scheibenförmigen Messerkopf, als auch mit der Messerwalze. Beispiele findet man
an unten verzeichneten Stellen[1]). Diese Hobelmaschine mit langen Schlitten gestatten das Erzeugen genauer Flächen an einem irgendwie ungenauem Werkstück,
wenn das letztere so auf dem Tisch befestigt ist, daß es unter dem Druck der Werkzeuge nicht nachgibt. Meistens sind die Werkstücke vor dem Hobeln durch Sägen
wenigstens an einer Seite mit einer ziemlich ebenen Fläche versehen, die zum
Führen genügt, also den Schlitten entbehrlich macht. Da der Schlitten für
seinen Rücklauf ziemlich viel Zeit verbraucht, so muß man ihn zu vermeiden
wünschen. Es wird dann die vorhandene ebene Fläche des Werkstücks unmittelbar an einer ebenen Fläche, auf einem „Tisch" der Maschine geführt, und durch
eine endlose Kette oder durch Walzen verschoben. Die endlose Kette hat keine
Bedeutung mehr, weshalb sie nicht weiter beachtet werden soll.

Eine wunderbare Einrichtung hat Sautreul angegeben[2]). Er will zu hobelnde
dicke Balken mit ihren Enden auf Karren befestigen und durch Walzen verschieben.
Zwei wagrechte und zwei lotrechte Messerwalzen, die je einander genau gegenüber-
liegen, bearbeiten die vier Seiten bei einem Durchgange. Da die Karren rascher
zurückgeschoben werden können, als ein Wagen oder Schlitten, so spart diese Einrichtung vielleicht an Zeit, ermöglicht auch alle vier Seiten des Holzes bei einem
Durchgange zu bearbeiten. Die Maschine leidet aber an so schwerwiegenden
Mängeln, daß sie mit Recht keinen Beifall gefunden hat.

Das Zuschieben durch Walzen ist allgemein gebräuchlich geworden und verdient deshalb näheres Eingehen.

Bentham schlägt in seinem Patent vom Jahre 1791 das Verschieben des
Werkzeugs durch Walzen vor. Nach J. Richards Angaben[3]) wurde 1811 an Charles
Hammond ein Patent für Erfindungen an Holzsäge- und Hobelmaschinen erteilt,
worin das Zuschieben des Holzes durch Walzen für Kreis- und andere Sägen voll
beschrieben sei. Für Holzhobelmaschinen scheint die Walzenzuschiebung erst 1828
von Woodworth[4]) angeordnet worden zu sein. Das zugehörige amerikanische
Patent ist mir nicht bekannt, auch habe ich keine zuverlässige Zeichnung der
Woodworthschen Maschine gesehen. Es wird aber von verschiedenen Seiten bestätigt, daß diese Woodworthsche Maschine als Ausgangspunkt für die späteren

---

[1]) J. Richards, Woodworking-Machines, London 1872, Bl. XVI, XVII, XIX, XX,
XXII, LVI (Schaubilder). — R. Hartmann, Publicat. Industr. Bd. 22, Bl. 9, m. Abb. —
Olivier, Publ. industr. Bd. 22, Bl. 17, m. Abb.

[2]) Armengaud, Publ. industr., 1856, Bd. 6, S. 10 m. Abb.

[3]) J. Richards, Woodworking machines, London und Newyork 1872, S. 19.

[4]) Nach Brownlee, in Mechanic's Magazin, Bd. 7, S. 101. Auch P. Bale, Woodwork.
machinery. London 1894, S. 88.

Maschinen zu betrachten sei. Die Vereinigten Staaten von Nordamerika übernahmen zu jener Zeit die Führung auf dem Gebiet der Holzbearbeitungsmaschinen, die ihnen — soweit die Hobelmaschinen in Frage kommen — erst in jüngster Zeit von Schweden abgenommen ist. Man findet übrigens die Walzenzuschiebung u. a. bei Shankland[1]) und Norman[2]). Bei der Shanklandschen Maschine befindet sich ein Paar Zuschiebungswalzen vor, ein Paar desgleichen hinter der über dem Werkstück liegenden Messerwalze. Die beiden unteren Zuschiebungswalzen werden angetrieben, während die beiden oberen durch belastete Hebel den nötigen Druck hervorbringen. Die Lager der Messerwalze sind in der Höhenrichtung zu verstellen, um dem Werkstück die verlangte Dicke geben zu können. Auf die Messerwalze folgen noch zwei stehende Messerköpfe, welche die Schmalseiten der Werkstücke bearbeiten. Die Normansche Maschine enthält feststehende Messer zum Glätten der Werkstück-Unterseite, zwei stehende Messerköpfe für die Schmalseiten und, fast am Ende der Maschine, eine obenliegende, einstellbare Messerwalze. Vor den festen Messern befinden sich drei Paar, vor und hinter der Messerwalze je ein Paar Zuschiebungswalzen. Sowohl die oberen als auch die unteren Zuschiebungswalzen werden durch Kegelräderpaare angetrieben. Über den festen Messern, vor und hinter den stehenden Messerköpfen und der liegenden Messerwalze sind Druckwalzen angebracht. Die Zuschiebungsgeschwindigkeit beträgt 150 und 230 mm/sek; die stehenden Messerköpfe drehen sich minutlich 3000 mal, während die liegende Messerwalze sich nur 2500 mal dreht.

Da derartige Hobelmaschinen bestimmte, gleichartige Dicken liefern, pflegt man sie Dickenhobelmaschinen zu nennen, und spricht insbesondere von vierseitigen Dickenhobelmaschinen, wenn sie gleichzeitig alle vier Seiten des Werkstücks bearbeiten.

Außer diesem Vorteil der Walzenzuschiebung, den Werkzeugen an allen vier Seiten Zugang zum Werkstück zu gestatten, enthält sie gegenüber der Schlittenzuführung den großen Vorteil, daß die Zeit für das Zurückschieben des Schlittens in Wegfall kommt. Sie setzt aber am Werkstück eine genügend ebene Fläche voraus — wie sie bei geschnittenen Hölzern sich meistens vorfindet — um mit Hilfe dieser Fläche das Werkstück an der Maschine sicher führen zu können; sie wird regelmäßig nach unten gelegt. Wird diese Fläche behobelt, so springt die entstehende der ursprünglichen Fläche gegenüber zurück. Bei älteren Maschinen verwendete man für die untere Holzfläche in der Führungsfläche der Maschine festliegende Messer, die einen dünnen Span abnahmen, die Holzfläche nur glätteten. Angesichts der Weichheit des Holzes wurde hierdurch die Führung nicht fühlbar gestört. Später legte man die Messerwalze für die untere Fläche an das hintere Ende der Maschine. Voll befriedigte auch das nicht.

Die Erfindung der Abrichthobelmaschine hat den Weg zu guter Lösung der vorliegenden Schwierigkeit gezeigt. Richards in London und Kelley in Philadelphia bauten[3]) eine sogenannte Handhobelmaschine nach folgender Einrichtung: links und rechts von einer liegenden Messerwalze befindet sich je ein Tisch, deren Oberflächen zueinander genau gleichlaufend sind. Jeder Tisch ist für sich in lotrechter wie wagrechter Richtung zu verstellen. Diese Maschine, welche im Laufe der Zeit Verbesserungen erfahren hat, ist die gebräuchlichste Holzhobel-

---

1) Engl. Patent Nr. 6228 vom Jahre 1832.
2) The Mechanic's Magazine 1862, Bd. 7, S. 101 m. Abb.
3) Engineering, April 1877, S. 274, mit Schaubild.

maschine für allgemeine Zwecke geworden. Sie gewährt unter anderen die Möglichkeit, ein rohes Werkstück, wenn es auch keine ebene Fläche enthält, genau zu ebnen, weshalb sie den Namen Abrichthobelmaschine hat. Indem man die Fläche des hinteren Tisches an den Messerkreis tangieren läßt und den vorderen Tisch etwas tiefer einstellt, kann man das rohe Werkstück — welches den letzteren nur in einigen Punkten berührt — so gegen die Messerwalze führen, daß diese eine mit der Ebene des hinteren Tisches zusammenfallende Fläche bildet, die sich demnächst auf diesem führt usw.

M. D. Dietz[1] beschreibt 1879 eine Dickenhobelmaschine, bei welcher der unter dem Werkstück liegende Messerkopf hinter den Zuschiebungswalzen sich befindet, zwei lotrechte Messerköpfe und schließlich eine obenliegende Messerwalze folgen. Es ist nun zwischen Zuschiebungswalzen und unterem Messerkopf ein fester Tisch angebracht, welcher etwas tiefer liegt als die den Messerkreis tangierende hintere Tischfläche, wodurch das Werkstück sowohl an einer noch nicht bearbeiteten, als auch an seiner behobelten Fläche geführt wird. Die Dicke der an der unteren Werkstückfläche zu zerspanenden Schicht ist nicht einstellbar. Die ein Jahr später beschriebene Maschine von Donnay[2] ist mit verstellbarem Vordertisch versehen. Der Tisch ist in lotrechten Führungen durch Schrauben zu heben und zu senken. Um das gleichzeitige Einstellen der unteren Zuschiebungswalzen entbehrlich zu machen, ist der Abstand von diesen bis zur unteren Messerwalze reichlich bemessen, so daß die zu bearbeitenden Bretter — um solche handelt es sich hier — unter der Einwirkung einer dem einstellbaren Tisch gegenüberliegenden Druckwalze sich entsprechend durchbiegen. Dieser nachstellbare Tisch ist in mancherlei Einzeldurchbildung[3] für die meisten sogenannten vierseitigen Hobelmaschinen im Gebrauch.

Eine fernere wesentliche Vervollkommnung der Walzenhobelmaschine finde ich in den von Patterson auf der Weltausstellung zu Philadelphia 1876 zuerst gezeigten Druckklötzen, die auch bei schwereren Schnitten dem Werkstück eine ruhige Lage sichern.

Patterson[4] läßt vor und hinter der Messerwalze, möglichst nahe der Arbeitsstelle, feste Leisten auf das Holz drücken, die man „Druckleisten", „Druckklötze", auch wohl „Spanbrecher" nennt, wohl weil, wenn größere Holzteilchen sich ablösen wollen, diese durch die Druckleisten festgehalten werden und deshalb abbrechen. Es ist bemerkenswert, daß bei einer 1872 veröffentlichten Arbeyschen Maschine[5] die Druckleisten noch fehlen, während sie bei der Maschine von Onken & Ritter[6] sich vorfinden. Jetzt wird wohl keine Dickenhobelmaschine mehr ohne Druckleisten gebaut. Man hat natürlich die Pattersonsche Durchbildung verbessert, sie auch mit dem Spanschirm vereinigt[7]. Auf weitere Vervollkommnungen der vorliegenden Maschinen, welche man insbesondere bei den Export-Hobelmaschinen findet — ich nenne nur die Auswechselbarkeit der unteren Messerwalze und der festen Abziehmesser, die Hilfsmaschine zum Zerreißen der

[1] Armengaud, Publ. industr. 1879, S. 178 m. Abb.
[2] Armengaud, Publ. industr. 1880, S. 162 m. Abb.
[3] Herm. Fischer, Werkzeugmaschinen, Bd. 2, Berlin 1901, S. 91 m. Abb.
[4] Dinglers pol. Journ. 1876, Bd. 221, S. 403 m. Abb.
[5] Armengaud, Publ. industr. 1872, Bd. 20, Bl. 31.
[6] Armengaud, Publ. industr. 1877, Bd. 23, Bl. 9.
[7] Vgl. Ransome & Co. in Armengaud, Publ. industr. 1885, Bd. 30, Bl. 35; Herm. Fischer, Werkzeugmaschinen, Bd. 2, Berlin 1901, S. 89 m. Abb.

langen Abziehspäne — gehe ich hier nicht ein, da sie zwar als erhebliche Fortschritte anzusprechen sind, aber das Wesen der Maschine wenig berühren.

Die hier geschilderten Dickenhobelmaschinen bedingen die Verstellbarkeit der Lager der oberen Messerwalze. Da diese Walze z. B. 4000 bis 5000 Umdrehungen in der Minute zu machen hat, so ist die Unsicherheit der Lagerung, welche in der Verstellbarkeit liegt, nicht ohne Bedenken. Verzichtet man auf das Bearbeiten der unteren Werkstückfläche, so kann man der an der Maschine befindlichen Führungsfläche, dem Tisch und gleichzeitig den unteren Zuschiebungswalzen die Nachstellbarkeit geben, während die Lager der liegenden Messerwalze ruhen. Die erste derartige Maschine, welcher ich begegnete, wurde 1857 veröffentlicht[2]). Sie ist insofern unvollständig, als das Bearbeiten jeder der Schmalseiten der Werkstücke einen besonderen Durchgang erfordert. Der Gedanke, durch die Höheneinstellung des Führungstisches nebst unteren Zuschiebungswalzen die geforderte Werkstückdicke zu gewinnen, ist nicht allein so weiter ausgebildet worden, daß der Tisch zwischen den beiden Schildern des Maschinengestelles geführt wird[3]), sondern auch in der Weise, daß der Tisch außerhalb des Maschinengestelles liegt, um die Zugänglichkeit zu erhöhen. Die Zuschiebungswalzen sind an diesen, Kehlmaschinen genannten Hobelmaschinen fliegend gelagert.

Es ist noch einer eigenartigen Hobelmaschine zu gedenken, welche gegen 1869 von James Farrar erfunden sein soll[4]). Eiserne schmale Platten, welche zu einer endlosen breiten Kette aneinander gegliedert sind, gleiten mit ihren Enden auf Schienen, so einen beweglichen Tisch bildend. Das auf diesem Tisch liegende Werkstück wird von ihm den Werkzeugen entgegengeführt. Eine große Verbreitung hat diese Maschine — wenigstens in Deutschland — nicht gefunden.

Auf die Ausgestaltung der Einzelheiten gehe ich, als das Wesen der Hobelmaschinen nicht berührend, hier nicht ein, obgleich manche derselben für die Brauchbarkeit der Maschinen von großer Bedeutung sind.

Die Holzfräsmaschinen, d. h. diejenigen mit Messerköpfen arbeitenden Holzbearbeitungsmaschinen, welche bestimmt sind, kürzere oder auch unregelmäßig gestaltete Flächen zu bearbeiten, sind regelmäßig besonderen Formen angepaßt und demgemäß sehr mannigfach, so daß ihre geschichtliche Entwicklung kaum verfolgt werden kann. In seinem Patent vom Jahre 1793 hat Bentham die leitenden Gedanken für die Anordnung vieler Holzfräsmaschinen angegeben, Brunel dagegen etwa um das Jahr 1806 solche Maschinen gebaut und in Betrieb genommen[5]). Es ist viel darüber gestritten worden, wem das Verdienst um die Erfindung dieser Maschine zukomme. Ich glaube, daß die Überführung eines Gedankens in praktisch brauchbare Formen nicht weniger verdienstvoll ist wie das Aussprechen des Gedankens. So wie J. Brunel die gegensätzliche Führung des Werkzeugs gegenüber dem Werkstück — darum handelt es sich, nachdem das Holzfräsen an sich bekannt ist — für die ihm vorliegenden Zwecke durchbildete, so geschah es und wird es geschehen von anderen, denen andere bestimmte Aufgaben gestellt sind. Will man die Lösungen geschichtlich fassen, so kann das nur geschehen, indem die Geschichte des Bedarfs nebenherläuft.

---

2) A. Cart in Armengauds Publ. industr., S. 100 m. Abb.
3) Vgl. Herm. Fischer, Werkzeugmaschinen, Bd. 2, S. 178 m. Abb.
4) M. Powis Bale, Woodworking Machinery, London 1894, S. 91.
5) Beck, Engl. Ingenieure 1750 bis 1850 in der Z. d. Arch.- u. Ingen.-Ver. f. Hannover 1903, S. 459; Rees, Cyclopaedia, Bd. XXII, Schlagwort: Machinery, m. Abb. B. II, Bl. VII.

Herons des Älteren Automatentheater.

Von

Professor 𝔇r.-𝔍ng. Th. Beck, Darmstadt.

Das Automatentheater (eigentlich: „Der Automatenbau") Herons mag zwar manchem Ingenieur beim ersten Anblicke allzu kindlich erscheinen, um es einer ernsteren Betrachtung zu würdigen; doch enthält es Keime von Erfindungen, die wir in unserer Zeit hochschätzen. Es fährt beispielsweise vor der Vorstellung, von einer inneren Kraft getrieben, selbsttätig auf einer Holzbahn bis zu einer bestimmten Stelle des Zuschauerraumes und kehrt nach der Vorstellung ebenso zu seinem früheren Orte zurück. Kann man ihm da den Namen eines „Automobils" versagen, oder darf man es, da es selbsttätig auf Schienen fährt, etwa eine „Lokomotive" nennen? Heron sagt:

. 1. „Die Schaustellungen der Automatentheater erfreuten sich bei den Alten großer Beliebtheit, weil mannigfaltige Kunstfertigkeit dabei entwickelt wird, und das gebotene Schauspiel Staunen erregt ... Was ihr Bau verspricht, geht aus folgendem hervor: Man stellt einen Tempel und Altäre von mäßigem Umfange her, die sich von selbst heranbewegen und an einem bestimmten Orte halten. Dann bewegt sich jede der darin befindlichen Figuren einem vorliegenden Plane, oder einer passenden Fabel gemäß, und schließlich kehrt der Tempel nach seinem ursprünglichen Orte zurück. Die so eingerichteten Automaten nennt man „fahrende", es gibt aber auch „stehende" Automaten, die folgendes leisten: Auf einer niedrigen Säule steht eine Tafel mit Türen, die sich öffnen können, und auf dieser Tafel sind Figuren dargestellt, die in ihrer Anordnung irgend einem Stücke entsprechen. Die Tafel ist anfangs verschlossen, dann öffnen sich die Türen von selbst und die Gruppierung der Figuren auf dem Bilde wird sichtbar. Haben sich nach kurzer Zeit die Türen wieder von selbst geschlossen und geöffnet, so erscheinen die Figuren anders verteilt, aber doch im Zusammenhange mit der ersten Darstellung. Haben sich die Türen abermals geschlossen und geöffnet, so zeigt sich wieder eine andere Figurenverteilung ... Von den auf der Tafel sichtbaren Figuren läßt sich jede Bewegung zeigen, wie es die Fabel erfordert, z. B. können die einen sägen, die anderen das Schlichtbeil handhaben, wieder andere mit Hämmern oder Zimmeräxten arbeiten und bei jedem Schlage ein der Wirklichkeit entsprechendes Geräusch hervorbringen. Auch andere Bewegungen lassen sich auf der Bühne vorführen. Es kann z. B. Feuer angezündet werden, oder es können bis dahin nicht sichtbare Figuren plötzlich erscheinen und wieder verschwinden. Kurz, man kann die Figuren jede beliebige Bewegung ausführen lassen, ohne daß man sich ihnen nähert.

Die Männer, welche sich mit dergleichen Dingen befaßten, nannten die Alten, weil das Schauspiel ihre Verwunderung erregte: „Wunderkünstler (Tamaturgen)".

2. Der Boden, worauf der Automat vorrücken soll, muß fest, wagrecht und eben sein. Wenn ein solcher nicht vorhanden ist, muß man Bretter wagrecht auf den Boden legen. Darauf werden mittels aufgenagelter Latten Rinnen hergestellt, worin die Räder rollen.

Man muß die fahrenden Automaten aus leichtem, trockenem Holz machen. Werden einzelne Teile davon aus anderem Material gemacht, so muß man auch diese möglichst leicht zu machen suchen, damit ihre Bewegung nicht schwerfällig wird. Alles, was sich im Kreise dreht, muß recht rund, und die Teile, um welche die Bewegung stattfindet, müssen glatt sein, wie sich z. B. die Räder um eiserne, in Lagern ruhende Achsen drehen und die Figuren um kupferne Achsen, die in kupfernen, ausgeschliffenen Büchsen laufen. Auch muß man Öl daran bringen, damit sich alles recht leicht dreht.

Die Schnüre, die man dazu braucht, dürfen sich weder dehnen noch zusammenziehen. Das erreicht man, wenn man sie an Pflöcke hängt, fest anspannt, kurze Zeit so läßt, dann weiter ausdehnt und nach öfterer Wiederholung dieses Verfahrens mit Wachs und Harz bestreicht. Besser ist es aber, wenn man ein Gewicht daran hängt und längere Zeit daran hängen läßt... Man darf aber nichts verwenden, was aus Sehnen gemacht ist, weil sich diese, je nach der Beschaffenheit der Luft, ausdehnen oder zusammenziehen, wenn man nicht etwa ein Spannholz (mit Wringfeder aus Sehnen), wie bei den Katapulten, anwenden will ...

Alle fahrenden Automaten erhalten nämlich den Antrieb zur Fortbewegung durch eine Schnur, oder vielmehr durch ein Bleigewicht, das an einem Ende der Schnur hängt, während ihr anderes Ende mit einer Öse an den zu bewegenden Gegenstand gehängt ist. Der zunächst bewegte Gegenstand ist eine Welle, um welche die Schnur gewickelt ist und an der die Triebräder befestigt sind. Wenn die Schnur sich abwickelt und die Welle umdreht, dreht sie auch die Räder, die auf dem Boden ruhen. Diese sind mit einem Radkasten umgeben. Die Schwere des Gewichtes muß dem Ganzen angepaßt sein, damit nicht der Widerstand des Kastens das Antriebsgewicht überwiegt.

Die übrigen Bewegungen (der Türen, Figuren usw.) erfolgen auch durch Schnüre, die sowohl an den bewegten Vorrichtungen durch Ösen oder Schlingen befestigt sind, als auch an das Antriebsgewicht gebunden werden. Dieses befindet sich in dem Gewichtskasten, worin es passend und leicht hinuntergleiten kann. In den Gewichtskasten werden bei fahrenden Automaten Hirse- oder Senfkörner geschüttet, weil sie leicht und schlüpfrig sind; bei den stehenden Automaten füllt man ihn mit trockenem Sande. Wenn man diese Füllung durch den Boden des Gewichtskastens auslaufen läßt, senkt sich das Antriebsgewicht allmählich und bringt durch das Anziehen jeder Schnur eine Bewegung hervor. Das Aufhören derselben erfolgt dadurch, daß die Öse der Schnur von dem an der bewegten Vorrichtung befindlichen Stifte abfällt. Die von dem Antriebsgewichte gezogenen Schnüre werden alle gleich schnell angezogen, rufen aber nicht gleich schnelle Bewegungen hervor, weil die einen um dünnere, die anderen um dickere Walzen gewickelt werden.

Die Schnüre für Vorrichtungen, die nicht gleichzeitig bewegt werden, dürfen nicht gleichzeitig gespannt werden, sondern die Schnüre für die sich später bewegenden müssen lockere Teile haben. Diese nicht gespannten Teile müssen Schleifen oder Strähne bilden, die an geeigneter Stelle nur mit Wachs angeklebt werden, damit das Antriebsgewicht erst nach Aufziehen dieser lockeren Teile die Schnur anspannt.

3. Man denke sich einen Sockel, Fig. 1, etwa 1 Elle (46 cm) lang, 4 Spannen (31 cm) breit und 3 Spannen (23 cm) hoch mit einer oben und unten ringsum laufenden Hohlkehle. Auf den vier Ecken des Sockels stehen (zur

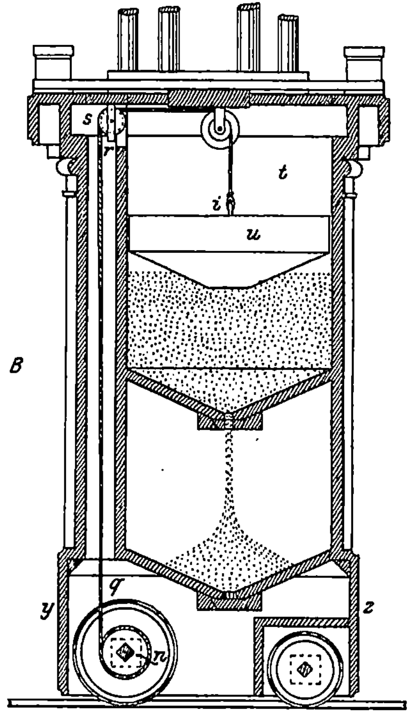

Verkleidung des Gewichtskastens) vier etwa 8 Spannen (62 cm) hohe und 2 Spannen (15,5 cm) breite Pilaster, die unten mit einem Wulste und oben mit einem Kapitäl versehen sind. Auf den Kapitälen ruht ringsum eine Art Architrav, 4 Finger (7,7 cm) hoch. Über ihn sind Brettchen gelegt, die seine Oberfläche bedecken. Ringsum läuft eine Hohlkehle. Auf dieser Überdeckung steht in der Mitte ein von

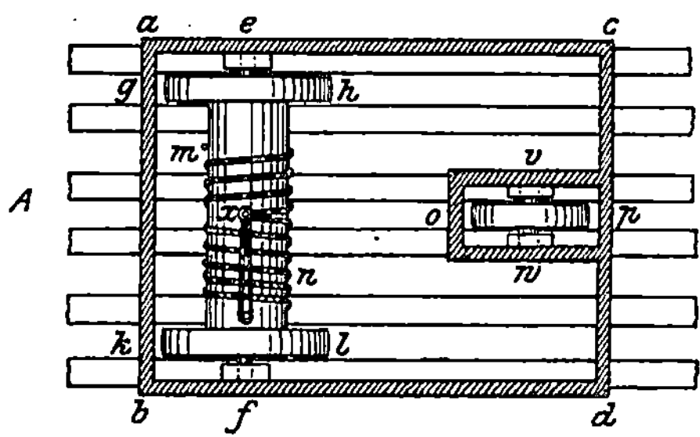

Fig. 1 bis 3. Automat.

allen Seiten sichtbares Tempelchen mit sechs Säulen. Darauf ruht eine kugelförmige Kuppel, auf deren Spitze Nike mit ausgebreiteten Flügeln steht, in der Rechten einen Kranz haltend. In der Mitte des Tempelchens steht eine Bacchusfigur mit einem Thyrsus in der Linken und einem Becher in der Rechten. Zu seinen Füßen sitzt ein Panther, vor und hinter ihm auf der Überdeckung (des Architraves) steht ein Altar und bei jeder Säule außerhalb des Tempels eine Bacchantin.

4. Ist der Automat anfangs an irgendeinem Punkte aufgestellt, so wird er, nachdem wir zurückgetreten sind, nach einer bestimmten Stelle vorrücken. Wenn er dann stehen bleibt, entzündet sich das Altarfeuer vor Bacchus und aus seinem Thyrsus spritzt Milch, während sich aus seinem Becher Wein auf den Panther ergießt. Dann bekränzt sich der Unterbau, die Bacchantinnen umkreisen im Tanze den Tempel, wobei Trommelwirbel und Beckenschlag vernehmbar wird. Hat sich der Lärm gelegt, so wenden sich Bacchus und Nike gleichzeitig um. Der Altar, der jetzt vor Bacchus steht, vorher aber hinter ihm war, flammt auf. Abermals sprudelt aus dem Thyrsus und dem Becher Milch und Wein, und die Bacchantinnen tanzen von neuem unter Trommelwirbel und Beckenschlag. Wenn sie zum zweitenmal stehen bleiben, fährt der Automat nach seinem Ausgangspunkt zurück, womit die Vorstellung endet.

Die erwähnten Maße habe ich so angegeben, wie es notwendig ist, denn wenn sie größer genommen werden, wird der Verdacht erweckt, daß jemand im Inneren die Bewegung hervorbringe ... Nachdem nun die Einrichtung im allgemeinen angegeben ist, wollen wir die einzelnen Teile davon der Reihe nach betrachten.

5. Unsere Vorgänger haben uns nur den Weg zur Vor- und Rückwärtsbewegung auf einer geraden Linie überliefert, und noch dazu einen mühseligen und unsicheren, denn selten hat einer Erfolg, der sich nach ihren Angaben richtet... Ich werde aber zeigen, daß sich die Hin- und Rückfahrt auf einer geraden Linie leicht bewerkstelligen läßt, und werde auch die Möglichkeit dartun, daß sich ein Kasten auf einem gegebenen Kreise bewegt, ja sogar auf einem gegebenen Rechtecke.

In dem Kasten *abcd*, Fig. 3, bringe man eine Achse *ef* an, die sich um Zapfen in Büchsen dreht, die sich in den Wänden des Kastens befinden. Mit der Achse seien zwei Räder *gh* und *kl* verbunden, deren Kränze (im Querschnitte) linsenförmig sind. Mitten auf der Achse sei eine Walze *mn* befestigt, um die man die Schnur wickelt. Auf der Walze sitze ein Stift *x*, um den die Öse der Schnur gelegt wird. Ein anderes Rad (Laufrad) *op* befindet sich mitten an der Seite *cd* des Kastens und dreht sich in einem Gehäuse um eine kurze Achse *vw*. Das andere Ende der um die Walze gewickelten Schnur leite man über eine Rolle am oberen Ende des Gewichtskastens in diesen und knüpfe es an das Antriebsgewicht. Läßt man dieses nieder, so spannt sich die Schnur und dreht, indem sie sich von der Walze wickelt, die Räder *gh* und *kl* um. Diese bewegen den Kasten fort, bis entweder die Öse von dem Stifte abfällt, oder das Bleigewicht auf einen Widerstand stößt. So wird die Hinfahrt bewerkstelligt, die Rückfahrt aber in folgender Weise:

6. Nachdem nämlich die Schnur zu einem gewissen Teile um die Walze gewickelt ist, lege man sie (mit einer darin enthaltenen Öse) um den Stift *x*, Fig. 4, und wickle sie dann in entgegengesetzter Richtung um die Walze, leite sie wieder nach dem Antriebsgewichte und binde sie an seinen Ring. Das Gewicht wird, wenn es niedergeht, die zweite Aufwicklung zuerst abwicklen und den Radkasten vorrücken. Ist dann die Schnur von dem Stifte abgeglitten, so wird sie (indem sie die erste Aufwicklung abwickelt) die Rückfahrt des Kastens bewirken.

Soll aber der Kasten nach dem Vorrücken eine Zeitlang stehen bleiben, ehe er den Rückweg antritt, so wird man die Schnur, nachdem man die erste Aufwicklung gemacht hat, und die Öse um den Stift gelegt ist, nicht sofort in entgegengesetzter

Richtung aufwickeln, sondern zuvor eine lose Schnurlage (eine Schleife oder einen Strähn) herstellen und sie (mit Wachs) auf die Walze kleben ..."

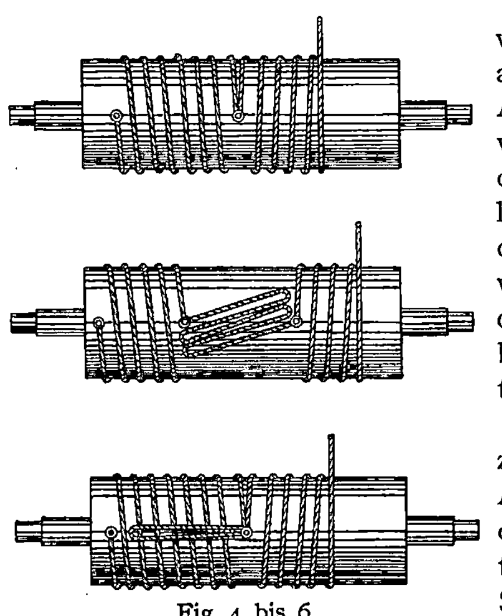

Fig. 4 bis 6.

Diese lose Schnurlage konnte man entweder zwischen den beiden Aufwicklungen ankleben, wie in Fig. 5, oder über der ersten Aufwicklung, die sich zuletzt abwickeln sollte, wie in Fig. 6 angedeutet ist. Jedenfalls mußte die Schnur am Anfange und am Ende der losen Schnurlage mit einer Öse versehen sein, die um einen Stift in der Walze gelegt wurden, doch genügte hierzu bei der Anordnung Fig. 6 ein einziger Stift, um den die beiden Ösen übereinandergelegt werden konnten. Heron fährt fort:

„Wenn der Kasten mehrmals vor- und zurückgehen soll, läßt man die Richtung der Aufwicklung mehrmals abwechseln und macht die Zwischenzeiten, worin z. B. die Bacchantinnen tanzen sollen, vermittels der losen Schnurlagen beliebig lang ...

Wir stellen den Radkasten mit dem Gewichtskasten auch in einem Längsschnitte dar, Fig. 2. yz ist der Radkasten, n die Walze, t der Gewichtskasten, qr die Schnur, welche um die Rolle s läuft, u das Antriebsgewicht, i der Ring daran.

7. Die Fahrt auf dem Kreise geht folgendermaßen vor sich: Es sei $abce$, Fig. 8, ein Kreis, worauf sich der Kasten bewegen soll, d sein Mittelpunkt. Man ziehe den Radius ad und errichte die Senkrechte eaf darauf. ef sei der Durchmesser eines der Triebräder und a sein Halbierungspunkt. Man verbinde d mit e und f. Die Länge der Achse zwischen den Rädern sei ag und hgk parallel ef. $mlvn$ sei der Radkasten und seine Seite vn parallel ad. Auch ziehe man eine andere Linie von d nach o und rechtwinklig dazu die Linie pr, die von do halbiert werde. Die Stellungen der Räder befinden sich auf den Durchmessern ef, hk und pr, während tu und oq ihre Achsen sind ... Auf diese Weise fährt dann der Kasten auf dem Kreise $abce$."

8. enthält die Begründung: Die beiden Triebräder bilden Teile eines Kegels, dessen Spitze in d liegt. Ein rollender Kegel aber beschreibt einen Kreis, dessen Mittelpunkt in der Kegelspitze liegt

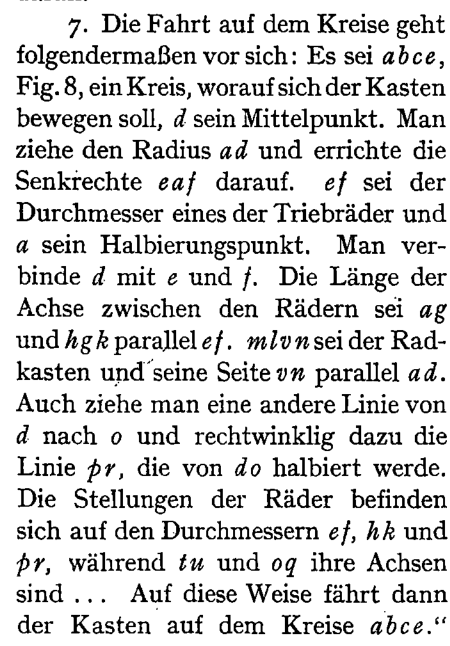

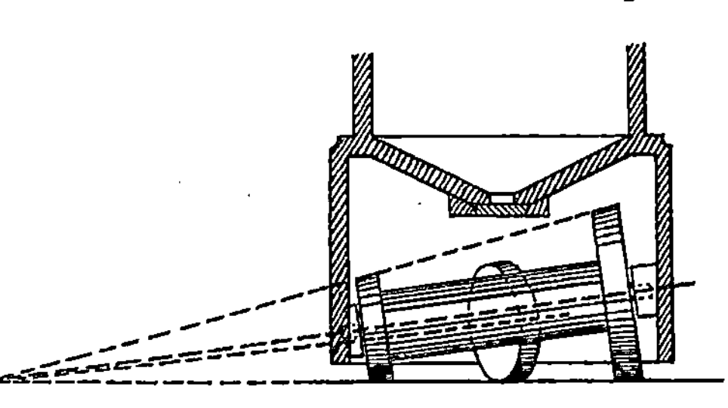

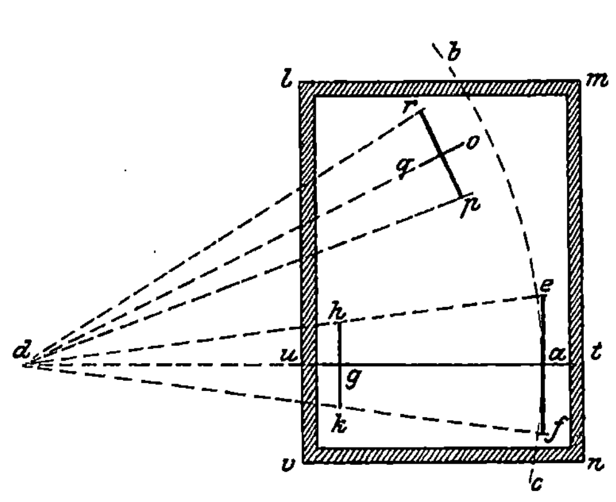

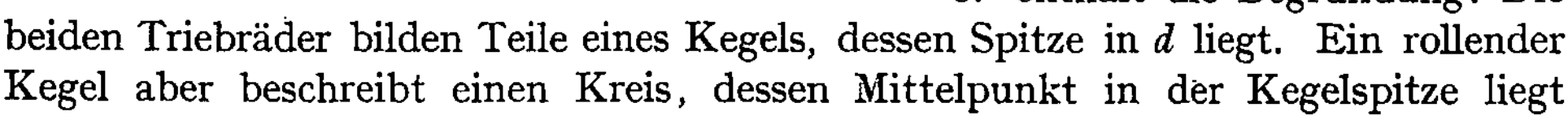

Fig. 7 und 8.

und dessen Halbmesser der Seitenlänge des Kegels gleich ist. Das Laufrad bildet einen Teil eines Kegels, dessen Spitze ebenfalls in d liegt, beschreibt also einen Kreis um denselben Mittelpunkt.

9. Die Fahrt des Kastens $abcd$, Fig. 10, auf einem Rechtecke bringt man in folgender Weise zustande: In dem Kasten befindet sich eine Achse ef, mit der die gleichen Triebräder gh und kl fest verbunden sind. Durch diese und das Laufrad mn erfolgt Vor- und Rückwärtsbewegung, wie oben angegeben. In einem gewissen Abstande über der Achse ef liegt rechtwinklig zu ihr die Achse qo mit den etwas größeren, einander gleichen Triebrädern pr und st. Diese, sowie das dazugehörige Laufrad uv, lassen sich etwas senken und heben, wie nachher erklärt werden wird. Werden sie herabgesenkt, so kommen sie auf den Boden zu stehen und heben den Kasten mit den Rädern gh, kl und mn ein wenig empor. Der Kasten bewegt sich

dann auf den Rädern pr, st und uv rechtwinklig zur ersten Richtung vor oder zurück. Durch geeignete Abwechslungen dieser Bewegungsrichtungen kann die Bewegung des Kastens auf einem gegebenen Rechteck hervorgebracht werden.

Damit das Bleigewicht in dem Gewichtskasten stetig niedergeht, füllt man diesen, wie gesagt, mit Hirse- oder Senfkörnern, worauf das Bleigewicht gelegt wird. In dem Boden des Gewichtskastens ist ein kleines Loch, das durch einen Schieber geschlossen oder geöffnet wird. Daran ist eine

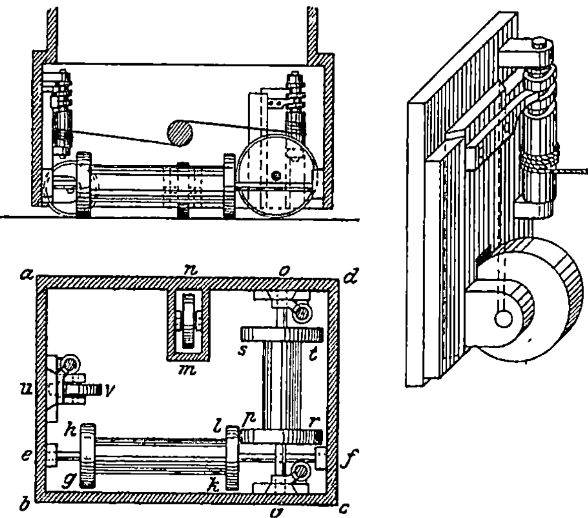

Fig. 9 bis 11.

Schnur geknüpft, die durch ein Loch nach außen geht, damit wir, wenn der Kasten bewegt werden soll, sie heimlich erfassen und den Schieber öffnen können. Indem dann die Hirse allmählich in den unteren Raum rinnt, setzt die Schnur den Radkasten in Bewegung. Damit dies aber nicht zugleich mit dem Öffnen geschieht (sondern erst, nachdem wir zurückgetreten sind), soll die Schnur zu Anfang eine lose Schleife (auf der Walze) enthalten ...

10. Nun wollen wir erklären, wie die drei Räder (zum Fahren auf rechteckiger Bahn) sich heben und senken. In Fig. 10 sind pr, st und uv die genannten Räder. Zu pr und st gehört die Achse qo, deren Zapfen in plattenförmige Lager gepaßt sind, die in Prismenführungen an den Kastenwänden sich senkrecht verschieben lassen. In ähnlicher Weise ist auch das kleine Rad uv auf einer Platte gelagert, die sich in Prismen an der Wand ab des Radkastens führt (siehe die Teilfigur rechts oben, Fig. 11. •Auf das Ende der Platte schraube man eine Nase, in den bei dem Rade uv gelegenen Teil der Kastenwand aber zwei Lager, in denen sich eine Schraube dreht. Die Nase an der Platte greife in das Gewinde dieser Schraube. Dreht man diese, so hebt oder senkt sich die Platte, und damit dies von selbst geschieht, windet man eine Schnur so auf den nicht mit Gewinde versehenen Teil der Schraube, daß ihre

Aufwicklungen mit losen Schnurlagen abwechseln und den Entfernungen entsprechen, auf welche der Kasten sich bewegen soll. Dieselbe Vorrichtung treffe man auch an den beiden anderen Platten, worin die Zapfen q und o gelagert sind. Die drei Schrauben müssen gleiche Umfänge und gleiche Aufwicklungen und lose Schnurlagen haben, damit sie die drei Räder gleichzeitig heben und senken."

Im Kapitel 11 werden zwei verschiedene Vorrichtungen, Fig. 12 und 13, beschrieben, durch welche sich der Automat auf einer Schlangenlinie bewegen soll. Sie unterscheiden sich von der zuerst beschriebenen nur dadurch, daß die beiden Triebräder unabhängig voneinander bewegt werden. In Fig. 12 sitzen sie auf zwei Hülsen, die sich auf einer gemeinschaftlichen festen Achse drehen, und um jede Hülse ist eine Antriebsschnur gewickelt. In Fig. 13 sitzt jedes der beiden Triebräder mit seiner Schnurwalze auf einer besonderen drehbaren Achse. In dem Radkasten ist eine Zwischenwand angebracht. Die beiden Radachsen sind in einer geraden Linie einerseits an dieser Zwischenwand, andererseits an einer Außenwand des Radkastens gelagert. Die Aufwicklungen und losen Schnurlagen auf den Walzen sollen so gemacht werden, daß bald das linke Triebrad stille steht, während das rechte sich dreht, bald beide sich gleich schnell umdrehen, bald das rechte stille steht und das linke sich dreht. Im ersten Falle soll der Radkasten eine Linksschwenkung, im letzten eine Rechtsschwenkung machen. Wenn aber die Lagerung des dritten Rades (des Laufrades) nicht um eine senkrechte Achse drehbar war, wovon Heron nichts erwähnt, so hätte es bei diesen Schwenkungen seitwärts gleiten müssen, und es ist daher zweifelhaft, ob der Zweck erreicht wurde.

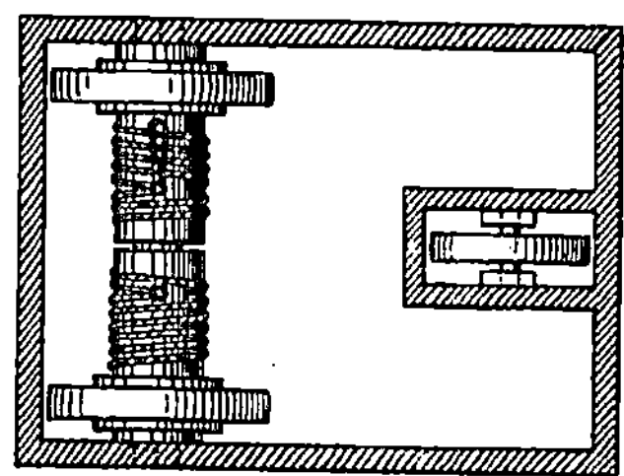

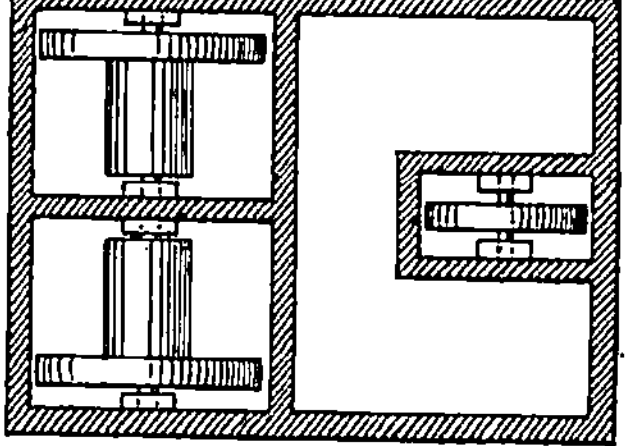

Fig. 12 und 13.

12. Das Anzünden des Feuers. Mitten in der Deckplatte des aus Bronze oder Eisenplatten hergestellten Altars ist ein Loch, das durch ein darunter, wie ein Kastendeckel, verschiebbares Metallplättchen verschlossen ist. Von diesem leitet man ein Kettchen um eine innerhalb des Altars befindliche kleine Achse, und von dieser eine Schnur nach dem Antriebsgewichte. Diese Schnur wird nach dem Vorrücken des Automaten durch das Gewicht gespannt, dreht die kleine Achse und schiebt das Plättchen zur Seite ... Unter dem Loche in der Deckplatte des Altars, das dadurch geöffnet wird, steht eine brennende Lampe, die nun die auf dem Altare liegenden Hobelspäne entzündet.

13. Danach soll aus dem Thyrsus Milch und aus dem Becher Wein spritzen. Unten an der Basis des Bacchus wird ein hohler, oben offener Hahnenkörper, Fig. 14, befestigt, der in seiner Seitenwandung zwei nahe übereinanderstehende Löcher hat, von denen zwei Röhren innerhalb des Hahnenkörpers nach dem Inneren des Bacchus emporsteigen. Die eine führt zum Thyrsus, die andere zum Becher. In dem Dachraum des Tempels steht ein Behälter, der durch eine senkrechte Scheidewand in zwei Kammern geteilt ist, wovon die eine mit Milch, die andere mit Wein gefüllt ist. Von jeder führt eine Röhre durch eine Tempelsäule nach zwei einander gegenüberliegenden Löchern in dem Hahnensitze, der den genannten Hahnenkörper umschließt und unten an dem Boden des Tempels

befestigt ist, und zwar sind diese Löcher in dem Hahnensitze so angebracht, daß bei einer gewissen Stellung des Bacchus und des Hahnenkörpers die zwei Löcher in diesem mit zwei übereinanderliegenden im Hahnensitze zusammentreffen, und die mit Milch gefüllte Gefäßkammer mit dem Thyrsus, die mit Wein gefüllte mit dem Becher des Bacchus in Verbindung steht, und daß das gleiche stattfindet, wenn Bacchus und der Hahnenkörper um 180 Grad umgedreht werden. In beiden Fällen spritzt Milch aus dem Thyrsus und Wein aus dem Becher. Da aber das Ausspritzen nur in dem ersten Augenblicke, nachdem das Altarfeuer angezündet ist, stattfinden soll, ist in der doppelten Rohrleitung noch ein Hahnenverschluß eingeschaltet, der zwei übereinanderliegende Bohrungen hat und vermittels einer besonderen Schnur durch das Antriebsgewicht rechtzeitig geöffnet und geschlossen wird.

Bacchus dreht sich aber zugleich mit der auf dem Tempeldache stehenden Nike. Man lasse durch das Tempeldach eine mit der Nike verbundene, senkrechte Welle gehen, die sich leicht auf ihrem Spurzapfen dreht, Fig. 14, und leite eine darumgewickelte Schnur mittels zweier Rollen durch eine Tempelsäule nach dem unten überstehenden Ende des Hahnenkörpers, worauf Bacchus steht. Wenn man nun diesen Hahnenkörper dreht, wird man die um die Welle der Nike laufende Schnur abwickeln und Nike zugleich mit Bacchus drehen. Um diese Bewegung automatisch zu machen, wickle man noch eine Kette um den unten vorstehenden Teil des Hahnenkörpers und leite sie mittels einer Rolle nach einem besonderen Gewichte, das mit einem Ringe und hin-

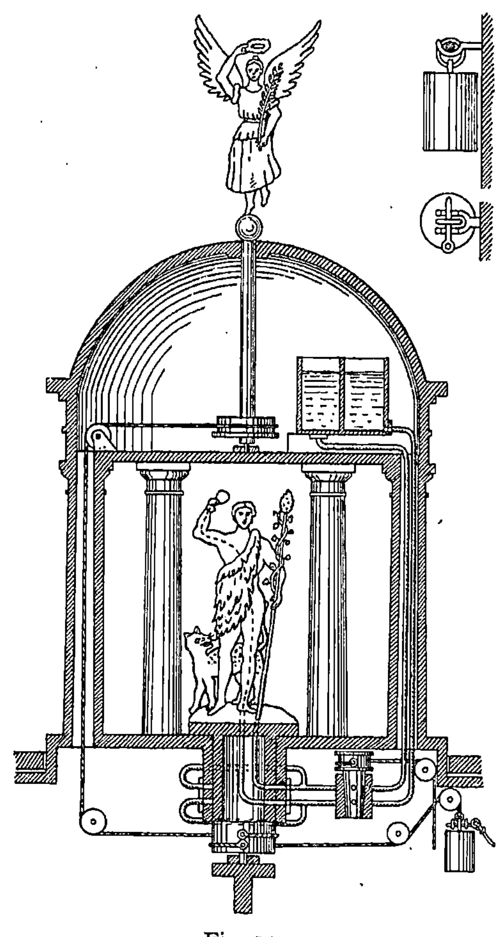

Fig. 14.

durchgestecktem Stifte an einer Gabel aufgehangen ist (siehe die Teilzeichnung Fig. 14 rechts oben). Wird dieser Stift durch das Antriebsgewicht herausgezogen, so dreht das dadurch frei werdende Gewicht gleichzeitig Nike und Bacchus um.

14. Nach der ersten Spende des Bacchus soll Zymbelschlag und Trommelklang erschallen. In dem Sockel, worin die Räder sind, wird ein Gefäß mit kleinen auf dem Boden zusammenrollenden Bleikugeln aufgestellt. In dem Boden ist ein Loch mit Schieberverschluß, das im richtigen Augenblicke durch eine Schnur geöffnet wird. Unter dem Loche steht eine kleine Trommel angelehnt, woran ein kleines Becken befestigt ist. Fallen die Kugeln heraus, so schlagen sie zuerst auf die Trommel und springen von da auf das Becken.

15. **Nun soll der Unterbau bekränzt werden.** Der Architrav bildet einen doppelwandigen, über die Pilaster vorspringenden Rahmen, Fig. 15. Der Raum zwischen seinen beiden Wandungen ist unten offen, aber in halber Höhe auf jeder Seite durch ein Brett geschlossen, das sich um Scharniere an der äußeren Wandung nach unten drehen kann, an der Innenwand aber durch den fast senkrechten Arm eines Winkelhebels unterstützt ist. Auf diese Klappe wird eine in Bogenlinien rings um den Unterbau reichende Girlande gelegt und in den Aufhängepunkten an die äußere Wandung gehängt. Werden die wagrechten Arme der

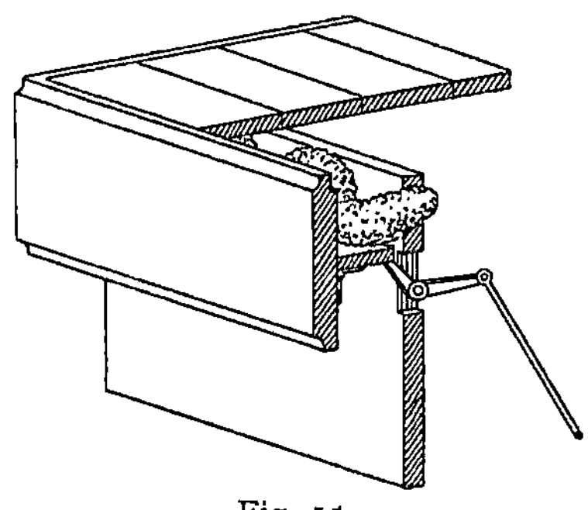

Fig. 15.

Winkelhebel mittels einer Schnur durch das Antriebsgewicht niedergezogen, so verlieren die Klappen ihre Unterstützungen an den Innenwandungen, öffnen sich und lassen die Bogen der Girlande herabfallen. Damit sie rasch fallen, werden sie mit Bleikugeln beschwert.

16. **Dann sollen die Bacchantinnen tanzen.** Die Tempelsäulen stehen auf einer kreisrunden Stufe, um die ein Ring, worauf die Bacchantinnen stehen, so paßt, daß er sich leicht drehen läßt, Fig. 16. In dem äußeren Rande dieses Ringes ist eine Rille eingedreht, worin eine Schnur mit einem Ende befestigt und um den Ring gewickelt ist. Das andere Ende wird über eine Rolle geleitet und in dem Raume unter den Tempelsäulen um eine Trommel gewickelt, die auf einer leicht drehbaren Achse sitzt. Um diese ist noch eine Schnur geschlungen und nach dem Antriebsgewichte geleitet. Zieht diese Schnur an, so umkreisen die Bacchantinnen den Tempel.

17. **Alle Schnüre, die aus dem Sockel nach dem Antriebsgewichte geleitet werden, müssen unsichtbar sein.** Das erreicht man auf die in Fig. 2 dargestellte Weise.

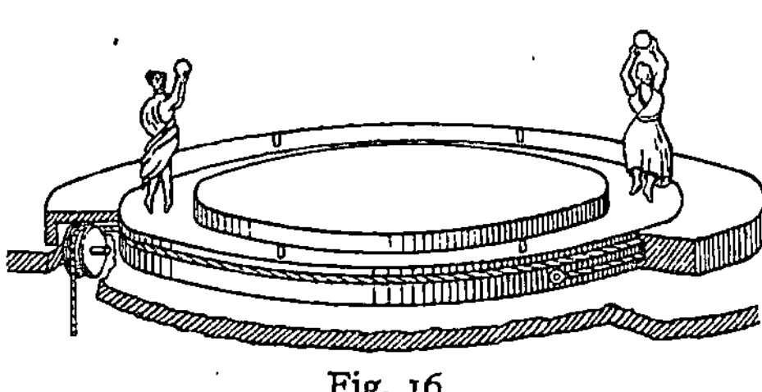

Fig. 16.

Obgleich viele Bewegungen auszuführen sind, und die Fahrt des Radkastens lang ist, muß die geringe Höhe des Gewichtskastens ausreichen. Die Fahrt kann durch Vergrößerung der Triebräder oder Verkleinerung des Umfanges ihres Wellbaumes verlängert werden.

18. Indessen bietet sich noch die Möglichkeit, durch Einschaltung einer Welle mit einer Trommel die Fahrt zu verlängern, indem man das Antriebsgewicht zunächst auf die Welle und eine um die Trommel von größerem Umfange geschlungene Schnur auf die Welle der Räder wirken läßt, wie aus Fig. 2 ersichtlich ist. Doch muß man sich merken, daß man alsdann eines größeren Gewichtes bedarf ... Auf ähnliche Weise können auch die übrigen Bewegungen verlängert werden.

19. Die Hin- und Rückfahrt und die Bewegungen am Orte lassen sich noch anders ausführen. Man teilt den Gewichtskasten durch zwei senkrechte, parallele Scheidewände in zwei Abteilungen und einen schmalen Zwischenraum. In der ersten Abteilung geht ein Gewicht nieder, das nur die Hin- und Rückfahrt bewirkt, und in der zweiten Abteilung ein anderes Gewicht, das die Bewegungen am Orte hervorbringt. (Dadurch wurden die den hervorzubringenden Bewegungen entsprechenden Gewichtswege verlängert, und konnten die soeben genannten Vorgelege

unter Umständen erspart werden.) Durch den Zwischenraum werden die Schnüre geleitet. Die Löcher in den Böden der beiden Abteilungen, durch welche die Hirse ausläuft, sind durch Schieber verschlossen. Soll der Automat fahren, so öffnen wir den Schieber der ersten Abteilung. Soll der Automat stille stehen und die übrigen Bewegungen ausführen, so wird noch während des Vorrückens durch das Gewicht der ersten Abteilung eine Schnur den Schieber der zweiten Abteilung öffnen. Damit aber nicht noch während des Hinfahrens eine andere Bewegung beginnt, soll auch die Schnur am Antriebsgewichte der zweiten Abteilung zunächst eine lose Schleife enthalten. (Während diese sich spannt, schließt sie den Schieber der ersten Abteilung und bewirkt alsdann die erste Bewegung am Orte.) Und so wird der Kasten zum Stehen und die anderen Bewegungen zur Ausführung kommen. Soll dann der Kasten zurückfahren, so wird eine andere Schnur den Schieber der ersten Abteilung öffnen (und den der zweiten schließen) und so die Rückfahrt herbeiführen.

Eine von Professor Querfurth in Braunschweig entworfene Konstruktion dieses Mechanismus findet man in W. Schmidts Übersetzung abgebildet und beschrieben.

20. „... Jetzt wollen wir über die stehenden Automaten schreiben, und zwar haben wir bei unseren Vorgängern nichts Besseres und für den Unterricht Dienlicheres gefunden, als die Aufzeichnungen des Philo von Byzanz. Den Inhalt des Stückes bildet hier die Naupliussage, wobei viele und mannigfaltige Aufführungen vorkommen, die nicht übel in Szene gesetzt sind, mit Ausnahme der Schwebemaschine für Athene, deren Einrichtung Philon etwas zu schwerfällig gemacht hat. Athene kann nämlich ohne Schwebemaschine auf der Bühne erscheinen und wieder verschwinden, denn ihre Figur kann sich in einem Scharnier um die Füße drehen, anfangs unsichtbar am Boden liegen, dann infolge des Anziehens einer Schnur aufrecht erscheinen und von einer anderen Schnur wieder niedergezogen werden, Fig. 28 und 29. Auch hat Philo in Aussicht gestellt, es solle ein Blitz in die Figur des Ajax schlagen und ein Donnergetöse erschallen, hat aber nichts darüber vermerkt ...

Es kann sich aber ein Behälter mit kleinen Bleikugeln und durchbohrtem Boden im richtigen Augenblicke öffnen, und die Kugeln können auf ein trockenes (wie bei einer Pauke) gespanntes Fell fallen und so das Getöse des Donners hervorrufen ...

21. enthält nur eine Wiederholung des im ersten Kapitel über stehende Automaten Gesagten.

22. ... Meiner Absicht entsprechend, will ich nur diese eine, zu den besseren zählende Aufführung behandeln:

Zu Anfang öffnete sich die Bühne, und es erschienen zwölf Figuren, in drei Reihen verteilt, auf dem Bilde. Sie waren als Danaer dargestellt, die Schiffe ausbesserten und Vorbereitungen trafen, sie ins Meer zu ziehen. Diese Figuren bewegten sich, indem die einen sägten, die anderen mit Beilen zimmerten, andere hämmerten, wieder andere mit großen und kleinen Bohrern arbeiteten. Dabei verursachten sie ein der Wirklichkeit entsprechendes Geräusch. Nach geraumer Zeit schlossen sich die Türen, öffneten sich wieder, und man sah ein anderes Bild. Die Schiffe wurden von den Achäern ins Meer gezogen. Nachdem die Türen wieder geschlossen und geöffnet waren, sah man zunächst nur gemalte Luft und Meer, aber bald segelten die Schiffe in Kiellinie vorbei. Während die einen verschwanden, kamen andere zum Vorschein. Oft schwammen auch Delphine daneben, die bald in das Meer tauchten, bald sichtbar wurden. Allmählich wurde das Meer stürmisch, und die Schiffe segelten dicht zusammengedrängt. Gingen die Türen wieder zu und auf, so war von den Segelnden nichts mehr zu sehen, sondern man bemerkte Nauplius mit erhobener Fackel und Athene, die neben ihm stand. Dann wurde über der Bühne Feuer angezündet, wie wenn oben die Fackel mit ihrer Flamme leuchtete. Gingen die Türen wieder zu und auf, so sah man den Schiffbruch und wie Ajax schwamm. Athene wurde durch eine Schwebemaschine oberhalb der Bühne emporgehoben, Donner krachte, ein Blitz traf Ajax auf der Bühne und seine Figur verschwand. Und so hatte das Stück, nachdem die Türen geschlossen waren, ein Ende ...

23. Man muß aus ganz leichten Brettern einen Kasten zimmern ... Die Bühnenhinterwand muß man mitten in den Kasten setzen, unter der Bühne aber einen kleinen Hohlraum anbringen, der von außen nicht sichtbar ist. In diesen sollen die Türangeln hineinreichen, damit sie die Türen öffnen und schließen, wenn sie unten umgedreht werden.

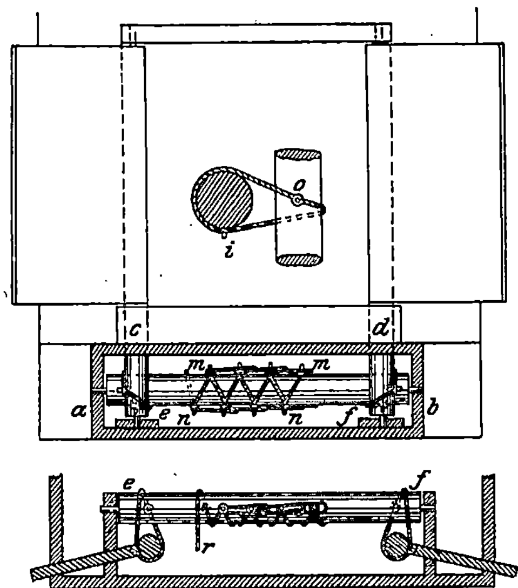

Fig. 17 und 18.

Es sei *ab*, Fig. 17 und 18, der Hohlraum, *c* und *d* seien die Angeln, die von den Türen nach abwärts verlängert sind. Dreht man die Angeln hin und her, so öffnet und schließt man die Türen. Damit dies mittels der Schnur dadurch geschehe, daß sie von dem Antriebsgewichte angezogen wird, bringe man in geringem Abstande von den Türangeln eine Querwelle *ef* an, bohre in jede Türangel ein Loch *o* und befestige durch einen hineingeschlagenen, verleimten Pflock die Mitte einer Schnur darin. Dann lege man das eine Ende derselben oben, das andere unten um die Welle und befestige beide in einem Loche *i* in dieser Welle durch einen Bolzen. Wird die Welle gedreht, so daß die obere Schnur gespannt, die untere locker wird, so öffnen sich die Türflügel, und bei entgegengesetzter Drehung der Welle schließen sie sich. Damit dies durch das Antriebsgewicht geschehe, befestige

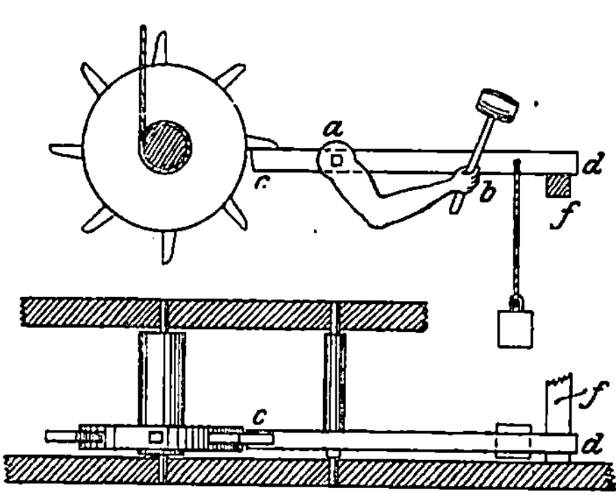

Fig. 19 und 20.

man oben auf der Welle in den Punkten *mm* und unten in den Punkten *nn* Pflöcke, nehme eine Schnur, messe ihre Länge nach der Höhe des Gewichtskastens ab und knüpfe in passenden Abständen Ösen hinein. Nun lege man die erste Öse von *r* aus um den ersten Pflock *m* von *e* aus gerechnet, die folgende Öse um den ersten unteren Pflock, und so alle der Reihe nach, indem man die Schnur mit Wachs oder dünnem

Gummi um die Welle klebt. Die lockeren Schleifen, welche seitwärts zu liegen kommen, klebe man ebenfalls an die Welle, damit sie nicht in Unordnung geraten. Wird nun das Ende r der Schnur mit dem Antriebsgewichte verbunden und angezogen, so wird sie die Bühne öffnen und schließen und die nötigen Zwischenpausen herbeiführen.

24. Wir haben nun zu erklären, wie es möglich ist, nach dem ersten Öffnen der Bühne Zimmerarbeiten verrichten zu sehen.

Während alle übrigen Teile der Figuren auf der Bühnenhinterwand abgebildet werden, dürfen die rechten Arme mit den Werkzeugen nicht darauf gemalt sein, sondern sind, aus dünnem Horne ausgearbeitet, anzufügen und mit den ihnen zukommenden Farben zu bemalen. Es sei ab, Fig. 19 und 20, der Arm. Er hat an der Schulter ein Loch, in welches das viereckige Ende einer sonst runden Achse aus Horn geleimt ist, die durch die Schulter der auf die Hinterwand gemalten Figur gesteckt wird. Hinter dieser ist ein Hebel cd an der Achse befestigt, der, bei d durch ein angehängtes Gewicht beschwert, auf dem Anschlagestifte f ruht. Drückt man das Ende c dieses Hebels nieder, so hebt sich der Arm und das Hebelende d mit dem Gewichte empor; läßt man jenes los, so schlägt dieses mit lautem Schlage auf die Stütze. Damit dies häufig und von selbst geschieht, sitzt neben dem Hebel, auf einem in die Tafel gefügten Bolzen, ein kleines Daumenrad, womit eine Rolle fest verbunden ist, um die eine Schnur vielfach geschlungen und nach dem Antriebsgewichte geleitet wird, so daß, wenn dieses die Schnur anzieht, das Daumenrad sich dreht, und seine Daumen auf den Hebel schlagen. Das Ende der Schnur wird mit einer Öse um einen Stift auf der Rolle gelegt. Wenn aber der Arm sich nicht mehr bewegen darf, streift sich die Öse von dem Stifte ab.

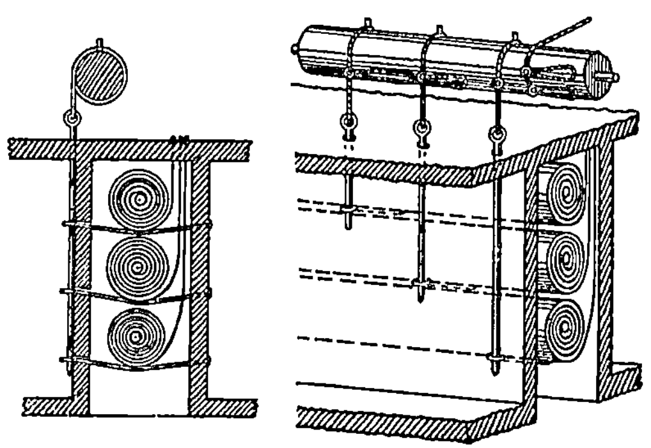

Fig. 21 und 22.

25. Auf diese Weise wird das Arbeiten der Zimmerleute auf der Bühne bewirkt. Wenn dann geschlossen und geöffnet ist, dürfen die Zimmerleute nicht mehr sichtbar sein, sondern man muß sehen, wie die Schiffe vom Stapel laufen. Dies geschieht folgendermaßen: Man malt den Stapellauf mit dünner Farbe auf eine Leinwand von der Größe der Bühnenhinterwand. Diese Leinwand wird oben gerade unter der Decke des Kastens mit kleinen Stiften an die Hinterwand genagelt und unten ein Metallstab daran befestigt, um den man sie bis zur Decke aufrollen kann. So werden alle Prospekte (die für das Stück erforderlich sind) zusammengerollt übereinander aufgehängt. Fig. 21 und 22. Der Raum, den die Prospektrollen einnehmen, wird durch ein oberhalb der Türe befestigtes Brett verdeckt, damit sie nicht gesehen werden. Wenn ein Prospekt zusammengerollt ist, bohrt man dicht unter dieser Rolle ein Loch in die Bühnenwand, steckt eine Öse einer Schnur hindurch und einen Stift durch diese (um die Schnur zu befestigen). Dann bohrt man diesem Loche gegenüber und durch die Decke je ein Loch, spannt die Schnur unter die Prospektrolle und steckt von oben einen Bolzen durch das Loch (in der Decke) und die Öse (am anderen Ende der Schnur). So wird der Prospekt zusammengerollt bleiben. Soll aber die Dekoration auf der Bühnenhinterwand (durch einen dieser

Prospekte) verdeckt werden, so muß man bei geschlossenen Türen diesen Bolzen durch eine darangebundene und nach dem Antriebsgewichte geleitete Schnur herausziehen.

26. Wenn die Bühne wieder geschlossen und geöffnet ist, soll nur gemalte Luft und Wasser zu sehen sein, und dann sollen die Schiffe hinaussegeln.

Zu beiden Seiten muß das Theater leere, verdeckte, in der Front, Fig. 23, für Pilaster bestimmte Räume haben. Unten in diesen Räumen versteckt werden Brettchen befestigt, in deren Mitte sich kleine Lager befinden, worin vierkantige, tannene, unten (mit Metallbändern) gebundene Hölzer (*ab* und *cd* Fig. 24 und 25) auf bronzenen Zapfen stehen. Oben sollen diese Achsen rund sein und durch die Decke des Kastens gehen, so daß sie sich ohne Klemmung, aber doch nicht zu leicht drehen lassen. Alsdann wird feines Papier, dessen Breite der Bühnenhinterwand bis zu den zusammengerollten Prospekten gleich ist, mit einem Ende an die rechtsstehende Achse geklebt, durch Drehung derselben daraufgerollt und auf sein anderes Ende eine dünne Leiste geleimt. An jedem Ende dieser Leiste wird das eine Ende einer Schnur befestigt. Wird diese Achse umgedreht, so wickeln sich die Schnüre darauf und das Papier folgt ihm nach. Man drehe nun bei geschlossener Bühne diese Achse so lange, bis die Bühnenwand mit der Wanddekoration (die auf dieses Papier gemalt ist) bedeckt wird. Damit diese Dekoration von selbst erscheint und, trotz des langsamen Anziehens des Antriebsgewichtes, da viele Fahrzeuge vorbeifahren sollen, schnell vorbeigeführt wird, muß man oben an der Rückseite der Bühnenhinterwand eine Trommel *e* auf einer Achse anbringen, mit der noch eine kleine

Fig. 23.

Trommel *f* fest verbunden ist, so daß diese sich mit der größeren Trommel dreht. Man wickle nun um die zylindrische obere Verlängerung der rechtsstehenden Achse eine Schnur, die so lang ist, daß sie die Wanddekoration abwickeln kann, und befestige ihr Ende am Umfange der großen Trommel; um die kleine aber wickle man die nach dem Antriebsgewichte geleitete Schnur. Wenn diese von dem Antriebsgewichte nur wenig angezogen wird, wickelt sich dann ein großer Teil der Wanddekoration schnell auf.

27. So segelt die Flotte vorbei; die Delphine aber werden in folgender Weise untertauchen und zum Vorschein kommen:

In den Bühnenboden macht man in geringem Abstande von den Türangeln so enge (parallele) Ausschnitte, daß die Dicke eines Brettchens hineinpaßt, aber noch Licht durchläßt. Dann malt man beliebig große Delphine auf das Brett, die man den Umrissen nach ausschneidet und ausfeilt. Unterhalb des Bühnenbodens lagert man eine Achse rechtwinklig zu den Ausschnitten, Fig. 26 und 27, worin man einen eisernen Stift befestigt, der in der Brust des Delphins auch festsitzt. Eine auf der Achse befestigte Rolle trete auf einer Seite in einen Ausschnitt in dem Bühnenboden. Wenn man diese Rolle dreht, wird der Delphin bald durch den Spalt in den Hohlraum unter der Bühne versinken, bald auf der Bühne auftauchen. Damit dies von selbst geschehe, macht man eine Öse an eine Schnur, legt sie um einen Stift auf der Rolle, schlingt die Schnur um diese und leitet sie nach dem Antriebsgewichte. Der Delphin muß rechtwinklig zur Achse stehen.

28. Wenn die Schiffe vorbeigesegelt sind, werden die Türen geschlossen, und sobald die betreffende Schnur angezogen wird, zieht sie den Bolzen heraus, um den Prospekt fallen zu lassen, worauf Nauplius mit erhobener Fackel und Athene dargestellt sind. Es soll aber die Fackel sogleich angezündet werden (in Kap. 22 heißt es: „Dann wurde über der Bühne Feuer angezündet, wie wenn oben die Fackel mit ihrer Flamme leuchtete"). Die Vorrichtung zum Anzünden des Feuers treffe man in folgender Weise:

Auf den Architrav und die Triglyphen (der Theaterfront Fig. 23) setze man ein Brett, welches die ganze Bühne überschattet (d. h. die ganze Breite des Theaters einnimmt) und die das Heraussegeln bewirkende Walze (mit der in Kap. 26 erwähnten großen Trommel), sowie die Vorrichtung zum Anzünden des Feuers überdecken soll. Damit es aber nicht aussieht, als ob dieses Brett ohne Grund daraufgesetzt sei, wird ein Giebel, wie bei einem Tempel, darauf angebracht. Die zu beiden Seiten übrigbleibenden, in Fig. 23 wagrecht schraffierten Ecken werden mit schwarzer oder mit Luftfarbe bestrichen. Neben der genannten Walze wird das Feuer-

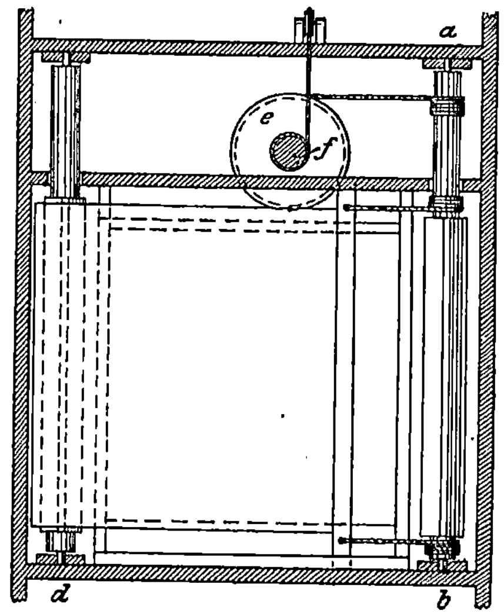

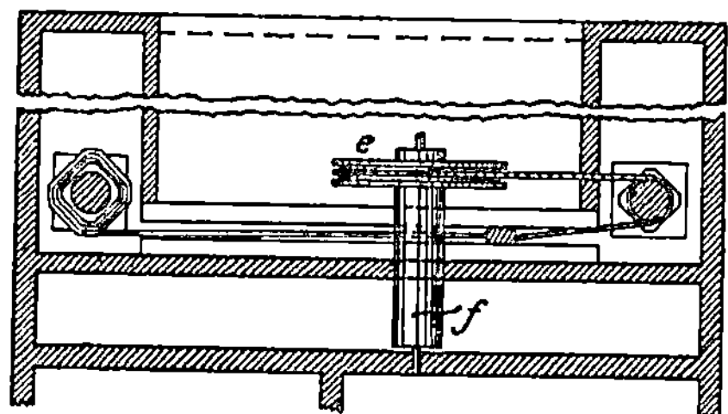

Fig. 24 und 25.

zeichen folgendermaßen vorgerichtet: Man stellt einen kleinen oben offenen Kasten aus Kupferplatten her und nagelt ihn hinter dem ihn verdeckenden Brette an die Decke des Bühnenkastens, so daß sein Boden an dem Brette liegt, seine (durch einen Schiebedeckel verschließbare) Öffnung aber nach der dem Brette gegenüberliegenden Seite gerichtet ist. In die obere Kastenwand schneidet man eine Öffnung, so daß die Flammenspitze hindurchdringt, wenn man eine brennende Lampe in den Kasten stellt. Diese Öffnung verdeckt man von unten mit einem dreieckigen (vermutlich um eine Ecke drehbaren) Kupferblättchen und stellt dann die Lampe brennend darunter.

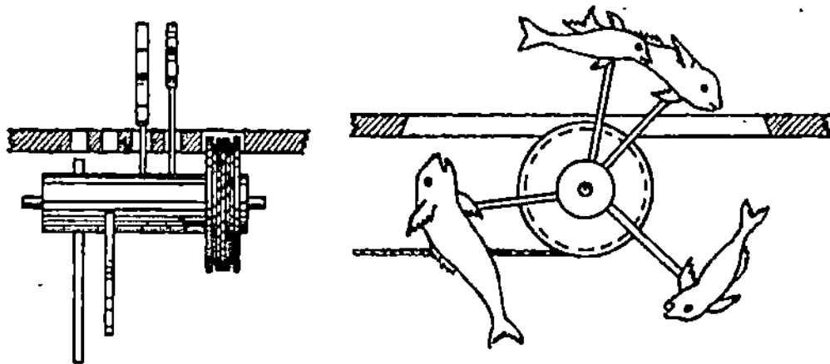

Fig. 26 und 27.

Oben auf den Kasten und das die Öffnung verdeckende Kupferblättchen legt man trockene Hobelspäne. Wenn man nun das Kupferblättchen von der Öffnung wegzieht, wird die Flamme die Hobelspäne sofort in Brand stecken. Man sieht aber die Flamme der Lampe (d. h. jenen Lichtschein) nicht eher, als bis die Späne brennen, da die Lampe in dem Kasten versteckt ist. Dieser soll nämlich auch mit einem Nagel versehen sein (der den Deckel offen hält und herausgezogen werden kann) für den Fall, daß man den Kasten auf allen Seiten schließen und die Flamme unsichtbar machen will ... Damit das Plättchen sich zu richtiger Zeit von selbst öffnet, stelle man in geringer Entfernung von dem Lichte eine kleine Achse (Rolle) auf und verbinde eine kleine Kette mit ihr und dem Metallplättchen, damit dieses angezogen wird, sobald man die Rolle dreht. Diese Drehung erfolgt durch das Antriebsgewicht mittels einer durch Stift und Öse mit der Rolle verbundenen Schnur.

29. Sind die erwähnten Personen erschienen und das Feuer angezündet, so wird die Bühne wieder geschlossen und dadurch, daß wieder eine Schnur einen Bolzen herauszieht, der Prospekt herabgelassen, worauf der Schiffbruch und die schwimmende Figur des Ajax dargestellt ist. Athene erscheint auf der Bühne (vor dem Prospekt). Ihre Basis soll nämlich an entsprechenden Stellen Pflöcke

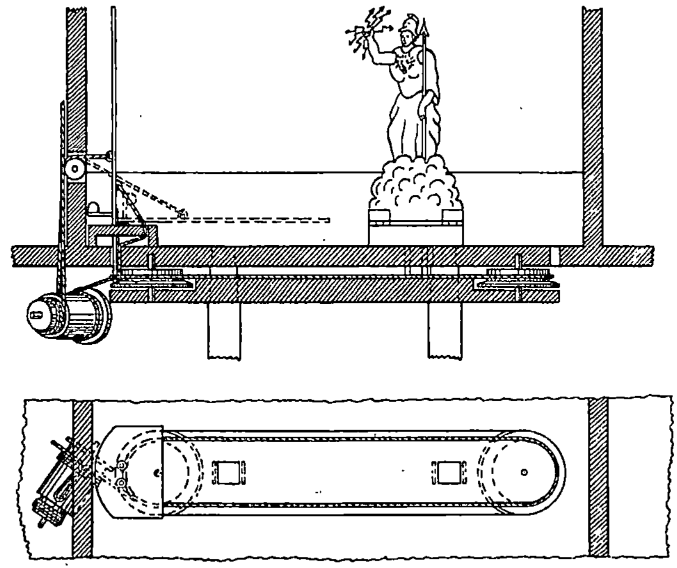

Fig. 28 und 29.

haben (die in den Hohlraum unter der Bühne hineinragen). Eine Schnur wird das (zuerst wagrecht liegende und daher dem Zuschauer nicht sichtbare) Bild der Athene hinten an der Hüfte anziehen und aufrichten. Wenn diese Schnur abgelöst ist, wird eine andere, welche in dem Hohlraume (unter dem Bühnenboden) herumläuft, die Athene herumführen, bis sie wieder zum Anfangspunkte zurückgekehrt ist. Ist diese Schnur abgestreift, so wird wieder eine andere die Athene an der Vorderseite der Hüfte anziehen und sie niederlegen (so daß sie von dem Zuschauer nicht mehr gesehen wird).

In Fig. 28 und 29 ist eine von Professor Querfurth entworfene Konstruktion dieser Vorrichtung aus W. Schmidts Übersetzung wiedergegeben.

30. Schließlich haben wir noch anzugeben, auf welche Weise der Blitz auf der Bühne einschlägt, und die Figur des Ajax verschwindet.

Wo die Bühnenhinterwand den Boden berührt, soll (auf dem dritten Prospekt) die Figur des Ajax gemalt sein. Vor ihm wird in die obere und die untere Seite des Bühnenkastens ein Ausschnitt gemacht, Fig. 30. Man spannt nun von der oberen Seite des (oberen) Spaltes zwei feine Saiten, wie man sie an Harfen gebraucht, bis unten in den Hohlraum (unter der Bühne), die oben durch zwei Wirbel (wie bei Saiteninstrumenten) angespannt werden. Vorher aber bohrt man ein Brettchen, das hinter der Oberschwelle der Türe verborgen werden kann, zu beiden Seiten der Länge nach durch und zieht die Saiten durch die Bohrlöcher. Schiebt man nun das Brettchen durch den Spalt über die Bühne und läßt es los, so wird es in senkrechter Richtung über die Bühne in den Hohlraum darunter fallen, weil es von den Saiten geführt wird. Diese streicht man schwarz an, damit sie nicht sichtbar sind. Das untere Ende des Brettchens glättet und vergoldet man und

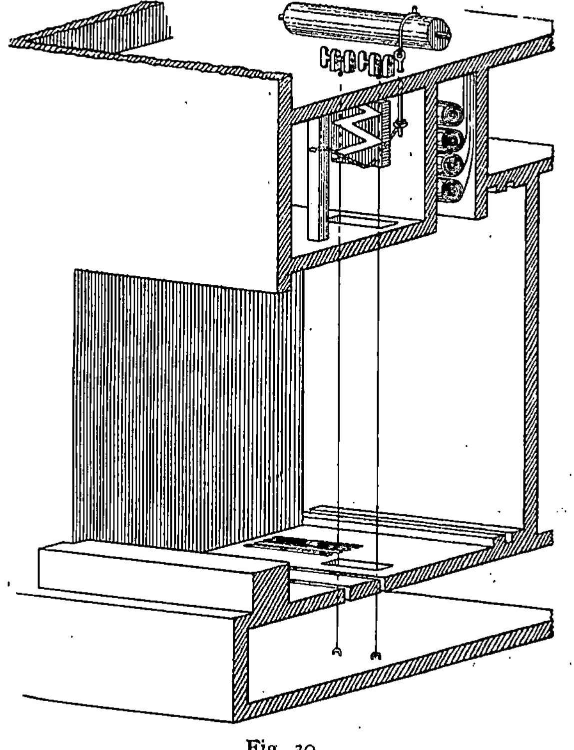

Fig. 30.

malt nach oben (ebenfalls mit Gold) ein flammenartiges Bild darauf, das die Vorstellung des Blitzes erweckt. Das Brettchen wird oben, wie die Prospekte, durch einen Bolzen festgehalten, damit die Schnur (vom Antriebsgewichte her) im richtigen Augenblicke den Bolzen anzieht und den Blitz schleudert (d. h. das Brettchen mit dem Flammenbilde herabfallen läßt). Hat er eingeschlagen, so verschwindet die Figur des Ajax auf folgende Weise:

Es ist noch ein anderer Prospekt da, wie die übrigen, aber so schmal, daß er nur die Figur des Ajax verdeckt. Darauf sind die Luft und das Meer gemalt, wie es die Figur des Ajax umgibt. Ist noch etwas Land sichtbar, so ist es dazuzunehmen, damit, abgesehen von der Figur, der Prospekt unverändert erscheint (wenn der schmale herabgefallen ist). Auch auf der Rückseite muß der schmale Prospekt mit Meerfarbe (und Luftfarbe) bestrichen sein. Damit man es aber in keiner Weise merkt, wenn der schmale Prospekt über die Figur gedeckt wird, ist

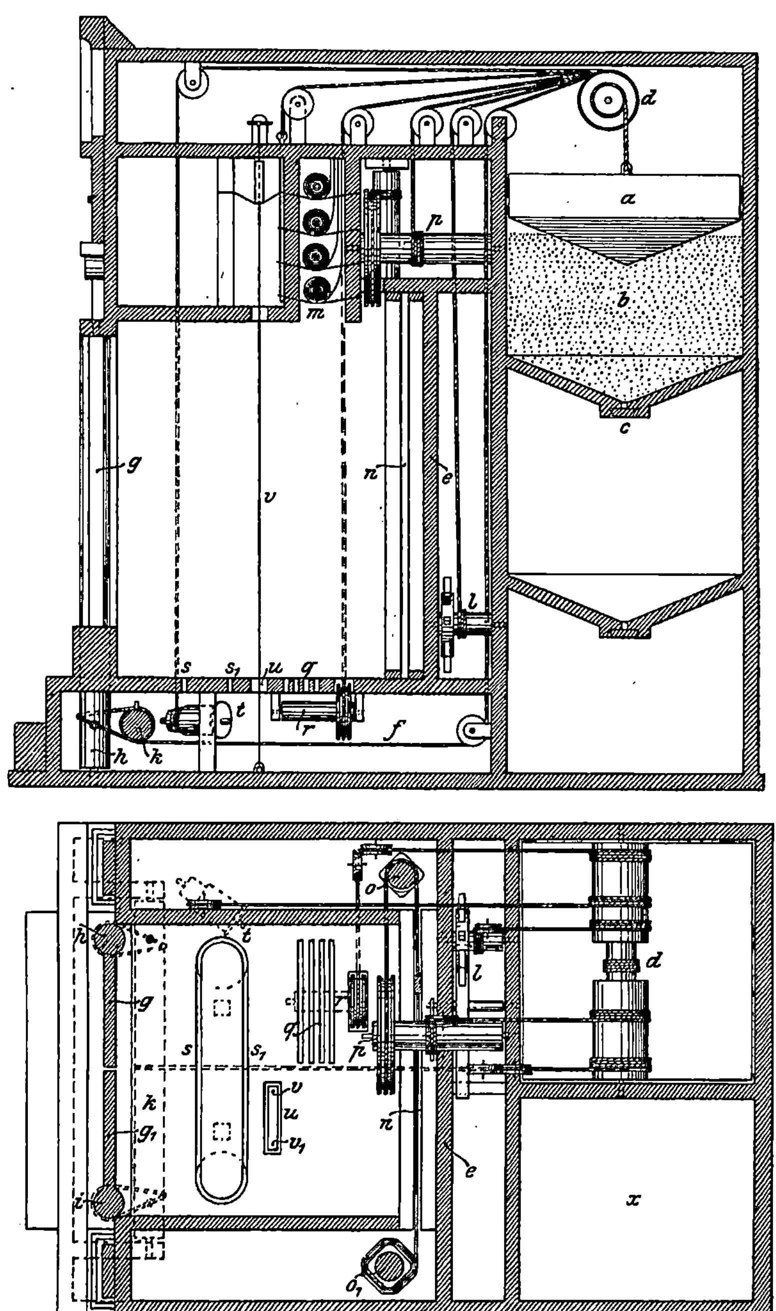

Fig. 31 und 32.

er, oben zusammengerollt. von demselben Bolzen gehalten, von dem der Blitz festgehalten wird. Wird dieser Bolzen gezogen, so schlägt zu gleicher Zeit der Blitz
in die Figur, wie diese von dem (schmalen) Prospekte verdeckt wird, und es gewinnt das Ansehen, als sei sie wirklich vom Blitze getroffen und verschwunden ...

Die Automatentheater werden alle in ähnlicher Weise durch solche Einrichtungen in Betrieb gesetzt, nur daß sie in den Fabeln, die den Aufführungen zugrunde liegen, voneinander abweichen.

Damit schließt Heron.

In den Fig. 31 und 32 haben wir versucht, die ganze Einrichtung des stehenden Automatentheaters seinen Angaben gemäß im Längsschnitte und im Grundrisse darzustellen.

Darin ist:

a das Antriebsgewicht;

b der mit Hirse gefüllte Gewichtskasten;

c der Schieber zum Verschlusse der Öffnung im Boden des Gewichtkastens, durch welche die Hirse langsam ausfließt;

d ein Vorgelege zur Vergrößerung der Bewegungen;

e die Bühnenhinterwand;

f der Raum unter der Bühne;

$g g_1$ die Türflügel mit den beiden Angeln h und i } Vgl. Fig. 17 und 18
 k die Welle, welche die Türflügel öffnet und schließt }   und Kap. 23;

 l der Mechanismus, der die Arme der Schiffszimmerleute bewegt. Vgl. Fig. 19 und 20 und Kap. 24;

m der Raum, worin die zusammengerollten Prospekte aufgehangen sind. Vgl. Fig. 21 und 22 und Kap. 25;

n die Führung für das Bild der vorüberfahrenden Flotte }
$o o_1$ die beiden stehenden Wellen zur Bewegung desselben   Vgl. Fig. 24 und 25
 p das Vorgelege zur abermaligen Vergrößerung der Bewegung } und Kap. 26;

q die Schlitze im Bühnenboden, durch welche die Delphine auf- und untertauchen } Vgl. Fig. 26 und 27
 r die Achse, worin die Delphine befestigt sind } und Kap. 27;

$s s_1$ die Führung im Bühnenboden für das Bild der Athene } Vgl. Fig. 28 und 29
 t die Seiltrommel, welche das Bild der Athene bewegt } und Kap. 28;

u der Ausschnitt im Bühnenboden, durch den das Bild des Blitzes in den Raum unter der Bühne fällt } Vgl. Fig. 30
$v v_1$ die beiden Saiten, die dem Bilde des Blitzes zur Führung dienen } und Kap. 30;

x ein leerer Raum, der nach Kap. 19 als zweiter Gewichtskasten dienen kann, um die Wege der Antriebsgewichte im Verhältnisse zu den von ihnen hervorzubringenden Bewegungen zu vergrößern.

Mein Lebenslauf als Ingenieur und Geschäftsmann.

Von

 Ꙃr.-Ꙇng. Ernst Körting, Pegli bei Genua.

Die nachstehenden Ausführungen wurden von dem Verfasser ohne die Absicht, sie
zu veröffentlichen, für seine Familie niedergeschrieben. Nur der Bitte des Herausgebers
und dem Hinweis, daß gerade solche eigene Berichte über das Selbsterlebte und Selbst-
geschaffene von besonderem Werte sein müßten für die Darstellung unsrer technisch-
industriellen Entwicklung, gelang es, die Erlaubnis zur Veröffentlichung zu erhalten.
Die folgenden Aufzeichnungen wollen natürlich nicht eine Geschichte der industriellen
Unternehmungen von Gebr. Körting sein, denn hierzu fehlen die Wechselbeziehungen
zu all den anderen Persönlichkeiten, deren Arbeit zum Gedeihen der Firma ebenso unentbehrlich war. Die vorliegende Niederschrift will, wie in der Überschrift auch zum
Ausdruck kommt, nur die persönliche Leistung und die persönliche Auffassung des
Verfassers kurz im Zusammenhange schildern.

 Es wäre im Interesse der technisch-geschichtlichen Forschung zu wünschen, wenn
möglichst viele der hervorragenden Ingenieure sich dazu entschließen wollten, in ähnlicher Weise durch solche im besten Sinne persönliche Beiträge die Geschichte der
Technik zu fördern.

Der Herausgeber.

Ich bin geboren zu Hannover am 12. Februar 1842. Mein Vater war Vorstand
des Gaswerkes in Hannover und wohnte auf dem Werke, zu dem auch verschiedene
Reparaturwerkstätten, wie Schmiede, Tischlerei und Klempnerei gehörten. Ich
war natürlich im Werke und in den Werkstätten ganz und gar zu Hause, kannte
alle Einzelheiten und wurde genau vertraut mit den verschiedenen Handwerken
und ihren Handgriffen. Dadurch, daß auf dem Werke auch die Ammoniakgewinnung
betrieben wurde, ward bei mir als halbwüchsiger Junge auch der Sinn für Chemie
geweckt, für die ich mich auch später immer sehr interessierte.

Mit 6 Jahren wurde ich in die lateinische Realschule aufgenommen, durch
deren 9 Klassen ich in 9 Jahren hindurchging, um mich dann für die technische
Laufbahn zu entscheiden. Das war mir sehr bequem gemacht, da die polytechnische
Schule in Hannover eine vorzügliche Lehranstalt der Technik war.

Da ich mit 15 Jahren noch zu jung war, um als Schüler zugelassen zu werden,
arbeitete ich $1^1/_2$ Jahre praktisch in den Reparaturwerkstätten der Hannoverschen
Spinnerei und Weberei, und erwarb mir dort wünschenswerte Fertigkeiten in der
Dreherei, Schlosserei und Modelltischlerei. Ich machte mir ohne fremde Hilfe, vom
Modelle an, eine kleine Dampfmaschine, die ganz nett umlief. In meinem Eltern-
hause hatte ich mir eine richtige Werkstätte in einer kleinen Kammer eingerichtet,
verbunden mit chemischem Laboratorium, der Schrecken und Stolz meiner lieben
Mutter.

Im Oktober 1858 kam ich auf die Vorschule des Polytechnikum, da ich für die Hauptschule immer noch zu jung war, und das tat mir sehr gut, denn ich hatte dort Gelegenheit, den außerordentlich wirkungsvollen Vortrag des Dr. Grelle über niedere Mathematik zu hören und mir diese in allen Zweigen ganz zu eigen zu machen. Vollständig reif kam ich dann im Oktober 1859 auf die Hauptschule als Schüler und studierte alle Fächer, welche vorgetragen wurden, theoretische und praktische, Maschinenbau, Eisenbahnbau, Wasserbau und Architektur derart, daß ich mein Staatsexamen in irgendeinem der vier Fächer hätte machen können. Das Studium selbst war mir, kann ich wohl sagen, ein Genuß, gerade weil ich vollkommen für dasselbe vorgebildet war, und mein Abgangszeugnis zeigt, daß ich wohl so ziemlich alles im Kopfe hatte, was man mir vorgetragen hätte. Ich glaube, ich habe keine Vorlesung versäumt. Andererseits war ich kein Duckmäuser und bekannt als der beste Schläger auf der Schule; vor dem Biere hatte ich allerdings einen direkten Abscheu, der mir aber, meiner anderen Eigenschaften wegen, von den Verbindungsgenossen verziehen wurde.

Das liebste Studium war mir die Mechanik, die in Hannover von August Ritter geradezu glänzend vorgetragen wurde. Mit der von ihm durchgeführten Methode, nach der die Schüler in Repititionsstunden die Theorien frei wieder entwickeln und die Vorträge im Hause sauber ausarbeiten mußten, erreichte er, daß bei allen denen, die lernen wollten, das Gelernte saß und frei angewendet werden konnte. Ich gewann bei Ritter die Fähigkeit, jedes Problem so zu erfassen, daß ich auf das Gesetz zurückging, von ihm auf die Methode und von der Methode auf die Ausführungsmittel, und dieser Fähigkeit habe ich allein die Erfolge in technischer und kommerzieller Beziehung zu verdanken. Daß Ritter es uns auch zeigte, wie man die Wirkung des Gesetzes von Fall zu Fall rechnerisch darlegte, und für die Wechselwirkungen die Formel fand, war eine weitere, nicht geringe Hilfe, gerade für meine spätere Lebensaufgabe, wo ich von Theorie fast nichts vorfand und mir alles selbst schaffen mußte. Die Beherrschung der Mechanik ist für den Ingenieur meines Erachtens unumgänglich, wenn er selbständig schaffen, forschen und die Technik fördern will; leider habe ich bei so wenigen das Verständnis und die Liebe für diese Wissenschaft gefunden, die ihr zukommt. Jedenfalls: mir hat sie den Weg geebnet und mich vor technischen Mißerfolgen geschützt, da ich stets den Weg des „Gesetzes" gegangen bin und geforscht habe, ehe ich konstruierte, natürlich nur dann und dort, wo ich zu leiten hatte. Technische Mißerfolge hatte meine Firma nur dort zu verzeichnen, wo die obigen Grundsätze beiseite gesetzt wurden.

Auf dem Polytechnikum Hannover waren einjährige Kurse von neunmonatlicher Dauer mit 3 Monaten Ferien, welche von den Schülern zum praktischen Arbeiten benutzt wurden. Ich arbeitete in den Eisenbahnwerkstätten bei der Lokomotivreparatur als Schlossergeselle und in der Hannoverschen Eisengießerei in der Formerei. Namentlich letztere Tätigkeit hat mir für meine spätere Laufbahn viel Vorteile verschafft. Meiner Ansicht nach sollte jeder konstruierende Ingenieur die Gießereipraxis gut kennen.

Im Winter 1864 machte ich mein Staatsexamen für den Eisenbahnmaschinenbau im Staate Hannover, ohne jedoch die Absicht zu haben, in den Staatsdienst zu gehen; meine Absicht war vielmehr, als Zeichner in die Lokomotivfabrik von Egestorff einzutreten, um praktische Erfahrungen zu gewinnen. Zufällig aber bot sich mir eine Stellung als bauleitender Ingenieur bei der Schweizerischen

Gasgesellschaft in Schaffhausen für den Bau des Gaswerkes in Pisa, Italien, zu der ich mich, weil ich das Gaswerk in Hannover so genau kannte, wohl befähigt fühlte.

Am 1. April 1865 trat ich die Stelle an und blieb in Pisa bis Ende 1866, bis der Bau vollendet war. Der Aufenthalt dort entschied über meine ganze Zukunft, insofern, als ich das Gefühl absoluter Selbständigkeit im Auslande bekam und zugleich das Bewußtsein, daß unsere damalige technische Wissenschaft der ausländischen durchaus überlegen war. Zugleich ward mir klar, wie nötig und vorteilhaft es sei, fremde Sprachen zu erlernen. Ich machte es mir zur Aufgabe, nicht nur italienisch, sondern auch englisch und französisch in Wort und Schrift so zu erlernen, daß ich mich in diesen Ländern geschäftlich frei bewegen konnte.

Als der Bau in Pisa vollendet war und das Werk betriebssicher übergeben werden konnte, fand ich eine andere Stellung an der Nordostbahn in Zürich. Meine Aufgabe sollte hier sein, Gaswerke für die verschiedenen Hauptbahnhöfe der Linie anzulegen. Es kam aber nicht zur Ausführung und meine Stellung wurde wesenlos. Ich ersuchte deshalb um Übertritt zur Maschinentechnischen Abteilung auf das Bureau des Maschinenmeisters May, eines vorzüglichen Ingenieurs und erfinderischen Kopfes, von Geburt Ostpreuße, der einen Assistenten gebrauchte, da er verschiedene Neukonstruktionen beabsichtigte.

Mein Gesuch wurde angenommen und ich wurde May zugeteilt, wo ich viel gelernt habe, da mir die vollständige Durcharbeitung von neuen Lokomotivbauarten übertragen wurde, von denen eine in den Werkstätten selbst aus Einzelteilen, die man im Auslande bei den verschiedensten Fabriken bestellt hatte, montiert wurde. Die Aufgabe war nicht leicht, aber es ging alles gut, und am Ende war das Istgewicht der Maschine nicht mehr als 150 kg verschieden vom Sollgewichte, was für einen Anfänger gar nicht schlecht war.

Allerhand Privatverhältnisse und die Eigenart der Oberleitung der Bahn machten mir aber die Stellung nach und nach unsympathisch, und ich sah mich nach anderer Beschäftigung im Bahndienst um, die ich auch an der Nordbahn in Wien als Ingenieur erster Klasse beim Zentralinspektor Becker fand. Derselbe hatte aber schon viele Deutsche in seiner Abteilung und wünschte, daß ich vor meinem Eintritt einige Zeit in einem österreichischen technischen Unternehmen arbeiten sollte. Er empfahl mir, mich an Alexander Friedmann zu wenden, der in Wien ein technisches Bureau aufgetan hatte und für den Vertrieb seiner neukonstruierten, weltbekannten Injektoren im Auslande Ingenieure suchte.

Ich folgte dem Rate, stellte mich Herrn Friedmann vor und wir wurden sofort handelseinig, da mich die Stellung mehr reizte als das Gehalt. Das war Anfang 1869. Ich übernahm die Einführung in Italien und England. Vorerst blieb ich einige Monate in Wien auf dem Bureau, um die Apparate zu studieren, und ging dann auf die Reise. Die Einführung gelang mir auch sehr gut, da ich von den Eisenbahnern als Fachmann gut aufgenommen wurde. Friedmann hat sehr hohe Einnahmen aus den beiden Ländern bezogen, kaum unter 160 000 Mk. jährlich. Mir persönlich trug die Stellung pekuniär fast nichts ein, aber gelernt habe ich dort alles, was ich in meinem späteren Leben an Geschäftskenntnis gebrauchte, um die technischen Kenntnisse in weitgehendem Maße nutzbringend zu verwenden. Ich gewann hier auch geschäftlich wichtige Beziehungen zu Privaten und Behörden. Friedmann war ungarisch-jüdischer Abstammung, hatte einen ungemein scharfen Verstand und wußte mit Menschen umzugehen und sie für seine Zwecke auszunutzen, wie wohl selten ein zweiter. Ich machte in den zwei Jahren meiner Anstellung bei ihm einen großen Patentprozeß mit durch und die ganze Entwicklung des Verkaufsgeschäftes aus kleinen Anfängen zu einem Unternehmen, das seine Einnahmen aus fast allen europäischen Ländern zog und dabei mit sehr geringen Spesen arbeitete.

Die theoretische Seite des Geschäftes, oder besser die Konstruktion, machte ich mir zu eigen, und ich glaube, ich hatte sie besser erfaßt als Herr Friedmann selbst, jedenfalls hat letzterer den Grundgedanken der Strahlapparate nicht weiter verfolgt und ausgebaut.

1869 konstruierte ich einen Injektor mit Zuführung von Abdampf in die Mischdüse und ließ ihn mir patentieren, diese Bauart hat aber nie große Verbreitung gefunden. In London traf ich meinen alten Verbindungsgenossen L. Schütte, der dort auf dem Bureau eines Zivilingenieurs Stellung als Konstrukteur hatte, und faßte den abenteuerlichen Plan, in Amerika ein Geschäft zu begründen, um dort den Friedmannschen Injektor einzuführen. Schütte sollte hingehen und ich stellte meine italienischen Ersparnisse zur Verfügung. Der Plan wurde alsbald verwirklicht. Wir hatten beide nichts zu verlieren. Schütte studierte den Apparat in Wien und ging dann hinüber. Die Bahnen waren bereit, den Apparat zu nehmen, aber das noch bestehende Patent Giffards, mit William Sellers als Lizenznehmer, stand im Wege. Friedmann weigerte sich, mit Sellers ein Abkommen wegen Fabrikation in Amerika zu treffen, und unser Geschäft war ins Wasser gefallen. Ich war meine Ersparnisse los und Schütte hatte keine Stelle. Er erhielt jedoch sofort eine bei William Sellers in der Injektorabteilung und blieb drüben. Ich bekam unangenehme Auseinandersetzungen mit Herrn Friedmann wegen seines Verhaltens mir gegenüber, und erklärte ihm, ich wolle fort. Er bot mir die damals ganz ansehnliche Summe von 20 000 Gulden jährlich, wenn ich bleiben wolle, aber ich wollte nicht mehr und ging, blieb aber stets in Verkehr mit ihm.

Ich hatte nun die Welt kennen gelernt und wußte, wie man Geld mit dem Kopfe verdient ohne Geldkapital, und da ich fast bedürfnislos war, entschloß ich mich, zusammen mit meinem Bruder Berthold, der rein kaufmännische Bildung hatte und ein Agentur- und Vertretergeschäft an der holländischen Grenze betrieb, ein Geschäft zu gründen, das diese Vertretungen mit übernahm und außerdem meine Konstruktionen auf dem Gebiete der Injektoren und Dampfstrahlelevatoren ausbeutete. So entstand Anfang 1871 die Firma Gebrüder Körting in einem ganz kleinen Bureau mit einem Zimmer und einem kleinen Raume im Hinterhause, in dem eine Hobelbank und Holzdrehbank stand, um die nötigen Modelle zu machen.

Ich konstruierte einen Lokomotivinjektor mit beweglicher Mischdüse und einen Satz Dampfstrahlelevatoren, ließ die Modelle machen und die Apparate bei verschiedenen Firmen ausführen, verfaßte die nötigen Druckschriften und ging auf die Reise, um Kunden zu finden und zu verkaufen. Mein Bruder führte Buch und schrieb die Briefe, wenn ich nicht zu Hause war.

Aus meiner Praxis als Gastechniker kam mir alsbald der Gedanke, den Dampfstrahl als Exhaustor zum Absaugen des Gases aus den Retorten zu benutzen. Am 2. Dezember 1872 konstruierte ich den ersten Exhaustor zugleich mit selbsttätigem Druckregler, der vollkommen seinem Zwecke entsprach, und nach dessen Muster namentlich in England eine große Menge verkauft wurden. Der Regler, eine schwimmende Glocke, die auf eine Drosselklappe in der Dampfzuleitung einwirkte, ist typisch geworden und durch keinen anderen Apparat zum Druckregeln übertroffen worden.

Im gleichen Jahre brachte ich an einer sechspferdigen Dampfpumpe auf dem Gaswerk in Hannover einen der von mir gebauten Dampfstrahlelevatoren in umgekehrter Wirkung, d. h. die Dampfdüse als Wasserdüse, die Wasserdüse als Dampfeintritt an, um den Abdampf der Maschine zu kondensieren und so durch das Vakuum die Leistung zu erhöhen. Das war somit der erste Strahlkondensator. Er arbeitete ausgezeichnet, und sofort konstruierte ich einen ganzen Satz Strahlkondensatoren und reihte sie in die Liste der Verkaufsgegenstände ein.

Das Geschäft entwickelte sich und begann Geld zu tragen, denn die Preise waren hoch. Die Fabrikation bei anderen wurde daher gefährlich und die Firma mietete eine kleine Fabrik, in einer Vorstadt in Hannover, in der ich die Fabrikation überwachte. Damals konstruierte ich den ersten Wasserstrahl-Luftsaugeapparat, der als Fischereidüse auf den Markt kam und viel verkauft wurde, um in Fischbehälter durch Wasserstrahl Luft in die Tiefe zu schaffen, wenn Druckluft fehlte. Grundsatz bei mir war, jede Industrie zu prüfen, ob es möglich sei, bestehende Vorkehrungen mechanischer Natur durch Strahlapparate, die für den betreffenden Fall besonders zutrafen, zu ersetzen. Wo sich das machen ließ, war der Preisunterschied der beiden Vorkehrungen ein so großer, daß eine noch so hohe Forderung für den Strahlapparat doch noch immer gering war gegen den Preis der mechanischen Vorkehrung — sei es nun einer Pumpe, eines Gebläses usw.

Die Fabrikation in gemieteter Werkstätte genügte nicht lange, und im Jahre 1872 baute die Firma eine eigene kleine Fabrik in Hannover, wozu uns der Vater 120 000 Mk. gab. Anfang 1873 konstruierte ich dann in rascher Folge die ganze Klasse der Dampfstrahl-Luftsaugeapparate und Luftdruckapparate, Unterwindgebläse für Kessel, Schmiedefeuergebläse, Kohlensäure- und Nutschgebläse für Zuckerfabriken und die Wasserstrahlkondensatoren, und entwarf die Methoden zum genauen Messen der Leistung, die sich in einfacher, fast kostenloser Weise durchführen ließen und sich bis heute unverändert erhalten haben. Alle diese Apparate führte ich selbst ein; ich wurde infolgedessen in den verschiedensten Industrien des Inlandes und Auslandes sehr bekannt, was wieder auf die Konstruktion anderer Gattungen von Apparaten rückwirkte, so daß das Repertoir rasch wuchs und der Katalog immer umfangreicher wurde.

Im Jahre 1876 konstruierte ich den Doppelinjektor, Universalinjektor genannt, der seinem Prinzip nach der vollkommenste Speiseapparat nach der Injektoridee war und noch ist. Meine Konstruktion ging aus der Betrachtung hervor, daß unter Druck auch sehr warmes Wasser noch imstande ist, Dampf zu kondensieren, daß also, wenn man dem Injektor das Wasser unter Druck zuführte und die Mischung unter Druck vor sich gehen ließ, die Grenztemperatur nicht 100^0 ist, sondern eine beliebig höhere sein konnte. Den Druck erzielte ich einfach durch einen Zubringerdampfstrahlapparat, der zugleich als Sauger diente. Die Konstruktion ward später so durchgeführt, daß durch Bewegen eines Hebels erst der Zubringer in Betrieb kam und dann erst der eigentliche Injektor. Ich erzielte leicht Saugehöhen bis 6 m und konnte Wasser bis 70° C ansaugen und speisen. Der Doppel-Injektor fand sofort großen Absatz und ist heute noch der vollkommenste Apparat der Gattung.

Im Anschluß an den Injektor konstruierte ich auch den Röhrenvorwärmer mit ganz engen Röhren, um das Wasser mit Abdampf vorzuwärmen. Eingehende

Versuche über die Wärmeübertragung in Röhren von verschiedenen Durchmessern und bei verschiedener Strömungsgeschwindigkeit führten zu dieser Konstruktion, die sich bis heute erhalten hat.

Im Jahre 1878, nachdem das Geschäft gesichert war, machte ich dann die grundlegenden, erschöpfenden Untersuchungen über den Ausfluß des Dampfes und des überhitzten Wassers aus Düsen und namentlich aus konisch erweiterten Düsen und bestimmte durch direkte Versuche die Geschwindigkeit des Dampfes von 1 bis 8 at. Überdruck; soweit reichte mein Kessel.

Die Versuche wurden später von de Laval für die Turbinendüsen ausgeführt, aber ich glaube, meine Methode war vollkommener. Die Untersuchungen wurden maßgebend für die Strahlapparatekonstruktion der Firma und ermöglichten, den höchsten Wirkungsgrad bei allen Dampfspannungen ohne weiteres zu erzielen, gaben auch genau die Grenzen des Erreichbaren und schützten vor Fehlkonstruktionen. Ich schrieb auch sofort an Hand dieser Versuche einen Leitfaden über die Theorie der Strahlapparate, der allen Beamten der Firma, welche selbständig zu konstruieren hatten, vertraulich übergeben, sonst aus Geschäftsrücksichten absolut geheim gehalten wurde.

Die auf Grund der Untersuchung als beste erkannte Düsenform reichte ich zum Patente ein, ward aber abgewiesen, und so blieb auch die ganze Untersuchung und die an dieselbe geschlossene Betrachtung von der Veröffentlichung ausgeschlossen und Fabrikgeheimnis der Firma, was geschäftlich vielleicht das beste war.

Zeuner hatte damals gerade den zweiten Teil seiner Thermodynamik vollendet, und ich teilte ihm gelegentlich eines Gutachtens meine Versuche mit, die er in guter Übereinstimmung mit seinen theoretisch gefundenen Ergebnissen fand. Nur insoweit sich die Angaben auf das überhitzte Wasser bezogen, unterschieden sie sich.

Im Jahre 1876 baute ich eine Eisengießerei nur für den Guß der Strahlapparate, also in ganz kleinen Abmessungen. Man goß jeden dritten Tag. Um einen Füllartikel für die Gießerei zu haben, konstruierte ich dann Rippenheizkörper der verschiedensten Gestalt, zu denen 1880 auch Rippenrohre hinzukamen, die nach Holzmodellen gegossen wurden. 1883 baute ich die erste Rippenrohrformmaschine in Deutschland, mit der ich die Fabrikation so verbilligte, daß wir einen ganz außergewöhnlich hohen Nutzen aus dem Verkaufe der Rohre ziehen konnten. In dieser Zeit fing ich auch an, die ersten Heizungen mit unseren Erzeugnissen für Dritte auszuführen, für die ich die ersten gußeisernen Kessel konstruierte, die in abgeänderter Form später große Verbreitung fanden. Am 25. Juni 1884 wurde mir das Formverfahren für Röhren mittels Kaliberwalze patentiert, das von uns noch jetzt angewendet wird.

Am 22. Mai 1884 erhielt ich das Patent der schrägrippigen Heizkörper, die wegen ihrer gedrängten Form und der guten Wärmeabgabe sich sehr verbreiteten, und noch immer viel benutzt werden.

Im Jahre 1881 wurde ich ganz zufällig für Gasmotoren interessiert, machte allerhand Explosionsversuche und baute einen ganz primitiven Explosionsmotor, der zur Not herumlief. Um die bestehenden Deutzer Motoren hatte ich mich gar nicht gekümmert. Gleichzeitig gab die Maschinenfabrik Egestorff in Linden bei Hannover den Gasmotorenbau auf aus Furcht vor einem Prozesse mit der Gasmotorenfabrik Deutz, der ihr angedroht war. Der mit der Konstruktion betraut gewesene Ingenieur G. Lieckfeld bat mich um eine Stellung. Ich stellte ihn an, und mit Benutzung seiner Erfahrungen wurde ein Zweitaktmotor mit Gemischpumpe gebaut,

und im Wettbewerb mit dem Otto-Motor auf den Markt gebracht. Als Abschluß-
organ wurde das Ventil statt des Schiebers benutzt, und damit der Grundstein für
die spätere Entwicklung der Gasmaschine gelegt, denn nun konnte man beliebig hohe
Kompression anwenden. Gegründet auf meine Erfahrung im Strahlapparatenfache,
konstruierte ich den Freifallventilzünder mit konisch erweitertem Zündrohr,
der sich lange gehalten hat, und das Mischventil, durch welches unter allen
Umständen bei großer und geringer Geschwindigkeit eine gleichartige Brenn-
mischung selbsttätig geschaffen wurde. Die Konstruktion hat sich allgemein eingeführt. Beide Teile, Zünder und Mischventil, wurden mir am 13. Mai 1881
patentiert.

Trotzdem die Maschine von der Deutzer Konstruktion sich vollständig unterschied, auch entschieden nicht so gut wie der Viertakt arbeitete, wollte die Deutzer
Gasmotorenfabrik die Konkurrenz nicht dulden und drohte mit Klage; sie ging
auch auf das Angebot einer Lizenzprämie nicht ein; es sollte kein anderer das Recht
haben, Gasmotoren zu bauen als Deutz. Das ging mir gegen die Natur und ich
nahm den Kampf auf, der volle 5 Jahre dauerte und mich fast ganz in Anspruch
nahm, denn es ging um die Existenz. Verlor ich und mußte zahlen, so war alles
Erworbene auch verloren.

Alles was Wissenschaft hieß, stand damals auf Seite von Deutz und im Ver-
letzungsprozesse hätte ich sicher den kürzeren gezogen; alle Gutachter, alle Pro-
fessoren, mit Ausnahme von M. Schröter, München, sahen in dem Erfolge, den
Deutz hatte, die Bestätigung des Wertes des Patentes bzw. des ganz unmög-
lichen Prinzipienanspruches. Ich mußte also das Patent angreifen und hatte, ich
kann wohl sagen leider, die Genugtuung, daß es am 6. Januar 1886 in allen wesentlichen Ansprüchen vernichtet wurde. Nun war der Motorenbau frei und nahm
sofort eine ganz enorme Entwicklung.

Bei dem Prozesse hatte ich, was das Patent- und Gerichtswesen anbelangt,
viel gelernt, aber auch gesehen, auf welch schwachen Füßen beide stehen, wenn
wichtige technische Gegenstände in Frage kommen. Lotterie, auch beim Reichsgerichte! Ich schrieb damals eine lange Abhandlung über meine Erfahrungen und
zog die Schlüsse; schickte diese auch an den Verein deutscher Ingenieure, wurde
aber abgewiesen; man wollte damals solche abweichenden Ansichten nicht veröffentlichen.

Am 30. März 1900 ward mir dann der doppeltwirkende Zweitakt, in
praktisch möglicher Ausführung, patentiert, und ich habe damit konstruktiv
wohl prinzipiell das Endglied im Gasmotorenbaue geschaffen. Die Konstruktion
war dadurch interessant, daß sofort eine 500 PS-Maschine gebaut wurde, die auch
nach einigem Probieren vollständig gelang und heute noch so wie damals gebaut
wird. Die große grundsätzliche Schwierigkeit lag darin, eine vollständige Verdrängung der alten Ladung durch die neu eingeschobene zu erzielen und diese
Schwierigkeit ward durch einfache Betrachtung am grünen Tische überwunden,
indem ich mir sagte, ich kann nur verdrängen, wenn ich nicht mische, also
die strahlig nach vorn gerichtete Bewegung der neuen Ladung umwandle in eine
wälzende Bewegung. Aus diesem Grundgedanken folgte die sehr einfache Ausführung. Eine wälzende Bewegung entsteht durch zwei sich schneidende Strö-
mungen, also mußte ein Teil der eintretenden Ladung in seiner Strömung rechtwinklig zur Strömung des anderen Teils abgelenkt werden. Das geschah durch
einen Winkelvorsprung, damit war die Aufgabe gelöst. Alles ward mit Tabaksrauch

durchprobiert, und als das Patentamt es nicht glauben wollte, daß mit diesem einfachen Mittel ein scheinbar so schwieriges Problem gelöst sei, überzeugte es sich durch Augenschein davon.

Die Gemischbildung geschah in positiver Weise, indem Gas und Luft durch besondere Pumpen gleichzeitig und bis zum Eintrittsventile getrennt, dem Zylinder während der Auspuffperiode zugeführt wurden, wodurch das richtige Verhältnis zwischen Gas und Luft unter allen Umständen gesichert wurde.

Die Maschine ist anerkannt die betriebssicherste Großgasmaschine und unvergleichlich für Antrieb von Gebläse oder Pumpmaschinen, wo ein langsamer Gang erforderlich ist. Für raschen Gang bzw. große Umlaufszahl eignet sie sich nicht, da die Ladung nur in einem Bruchteile eines Kolbenhubes hineingeschafft werden muß und das Einlaßventil zu rasch arbeiten würde.

Ich kehre zurück zu den Strahlapparaten!

Am 26. Februar 1882 ließ ich mir den Strahlkondensator mit zylindrischer Kondensationsdüse und sukzessiver Dampfeinführung in Einzelstrahlen, die in schräger Richtung den zentralen Wasserstrahl treffen, patentieren. Zugleich kennzeichnete ich in dem Patente eine Wasserdüse mit inneren Schrägflächen, welche dem Wasser eine Drehbewegung gaben und dadurch eine Verteilung desselben in Tropfen hervorriefen. Wunderbarerweise ward mir das Patent auf den Kondensator versagt, auf die Streudüse aber erteilt.

Der Kondensator wurde in der genannten Form typisch und hat sehr weite Verbreitung gefunden.

Schon am 26. Februar 1875 hatte ich die Wasserdüse des Kondensators als einen Haufen von Einzelstrahlen ausgeführt, um die Berührungsfläche zwischen Dampf und Wasser möglichst groß zu erhalten und Wasser zu sparen. Die Einzeldüsenlöcher waren radial auf einer konkaven Kugelfläche gebohrt und die Strahlen verliefen nach dem Mittelpunkte der Kugel, wo sie sich zu einem vollen Einzelstrahle vereinten, der dann in gleicher Weise ins Freie trat wie bei den Vollstrahlkondensatoren. Die Notwendigkeit geringen Wasserverbrauches bei hoher Luftleere war aber damals noch nicht so zum Ausdruck gekommen und die Konstruktion blieb zunächst unbeachtet.

Erst als die Dampfturbine mit den hohen Ansprüchen an Luftleere aufkam, suchte ich die Konstruktion wieder hervor und ließ sie 1907 als Vielstrahlkondensator patentieren. Diese Kondensatoren stehen vorteilhaft mit Luftpumpenkondensatoren in Wettbewerb und geben bei guter Anlage bis 96 v. H. Luftleere.

Am 12. Februar 1892 ließ ich den saugenden regulierbaren Strahlkondensator für Schiffsmaschinen patentieren, dadurch gekennzeichnet, daß die sukzessiven Dampfeintritte in die zylindrische Kondensationsdüse nach Bedürfnis durch einen Schieber abgedeckt werden konnten, um bei verschiedenem Dampfverbrauche der Maschine doch stets mit gleichem Impulse seitens des Abdampfes auf den Wasserstrahl zu wirken, d. h. das veränderte Dampfgewicht durch veränderte Dampfgeschwindigkeit auszugleichen. Der Apparat arbeitete tadellos, hat aber nie Verbreitung gefunden, da die Regulierung nicht selbsttätig war, vielmehr von Hand dem Bedürfnisse angepaßt werden mußte. Das war für den Maschinisten eine nicht durchzuführende Aufgabe. 1908 ward von mir, als letztes Glied in der Kette, der Vielstrahlkondensator mit gerauhten Strahlen konstruiert, bei dem die Oberflächenausdehnung des einzelnen Strahles durch Rinnen in der Düsenöffnung zielbewußt nach Möglichkeit vergrößert wurde, um mit möglichst wenig Wasser auszukommen. In der Tat scheint der Apparat ein voller Erfolg nach dieser Richtung zu sein.

Um den Strahlkondensatoren, wenn erwünscht, den Abdampf der Dampfmaschinen in annähernd gleicher Strömung zuzuführen, konstruierte ich im Dezember 1886 den Dampfakkümulator. Er bestand aus großen Metall- oder Wasserflächen, die in einem Gefäße zwischen Dampfmaschine und Kondensator angeordnet waren, auf denen sich der Dampf teilweise in der ersten Periode des Auspuffes niederschlug, um dann alsbald wieder zu verdampfen, wenn die Dampfspannung in der zweiten Periode sank. Die Konstruktion entsprach vollkommen dem Zwecke, hatte aber für den Strahlkondensator keine praktische Bedeutung, deshalb ward sie nicht eingeführt und ich ließ sie auch nicht patentieren. Viel später hat Rateau sie für seine Turbine ausgebeutet und viel Geld damit verdient; bei Gelegenheit der Patenterteilung an Rateau wurde amtlich festgestellt, daß ich die Erfindung lange vorher gemacht hatte.

Die mit dem Kondensator oder statt des Kondensators am 26. Februar 1882 geschützte Streudüse wurde zu einer der fruchtbringendsten Konstruktionen, die ich gemacht habe, denn ihr Anwendungsgebiet für die verschiedensten Zwecke ist überaus groß. Je nachdem die Drehgeschwindigkeit der Flüssigkeit im Verhältnisse zur vorwärtsgerichteten Geschwindigkeit vermöge der Winkelstellung der schrägen Flächen größer oder kleiner wird, ändert sich der Winkel des Ausströmkegels; die Feinheit der Zerteilung und die Wirkung der Düse läßt sich dadurch jedem Erfordernisse anpassen.

Im Jahre 1881 übernahm meine Firma die Fabrikation und den Verkauf eines neuen Pulsometers (Patent Ulrich). Das Patent erwies sich als gänzlich wertlos, weil der technische Effekt nicht eintrat und nicht eintreten konnte. Ich wollte daraufhin den Kontrakt lösen, was aber nicht angenommen wurde, deshalb strengte ich die Nichtigkeitsklage an. Dabei erlebte ich beim Reichsgerichte, was ich nie für möglich erachtet hätte. Professor Lewicky in Dresden sollte im Beisein der Parteien prüfen, ob der technische Effekt einträte oder nicht. Es wurde ein Pulsometer mit und einer ohne die patentierte Neuerung gebaut und dann festgestellt, daß beide genau gleich arbeiteten, der Effekt also nicht eintrat. Den Apparat hatte der Gegner als nach dem Patente gebaut anerkannt; der Sachverständige hielt auch rechnerisch den technischen Effekt für ausgeschlossen. Das Reichsgericht erhielt das Patent aber doch mit der Begründung, die Untersuchung eines Individuums genüge nicht, alle hätten untersucht werden müssen, die nach dem Patente je ausgeführt waren, vielleicht hätte es einer doch getan. Und als ich anbot, ich wolle sie alle untersuchen, wurde mir erklärt, man wolle keine weiteren Erhebungen und meine Klage wurde abgewiesen. Ich bildete aber doch die Pulsometer weiter aus und konstruierte am 23. Mai 1891 den Pulsometer mit selbsttätig gesteuerter Windkesseleinspritzung für beliebig große Förderhöhen, der noch immer gebaut wird und auch patentiert wurde.

Anschließend an den Pulsometer konstruierte ich auch die Schwimmerpumpen, und am 24. März 1901 wurde mir die Schwimmerpumpe mit offenem Schwimmer patentiert, die ziemliche Verbreitung gefunden hat.

Im Jahre 1908 endlich gab ich die Konstruktion eines Doppelinjektors an, der in weiten Grenzen, d. h. bis 40 v. H. der Höchstleistung, von Hand reguliert werden kann, dadurch gekennzeichnet, daß die Dampfdüse übermäßig groß gehalten ist, wodurch der geförderte Wasserstrahl befähigt wird, noch einmal Wasser anzusaugen und in den Kessel zu schaffen, also eine Vereinigung bei der Höchstleistung von Dampfstrahlapparat mit Wasserstrahlapparat, während bei vermindertem Dampfzulasse und verminderter Wassergeschwindigkeit der Wasserstrahlapparat selbsttätig aussetzt und dementsprechend die Leistung geringer wird.

Über meine Tätigkeit auf kaufmännisch-technischem Gebiete dürften folgende Angaben interessant sein:

Durch meinen langen Aufenthalt im Auslande und namentlich durch meine Tätigkeit bei Alexander Friedmann in Wien war ich im Auslande ebenso daheim wie in Deutschland, hatte aber das Gefühl, daß mit deutscher Technik und deutschem Fleiß im Auslande mehr Geld zu verdienen sei als zu Hause, wo ich diese Elemente als Konkurrenten hatte.

Kaum hatte ich daher festen Boden unter den Füßen und die Fabrik eingerichtet, welche mir die Apparate gut probiert lieferte, so richtete ich meine Augen aufs Ausland mit der Absicht, in den verschiedensten Ländern Europas technische Bureaus einzurichten, welche den Verkauf der in Hannover erzeugten Waren unter Auslandsflagge besorgten. Mit Nordamerika und England fing ich an. 1874 im Herbste traf ich ein neues Abkommen mit meinem alten Freunde Schütte, um meine Artikel in Amerika zu vertreiben; er war noch bei William Sellers in Philadelphia, gab die Stellung auf, kam herüber zum Studieren und ging dann, ausgerüstet mit einem kleinen Lager verschiedener Apparate, nach Philadelphia als mein Geschäftsteilhaber für Amerika. Das Geschäft ging matt, da die deutschen Formen den Leuten nicht gefielen; die Waren mußten umkonstruiert werden und deshalb auch selbst fabriziert werden. Damit war das ganze Vermögen aufgezehrt und das Geschäft war am Sterben, wurde aber durch die 1876 erfolgte Konstruktion des Doppelinjektors wieder völlig gesund und entwickelte sich ganz außerordentlich. Es genoß alle Vorteile der Untersuchungen und Fortschritte der Hannoverschen Zentrale und arbeitete deshalb billig und sicher. Das Geschäft hätte sich noch viel bedeutender entwickelt, wenn Schütte auch eine kaufmännische Ader gehabt hätte, er war Konstrukteur mit Leib und Seele, ging aber nicht gern zu den Kunden, während ich mich auch mit Vorliebe um die Wünsche der Kunden persönlich kümmerte. Schütte starb 1906. Ich kaufte seinen Anteil auf, und seit der Zeit ist das Geschäft in einem Zustande fortwährender Ausdehnung und bringt ganz erheblichen Nutzen, da es als Spezialfabrik für Strahlapparate fast ohne Wettbewerb ist. Es beschäftigt etwa rund 120 Arbeiter und wird durch meinen Schwiegersohn A. Fischer geleitet.

Gleichzeitig als Schütte nach Amerika ging, also Ende 1874, siedelte ich nach England über; nahm einen Ingenieur mit, eröffnete ein technisches Bureau in Manchester, bereiste das ganze Land, bestellte Untervertreter und Agenten, und wirtschaftete derart, daß ich nach einem Jahre schon einen Nettonutzen von 20 000 Mk. an das Mutterhaus abführen konnte und das englische Haus auf sichere Grundlage gestellt hatte. Ende 1875 überließ ich die Fortführung des englischen Hauses dem Ingenieur als Direktor und siedelte nach Wien über. Ich nahm auch hier einen Ingenieur mit und eröffnete dort ein technisches Bureau, um das österreichische Geschäft in Szene zu setzen. Ich kannte das Land schon zur Genüge, hatte überall Verbindungen und das Tochtergeschäft war bald lebensfähig. Es entwickelte sich, nachdem noch ein tüchtiger zweiter Ingenieur eingestellt war, ganz außerordentlich günstig. Ich selbst ging im Sommer 1876 wieder zurück nach Hannover, wo der zunehmende Geschäftsumfang erhöhte Aufmerksamkeit in der

Fabrik und Vergrößerung derselben erheischte. Es ward dann auch in Frankreich, in Lille, ein Verkaufsgeschäft gegründet, das bald nach Paris verlegt, sich ebenfalls gut entwickelte. Ich selbst habe mich wenig darum gekümmert; ich fand in England einen passenden Ingenieur bei einem befreundeten Zivilingenieur und gewann ihn für den Posten, den er auch gut ausfüllte. Als er starb, ward einer unserer Hannoverschen Ingenieure mit der Verwaltung betraut.

In Rußland betrieben wir den Verkauf durch ein in Petersburg ansässiges Importhaus; als der Inhaber starb, gingen die Beamten, welche unsere Sachen bearbeitet hatten, zu uns über, und wir errichteten ein eigenes Verkaufshaus, erst in Petersburg, dann auch in Moskau.

Spanien und Belgien wurden zuerst dem französischen Geschäft unterstellt; als die Verkäufe aber anfingen erheblich zu werden, wurden in beiden Ländern eigene Verkaufshäuser gegründet. Ebenso in Italien, wo zuerst durch das österreichische Haus verkauft und später ein eigenes Haus mit eigenen Beamten gegründet wurde.

Alle diese Unternehmungen gediehen, da sie mit einem Mindestmaß von Unkosten eingerichtet wurden und die verkauften Gegenstände einen sehr hohen Nutzen ließen.

Ich hatte von vornherein bei allen diesen Niederlassungen im Auslande als Grundsatz eingeführt, daß die leitenden Beamten mit ganz geringem Gehalte angestellt wurden, der nicht zur Lebenshaltung genügte; dann aber erhielten sie eine sehr hohe Beteiligung am Nettonutzen des von ihnen verwalteten Geschäftes. Niemals bekamen sie Provision am Umsatze. Hierdurch wurden sie zur Sparsamkeit angehalten und zu tüchtigen selbständigen Geschäftsmännern erzogen, nicht allein zu Verkäufern. Ich glaube, ich war der erste, der diesen Grundsatz im Auslande zur Geltung brachte, und ich meine, ihm haben wir sehr viel unseres Erfolges zu danken.

Als in den Auslandsgeschäften sich der Einfluß des inländischen Wettbewerbes mehr bemerkbar machte und das Ausland anfing, sich durch Schutzzölle eine unabhängige Industrie zu verschaffen, trat die Frage heran, ob es besser sei, die Geschäfte zu vermindern oder durch eigene Fabriken zu kräftigen. Ich entschloß mich unbedenklich zum letzteren Wege, da wo der Absatz schon durch die frühere Verkaufstätigkeit gesichert war und wo keine nationalen Vorurteile die Kapitalsanlage unsicher erscheinen ließen, auch die Arbeiterverhältnisse nicht ungünstig waren. Auch mit dieser Auffassung stand ich damals allein und habe manches Achselzucken erlebt, namentlich seitens der A. E. G., aber der Erfolg gab mir recht und die A. E. G. hat es nachgemacht.

Es gibt meines Erachtens keine bessere Politik als die Erfahrungen, welche in einer blühenden, gutgeleiteten Inlandfabrik gewonnen sind, in gleichartigen Fabriken im Auslande auszunutzen, und damit von vornherein den Mißerfolg auszuschließen, insbesondere, wenn durch rein kaufmännische Tätigkeit vorher schon der Absatz gesichert war. Die Auslandfabriken sind dadurch auch entlastet von allen Konstruktionsunkosten und Untersuchungen; sie brauchen nur zu fabrizieren und können deshalb billiger arbeiten als selbst das Mutterhaus, haben aber den Vorteil, Fracht und Zoll zu sparen gegenüber der Einfuhr der betreffenden Artikel. Ich legte Fabriken in Österreich, Rußland und Italien an, welche die Heizungsteile und Strahlapparate herstellten, und die alle geschäftlich gut gingen, und uns überhaupt in diesen Ländern die Fortführung und Entwicklung des Geschäftes ermöglichten.

Ich selbst siedelte im Jahre 1893 nach Italien über, um die Leitung des Tochterhauses, das mich besonders interessierte, zu übernehmen, ging 1897 wieder zurück nach Hannover und dann 1903 wieder nach Italien, wo ich noch meinen Wohnsitz habe.

Leider nahm die Firma Gebr. Körting auch die Elektrizität mit auf; ich hatte seinerzeit den Elektriker Herrn Ilgner angestellt, um eine, und zwar die erste Gasdynamo zu bauen, d. h. eine mit der Gasmaschine unmittelbar gekuppelte Dynamo zu konstruieren, mit der Absicht, aus dem Verkaufe dieses Artikels eine Spezialität zu machen. Ich selbst verstand nichts von Elektrizität, mußte mich also auf andere Herren ganz und gar verlassen. Das war ein taktischer Fehler, der sich gerächt hat.

Solange ich in Hannover war und das beginnende elektrische Geschäft als Anhängsel des Gasmotorengeschäftes behandelt wurde, entwickelte es sich gleichartig mit den anderen Zweigen der Unternehmung, sobald ich aber fort war und mehr kapitalistisch spekulative Tendenzen Einzug fanden, angeregt durch neu herangezogene Elemente, die ihre Schulung in großen elektrischen Unternehmungen gehabt hatten, änderte sich der Charakter der elektrischen Abteilung, die sich nun auch auf Beleuchtungsanlagen, Konzessionen usw. ausdehnte, und damit gänzlich meiner Kontrolle entschlüpfte.

Die Umwandlung des Privatunternehmens in eine Aktiengesellschaft, die im Jahre 1903 erfolgte, war namentlich dadurch verursacht, daß es für Privatleute unmöglich war, ein solches elektrisches Unternehmen fortzuführen. Durch die Gründung ward es uns möglich, das Geschäft ohne zu großen Verlust abzustoßen. Jedenfalls hatte diese Art der kapitalistischen Behandlung des elektrischen Geschäftes neben großen direkten Verlusten den noch viel größeren indirekten Verlust zur Folge, daß der Entwicklung der älteren Geschäftszweige bei weitem nicht die genügende Aufmerksamkeit gewidmet wurde.

Nach der Gründung gab ich die Leitung ab und widmete mich der Abwicklung noch laufender Geschäfte und der Entwicklung der von mir privatim in Nordamerika geschaffenen bzw. übernommenen Unternehmungen, auf die ich mit sehr gutem Erfolge die technischen und geschäftlichen Erfahrungen, welche ich in Europa gesammelt hatte, übertragen habe. Es war für mich als Geschäftsmann das Ideal, ein großes technisches Unternehmen zu schaffen, das hüben und drüben vom Ozean in fest gegründetem Zusammenhange gleiche Ziele in allen Ländern verfolgt, mit Austausch der Erfahrungen und gegebenenfalls auch der Personen und mit erstklassig geführter Konstruktionszentrale in Deutschland. Leider reicht ein Menschenalter, das sehe ich, dazu nicht aus, und ich habe keinen Nachfolger gefunden, der mit gleichem Enthusiasmus und auch Entsagung diese Aufgabe zu seinem Lebensziele machte, und so werde ich wohl darauf verzichten müssen, daß das von mir begonnene Werk die Vollendung findet, die ich ihm zugedacht hatte. Jedenfalls habe ich die Genugtuung, daß auch durch mich deutscher Name und deutsche Technik über die ganze Erde verbreitet wurde und mit Achtung genannt wird, und zwar ohne Zuhilfenahme großer Kapitalien, allein durch die Eigenart der Erzeugnisse und durch persönliche Arbeit oder durch die Arbeit von Männern, die ich herangebildet hatte und die in meinem Sinne tätig waren.

Das Museum der Gasmotorenfabrik Deutz.

Ein Beitrag zur Geschichte der Gasmaschine

von

H. Neumann, Berg.-Gladbach.

Das Museum der Gasmotorenfabrik Deutz ist so alt wie die Gasmotorenfabrik
Deutz selbst. Es ist entstanden aus dem Bestreben ihrer Begründer, sich sofort
und so eingehend als möglich über alle Schritte ihrer Konkurrenten auf dem laufenden zu erhalten. Hierfür erschien es nicht genügend, die Literatur zu verfolgen
und den Markt zu beobachten, sondern man beschaffte sich sofort diejenigen
fremden Maschinen, die eine Rolle zu spielen begannen, oder von denen man nach
ihrer ersten Ankündigung annahm, daß sie berufen sein könnten, Bedeutung zu
gewinnen. Man studierte genau die Einzelheiten der Maschinen und machte
Versuche, um festzustellen, ob die Anpreisungen den Tatsachen entsprachen,
ob sich unerwartete Nachteile herausstellten, oder ob sich neue Wege eröffneten,
die dann aufgegriffen und weiter verfolgt wurden. Diese wirksame, wenn auch
kostspielige Methode, von der Konkurrenz zu lernen, bietet nicht nur den Vorteil,
daß man schneller und sicherer vorwärts kommt, sondern auch, daß man etwaige
Schwächen und Übertreibungen der Konkurrenz kennen lernt und im Wettbewerbe
verwertet; den Nutzen hat in allen Fällen der Käufer.

Zu den wichtigsten Maschinen fremder Herkunft gesellten sich im Museum
wichtige Bauarten eigener Fabrikation, sowie Versuchsmaschinen, die man für
den Markt nicht verwenden konnte und die nun aufbewahrt wurden, um vielleicht später, nachdem manche ursprünglich unüberwindlich scheinende Schwierigkeiten beseitigt waren, wieder aufgegriffen zu werden.

So gibt das Museum einen gewissen Überblick über die Entwicklung der Gasmaschine im allgemeinen und über die stetigen praktischen Forschungsarbeiten der
Gasmotorenfabrik Deutz selbst. Freilich leider lückenhaft in beiden Punkten; einesteils
fehlen wichtige Maschinen der Konkurrenz, die sich nicht beschaffen ließen, anderen-
teils ließ es sich vollständig bis in die neuere Zeit schon wegen der Mannigfaltigkeit der Bauarten und ihrer Größe (z. B. Hochofengasmotoren) nicht durchführen. Immerhin bietet das Museum in seinem jetzigen Bestande insofern für die
Geschichte der Gasmaschine Interesse, als es, wenigstens was die fremden Erzeugnisse anbelangt, nur wirkliche Marktmaschinen enthält und alle nur auf dem Papier
stehenden Versuche und phantastisch ausgemalten Betriebsverfahren ausscheiden.
Wir haben es überall mit der greifbaren Wirklichkeit zu tun.

Besonders interessant spiegelt sich in den Maschinen des Museums auch der Wandel in der Maschinenkonstruktion (Formgebung und Ausbildung der Einzelheiten) wie der Herstellung (Bearbeitung und Material) ab.

Das Museum der Gasmotorenfabrik Deutz enthält 26 Maschinen fremder Herkunft, davon 18 Gas- und 14 Flüssigkeitsmaschinen und 20 Maschinen eigner Fabrikation, davon 12 Gasmaschinen und 8 Flüssigkeitsmaschinen; ferner zahlreiche Maschinenteile, Modelle, Zeichnungen, Dokumente. Einige wertvolle Stücke wurden dem Deutschen Museum in München überwiesen und nur Nachbildungen zurückbehalten.

Die Geschichte der Gasmaschine an Hand des Museums kann etwa in folgenden Hauptrichtungen verfolgt werden:

1. Entwicklung der Arbeitsverfahren der Gasmaschine;
2. Entwicklung der Arbeitsverfahren der Flüssigkeitsmaschinen;
3. Entwicklung der Steuerungen, Zündungen, Anlaßvorrichtungen und anderer Einzelheiten.

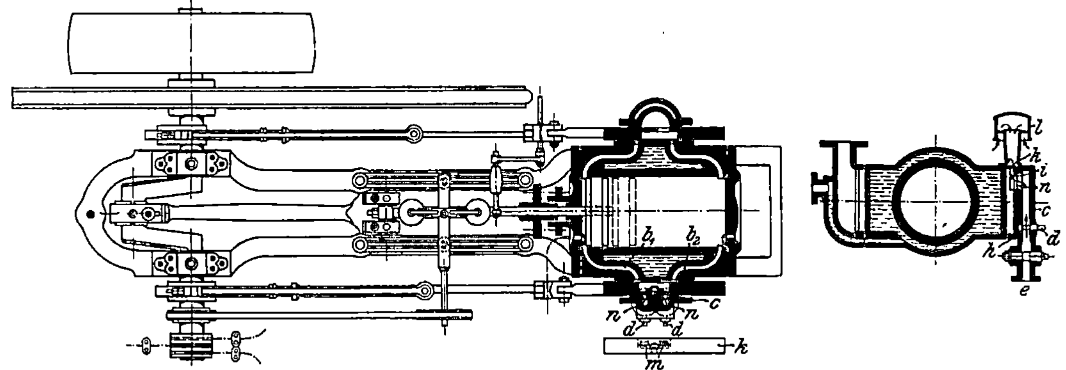

Fig. 1 und 2. Lenoir-Maschine 1860.

In der vorliegenden Arbeit soll nur die zuerstgenannte Entwicklung der Arbeitsverfahren der Gasmaschine besprochen werden. Ein Eingehen auf die anderen Punkte muß einer etwaigen späteren Betrachtung vorbehalten bleiben.

Das älteste Stück des Museums ist die Lenoir-Maschine vom Jahre 1860, zugleich die erste für den praktischen Betrieb nutzbar gemachte Maschine Fig. 1 bis 4. Diese Maschine arbeitet in der Weise, daß während des ersten Teiles des Kolbenhubes ein Gemenge von Gas und Luft angesogen, dann nach etwa $4/10$ des Hubes der weitere Zutritt abgeschnitten und die Ladung entzündet wurde, worauf die gespannten Gase bis zum Ende des Kolbenhubes arbeitleistend expandierten. Die Maschine war doppeltwirkend; die Steuerung erfolgte durch Einlaß- und Auslaßschieber. Fig. 1 und 2 zeigen einen Längs- und Querschnitt durch den Zylinder mit Steuerung, die etwas abweichend von den in deutschen Werken enthaltenen Darstellungen ausgeführt ist. Fig. 3 zeigt die Maschine in zusammengesetztem Zustande; die über den Luftlöchern angebrachte Mischhaube ist hier weggelassen, Fig. 4 läßt den hinteren Teil der Maschine mit abgenommenem Einlaßschieberdeckel und Einlaßschieber erkennen. Im Schieberdeckel c sitzen die beiden Hähne $d\,d$ (in Fig. 4 herausgenommen), die das durch e zutretende Gas an die beiden Schlitze $n\,n$ verteilen. Diese beiden werden abwechselnd vom Schlitz i des Schie-

bers h bestrichen. Von diesem tritt es durch einen aufwärts gerichteten Kanal
in eine über dem Schieber sitzende Mischhaube l, die einerseits freie Verbindung
nach der Atmosphäre, andererseits durch zahlreiche Bohrungen mit der Schieber-

Fig. 3. Lenoir-Maschine.

mulde hat. Wenn diese nun mit dem einen oder anderen Zylinderkanal b_1 oder b_2
in Verbindung steht, strömt Gas aus dem Kanal k und Luft aus der Atmosphäre in
die Mischhaube und aus dieser die Mischung durch die Löcher m in den Zylinder.

Fig. 4. Lenoir-Maschine.

Die dreipferdige Maschine des Museums wiegt 550 kg ohne und etwa 700 kg
mit Schwungrad. Der Gasverbrauch einer Lenoir-Maschine wird zu rund 3 cbm
für 1 PSe angegeben; die Maximalspannung zu etwa 3 bis $3^1/_2$ at abs. Die
Kolbengeschwindigkeit betrug 0,80 bis 0,85 m/sk. Bei einer 1 pferdigen Maschine
hatte man ein Hubvolumen von 6 Liter für 1 PSe, bei einer zweipferdigen von
9 Liter für 1 PSe. Zum Vergleich sei erwähnt, daß eine heutige langsamlaufende

Gasmaschine der Gasmotorenfabrik Deutz von 2 PS nur 1 Liter für 1 PSe Hubvolumen braucht, obgleich sie nur einfachwirkend und im Viertakt arbeitet, während die Lenoir-Maschine eine doppeltwirkende Zweitaktmaschine war. Trotz des hohen Gasverbrauches und großen Gewichtes fand die Lenoir-Maschine großen Absatz. Es sollen allein in der Nähe von Paris schon im Jahre 1865 300 Maschinen gestanden haben. Auch in England wurden von den dortigen Lizenznehmern den Reading Iron Works Ltd. 100 Stück abgesetzt; noch im Jahre 1904 fanden sich einige in England im Betrieb vor.

Die Lenoir-Maschine wurde später von Hugon, dem Gasdirektor von Paris, durch Einführung der Wassereinspritzung verbessert (um die bei der Lenoir-Maschine häufig auftretenden Selbstzündungen zu bekämpfen). Auch andere Konstruktionen nach dem von Lenoir durchgeführten Prinzip fanden Absatz; sie alle wiesen aber den grundsätzlichen Fehler einer mangelhaften Ausnützung des Gases auf und wurden daher allmählich durch die atmosphärischen Maschinen abgelöst, von denen die erste von Otto und Langen erbaut im Jahre 1867 auf der Pariser Weltausstellung erschien. Diese Maschine erregte wegen ihrer absonderlichen Gestalt und ihres stoßweisen, geräuschvollen Ganges zuerst nur ein mitleidiges Lächeln, das aber bald in Bewunderung überging, als man den Gasverbrauch feststellte, der $^3/_4$ cbm, also den vierten Teil des Verbrauches der Lenoir-Maschine betrug. Fig. 5 zeigt diese erste atmosphärische Maschine. Ihre Konstruktion ist in allen Lehrbüchern des Gasmaschinenbaues ausführlich besprochen. Es sei daher hier nur kurz darauf hingewiesen, daß der Kolben aus seiner tiefsten Stellung zunächst durch die Steuerung ein kurzes Stück angehoben wird, wobei er ein Gemenge von

Fig. 5. Atmosphärische Maschine 1867.

Gas und Luft einsaugt, das sofort nach Abschluß der Einströmorgane zur Explosion gebracht wird, wobei der Kolben frei ohne Arbeitsleistung hochfliegt und die Verbrennungsprodukte bis unter die Atmosphäre expandieren, daß der Kolben dann arbeitleistend nach Kupplung mit der Schwungradwelle langsam unter dem äußeren Luftdruck heruntergeht, wobei durch Abkühlung der Gase im Zylinder der Unterdruck während des größten Teiles des Kolbenniederganges aufrecht erhalten wird.

Das Museum enthält vier verschiedene atmosphärische Otto-Maschinen, die die verschiedenen Verbesserungen der Maschine in den Jahren 1866 bis 1876 zeigen.

So hat man die ursprüngliche Regulierung (durch Drosselung des Auspuffes) durch den Eingriff des Regulators in das Schaltwerk ersetzt, welches, durch den abwärtsgehenden Kolben ausgelöst, den Kolben von neuem anhebt; auf diese Weise werden die Pausen zwischen den Arbeitshüben je nach der Belastung größer oder kleiner. Die ursprüngliche Führung des Kolbens durch zwei hochstehende Säulen wurde durch einen kleinen Bock mit Schwalbenschwanzbahn ersetzt. Die besondere Steuerwelle neben der Schaltwelle wurde erspart, als man die Steuerung in die Schaltwelle selbst verlegte. Fig. 6 stellt eine solche neuere Maschine aus dem Jahre 1874 dar.

Der günstige Gasverbrauch der atmosphärischen Maschine, der ihren bedeutenden Erfolg begründete, beruhte auf der weitgetriebenen Expansion (von $5^1/_2$ auf $^1/_4$ at) sowie auf dem großen Geschwindigkeitsunterschied zwischen der Bewegung des Kolbens während der Explosion und während der Kontraktion. Das Expansionsvolumen war gleich dem 5 fachen des Ansaugevolumens, während es beim Viertaktmotor dem Ansaugevolumen gleich ist. Die Bedeutung der atmosphärischen Maschine für die damalige Zeit ermißt man erst, wenn man ihre zahlreichen Nachbildungen sich vor Augen führt, die im nächsten Jahrzehnt die älteren direkt wirkenden Maschinen verdrängten. Von den wegen ihrer sonderlichen Getriebe interessanten Konstruktionen weist das Deutzer Museum drei verschiedene auf: die Maschinen von Turner, von Söderström und von Gilles.

Fig. 6. Atmosphärische Maschine 1874.

Die Maschine von Turner (englisches Patent 4088 vom Jahre 1873), Fig. 7 bis 12 ist offenbar aus dem Bestreben heraus entstanden, den sehr hohen Aufbau der Ottoschen atmosphärischen Maschine zu vermeiden. Der Kolben u wirkt mittels eines Balanciers E auf eine Kurbelscheibe C, die lose auf der Schwungradwelle drehbar ist. Im Augenblick der Explosion steht die Kurbel etwas über dem oberen Totpunkt; sie wird durch die unter dem Kolben eintretende Explosion mit großer Kraft entgegen der Pfeilrichtung herumgeschleudert und kommt nach einer halben Umdrehung durch Auftreffen einer elastischen Rolle W auf eine Blattfeder F zur Ruhe, wird dann von der Feder in der Pfeilrichtung zurückgeschleudert und kuppelt sich bei diesem Rückwärtsgange mit der Schwungradwelle durch eine Reibungskupplung m, n, n_2, während der zurückgehende Kolben durch den Überdruck der Atmosphäre

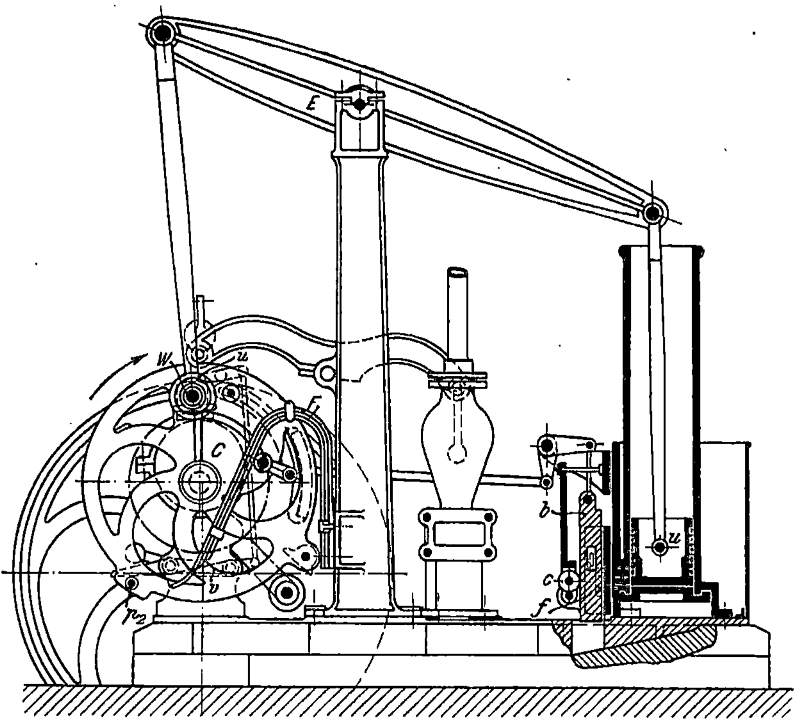

Fig. 7. Turner-Maschine 1873.

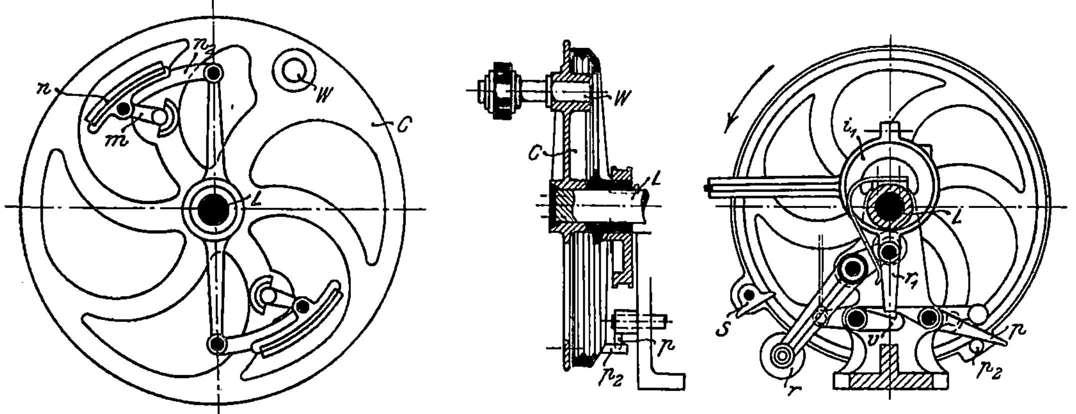

Fig. 8 bis 11. Einzelheiten zur Turner-Maschine Fig. 7.

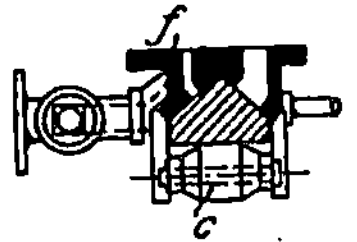

über das unter ihm entstandene Vakuum nachhilft. Nachdem die tiefste Stellung des Kolbens erreicht ist, wird durch Auftreffen eines Knaggens p_2 auf einen Hebel p und Auslösen eines Hebels r_1 ein bisher ruhendes Exzenter i_1 mit der Schwungradwelle gekuppelt; es bewirkt durch Aufschlagen der Rolle r auf den Vorsprung S an der Kurbelscheibe C sowohl ein Anheben des Kolbens zur Einfüllung neuer Ladung, als eine Einstellung des prismenförmigen, mittels federnder Rolle c angepreßten Steuerschiebers b, f, der vier Öffnungen (für Arbeitsgas, für Luft, für

Zündgas und für Auspuff) hat. Der Regulator wirkt in der Weise, daß er durch einen Sperrhahn das Auslösen des Exzenters i_1 verhindert, solange die normale Geschwindigkeit überschritten ist; also durch Aussetzer. Die Maschine ist von den St. Albans Ironworks in St. Alban gebaut worden.

Von einer Maschine, die im Jahre 1879 auf der Royal Agricultural Show ausgestellt war, wird im Engineer berichtet, daß sie fast doppelt soviel Gas zur Zündung, wie zur Arbeitsleistung brauchte! Gegen dieses Urteil wendet sich der Erfinder in einer Zuschrift mit der Bemerkung, daß es erstens in der Ausstellung sehr windig gewesen sei, so daß er an und für sich die Flamme hätte größer einstellen müssen, daß aber anderseits ein etwas größerer Flammenverbrauch gegenüber den bisherigen Maschinen dadurch bedingt sei, daß er nur eine einzige Flamme habe, statt der

Fig. 12. Turner-Maschine.

bisher angewandten zwei Flammen, von denen die eine zum Zünden der Ladung, die andere zur Wiederentzündung der stets verlöschenden ersten Flamme diente. Da diese große Flamme nicht ausgelöscht werde, könne er die Zündungen schneller aufeinander folgen lassen als andere, nämlich 350 mal in der Minute! Der Gedanke, diese Maschine mit ihren Schaltwerken, Prellfedern und großen hin und her geschleuderten Massen mit 350 Umläufen laufen zu sehen oder zu hören, ist freilich beängstigend.

Gefälligere Formen weist die Maschine von Söderström vom Jahre 1870 auf Fig. 13 und 14; in ihr ist das Bestreben zu erkennen, die Kupplungen zwischen Arbeitskolben und Schwungradwelle, wie sie Otto und Turner hatten, ganz zu vermeiden. Das geschah durch Teilung der beiden Funktionen des Kolbens, einmal der Erzielung schnellster Expansion und anderseits der Kraftabgabe, indem die erste Arbeit einem oberen losen Fliegerkolben a, die andere einem an einem Kurbelgetriebe angeschlossenen unteren Kolben n übertragen wurde. Nachdem der untere

Kolben (bei feststehendem oberen Kolben) Ladung angesogen hatte (etwa auf seinem halben Hube), wurde dieselbe entzündet. Nun flog der obere Kolben mit großer Kraft hoch und blieb in selbsttätigem Sperrwerk $e' f g' f'$ oberhalb des Zylinders hängen. Nachdem der untere Kolben seinen unteren Totpunkt erreicht hatte, wurde das Sperrglied durch eine mit Nocken gesteuerte Stange g ausgelöst, und der obere Kolben sank nun wieder langsam herab, bis beide Kolben zusammentrafen,

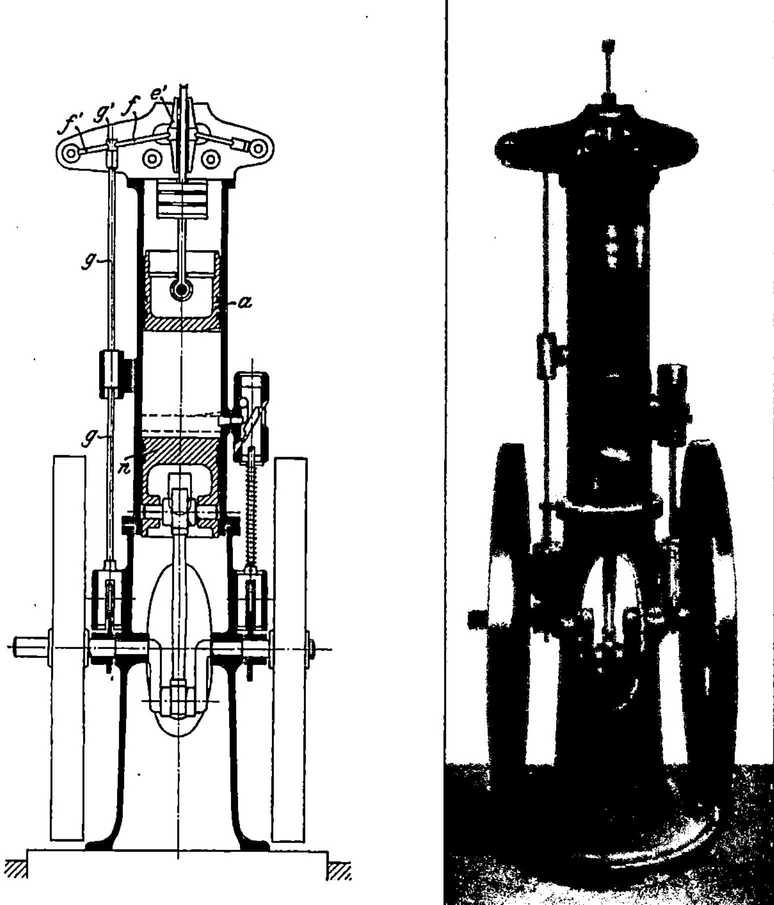

Fig. 13 und 14. Maschine von Söderström 1870.

was etwa in der oberen Totpunktstellung des Arbeitskolbens geschah. Während des letzteren Teiles dieser Annäherungsbewegung wurden alsdann die Verbrennungsrückstände herausgedrückt.

Bekannter als diese atmosphärische Maschine ist die auf derselben Gesamtanordnung beruhende aber in den Einzelheiten feiner ausgebildete Maschine von Gilles, welche sich auch im Museum findet Fig. 15. Sie ist in Deutschland von der Maschinenfabrik Humboldt in Kalk in den Jahren 1874 bis 1878 gebaut und bis 1884 verkauft worden. Der Gasverbrauch wird zu $^3/_4$ cbm angegeben. Im ganzen sind 201 Stück in Größen von $^1/_3$ bis 4 PS aus der Fabrik hervorgegangen.

In England wurde sie von Louis Simon & Sons in Nottingham, derselben Firma, aus der später der bekannte Simon-Motor mit langsamer Verbrennung hervorging, gebaut. Die Gilles-Maschine ist eingehend in den Lehrbüchern des Gasmaschinenbaues beschrieben.

Ebenso wie die Lenoir-Maschinen durch die atmosphärischen, so wurden die atmosphärischen durch den Ottoschen Viertaktmotor verdrängt, der im Jahre 1876 erfunden, in der Öffentlichkeit zuerst auf der Pariser Weltausstellung 1878 erschien und wiederum die größte Bewunderung hervorrief, weil er die Lösung der Aufgabe darstellte, eine Gasmaschine, sowohl mit ähnlich günstigem Gasverbrauch wie die atmosphärische, aber mit einfachem zwangläufigen Getriebe unter Vermeidung von Flugkolben, Gesperren und Kupplungen zu schaffen. Die Fig. 16 zeigt die Originalmaschine aus dem Jahre 1876 noch in der Form, wie man sie aus einer alten Dampfmaschine hergerichtet hatte.

Auch den Viertaktmotor des Uhrmachers Reithmann, Fig. 17, der etwa um dieselbe Zeit, unabhängig von Otto, auf den gleichen Gedanken gekommen ist, treffen wir im Museum an. Es dürfte bei dieser wichtigsten Erfindung auf dem Gebiete der Gasmaschine interessieren, diese beiden Erstlingsexemplare gegenüberzustellen. Bei Otto geschah die Einführung von Gas und Luft durch einen einzigen Schieber, der während der Ansaugeperiode erst Luft, dann Luft und Gas zusammen durch dieselbe Öffnung in den Zylinder strömen ließ. Bei Reithmann war auch ein solcher Misch- und Zuströmungsschieber vorhanden, die Zeit der Gaszuströmung wurde aber noch durch einen besonderen Hilfsschieber, die der Luftzuströmung durch ein besonders gesteuertes Luftventil abgemessen. Bei Otto wurde die Zündung durch den gleichen einzigen Schieber, der der Gas- und Luftzufuhr diente, bewirkt, indem eine im Schieberkanal brennende Flamme durch eine feine in den Kompressionsraum mündende Bohrung allmählich unter Druck gesetzt würde, so daß sie bei Freilegung der Zündöffnung nicht vor der Entzündung

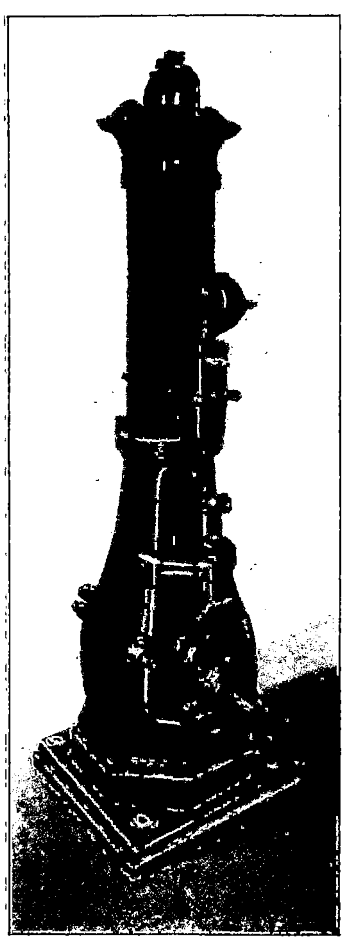

Fig. 15.   Maschine von Gilles.

ausgeblasen werden konnte. Bei Reithmann dagegen wurde eine Pumpe angewandt, welche durch Ansaugen von Gas und Luft ein Zündgemenge bildete, unter Druck brachte und in den Zylinder förderte. Eine eingehende Darstellung der Reithmann-Maschine findet sich im Werke von Güldner[1]). An Hand des Schaubildes, Fig. 17, läßt sich die Art der Steuerung im großen ganzen erkennen. Stange a trieb das unter dem einseitig wirkenden Zylinder liegende Ausströmventil, Stange b den Hilfsschieber, Stange c die Zündgemengepumpe, Stange d den Hauptschieber, Stange e das Luftventil an.   Der genialen Einfachheit der Otto-Maschine

---

1) Hugo Güldner, Verbrennungsmotoren. Berlin 1903. S. 39.

steht die verwickelt gestaltete Maschine von Reithmann gegenüber, die in dieser Form jedenfalls für den Markt ungeeignet war. Reithmann selber hatte sie auch nicht für eine brauchbare Maschine gehalten, denn nachdem er sie in dieser Form zusammengestellt hatte, suchte er noch immer weiter an ihr zu verbessern und hielt sie in ihrem Arbeitsprinzip völlig geheim.

Im Werke von Güldner findet sich auf Grund eines Urteils des Landgerichtes München die Behauptung, daß Reithmann erwiesenermaßen schon vor Otto das Viertaktarbeitsverfahren in einer betriebsfähigen Maschine öffentlich ausgenutzt habe. Allein diese Auffassung hat sich als irrig erwiesen. Jenes Urteil des Landgerichtes ist angefochten worden, und das Oberlandesgericht München ist zu einer vollständig anderen Feststellung der Sachlage gekommen. Es stellte fest, daß die Reithmannsche Maschine, abgesehen von zahl-

Fig. 16. Erste Viertaktmaschine von Otto 1876.

reichen kleinen Umbauten und Änderungen der Einzelheiten, in drei verschiedenen Hauptanordnungen gearbeitet habe; in der ersten Anordnung mit zwei gegeneinander bewegten, von außen gesteuerten Kolben, in der zweiten Anordnung mit einem losen Kolben, der nach außen keine Kolbenstange hatte, aber wie im ersten Falle abweichende Bewegungen gegen den festen Kolben ausführt, in der dritten Anordnung mit nur einem festen Kolben. Nur die dritte Anordnung entsprach dem Viertaktverfahren. Das Gericht stellte ferner fest, daß noch im Jahre 1874 Professor Linde, welcher die Maschine zu Versuchszwecken in Betrieb genommen hatte, sie in einer der beiden ersten Anordnungen angetroffen hatte; daß aus keiner der zahlreichen Zeugenaussagen, welche im ersten Prozeß erstattet worden sind, klar hervorgeht, daß die Maschine zwischen 1874 und 1876 (von welchem Jahre das Otto-Patent datiert) schon die Viertaktanordnung aufwies; denn alle diese Zeugenaussagen beziehen sich nur auf das Äußere der Maschine[1]).

---

1) Äußere Sichtbarkeit nur eines Kolbens, ohne daß festgestellt wurde, ob der lose Kolben noch im Zylinder war oder nicht; äußere Sichtbarkeit von Zahnrädern zur Steuerung, ohne daß festgestellt war, welches Übersetzungsverhältnis sie hatten und was sie steuerten; geräuschloser Gang, ohne daß festgestellt wurde, welcher Arbeitsvorgang im Innern stattfand.

Unter diesen Umständen wurde in der öffentlichen Sitzung des Oberlandesgerichtes vom 21. November 1885 das Urteil des Landgerichtes München aufgehoben und Reithmann verboten, die fraglichen Maschinen weiter zu bauen, da er eine Patentverletzung begänge und nicht imstande gewesen sei, sein Vorbenützungsrecht zu erweisen. Selbstverständlich erscheint es objektiv dennoch nicht ausgeschlossen, daß Reithmann bereits vor Otto (im günstigsten Falle 2 Jahre) seine Maschine in den Viertaktzustand gebracht hat. Er hätte dann durch sein heimliches Tun, durch seine Weigerung während des Prozesses, die Maschine in denselben Zustand zu versetzen, in welchem sie war, als sie zuerst im Viertakt lief, selbst die Spuren verwischt. Als der „Erfinder" des Viertaktmotors kann er aber selbst in diesem Falle nicht angesehen werden. Zur Erfindung gehört, daß man nicht nur eine neue Kräfteverbindung herstellt, sondern auch ihre gewerbliche Verwertbarkeit erkennt. Das war bei Reithmann nicht der Fall, der, trotzdem er Patente auf andere Arbeitsverfahren von Gasmaschinen genommen hatte, den Viertakt nicht zum Patent anmeldete, sondern an seiner Maschine weiter herumexperimentierte. Der „Erfinder" ist nach Damme

Fig. 17. Viertaktmaschine von Reithmann.

der „Lehrer der Nation". Nicht der ist ein Lehrer, der sich mit seinen Kenntnissen in die Kammer einschließt, sondern der damit heraustritt und das Bestreben kundtut, das Erzeugnis seines Geistes nutzbringend Früchte tragen zu lassen. Deshalb gebührt es sich nicht, das Verdienst Ottos durch Reithmann verkleinern zu lassen. Achtung vor dem Forscher und Grübler Reithmann, aber Achtung auch vor dem Erfinder Otto, dem wir den Viertaktmotor wirklich verdanken!

Die erste Versuchsmaschine Ottos hatte 161 mm Zylinderdurchmesser, 300 mm Hub, arbeitete mit 180 Umläufen und ergab bei einer Leistung von 3 PS einen Gasverbrauch von durchschnittlich 0,95 cbm. Sie wies schon alle wesentlichen Einzelheiten auf, die an der Maschine später jahrelang beibehalten werden konnten. Fig. 18 zeigt eines der ersten Diagramme vom 18. Mai 1876.

Die Viertaktmaschine war den ohne Verdichtung arbeitenden direktwirkenden Maschinen (wie Lenoir) durch den geringen Gasverbrauch, den atmosphärischen durch die Vermeidung von verwickelten Getrieben, Kupplungen und losen Teilen überlegen und verdrängte daher mit der Zeit alle anderen Bauarten. Am schnellsten verschwanden die atmosphärischen Maschinen. Die Jahresausstellungen der Royal Agricultural Society in England geben einen gewissen Überblick über Auftauchen und Verschwinden solcher Kleinkraftmaschinen, wenigstens für den englischen Markt. Nach den Berichten über diese Ausstellungen war die letzte Gilles-Maschine (gebaut von Louis Simon & Sons, Nottingham) hier im Jahre 1877, eine Turner-Maschine noch im Jahre 1879 anzutreffen.

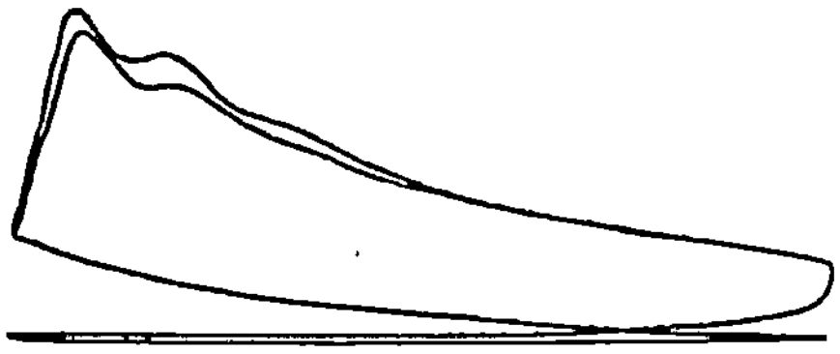

Fig. 18. Diagramm.

Länger haben sich die direktwirkenden Maschinen ohne Verdichtung erhalten. Freilich die langsam laufende doppeltwirkende Lenoir-Maschine mit dem schweren Ein- und Ausströmschieber hatte man schon zur Zeit, als der Viertaktmotor aufkam, durch leichtere, schnellaufende, kreuzkopflose, einfachwirkende Maschinen, stehender und liegender Bauart ersetzt.

Auf den Ausstellungen der Landwirtschaftlichen Gesellschaft in England werden von solchen Maschinen innerhalb der auf das Erscheinen des Otto-Motors folgenden 10 Jahre genannt: die Edward-Maschine (ausgeführt von Cobham & Co., Stevenhage), die Syrinx-Maschine (ausgeführt von Clark & Gillespie, Stevenhage), die Mund-Maschine und die Bishop-Maschine.

Die letztgenannte Bishop-Maschine, die wir ebenfalls im Deutzer Museum treffen, Fig. 19, hielt sich wegen ihrer vortrefflichen Eigenschaften am längsten, zumal sie für ganz kleine Kraftleistungen unter $^1/_2$ PS nahezu ohne Wettbewerb war. Die Maschine erschien in den Jahren 1872 bis 1874 und verdankte ihren verhältnismäßig günstigen Gasverbrauch dem unsymmetrischen Kurbelmechanismus, durch welchen erreicht wird, daß der Aufwärtshub des Kolbens mit sehr viel größerer Geschwindigkeit zurückgelegt wird als der Abwärtshub, und daß der

Fig. 19. Bishop-Maschine 1872.

Kolbenhub sehr viel länger ist als der Kurbelkreisdurchmesser [z. B. Kolbenhub 310 bei 260 mm Kurbelkreisdurchmesser]. Diese Bedingungen sind für die Verminderung des Abkühlungsverlustes durch die Ladung und für die Erzielung einer weitgehenden Expansion wichtig. Die französischen Konstrukteure dieser Maschine, Mignon und Rouart, erhielten im Jahre 1880 von der Société d'encouragement pour l'industrie nationale einen Preis von 1000 Fr. für den besten kleinen Motor für Heimwerkstätten. Die Motoren wurden in Größen von $^1/_{25}$ bis 1 PS hergestellt; der Motor von $^1/_{25}$ PS brauchte 250 l/st. Gas, der halbpferdige 1000 l/st. Der größte Motor von 1 PS hatte einen Gasverbrauch von 1850 l/PSe, machte 70 bis 80 Umläufe und kostete 1600 Fr. In England, wo weniger auf den Gasverbrauch gesehen wird als auf dem Festland, ist die Maschine noch bis zum Jahre 1894 verkauft worden. Es sollen 2000 Stück abgesetzt worden sein.

Die Erfolge von Ottos neuem Motor, der, was den Gasverbrauch anlangt, alle direktwirkenden Maschinen überflügelte, ließen bald die Erkenntnis allgemein werden, daß eine rationelle Gasmaschine mit vorheriger Verdichtung der Ladung arbeiten müsse. Hier gab es nun zwei Ausführungsmöglichkeiten, die Otto in seinem Patent 532 vom Jahre 1876 auch bereits beide dargelegt hatte, den Viertaktmotor, der die Verdichtung im Arbeitszylinder selbst in einem zwischen die Arbeitsspiele eingelegten Pumpenspiel bewirkte, und den Zweitaktmotor, bei dem ein besonderer Pumpenzylinder das Ansaugen der neuen Ladung und deren Überführung in den Arbeitszylinder vorzunehmen hat, wobei die Verdichtung entweder im Pumpenzylinder selbst oder im Arbeitszylinder oder stufenweise in beiden vorgenommen wird.

Die erste erfolgreiche Zweitaktmaschine, Fig. 20, stammt von Clerk aus dem Jahre 1880; sie beruhte darauf, daß in einem neben dem

Fig. 20.   Maschine von Clerk 1880.

Arbeitszylinder gelegenen leichtgebauten Verdrängerzylinder (Displaicer), dessen Kolben um 90° voreilte, eine Ladung von Gas und Luft angesaugt, dann in den Arbeitszylinder herübergeschoben wurde, wenn dessen Kolben den letzten Teil des Aushubes und den ersten Teil des Einhubes zurücklegte, wobei durch vom Kolben freigelegte Schlitze in der Zylinderwand die alte Ladung aus dem Zylinder und die neue hineingetrieben wurde. Nach Abschluß der Schlitze war auch die Füllung beendigt, und es wurde nun die frische Ladung im Arbeitszylinder durch dessen Kolben verdichtet. Der Gasverbrauch der Maschine war für 2, 4, 6 und 12 PS 1,13, 1,06, 0,86 und 0,68 cbm/PSe, also etwa gleich dem der Viertakt-Otto-Maschine, der beispielsweise im Jahre 1886 von Professor Brauer für eine Reihe von verschiedenen Maschinengrößen wie folgt festgestellt wurde:

Leistung in PSe	2,22	3,41	4,2	8,91	12,22	18,17	29,53
Umlaufzahl minutlich	181	182	160	159	139	141	139
Gasverbrauch l/PSe	980	932	841	846	810	750	707

Einen greifbaren Vorteil der Otto-Maschine gegenüber wies freilich der Clerk-Motor nicht auf, wohl aber den grundsätzlichen Nachteil, daß die nicht mit Sicherheit auszuschließenden Rückzündungen in die Pumpe erhebliche Störungen des Ganges und Gefahren mit sich brachten.

Und so mußte diese genial erdachte und gut betriebsfähige Maschine wieder vom Markte verschwinden, auf dem sie sich wohl hauptsächlich wegen der damaligen Monopolstellung und daher Kostspieligkeit des Viertaktmotors eine Zeitlang halten konnte. Die Clerk-Maschine wurde von der Firma Thomson Sterne & Co. gebaut; sie wird auf den landwirtschaftlichen Ausstellungen in England im Jahre 1879 und 1881 erwähnt.

Eine weitere Vervollkommnung auf dem Gebiete der Zweitaktmaschine stellt die Benz-Maschine dar, Fig. 21, die im Jahre 1883 von der bekannten Fabrik

Fig. 21.   Zweitaktmaschine von Benz 1883.

ihres Erfinders in Mannheim auf den Markt gebracht wurde. In Frankreich wurden die Maschinen zuerst von den Forges d'Auberives (Ardennen), später von der auf dem Gebiete der Automobilmotoren hervorragenden Fabrik von Panhard & Levassor gebaut. Die Benz-Maschine zeichnete sich vor der Clerk-Maschine vor allem dadurch aus, daß sie eine gesonderte Gas- und Luftpumpe hatte und dadurch die grundsätzliche Gefahr vermied, die bei der Clerk-Maschine durch die Möglichkeit der Entzündung von Gemenge in der Pumpe bestand. Außerdem konnte durch die gesonderte Steuerung des Luft- und Gaszutrittes in den Arbeitszylinder erreicht werden, daß die Ausströmgase zunächst durch reine Luft ausgetrieben wurden, bevor die eigentliche Gasluftladung in den Zylinder strömte. Wir begegnen hier also bereits der „Spülluft", die auch bei den späteren Groß-Zweitaktmaschinen für Hochofengase von Körting und Oechelhäuser verwendet worden ist.

Obgleich diese Maschine fast ein Jahrzehnt lang gebaut wurde, findet sich in der Literatur nur ein einziges Versuchsergebnis, von einer 4 pferdigen Maschine; diese Maschine hat bei 5,6 PS 707 l/PSe, bei 2,7 PS 1209 l/PSe gebraucht. Das Ergebnis ist also nur bei Vollast günstig, verschlechtert sich aber mit abnehmender Belastung sehr stark, was auf die im Prinzip der Maschine beruhende unvollkommene Mischung von Gas und Luft zurückzuführen ist. Übrigens ist auch das obige Versuchsergebnis von 707 l/PSe sehr günstig, denn die Firma selbst gibt den Gasverbrauch bei Vollast zu $^3/_4$ bis 1 cbm für die Größen von 10 bis 1 PS an.

Die Maschine bot auch sonst keinen greifbaren Vorteil vor dem Viertaktmotor, da ihr größerer Gleichförmigkeitsgrad bei gleichem Schwungradgewicht

Fig. 22.   Zweitaktmaschine der Gasmotorenfabrik Deutz 1879.

mehr wie aufgewogen wurde durch die größere Anzahl von Organen; auch der Kolben war unzugänglich, da der vordere Teil des Zylinders, mit Stopfbüchse versehen, als Luftpumpe diente. Als daher 1886 das Otto-Patent auf den Viertakt vernichtet wurde, verlor sie durch den nun steigenden erweiterten Wettbewerb und das Sinken der Preise für Viertaktmotoren ihre Marktfähigkeit. Im ganzen sind von diesen Maschinen 250 bis 300 Stück in den Größen von 1 bis 10 PS abgesetzt worden. ·

Die Gasmotorenfabrik Deutz hatte inzwischen der Zweitaktfrage nicht müßig zugesehen. Schon im Jahre 1879 hatte sie ein Patent (D. R. P. 14 254) auf einen Zweitaktmotor genommen, bei dem in den Arbeitszylinder während des ersten Teiles des Kolbenvorganges ein in einer Pumpe verdichtetes Gemenge eingepreßt, dann nach Abschluß des Einströmorganes gezündet wurde, Fig. 22. Seitlich am Zylinder war die Gas- und Luftpumpe, die dem Arbeitskolben um 45 Grad voreilte, angebracht. Durch die Stutzen a und b wurde Gas und Luft angesaugt, durch das selbsttätige Druckventil c in einen Kanal gepreßt, welcher in den Stutzen d des an der Stirnwand des Arbeitszylinders liegenden Schiebers mündete. (Die Photographie zeigt eine spätere Abänderung, bei der man das Gemenge aus der Pumpe ohne nochmaliges Durchstreichen des Schiebers direkt in den Arbeitszylinder von oben münden ließ.) Das Ausströmventil saß, wie bei Benz, unten im hinteren Teil des Zylinders; die Photographie zeigt bei *f* den Deckel des Ausströmventils. Die Überführung des verdichteten Gemenges aus der Pumpe erfolgte während eines Kurbelwinkels von 45 Grad vor, bis 45 Grad nach dem inneren Totpunkte; die unmittelbar nach Abschluß des Einlaßschiebers eintretende Zündung wurde durch denselben Schieber bewirkt.

Fig. 23 zeigt einige übereinander geschriebene Diagramme. Der Gasverbrauch war sehr ungünstig, nämlich 1,686 cbm/PSe bei einer Leistung von 2,3 PS. In der Tat mußte die Maschine, wie wir heute ohne weiteres erkennen, schon deshalb unvollkommen arbeiten, weil sie nur eine außerordentlich geringe Expansion hatte und weil die Überströmverluste beim Übertritt der verdichteten Ladung aus dem Pump- in den Arbeitszylinder sehr bedeutende waren. Dazu kamen als ungünstige Umstände für den praktischen Betrieb die schon bei der Clerk-Maschine erwähnte Gefahr der Rückzündung aus dem Arbeitszylinder in die Pumpe.

Die Versuche wurden im Jahre 1887 wieder aufgegriffen an einer neuen Maschine desselben Arbeitsprinzips, bei der dieser letztgenannte Nachteil dadurch vermieden wurde, daß man wie beim Benz-Motor, Luft- und Gaspumpe getrennt, und zwar die erstere im vorderen Teile des Arbeitszylinders, anordnete,

Fig. 23. Diagramme.

Fig. 24 bis 27). Da die Luftpumpe zu einer Zeit verdichtete, welche nicht mit der Füllungsperiode zusammenfiel, mußte ein Behälter angewandt werden, und es wurde nun in einer geschickten Weise die Frage gelöst, einen Behälter für Gas und Luft anzuwenden, welches den Eintritt von Gas und Luft in gemischtem Zustande gewährt, ohne dabei die Gefahr von Explosionen einer angespeicherten Gasluftmenge zu bieten. Das geschah durch Verwendung eines Behälters mit einem langgestreckten Kanal zur Aufnahme des Gases. Die Gaspumpe ist seitlich oberhalb des Arbeitszylinders befestigt und wird von einem Arm des Kreuzkopfes aus betrieben. Die Luftpumpe im Raum des Arbeitszylinders vor dem Kolben entleert ihren Inhalt durch einen (in der Zeichnung nicht sichtbar) an den seitlichen Schieber angeschlossenen Kanal in den Behälter im Sockel des Maschinengestelles, die Gaspumpe durch Ventil *y* ihren Inhalt in den Kanal *m*, welcher sich an den Behälter *R*, und den Kanal *u*, welcher sich an den Schieber anschließt, von diesem aber einstweilen abgesperrt ist. Die Verhältnisse sind so gewählt, daß das Gas im Kanal *m* nicht bis an den Behälter vordringen kann, sondern nur in einer verhältnismäßig dünnen Schicht sich mit der zurückgedrängten Luft mengt. Wird nun der Arbeitszylinder (wie in der Querschnittsfigur gezeichnet) mit dem Kanal *f* in Verbindung gebracht, so strömen Gas und Luft unter gleichzeitiger Mischung in den Arbeitszylinder ein.

Auch diese Maschine konnte nicht befriedigen, da sie die grundsätzlichen Mängel der vorigen, verminderte Expansion und Überströmverluste, gegenüber dem Viertakt aufwies.

15*

Aussichtsvoller war gegenüber diesen Versuchen eine Zweitaktmaschine der Gasmotorenfabrik Deutz aus dem Jahre 1886, Fig. 28. Hier wurde eine gesonderte Gas- und Luftpumpe, und zwar beide unter demselben Kurbelwinkel

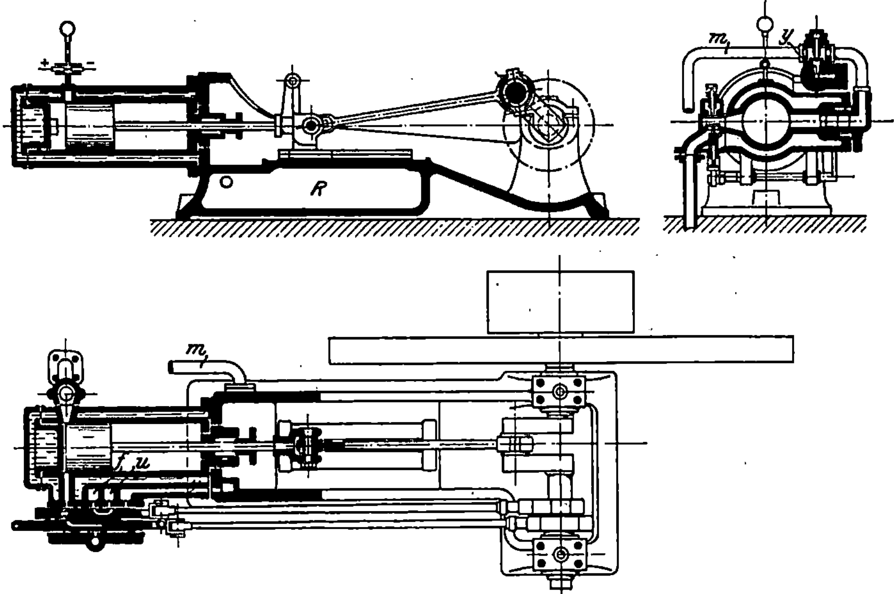

Fig. 24 bis 26.   Zweitaktmaschine der Gasmotorenfabrik Deutz 1887.

Fig. 27.   Zweitaktmaschine der Gasmotorenfabrik Deutz 1887.

wie der Arbeitskolben angetrieben. Durch die Steuerung wurde dafür gesorgt, daß der Luftpumpenkolben bei offenem Ausströmventil zunächst einen kühlenden Luftstrom in den Zylinder treibt, wonach erst Gas und Luft gemeinsam in den Zylinder geschoben wurde. Gegenüber Benz ist die Einführung der Gas- und

Luftladung durch denselben Schieber und Schußkanal bemerkenswert, und zwar beider Ladungsteile zu gleicher Zeit, nicht hintereinander, wodurch, wie bei den modernen Zweitaktmaschinen, eine innigere Mischung der Ladungsbestandteile gesichert wird. (Die Originalmaschine ist in dem diesem Arbeitsverfahren entsprechenden Zustande nicht mehr vorhanden, da sie in die Maschine nach Fig. 43 umgebaut wurde.) Die Maschine war betriebsfähig, erwies sich jedoch der Viertaktmaschine nicht im Gasverbrauch überlegen, wie man wegen der vollständigen Austreibung der Rückstände erwartete; sie wurde auch durch den neben dem Arbeitszylinder liegenden schweren Stufenzylinder zu teuer.

Alle Versuche der Gasmotorenindustrie, einen dem Viertakt überlegenen Zweitaktmotor zu konstruieren, erwiesen sich, wenigstens was den Betrieb mit gasförmigen Brennstoffen und die in Betracht kommenden kleinen Kraftgrößen

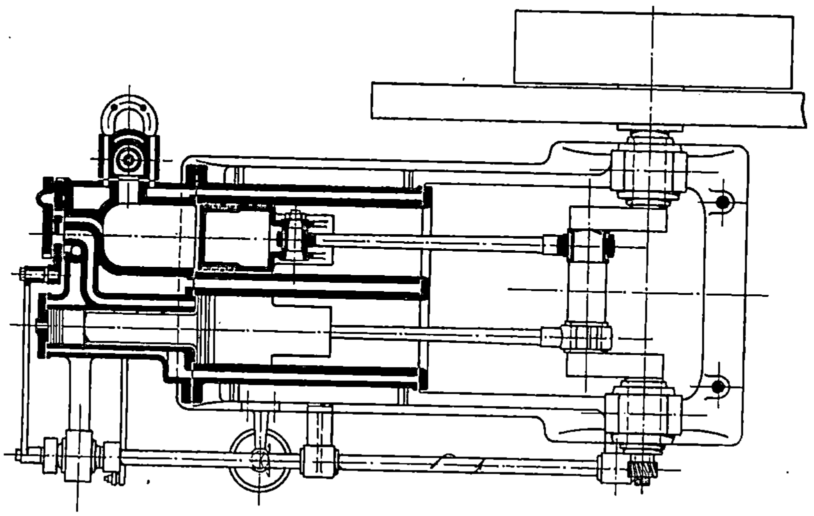

Fig. 28. Zweitaktmaschine der Gasmotorenfabrik Deutz 1886.

anlangt, als vergebens. Übereinstimmend zeigte sich, daß der Gasverbrauch nicht wesentlich anders als beim Viertaktmotor, die Bauart aber zu verwickelt war. Demgegenüber traten die Mängel des Viertaktmotors, die beseitigt werden sollten, zurück. Denn der eine Mangel, die größere Ungleichförmigkeit des Viertaktes, war für alle praktischen Bedürfnisse in sicherer Weise durch Vermehrung der Zylinder und Vergrößerung der Schwungmasse zu bewältigen. Der andere Mangel, die Notwendigkeit einer Steuerwelle, ist durch Anwendung geräuschloser, mit halber Umlaufzahl angetriebener Schneckenräder so einfach beseitigt worden, daß am Viertaktmotor namentlich nach Ersatz des schwerfälligen Schiebers durch Ventile und Glührohr grundsätzlich nicht mehr viel auszusetzen war. Wenn sich der Zweitaktmotor im letzten Jahrzehnt durch die Verdienste von Körting, Junkers und Oechelhäuser für Hochofengase als lebensfähig erwiesen hat, so hat das seinen Grund darin, daß bei Maschinen der in Betracht kommenden Größen das Hinzukommen von Nebenapparaten (Gas- und Luftpumpe) weniger stört, daß dagegen andere Forderungen, z. B. günstige Gestängeausnützung bei möglichster Verminderung der Zahl der Arbeitszylinder, sich in den Vordergrund schieben.

Immerhin wird ja auch für diese Kraftgrößen und Betriebsstoffe der Viertaktmotor noch am meisten und von der größten Anzahl von Maschinenfabriken gebaut. Wenn ferner der Zweitaktmotor für flüssigen Brennstoff für kleine Kraftgrößen von einigen (meist ausländischen) Werken mit Erfolg gebaut wird, so liegen hier die Verhältnisse gegenüber der Gasmaschine insofern günstiger, als die Gaspumpe gespart wird. Einen Vorsprung kann hier der Zweitaktmotor

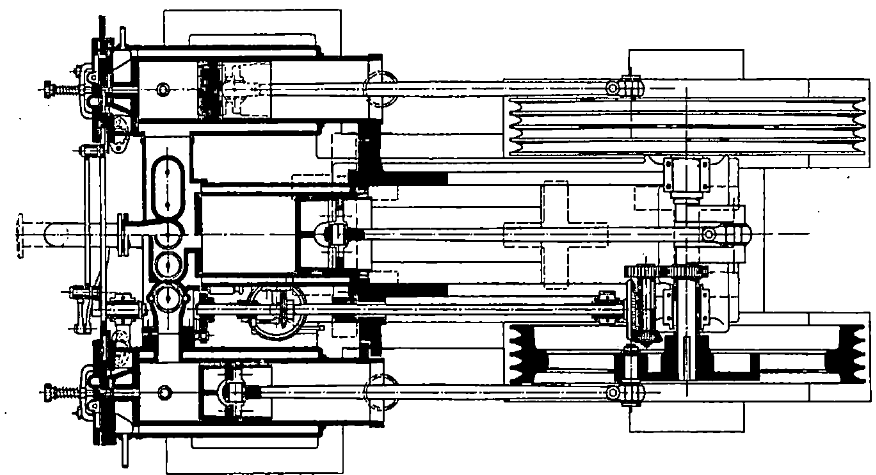

Fig. 29 und 30. Dreizylinder-Verbundmaschine 1879.

auch nur dadurch erlangen, daß man die Steuerungsteile des Viertaktmotors spart, indem man Steuerschlitze im Zylinder durch den Kolben überdecken und öffnen läßt. Freilich ist das bei den bisher bekanntgewordenen Konstruktionen meist nur durch ungünstigeren Brennstoffverbrauch erkauft worden, was den vermehrten Überströmwiderständen der Luft und dem Verbrauch an Spülluft oder dem Entweichen von Brennstoff durch das Ausströmventil zuzuschreiben ist. Immerhin erscheint es nicht ausgeschlossen, daß auf diesem Gebiet die Zweitakt-

maschine noch zu ihrem Rechte kommt. Für kleinere und mittlere Gasmaschinen dürfte sie endgültig ausgestorben sein.

Wenn nun auch die Gasmotorenfabrik Deutz fortgesetzt Versuche an
Zweitaktmotoren ausführte, um immer wieder auf den Viertakt zurückzukehren,
so unterließ sie es doch auch nicht, zu erproben, ob der Viertakt als solcher Erweiterungen und Verbesserungen zuließ. Bereits im Jahre 1879 nahm sie ein Patent
auf eine Dreizylinder-Verbundmaschine (D. R. P. 10 116), mit zwei Vier-
taktzylindern mit gleichgerichteten Kurbeln, die aber abwechselnd ansogen, und
einem Expansionszylinder, der abwechselnd aus dem einen und anderen „Hochdruckzylinder" Ausströmgase aufnahm und expandieren ließ, Fig. 29 und 30.

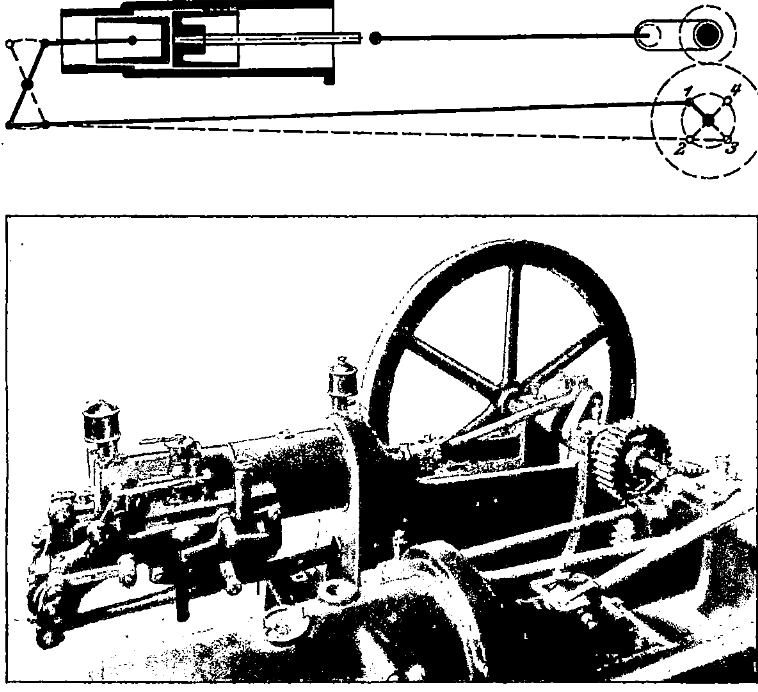

Fig. 31 und 32.   Viertaktmaschine mit Hilfskolben.

Eine nach diesem Prinzip ausgeführte 60pferdige Maschine hat vom Jahre 1880
bis 1884 in der Zuckerfabrik Pfeiffer & Langen in Elsdorf gearbeitet; der Brennstoffverbrauch betrug 750 l/PSe, war also etwas günstiger als bei den damaligen
mit einfacher Expansion arbeitenden Maschinen. Die Maschine stellte sich jedoch
wegen des geringen mittleren Druckes im Unterdruckzylinder zu teuer und war
zu wenig einfach, um sich einführen zu können.

Einen anderen Versuch unternahm man im Jahre 1881 gemäß Patent 15 188
mit einer Viertaktmaschine mit Hilfskolben, bei der man abwechselnd einen
Verdichtungsraum entstehen und verschwinden ließ; der Zweck war das völlige
Austreiben der Verbrennungsgase in der Ausströmperiode. Der Zweck wurde
dadurch erreicht, daß man, wie Fig. 31 und 32 zeigen, einen in dem hinteren Teil
des Arbeitszylinders eingesetzten Gegenkolben durch einen gleichschenkligen Hebel

und eine unter der Maschine hergehende Schubstange von einer Kurbel aus bewegen ließ, die mittels eines Stirnräderpaares mit der halben Umlaufzahl der Hauptkurbelwelle umgetrieben wurde. Aus dem beigefügten Diagramm, Fig. 33, erkennt man die aus der Vertreibung der Rückstände sich ergebende, bei der damals üblichen schwachen Kompression ungewöhnlich hohe Drucksteigerung. Die Ergebnisse bezüglich des Gasverbrauchs waren günstig, nämlich 0,805 cbm/PSe bei einem 3 pferdigen Motor, gegenüber 0,9 cbm bei den damaligen gleich großen Viertaktmaschinen. Bei unserem heutigen wirtschaftlich mehr gereiften Überblick, erscheint uns ein solcher Versuch, der um eines so geringen Vorteiles willen so teure

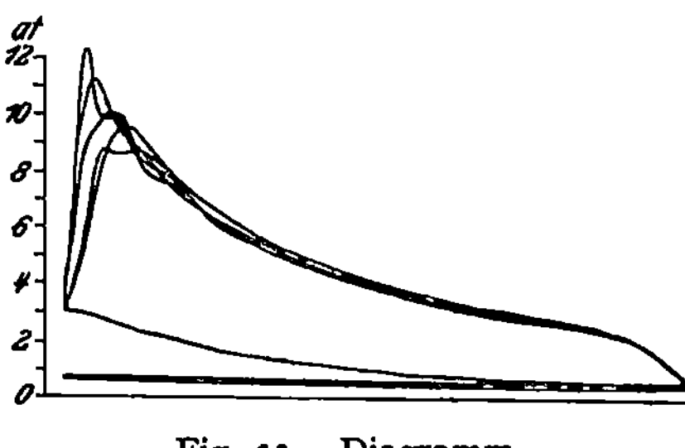

Fig. 33.   Diagramm.

Mechanismen anwendet, vielleicht kindlich. Daß der Grundgedanke der Austreibung der Verbrennungsrückstände selbst gut war, hat sich später z. B. aus dem sehr günstigen Gasverbrauch der Premiermaschine ergeben, die mit Spülluft die

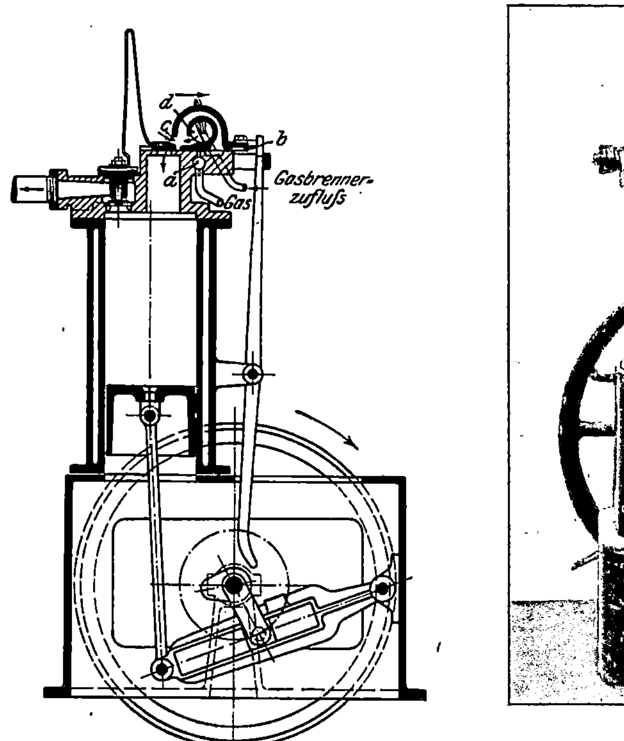

Fig. 34 und 35.   „Deutzer Feuerschlucker" 1873.

Rückstände austreibt; bekanntlich verzichtet man jedoch auf die dadurch bedingte wenig einfache Bauart und nimmt den etwas höheren Gasverbrauch, wie ihn die einfachen Viertaktmotoren aufweisen, in Kauf. Auch Crossley Brothers erzielten einen ähnlichen Vorteil durch ihre „Scavenger"-Wirkung des

Zylinders[1]), sind aber von der Anwendung dieses Prinzips wieder zurückgekommen, da der Erfolg von der Lage der Ausströmleitung und verschiedenen Zufälligkeiten abhängig und daher unsicher war.

Schon frühzeitig hat die Gasmotorenbauer die Frage beschäftigt, eine Gasmaschine ohne Explosionen zu betreiben, wobei nur die Volumenvergrößerung der ruhig brennenden Gase (ähnlich der Heißluftmaschine) zur Arbeitsleistung benutzt wird. Die älteste und ursprünglichste Form dieses Gedankens drückt sich wohl in dem „Deutzer Feuerschlucker" aus dem Jahre 1873 aus, von dem das Museum ein kleines Versuchsmodell zeigt Fig. 34 und 35.

Der Kolben der stehenden Maschine war mit einer Schleifkurbel derart verbunden, daß er einen schnellen Aushub und langsamen Einhub ausführte, wie es

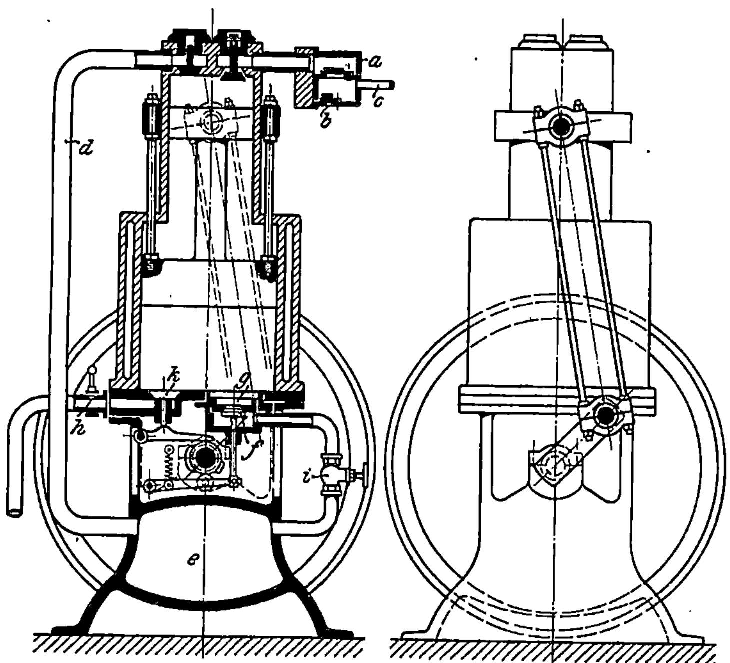

Fig. 36 und 37.   Maschine von Brayton 1872 bis 1874.

bei der atmosphärischen Maschine mit anderen Mitteln erzielt wurde. Während des ersten Teiles des Kolbenaushubes wurde ein Gemenge von Gas und Luft eingesaugt und durch Zusammentreffen mit einer gleichzeitig eingesaugten Zündflamme sofort bei Atmosphärenspannung verbrannt. Nach Abschluß der Einströmungs- und Zündöffnung expandierten die Verbrennungsgase während des Restes des Kolbenaushubes, wobei die Spannung unter die Atmosphäre sank. Beim langsamen Rückgang wirkte der äußere Luftdruck treibend, wobei infolge der Kühlung der Ladung der Unterdruck im Inneren des Zylinders während eines größeren Teiles des Einhubes aufrechterhalten blieb, als der Einsaugeperiode entsprach. Die Steuerung geschah durch einen liegenden Schieber, in dem links bei *a* Gas, bei *b* Luft zutrat; das Gemenge umströmte den Hohlraum des Schiebers, durch *c* kam Sekundärluft hinzu und durch *d* schlug die Zündflamme hinein. Über die Ergebnisse

---

[1]) Vgl. Güldner, Verbrennungsmotoren. Berlin 1903. Seite 65.

der Maschine liegen keine Angaben vor. Sie können natürlich, was die Ausnützung des Brennstoffes anlangt, wegen des geringen Druckgefälles nur sehr ungünstig gewesen sein; auch muß wegen des geringen mittleren Druckes die Leistung im Vergleich zum Gewicht nur sehr gering gewesen sein. Immerhin wäre es nicht ausgeschlossen, derartige Maschinen für dieselben Zwecke, wie Heißluftmaschinen, nämlich wenn höchste Einfachheit und nur kleinste Kräfte in Frage kommen, anzuwenden.

Etwa gleichzeitig arbeitete der Amerikaner Brayton eine Maschine aus, die durch die langsame Verbrennung gespannter Luft- und Gasgemische betrieben

Fig. 38. Brayton-Maschine.

werden sollte. Das erste Patent datiert schon aus dem Jahre 1872, ein späteres von 1874. Die im Museum der Gasmotorenfabrik Deutz aufgestellte Maschine entspricht einem Mittelding zwischen den beiden in den Patenten dargestellten Anordnungen Fig. 36 und 37. In einem stufenförmigen Zylinder bewegen sich zwei starr miteinander verbundene Kolben; doch wird nur der obere Teil des oberen Zylinders und der untere Teil des unteren Zylinders ausgenutzt; der Mittelraum ist unwirksam und steht mit der Außenluft in Verbindung. Den oberen Teil bildet eine Gas- und Luftpumpe, die durch eine Mischkammer a ein Gemenge von Gas und Luft ansaugt, wobei durch b Luft, durch c Gas tritt. Die verdichtete Ladung wird durch das Rohr d in den Behälter e im Gestell der Maschine geschoben und gelangt von hier durch ein gesteuertes Einströmventil f während eines kleinen Teiles des Kolbenvorganges in den unteren Teil des Arbeitszylinders, in welchen außerdem noch ein Ausströmventil k mündet. Das Einströmventil f ist mit einer Undichtigkeit versehen, so daß, wenn im Behälter e gespanntes Gemenge enthalten ist, beständig ein feiner Strom davon in den Zylinder ausströmt. Über dem Einströmventil ist eine Schicht enger Siebe g eingelegt. Das Ausströmrohr ist mit einer durch Drehschieber verschließbaren Seitenöffnung h versehen. Um die Maschine in Gang zu setzen, muß durch Ausführung einiger Kolbenspiele von Hand bei geschlossen gehaltenem Absperrventil i der Behälter e unter Druck gesetzt werden. Man öffnet dann das Ventil i, worauf durch das undichte Einströmventil ein ständiger Strom gespannter Ladung durch die Siebe in den Zylinder und durch das geöffnete Ausströmventil ins Freie strömt. Man entzündet nun diesen Strom durch Einhalten einer Zündflamme durch die Öffnung h, worauf sich über den Sieben eine ständig brennende Flamme hält. Nun kann die Maschine in Gang gesetzt werden. Während des ersten Teiles des Kolbenaushubes strömt durch das geöffnete Einströmventil eine gespannte Gas-Luftladung in den Zylinder und ver-

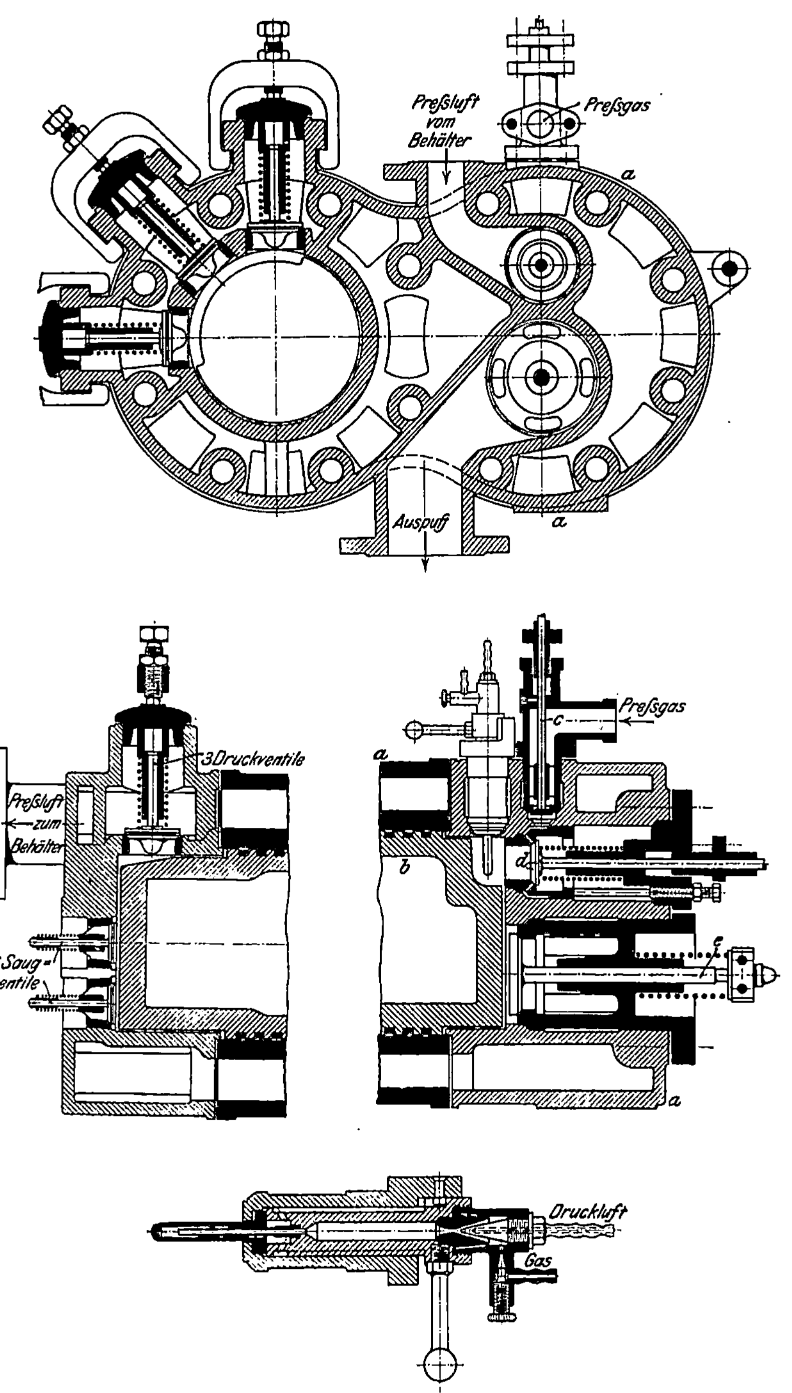

Fig. 39 bis 42. Zur Gasmaschine mit langsamer Verbrennung. Deutz 1895.

brennt allmählich ohne Druckvermehrung unter Volumenvergrößerung. Nach Abschluß des Einströmventiles expandieren die Gase bis nahe auf Atmosphärendruck und werden während des Kolbenrückganges aus dem Zylinder herausgeschoben. Ein Versuch an einer Brayton-Maschine aus dem Jahre 1873, ausgeführt von Professor Thurston, ergab folgendes: höchster Druck im Zylinder 5,3 at, abnehmend während der Einströmperiode auf 4,7 at; indizierte Leistung im Arbeitszylinder 6,62 PS, Bremsleistung der Maschine 3,98 PS, Gasverbrauch für 1 PS im Arbeitszylinder 0,91 cbm. Daraus würde sich der Gasverbrauch für

$$1 \text{ PSe der Maschine auf } 0{,}91 \cdot \frac{6{,}62}{3{,}98} = 1{,}51 \text{ cbm ergeben.}$$

Die Gasmaschine von Brayton scheint nur in wenigen Exemplaren gebaut worden zu sein. Die Literatur berichtet nur von einer solchen, die im Massachusetts Institute of Technologie, von einer anderen, die im American Institute Fair ausgestellt war. Im übrigen erfährt man, daß Brayton schließlich an den Schwierig-

Fig. 43. Gasmaschine mit langsamer Verbrennung. Deutz 1895.

keiten der Zündung gescheitert ist, da die ständig im Zylinder zu unterhaltende Flamme leicht erlischt; auch brannten die Siebbleche, von denen Brayton nach der Angabe in seiner Patentschrift nur sechs nötig hatte, mit der Zeit durch, und es traten Rückzündungen in den Behälter und in die Pumpe ein. Bei der im Deutzer Museum ausgestellten Maschine scheint man auch schlechte Erfahrungen mit dem Pumpen und Aufbewahren von gespanntem Gas-Luftgemenge gemacht zu haben. Denn an dieser Maschine ist nachträglich eine kleine, stehende Gaspumpe angeordnet worden, wie Fig. 38 zeigt, deren Kolbenstange an den Kreuzkopfzapfen angeschlossen und deren Schieberstange durch Auftreffen eines Vorsprunges dieses Zapfens auf zwei an der Stange befestigte Bunde gesteuert wird. Möglicherweise diente diese Pumpe, deren Anschluß an die Maschine nicht mehr zu erkennen ist, aber auch lediglich für das Einpressen von Zündgemenge.

Im Jahre 1895 griff die Gasmotorenfabrik Deutz die Gasmaschine mit langsamer Verbrennung noch einmal auf, in der Hoffnung, auf diese Weise eine Maschine für größte Leistungen zu erhalten, die ähnlich wie die Dampfmaschine mit veränderlicher Einströmungszeit arbeiten und umgesteuert werden

konnte. In der Tat hätte eine solche Maschine den Vorteil gebracht, daß auch
bei wechselnder Belastung die Zündungen stets unter genau den gleichen Verhältnissen (Druck und Zusammensetzung der Ladung) erfolgen konnten und Stöße
vermieden worden wären, was gerade für große Leistungen von Wichtigkeit
gewesen wäre. Die Maschine, Fig. 39 bis 43, enthält zwei parallel nebeneinander
liegende Zylinder, von denen der größere als Arbeitszylinder und der kleinere als

Fig. 44. Diagramm.

Luftpumpe diente; in ihnen bewegten sich zwei Kolben mit gleichem Hub an-
greifend an demselben Kurbelzapfen. Außerdem gehörte zur Maschine eine in
der Zeichnung und Photographie nicht sichtbare Gaspumpe. Gas und Luft wurden
auf 10 at verdichtet und in besonderen Behältern aufgefangen. Von diesen strömten
sie der Maschine durch getrennte Leitungen zu, wobei das Gas in die Löcher
des Luftventilsitzes geleitet wurde. Von hier aus führte ein kurzer zylindrischer

Fig. 45. Gasmaschinen-Museum in Deutz.

Kanal ins Innere des Arbeitszylinders. Der Arbeitskolben ließ nur einen kleinen
schädlichen Raum im Zylinder; derselbe wurde zum Teil gebildet durch eine Aus-
sparung im Kolben für die Zündvorrichtung. Diese bestand aus einem Por-
zellan- oder Nickelrohr, das nach Art der Platinzünder für Holzbrennarbeiten
durch eine innere Stichflamme erhitzt wurde. Die Maschine war für Arbeits-
drücke von 9 at bestimmt. Das beigefügte Diagramm, Fig. 44, zeigt eine regelmäßige langsame Verbrennung, darunter einen Versager mit stärker abfallender
Admissionslinie, indem die Ladung unverbrannt einströmt, stärker gedrosselt

wird und erst Mitte Hub entzündet; ferner erkennen wir eine Spätzündung. Diese Spätzündungen sind es, die bei ihrem Auftreten jedesmal eine empfindliche Störung hervorbringen, da mit ihnen stets eine erhebliche Drucksteigerung verbunden ist, die die verbrannten Gase in die Einströmkanäle zurücktreibt und die neue Ladung verdirbt. Sie treten stets dann auf, wenn es nicht gelingt, die Gas-Luftladung im Augenblick des Eintretens sofort zu zünden. Leider erwies es sich mit den versuchten Zündungsmethoden nicht als möglich, die Schwierigkeit völlig zu beseitigen. Sie traten sowohl bei dem dargestellten Glühbrenner, also bei elektrischer Zündung mit überspringenden Funken, als auch bei Zündung durch einen elektrisch glühend erhaltenen Platindraht ein. Die Maschine ist somit an denselben Schwierigkeiten wie die Brayton-Gasmaschine gescheitert. Es

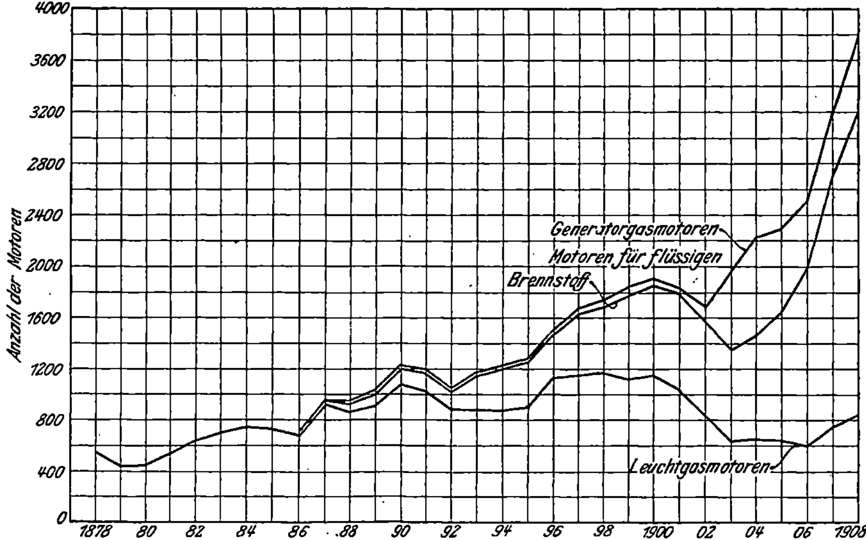

Fig. 46. Jahreslieferung von Gasmaschinen der Gasmotorenfabrik Deutz von 1878 bis 1908. Die Zahl der Maschinen ist senkrecht übereinander aufgetragen, so daß der oberste Linienzug zugleich die Gesamtzahl der jährlich gelieferten Maschinen angibt.

war zu übersehen, daß die Schwierigkeiten sich noch vergrößern müßten, wenn man, wie man anfangs vorhatte, Generatorgas oder Hochofengas, die wesentlich schwerer zünden als Leuchtgas, verwenden wollte.

Es erscheint auch heute nicht verlockend, das Problem der Maschine mit allmählicher Verbrennung für gasförmige Stoffe wieder aufzugreifen, da die Gas- und Luftpumpe hohe negative Arbeit und daher große und verwickelte Maschinen mit geringem Wirkungsgrad bedingt. Für flüssige Brennstoffe besteht dieser Mangel nicht, da nur die Luft zu verdichten ist. Auch die Zündung bietet viel weniger Schwierigkeiten; mit leichteren flüssigen Brennstoffen, wie z. B. Petroleum, ist sowohl eine Zündflamme im Zylinder leichter zu unterhalten, als auch die Entzündung selbst sofort beim Eintritt sicher möglich. Die Braytonsche Petroleummaschine hat diese Lösung gebracht. Für schwerflüchtige Brennstoffe ist die Aufgabe durch die geniale Erfindung Diesels gelöst worden. Für gasförmige Brennstoffe dagegen hat sich auch das Diesel-Verfahren als unwirtschaftlich erwiesen, und damit dürfte

die Gasmaschine mit langsamer Verbrennung endgültig als aussichtslos abge-
tan sein.

Blicken wir zurück auf die bunte Maschinenwelt, die wir soeben vor unseren
Augen vorüberziehen ließen, — einen Blick in das Museum gibt uns Fig. 45 —
und fragen wir nach den greifbaren Früchten von so viel Geistesarbeit, die sich in
diesen stummen Zeugen kundtut, so könnte das Ergebnis im ersten Augenblick
beschämend erscheinen. Die meisten Versuche führten auf Abwege, sie dienten
nur dazu, zu zeigen, wie man's nicht machen soll, von hundert falschen Wegen
ein richtiger! — Aber jeder falsche Weg dient auch dazu, uns tiefer in die Geheim-
nisse der Natur eindringen zu lassen und uns daher den richtigen Weg mit größerer Sicherheit einschlagen und erfolgreich weiter wandeln zu lassen.

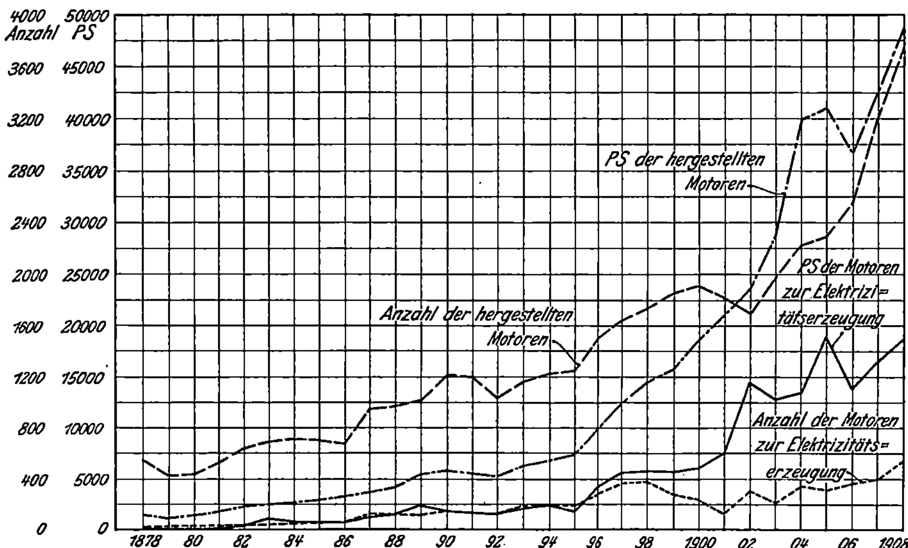

Fig. 47. Jahreslieferung von Gasmaschinen der Gasmotorenfabrik Deutz nach Anzahl und
Leistung. — Verwendung der Gasmaschinen zur Elektrizitätserzeugung.

Im gewissen äußeren Gegensatz zu dem unruhigen Hasten und Drängen, das
sich in den ständigen Versuchen, die Gasmaschine zu verbessern, kundtut, steht
das ruhige und sichere Vordringen der erprobten Konstruktionen in die Welt, die
im allgemeinen von diesen Geburtsschmerzen wenig erfährt. Über dieses stetige
Vordringen der Gasmaschine geben, wenigstens was die Erzeugnisse der Gasmotorenfabrik Deutz anlangt, die beiden letzten Bilder Zeugnis. Fig. 46 zeigt das Anwachsen der Jahreslieferung an Gasmotoren mit Rücksicht auf die drei Haupt-
gruppen von Brennstoffen: Leuchtgas, Generatorgas und flüssige Brennstoffe.
Man erkennt das Zurückdrängen des Leuchtgases in den letzten Jahren, veranlaßt
teils durch die unpraktische Tarifpolitik vieler Gasanstalten, teils durch das Vordringen der Elektromotoren; man erkennt das späte Auftauchen, aber starke Über-
handnehmen der Flüssigkeitsmotoren, zurückzuführen teils auf die Verwendung der
Verbrennungskraftmaschine für Transportzwecke, teils auf die Heranziehung billiger
Flüssigkeiten, wie Benzol, Gasöl, Paraffinöl. Die Fig. 47 zeigt endlich das starke
Anwachsen der Leistungen im Verhältnis zum Anwachsen der Anzahl der Maschinen

und damit die Verlegung des Schwerpunktes des Gasmaschinenbaues auf größere
Leistungen. Die beiden unteren Kurven der Fig. 47 lassen auch deutlich die
wachsende Bedeutung der Verbrennungskraftmaschinen für die elektrische Industrie
erkennen. Von der ursprünglich für den Antrieb elektrischer Maschinen für unbrauchbar erklärten Viertaktgasmaschine dienen jetzt 38 v. H. der Gesamtleistung
zur Erzeugung elektrischen Stromes! Die Verbrennungskraftmaschine darf daher
auch für sich in Anspruch nehmen, zu dem gewaltigen Aufschwung der Elektrotechnik als eine wichtige Kraftquelle einen namhaften Teil beigetragen zu haben.

Die historische Entwicklung der deutschen Seekabelunternehmungen.

Von

Dr. Richard Hennig, Berlin-Friedenau.

Die Rückwirkung, welche die in den letzten 10 Jahren so rasch aufblühende deutsche Seekabelindustrie auf das deutsche Wirtschaftsleben sowie auch auf die politische Stellung Deutschlands im Rate der Völker ausgeübt hat, ist zurzeit noch unmöglich in ihrer ganzen Bedeutung zu ermessen. Erst später, wenn die gärende Entwicklung dieser wirtschaftlichen Erscheinung zu einem ungefähren Abschluß gelangt sein wird, wird es möglich sein, ein objektives Urteil zu gewinnen, welche allgemeine Bedeutung unserer Loslösung von dem einst weltbeherrschenden englischen Kabelnetz und unserer Selbständigmachung im Fabrizieren, Verlegen und Betreiben großer überseeischer Kabel beigemessen werden muß. Daß diese Bedeutung von der Zukunft jedoch nicht gering eingeschätzt werden wird, darf man schon heute als gewiß erachten.

Blickt man heute zurück auf die Ausgestaltung der deutschen Seekabelunternehmungen nur in den letzten 10 Jahren, so kann man sich einer ehrlichen Bewunderung dieser großzügigen Entwicklung nicht erwehren. Was um die Jahrhundertwende noch fast unmöglich schien, die Befreiung von der englischen Kabelalleinherrschaft, ist heute bereits im großen und ganzen erreicht oder wird doch wenigstens in ein paar Jahren in der Hauptsache durchgesetzt sein.

Die am 26. August 1909 erfolgte Eröffnung des deutschen Kabels Emden — Sta. Cruz (Teneriffa), das, für sich allein betrachtet, von keiner besonderen Wichtigkeit ist, muß dennoch als erstes Glied eines weitschauenden Riesenunternehmens das bedeutendste Ereignis in der Schaffung des deutschen Seekabelnetzes seit der Eröffnung des ersten deutsch-atlantischen Kabels nach Nordamerika (1. September 1900) genannt werden. Um dies voll zu verstehen, betrachten wir einmal kurz die bisherige historische Entwicklung der deutschen Seekabelunternehmungen.

Die älteste deutsche Seekabelgesellschaft war die Vereinigte Deutsche Telegraphen-Gesellschaft. Sie trat bereits im Jahre 1869 ins Leben, also unmittelbar im Anschluß an jene überaus schnelle Bewegung, die nach der glücklichen Verlegung der ersten dauernd im Betrieb gebliebenen transatlantischen Kabel (1866) bei den verschiedensten Kulturvölkern einsetzte, und die alle vom Weltverkehr hauptsächlich bevorzugten Länder der Erde in telegraphische Verbindung miteinander zu bringen strebte. Obwohl im damals noch nicht geeinten Deutschland durchaus keine Neigung bestand, es anderen Völkern, und insbesondere den bis auf den heutigen Tag im Weltkabelverkehr führend gebliebenen Engländern, gleichzutun, obwohl ferner damals noch kein Mensch den ungeheuren nationalen Wert unabhängiger Kabelstränge auch nur entfernt zu ahnen vermochte, so bildete sich doch schon im genannten Jahr eine deutsche Kabelgesellschaft, da ein solches Unternehmen gewinnbringend und aussichtsreich zu sein schien. Die neu ins Leben gerufene Vereinigte Deutsche Telegraphen-Gesellschaft erhielt am 12. März 1869 eine Konzession zur Verlegung und zum Betrieb eines zwischen Deutschland und den Vereinigten Staaten zu verlegenden Kabels, wobei es den Unternehmern freigestellt blieb, ob sie die neue Verbindung in einem Zuge oder mit einer Zwischenstation in Großbritannien herstellen wollten. Die Vereinigte Deutsche Telegraphen-Gesellschaft dachte schließlich die übernommene Aufgabe in der Weise zu lösen, daß sie ein Kabel von Emden nach Lowestoft und ein anderes von Valentia (Westirland) nach New York verlegte, während der Anschluß zwischen Lowestoft und Valentia auf dem Wege über London durch die englischen und irischen Landlinien bzw. durch das im St. Georgs-Kanal liegende Kabel erreicht werden sollte. Am 14. Oktober 1869 schloß die Gesellschaft daher mit den in Betracht kommenden englischen Unternehmer-Gesellschaften, der Atlantic Telegraph Company, der Anglo-American Telegraph Company und der New York, Newfoundland and London Telegraph Company, die später sämtlich zu einer neuen Anglo-American Telegraph Company verschmolzen, einen Vertrag ab, der das Zustandekommen der neuen Kabelunternehmung sicherzustellen schien. Dennoch war bis auf weiteres die Verlegung eines Kabels zwischen Greetsiel bei Emden und Lowestoft das einzige greifbare, wenn auch recht dürftige Ergebnis. Es zeigte sich nämlich, daß der Weg durch England und Irland wegen des erforderlichen häufigen Umtelegraphierens doch wenig brauchbar und unnötig zeitraubend war.

Demgemäß kam am 13. September 1881 zwischen der deutschen Regierung und der Vereinigten Deutschen Telegraphen-Gesellschaft ein neuer Vertrag zustande, der die Gesellschaft verpflichtete, bis zum 30. Juni 1882 ein direktes Kabel zwischen Emden (Greetsiel) und Valentia zu verlegen, um so einen unmittelbaren Anschluß an die transatlantischen Kabel der Anglo-Gesellschaft zu erreichen. Den Plan eines direkten deutsch-atlantischen Kabels nach New York hatte man aus mannigfachen Gründen bis auf weiteres fallen lassen. Nachdem dann am 15. Dezember 1881 zwischen der Deutschen Kabelgesellschaft und der Anglo-Company ein neuer Vertrag geschlossen worden war, der gegen die Verpflichtung, den deutschen Telegrammverkehr nach Amerika den Anglokabeln zuzuführen, der deutschen Gesellschaft das Recht erwirkte, ein Kabel in das Telegraphengebäude der Anglo in Valentia einzuführen, erfolgte die Verlegung des 1585 km langen deutschen Emden—Valentia-Kabels, das bis 1896 das einzige deutsche Kabel von mehr als 300 km Länge blieb. — Durch Vertrag vom 8. Dezember 1887 gingen mit dem 1. Januar 1889 die Kabel und das sonstige Eigentum der Vereinigten Deutschen Telegraphen-Gesellschaft in den Besitz der Deutschen Reichspost über; die Anglo-Company hatte sich am 29. November 1887 bereit erklärt, die deutsche Regierung als Rechtsnachfolgerin der deutschen Privatgesellschaft anzuerkennen. Damit hatte aber die Reichspost auch die Verpflichtung übernommen, bis zum Ablauf des geltenden Vertrages, d. h. bis zum 31. Dezember 1899, alle Telegramme nach Nordamerika über die atlantischen Kabel der Anglo-Gesellschaft zu leiten, soweit nicht ein anderer Weg ausdrücklich vorgeschrieben war.

Nun hatte sich aber der Depeschenverkehr zwischen Deutschland und Amerika

von 1875 bis 1891 mehr als verzehnfacht und war jetzt mit 310 000 Telegrammen
im Jahr groß genug, um den Betrieb eines eignen, unabhängigen Kabels lohnend erscheinen zu lassen. Jene Verpflichtung erwies sich daher bald als recht lästig. Da man
aber inzwischen auch erkannt hatte, daß die direkte Entfernung Emden—New York
zu groß war, um ein schnelles und bequemes Telegraphieren ohne Zwischenstation zu
gestatten, richtete man nunmehr sein Auge auf die portugiesischen Azoren, um hier
dem für später geplanten deutsch-amerikanischen Kabel eine Zwischenstation zu
verschaffen. Die Azoren waren damals noch nicht an das Welttelegraphennetz angeschlossen, und die Verhandlungen mit der portugiesischen Regierung wegen einer
Landung des deutschen Kabels auf den Azoren ließen sich infolgedessen gut an, zumal
da die deutsche Regierung bereit war, das Verlangen der Portugiesen zu erfüllen, auch
zwischen Portugal und den Azoren ein Kabel zu verlegen. Dennoch scheiterten
die Verhandlungen, und die portugiesische Regierung erteilte nun das Kabel-Lan-
dungsrecht auf den Azoren erst an eine französische Gesellschaft, und, als diese die
Konzession ungenutzt verfallen ließ, am 16. März 1893 an die englische Seekabel-
firma Telegraph Construction and Maintenance Company, und zwar
auf 25 Jahre, gegen die Verpflichtung, daß einerseits ein Kabel zwischen Lissabon
und den Azoren und ferner ein Kabel zwischen den Azoren und New York binnen
10 Jahren verlegt werde. Den ersten Teil dieser Pflichten erfüllte die Telegraph
Construction durch die 1893 erfolgte Verlegung eines Kabels Lissabon—Punta Del-
gada—Horta (Fayal), das gegenwärtig von der Europe and Azores Telegraph
Company betrieben wird; der zweite Teil des Programms erschien ihr dagegen
recht lästig, und sie war es daher wohl zufrieden, als sie in Deutschland Neigung
fand, ihr die unangenehme Verpflichtung abzunehmen.

Hier hatte nämlich die Reichspost, in Verfolgung ihres Projekts, zunächst
die Firma Siemens & Halske und dann, als sie nach dem Tode des von der
Bedeutung des Planes lebhaft durchdrungenen Werner v. Siemens (6. Dezember 1892)
dort nur noch ein laues Interesse für die großen Fragen fand, die Firma Felten
& Guilleaume für ihre Ideen zu interessieren versucht; denn so viel war
von vornherein klar gewesen, daß man ein deutsch-atlantisches Kabel nicht als
staatliches Unternehmen ins Leben rufen wollte, sondern, nach dem Muster der
anderen Staaten, die über transatlantische Kabel verfügten (England, Frankreich,
Vereinigte Staaten), als Besitz einer privaten, staatlich unterstützten Gesellschaft.
Da nun seit dem 1. Januar 1889 eine deutsche Seekabelgesellschaft nicht mehr
bestand, mußten erst neue Interessenten gewonnen werden.

Die Firma Felten & Guilleaume (jetzt Felten & Guilleaume-Lahmeyer-
werke, A.-G.) in Mülheim am Rhein ist nun bis auf die Gegenwart, neben der
Reichspost, die eigentlich treibende Kraft aller deutschen Seekabelunternehmungen
gewesen. Zunächst kam sie am 28. Juni 1894 um eine Konzession zur Verlegung
und zum Betriebe eines deutsch-amerikanischen Kabels ein, das sowohl in England
wie auf den Azoren Zwischenstationen erhalten sollte. Die nachgesuchte Konzession wurde am 17. August 1894 auf 40 Jahre erteilt, blieb aber vorderhand
wertlos, da in England den deutschen Absichten ein schroffer Widerstand entgegengesetzt wurde: die englische Regierung verweigerte rundweg die Erlaubnis zur
Landung eines deutsch-amerikanischen Kabels auf britischem Boden, und die
Anglo-American Telegraph Company setzte allen Bemühungen der Deutschen Reichspost, von ihrer Verpflichtung zur ausschließlichen Benutzung der
Anglo-Kabel im Verkehr mit Amerika noch vor Ablauf des Vertrages (31. Dezember

1899) entbunden zu werden, ein unbedingtes Veto entgegen. Somit mußte man
die Verwirklichung der Idee eines deutsch-atlantischen Kabels bis zum Jahre 1900
vertagen und sich zunächst darauf beschränken, nach Möglichkeit vorzuarbeiten.

Eine deutsche Zwischenstation auf britischem Boden verbot sich aus
politischen und strategischen Gründen von selbst; auch wäre ihre Anlegung von
der britischen Regierung niemals gestattet worden. Somit entschloß man sich,
eine Zwischenstation in der spanischen Küstenstadt Vigo anzulegen. Felten
& Guilleaume erlangten von der spanischen Regierung die Konzession zur
Landung eines deutschen Kabels in Vigo, dessen Verlängerung nach den Azoren
und weiterhin nach New York man für die Zukunft in Aussicht nahm. Zur
Verwirklichung der Anfänge der eigentlichen deutschen Seekabelpolitik wurde am
21. März 1896 die Deutsche Seetelegraphen - Gesellschaft mit einem Kapital
von 3 560 000 Mk. und mit dem Sitz in Köln gegründet, die es sich zunächst zur
Aufgabe machte, ein Kabel zwischen Borkum und Vigo zu verlegen, nachdem ein
Kabel Emden (Greetsiel)—Borkum schon 1871 von der Deutschen Reichspost hergestellt worden war. Somit hatte denn nach mehr als 7jähriger Pause Deutschland
wieder eine eigene private Seekabel-Gesellschaft, und die neue Gründung begann
denn auch sehr bald in Wirksamkeit zu treten: Das Borkum—Vigo-Kabel wurde
von der englischen Telegraph Construction and Maintenance Company
(in Deutschland gab es damals noch keine Kabelfabrik, die lange Seekabel herzustellen vermochte!) angefertigt und — nach wiederholten Verzögerungen infolge
stürmischen Wetters — verlegt. Am 23. Dezember 1896 wurde das 2065 km lange
Kabel dem Betrieb übergeben. Das neue Unternehmen entwickelte sich zur vollen
Zufriedenheit und warf bald gute Erträge ab, um dann freilich in der geschäftlichen
Krise, mit der das 20. Jahrhundert begann, stark zurückzugehen: 1899 erhielten
die Aktionäre noch 6 v. H., 1902 gar keine Dividende. Seitdem wird jedoch das
Kabel andauernd stark benutzt.

Im Jahre 1899 tat die Deutsche Reichspost weitere energische Schritte, um
im nächsten Jahr, nach Ablauf des mit der Anglo-Company geschlossenen Vertrages,
möglichst bald über ein deutsches Kabel nach Amerika zu verfügen. Freilich gab
es noch ungemein viele und große Schwierigkeiten zu überwinden, die hier im einzelnen
nicht alle aufgezählt werden können. Jedenfalls war man, um zum Ziele zu kommen,
genötigt, die gehegten Pläne noch einmal von Grund auf umzugestalten. Die portugiesische Regierung verweigerte nämlich die Erlaubnis zur Verlegung eines Kabels
zwischen dem spanischen Vigo und den Azoren, erklärte jedoch, einer direkten Kabelverbindung zwischen Deutschland und den Azoren ihre Zustimmung nicht versagen
zu wollen. In Deutschland konnte man sich in diese neue Wendung der Dinge um
so leichter schicken, als das Emden—Vigo-Kabel, das schon den deutschen Telegrammverkehr in zahlreiche von Spanien ausgehende englische Kabel überleitete, den
deutschen Amerikaverkehr doch nicht hätte aufnehmen können, ohne von vornherein überlastet zu werden. So entschloß man sich denn, ein völlig neues Kabel
von Borkum nach den Azoren, und zwar nach Horta auf der Insel Fayal, zu verlegen und von dort aus in der ursprünglich geplanten Weise das Kabel nach New York
zu führen.

Im Reichspostamt war der damalige Direktor der Abteilung II und spätere
Unterstaatssekretär Sydow, der gegenwärtige preußische Handelsminister, die
Seele der deutschen Seekabelpolitik, die es nun zunächst bewirkte, daß mit Unter-
stützung von Felten & Guilleaume sowie einiger Großbanken am 21. Februar 1899

die Deutsch-Atlantische Telegraphen-Gesellschaft mit einem Grundkapital von 21 Millionen Mark gegründet wurde. In einem Vertrage vom 28. Mai 1899 verpflichtete sich diese neue Gesellschaft der Reichspost gegenüber, bis zum 1. Oktober 1900 die ersehnte deutsche Kabelverbindung nach Amerika zu schaffen und bis zum 1. Januar 1905 auch das Emden—Vigo-Kabel von der Deutschen Seetelegraphen-Gesellschaft zu erwerben. Hierzu konnte sich die Deutsch-Atlantische Telegraphen-Gesellschaft bereit erklären, da sie Rechtsnachfolgerin der Firma Felten & Guilleaume war, die ihrerseits schon am 20. Juli 1896 mit der Deutschen Seetelegraphen-Gesellschaft einen Vertrag geschlossen hatte, wonach sie berechtigt war, deren Aktienkapital bei Einhaltung einer dreimonatlichen Kündigungsfrist zu übernehmen. Dafür erhielt die Gesellschaft von der deutschen Regierung eine Konzession zum Betriebe des atlantischen Kabels bis zum 30. September 1904, und die Reichspost garantierte, bei einer vertraglich festgelegten Worttaxe von 1,04 Mk., eine jährliche Mindesteinnahme von 1 400 000 Mk. unter der Bedingung, daß bei einem Übersteigen der Jahreseinnahmen von 1 700 000 Mk. eine Wortgebühr von 20 Pfennig an das Reich abgeführt werden müsse. Weiterhin verpflichtete sich die Reichspost, den Betrieb des neuen Kabels am deutschen Ende zu übernehmen, die Gesellschaft hingegen hatte für die Stationen in New York und auf Fayal zu sorgen. Um eine Reserveleitung für den Fall einer Unterbrechung des deutschen Kabels zu haben und um gleichzeitig in Beziehung zu den amerikanischen Telegraphengesellschaften zu kommen (in den Vereinigten Staaten ruht der gesamte Telegraphenbetrieb in der Hand von Privatunternehmern), mußten die Deutsche Reichspost und die Deutsch-Atlantische Telegraphen-Gesellschaft jedoch unbedingt Beziehungen zu einer der den Telegraphenverkehr über den Ozean beherrschenden Gesellschaften aufrechterhalten. Da nun die Anglo-American Telegraph Company, mit der man bis 1899 in einem Vertragsverhältnis gestanden hatte, der Idee eines deutschen Amerikakabels mit unverhohlener Feindschaft begegnete und zu keiner Verständigung zu bewegen war, trat die Reichspost schon 1898 in Verhandlungen mit der amerikanischen Commercial Cable Company, die zwei vom Kap Canso in Neuschottland nach Waterville in Irland führende Kabel besaß. Mit Hilfe dieser Gesellschaft gelang es, eine ausreichende Benutzung des deutschen Kabels seitens der amerikanischen Gesellschaften zugesichert zu bekommen und schließlich, nach mancherlei Schwierigkeiten, auch das Landungsrecht auf amerikanischem Boden zu erhalten. Mit der englischen Telegraph Construction and Maintenance Company hingegen einigte man sich dahin, daß die deutsche Gesellschaft dieser Firma die Verpflichtung, ein Kabel von den Azoren nach New York zu verlegen, abnahm und ihr auch das neue deutsche Kabel zur Anfertigung und Verlegung übertrug, wogegen sie ihrerseits die Mitbenutzung des Landungsrechtes auf den Azoren zugesichert erhielt, von dem sie inzwischen schon zweimal Gebrauch gemacht hat.

Somit war nun alles, was als notwendige Vorbedingung für die Schaffung eines deutschen Atlantic-Kabels in Betracht kam, zum glücklichen Ende geführt worden. Am 4. Mai 1900 begannen die Kabelschiffe der Telegraph Construction Company mit der Auslegung des Kabels, die ohne Zwischenfall erledigt wurde, und am 1. September 1900 wurde das Kabel Emden—Borkum—Horta—New York dem Betrieb übergeben. Um den vereinbarten Anschluß an die Kabel der amerikanischen Commercial Cable Company zu erreichen, wollte die Deutsche Reichspost ihr seit 1882 nach Valentia führendes Kabel in der Weise umlegen, daß das Ende auf englischem Boden in Waterville landete, wo, wie erwähnt, die atlantischen Kabel der genannten Gesellschaft ihren Ausgang nehmen. Auf Betreiben der Anglo-Company versagte die englische Regierung die Erlaubnis zu dieser Umlegung, und die Deutsche Reichspost beantwortete diese Unfreundlichkeit mit der gänzlichen Sperrung des Emden—Valentia-Kabels, das demnach seit dem 1. Januar 1900 völlig unbenutzt auf dem Meeresboden ruht.

Das finanzielle Ergebnis des deutschen Seekabelunternehmens war ganz vortrefflich. Noch für 1900 konnte man 2 v. H. Dividende verteilen, für 1901 schon $4^1/_2$, für 1902 5, für 1903 $5^1/_2$, für 1904 6, für 1905 $6^1/_2$, in den folgenden Jahren je 7 Prozent. — Schon 1902 mußte man, zur Bewältigung des ungemein starken Verkehrs, daran denken, ein zweites Kabel auf der gleichen Strecke zu verlegen. Ein neuer Vertrag mit der Reichspost vom 25./26. April 1902 erteilte der Gesellschaft die Konzession für ein Parallelkabel, das nun als erstes Kabel von einer deutschen Seekabelfabrik, den inzwischen (1899) gegründeten Norddeutschen Seekabelwerken, angefertigt und von einem deutschen Kabeldampfer, dem am 29. Dezember 1902 in Stettin vom Stapel gelaufenen „Stephan", 1904 verlegt wurde, da der erste deutsche Kabeldampfer, der in Glasgow erbaute und am 8. November 1899 daselbst vom Stapel gelaufene „v. Podbielski" nur kleineren Verlegungs-Aufgaben gewachsen war. Seit dem 1. Juni 1904 arbeitet auch das zweite deutsch-atlantische Kabel nach Nordamerika, zu dessen Beschaffung die Deutsch-Atlantische Telegraphen-Gesellschaft ihr Aktienkapital um 20 Millionen Mark vermehrt hatte, und am 1. Januar 1905 übernahm die Gesellschaft ferner noch, wie vertraglich vereinbart, das Emden—Vigo-Kabel von der Deutschen Seetelegraphen-Gesellschaft, die nunmehr in Liquidation trat.

In das Jahr 1899, das die Deutsch-Atlantische Telegraphen-Gesellschaft ins Leben treten sah, reichen auch die ersten Anfänge einer anderen, freilich wesentlich kleineren und unbedeutenderen deutschen Seekabelgesellschaft zurück, die, gleichfalls eine Gründung Felten & Guilleaumes, ihren Wirkungsbereich im Schwarzen Meer suchte. Es ist dies die Osteuropäische Telegraphen - Gesellschaft, die am 19. Juli 1899 mit einem Aktienkapital von 1 Million Mark und dem Sitz in Köln gegründet wurde, um ein Seekabel zwischen der aufblühenden rumänischen Küstenstadt Küstendsche (Konstanza) und Konstantinopel zu schaffen. Das Unternehmen stand im Zusammenhang mit der deutschen Wirtschaftspolitik im Orient, die zu einer Interessengemeinschaft mit der rumänischen Verkehrspolitik führte und in der Anlage der Bagdadbahn ihren deutlichsten Ausdruck gefunden hat. Doch auch abgesehen von dem politischen Hintergrund dieses Seekabelprojekts, auf den hier nicht näher eingegangen sein soll, mußte für Deutschland ein eigenes Kabel zwischen Konstanza und Konstantinopel eine willkommene Errungenschaft sein, um den Telegraphenverkehr mit der türkischen Hauptstadt zu verbessern. Die Durchführung des Verkehrsprojektes machte jedoch ausnehmende Schwierigkeiten: die große und mächtige britische Eastern Telegraph Company, der das deutsche Kabel, hauptsächlich wegen ihres Kabels Odessa-Konstantinopel, eine sehr unbequeme Konkurrenz gewesen wäre, protestierte gegen die Verlegung des deutschen Kabels mit der Behauptung, daß sie nur allein ein Recht dazu habe, Kabel auf türkischem Boden zu landen. Die Verhandlungen über diesen Einspruch zogen sich volle 5 Jahre hin; im Juli 1904 wurde aber die Eastern Telegraph Company mit ihren Ansprüchen abgewiesen. Sie wäre durchgedrungen, wenn sie die Möglichkeit gehabt hätte, selber das von der Türkei geforderte Kabel Konstanza-Konstantinopel zu verlegen; das war ihr aber nicht möglich, da die rumänische Regierung treu zu Deutschlands Interessen stand und sich weigerte, der englischen Gesellschaft das Kabellandungsrecht in Konstanza zu gewähren. Am 10. Februar 1905 lief die letzte Frist ab, die der Eastern zur Herstellung des geforderten Kabels eingeräumt worden war. Da sie die Frist verstreichen lassen mußte, ohne die Anlage in Angriff nehmen zu können, wurde ihr Vorrecht hinfällig, und die Osteuropäische Tele - graphen - Gesellschaft konnte endlich, fast 6 Jahre nach ihrer Gründung, in Tätigkeit treten: am 24. Mai 1905 wurde das Kabel Konstanza-Konstantinopel vom Kabeldampfer „v. Podbielski" glücklich verlegt, und am 20. Juli desselben Jahres wurde es dem öffentlichen Verkehr übergeben.

Ungleich wichtiger als die Osteuropäische Telegraphen-Gesellschaft ist bereits eine andere, wesentlich jüngere geworden: die Deutsch - Niederländische Telegraphengesellschaft, deren Interessengebiet der ferne Osten, die west - lichen Randmeere des Stillen Ozeans, darstellen. Es waren vorwiegend politische Gründe, die es der deutschen und der holländischen bzw. der holländisch-indischen Regierung erwünscht scheinen ließen, ihren jeweiligen Besitzungen am Zusammen - fluß des Stillen und Indischen Ozeans sowie im westlichen Stillen Ozean außer der einzigen vorhandenen britischen Seekabelverbindung noch eine weitere zu schaffen, und zwar durch einen Anschluß an das 1903 fertiggestellte und am 4. Juli 1903 dem Verkehr übergebene große Pazifik-Kabel der Vereinigten Staaten, das auf dem Wege über Nordamerikas Landlinien und durch die deutsch-atlantischen Kabel einen zweiten Weg für den Depeschenaustausch mit den europäischen Mutter - ländern bot. Auf Veranlassung und mit Unterstützung der deutschen und der holländischen Regierung, die sich untereinander in einem Vertrag vom 10. Juni 1902 über ihre Kabelpolitik im fernen Osten verständigt hatten, wurde am 19. Juli 1904 von Finanzleuten beider Länder die Deutsch-Niederländische Telegraphengesell - schaft mit einem Aktienkapital von 7 Millionen Mark und dem Sitz in Köln ge - gründet. Die Gesellschaft beabsichtigte insgesamt drei große Seekabel zu verlegen, die sämtlich von der zu Deutschland gehörigen Insel Yap, in der Gruppe der Karo - linen, nach verschiedenen Richtungen ausstrahlen sollten. Der eine Zweig sollte nach Norden führen, zur amerikanischen Insel Guam, der größten unter den Inseln der Marianengruppe, die 1898 von Spanien an die Vereinigten Staaten abgetreten worden war, bevor der Rest der Marianen von Spanien an Deutschland verkauft wurde (Juni 1899). Schon damals hatte die amerikanische Union daran gedacht, auf Guam ihrem künftigen Pazifik-Kabel einen nationalen Stützpunkt in Gestalt einer Telegraphen-Zwischenstation zu schaffen. Bei der Ausführung des großen, von San Franzisko zu den Philippinen laufenden Pazifik-Kabels ist denn auch in Guam, wie geplant, eine Kabelstation eingerichtet worden, und an sie suchte nun eben das deutsch-niederländische Telegraphennetz einen Anschluß, der sich in der Folge auch als sehr wichtig erwiesen hat. Ein weiteres Kabel des genannten Netzes lief von Yap in südwestlicher Richtung zur Nordspitze von Celebes, Menado, wo somit ein Anschluß an das ausgedehnte Seekabelnetz von Niederländisch-Indien erreicht wurde, und ein dritter Ast wandte sich von Yap etwa nordwestlich zur chinesischen Küste, nach Wusung bei Schanghai, wohin bereits deutsche Kabel vom Kiautschou-Gebiet und überdies Kabel der russisch-dänischen Großen Nordischen Telegraphengesellschaft von Wladiwostok hinabreichten. Das deutsch - niederländische Kabelnetz, das im April und Oktober 1905 in der geplanten Weise wirklich verlegt worden ist, schafft somit gleichzeitig den holländischen Sunda-Inseln, den deutschen Karolinen, Marianen- und Palau-Inseln und unserem Kiautschou-Gebiet auf dem Wege über Nordamerika neue telegraphische Verbindungen mit den Mutterländern. Die gesamten Kabel wurden, wie alle neuen deutschen Seekabel nach 1900, von den Norddeutschen Seekabelwerken angefertigt und verlegt. Die schnelle Anfertigung dieser Kabel und ihre glatte Verlegung, die von dem größten unserer deutschen Kabeldampfer, dem „Stephan", ausgeführt wurde, war ein allgemein bewundertes Meisterstück der Kabeltechnik, das auch in England hohe Anerkennung gefunden hat und unsere deutsche Seekabelindustrie mit einem Schlage der besten englischen ebenbürtig gemacht hat. Es geht dies schon allein aus der einen Tatsache hervor, daß die Kabel stellenweise bis in die ungeheure, vorher von Kabeln noch nie erreichte Meerestiefe von rund 8000 m Tiefe hinabgesenkt werden mußten: nahe der Insel Guam finden sich nämlich die größten Senkungen des Meeresbodens, die man bisher irgendwo auf Erden gefunden hat (Nero-Tiefe 9636 m). Auf die politische Wichtigkeit des deutsch-niederländischen Kabelnetzes soll an dieser Stelle nicht weiter eingegangen werden — es ist dies ein Kapitel für sich, und zwar eines von der allergrößten Wichtigkeit.

Nachdem der Telegrammverkehr mit Nordamerika und Ostasien aus der Abhängigkeit vom britischen Kabelmonopol befreit ist, das sich z. B. noch während des russisch-japanischen Krieges 1904/05 als ungemein verhängnisvoll für Deutschlands wirtschaftliche und politische Interessen im fernen Osten erwiesen hatte, gibt es für Deutschland unter den von den britischen Kabeln noch abhängigen Gebieten keine andere Interessensphäre von größerer wirtschaftlicher Bedeutung als Südamerika. Außerdem kommt als spezifisch deutsches Wirkungsgebiet von alljährlich wachsender Bedeutung naturgemäß noch unser deutscher Kolonialbesitz in Afrika in Betracht. Zur Zeit des großen südwestafrikanischen Aufstandes 1904/05 machte sich der Mangel eines eigenen deutschen Kabels nach Südwestafrika in einer höchst schmerzlichen Weise bemerkbar: wir waren vollkommen auf die Benutzung des großen, nach Südafrika führenden Kabels der Eastern and South Africa Company Telegraph angewiesen, an das wir von Swakopmund aus ein Zweigstück herangeführt haben. Wir konnten von Glück sagen, daß während der ganzen Zeit, wo Deutschland in Südwestafrika engagiert war, nicht auch England dort unten politische Schwierigkeiten irgendwelcher Art zu bewältigen hatte, wie wenige Jahre zuvor, 1896 und 1899, zur Zeit der Burenkriege, wo die englischen Afrika-Kabel Wochen und Monate hindurch entweder ganz gesperrt oder einer ungemein streng gehandhabten Depeschenzensur unterworfen waren. Andernfalls nämlich wären wir ganz zweifellos in die Lage gekommen, daß uns in den bedenklichsten Zeiten des südwestafrikanischen Aufstandes überhaupt keine brauchbare telegraphische Verbindung mit dem Kriegsschauplatz zur Verfügung gestanden hätte, und wir wären dann ebenso übel daran gewesen, wie Spanien im Jahre 1898, als es während des Krieges mit den Vereinigten Staaten außerstande war, mit seiner wichtigsten Kolonie Kuba, die zugleich der Hauptkriegsschauplatz war, irgendwelche Depeschen auszutauschen!

Ein deutsches Kabel nach den deutsch-afrikanischen Kolonien ist somit politisch und strategisch ein ebenso wichtiges Erfordernis, wie es ein deutsches Kabel nach Südamerika in rein kommerzieller Beziehung sein muß. Auch in dieser Hinsicht hat uns nun erfreulicherweise die Entwicklung der letzten 2 Jahre die Möglichkeit gegeben, daß wir bald deutsche Kabel nach Südamerika und nach Afrika, wenigstens nach der Westküste Afrikas, besitzen werden. Im Sommer 1907 gelang

es der mehrfach erwähnten, um das deutsche Seekabelwesen hochverdienten Firma
Felten & Guilleaume in langwierigen, schwierigen Verhandlungen, von der
spanischen Regierung das Recht zur Kabellandung auf der Insel Teneriffa zu erwerben. Man beabsichtigte nämlich, das deutsche Emden—Vigo-Kabel über Vigo
nach Teneriffa zu führen, um mit dieser Insel als Stützpunkt eine deutsche Kabelverbindung nach Afrika und Südamerika zu schaffen. Dann aber erhob der spanische
Generalstab Einspruch gegen die Verlegung eines nichtspanischen Kabels zwischen
zwei spanischen Gebietsteilen, und die deutschen Unternehmer sahen sich infolgedessen genötigt, nicht von Vigo aus, sondern wieder von Emden her das in Aussicht genommene Kabel nach Teneriffa zu führen. Eine solche Neuverlegung ver-
teuerte zwar das ganze Unternehmen sehr beträchtlich, hatte dafür aber auch in
anderer Beziehung sehr hohe Vorzüge, so daß wir dem spanischen Generalstabe für
sein rechtzeitig eingelegtes Veto eigentlich nur dankbar sein können.

Durch die Bemühungen der Firma Felten & Guilleaume und der mit ihr
verbündeten Großbanken, sowie durch die tatkräftige Förderung und Unterstützung
seitens der deutschen Regierung wurde am 27. August 1908 die neueste deutsche
Seekabel-Gesellschaft ins Leben gerufen, die Deutsch-Südamerikanische
Telegraphen-Gesellschaft, an die das Kabellandungsrecht auf Teneriffa von
Felten & Guilleaume abgetreten wurde und die nunmehr dem deutschen Kabel
auch auf der Südhälfte der Erde die wichtigsten Gebiete unserer wirtschaftlichen
Interessen zuführen wird. Die Anfertigung des neuen Kabels wurde alsbald nach
erfolgter Gründung der neuen Gesellschaft in Auftrag gegeben und in Angriff genommen, und schon im vergangenen Sommer 1909 ist der erste Teil des neuen Kabels
von Emden nach Teneriffa zur Verlegung gekommen, worauf am 26. August 1909,
wie anfangs berichtet, die öffentliche Betriebsübergabe dieses ersten Stückes des
künftigen deutschen Afrika—Südamerika-Kabels erfolgt ist.

Da die Entfernung von Teneriffa bis zur nächstgelegenen deutschen Kolonie
Togo jedoch noch immer zu groß ist, als daß sie ein Kabel in einem Zuge überwinden
könnte, ergibt sich die Notwendigkeit einer nochmaligen Unterbrechung in Gestalt
einer Zwischenstation. Bei Anlage solcher Zwischenstationen pflegen es aber neuerdings alle Nationen nach Möglichkeit zu vermeiden, das Gebiet fremder europäischer
Staaten zu berühren, im Interesse einer unbedingten Unabhängigkeit der Kabel-
verbindungen vom Willen anderer Regierungen. Weil nun die Küste Guineas, die
als Zwischenlandung benutzt werden mußte, zum größten Teil zwischen England,
Frankreich und Portugal aufgeteilt ist, entschlossen sich die maßgebenden Kreise
in Deutschland, die Hauptstadt der unabhängigen Negerrepublik Liberia, Monrovia,
zur Zwischenstation des deutschen Kabels zu machen, was auch wirtschaftlich insofern von Vorteil war, weil Liberia bisher des Anschlusses ans Weltkabelnetz ent-
behrte. Von Monrovia soll dann ein weiteres Kabel nach Togo laufen, von Togo
ferner eines nach Kamerun und schließlich ein letztes von Kamerun nach Deutsch-
Südwestafrika. Bis es dahin kommt, werden freilich noch ein paar Jahre vergehen.
Zunächst soll uns jedenfalls das kommende Jahr, 1910, eine Verlängerung des
Emden—Teneriffa-Kabels nach Südamerika, und zwar nach Pernambuco, dem
östlichsten Punkt Brasiliens, bringen. Auch hier war die Erwerbung des Kabel-
landungsrechts, das bis 1930 für ganz Brasilien im Alleinbesitz der großen eng-
lischen „Western Telegraph Company" ist, mit ganz außerordentlich großen
Schwierigkeiten verknüpft, die aber schließlich glücklich überwunden worden sind.
Ob das deutsche Südamerika-Kabel von Teneriffa oder erst von Monrovia aus

nach Pernambuco geführt werden wird, ist zur Stunde noch nicht endgültig entschieden.

Die wirtschaftlichen Auspizien, unter denen die Deutsch - Südamerikanische Telegraphen - Gesellschaft ins Leben tritt, sind insofern günstig, als der Telegraphenverkehr von Europa nach Südamerika, der bis vor kurzem (1902) ausschließlich in der Hand der schon genannten Western Telegraph Company lag und an dem deutsche Firmen in hervorragendem Maße beteiligt sind, von jeher ein besonders gewinnbringendes Unternehmen war. Der Telegrammverkehr hingegen zwischen Europa und den deutsch-afrikanischen Kolonien bzw. Liberia hält sich freilich in bescheidenen Grenzen und würde das Kabel keinesfalls ausreichend ernähren können, wenn nicht das Unternehmen von der deutschen Reichsregierung ausgiebig unterstützt werden würde, die ja naturgemäß am Vorhandensein unabhängiger Kabellinien nach den deutschen Kolonien Afrikas das denkbar größte Interesse hat.

In einigen Jahren, wenn das Kabelnetz der Deutsch-Südamerikanischen Telegraphen-Gesellschaft fertig verlegt sein wird, werden somit die für unsere Wirtschaftsinteressen wichtigsten überseeischen Gebiete des Erdballs, die wir überhaupt mit deutschen Kabeln zu erreichen vermögen, von den rührigen deutschen Seekabel-Gesellschaften sämtlich erreicht sein — allerdings noch mit einer einzigen Ausnahme! — Für den Verkehr mit Deutsch-Ostafrika nämlich werden wir nach wie vor ausschließlich auf die Benutzung englischer Kabellinien angewiesen bleiben, und es ist nicht abzusehen, wann wir auch mit dieser unserer Kolonie einmal durch nationale Kabel zu sprechen vermögen. Eine Verlegung von Seekabeln durch den Suezkanal und durch das Rote Meer erscheint ebenso ausgeschlossen, wie etwa eine Verlängerung des nach Südwestafrika zu verlegenden deutschen Kabels um Südafrika herum, die ohne eine weitere Zwischenlandung auf britischem oder portugiesischem Boden ohnehin nicht möglich wäre, die sich aber auch aus dem Grunde verbietet, weil die Beschaffenheit des Meeresbodens südlich vom Kap für Kabelverlegungen eine so wenig günstige Beschaffenheit aufweist, daß an dieser einzigen Stelle des Erdballs selbst die englischen Kabel, die ihn sonst ganz umgürten, eine Unterbrechung erfahren und von Landtelegraphenlinien (zwischen Kapstadt und Durban in Natal) vollkommen abgelöst werden.

Jedenfalls werden auch nach Verlegung des neuen deutsch-südamerikanischen und deutsch-westafrikanischen Seekabelnetzes noch keineswegs alle Aufgaben gelöst sein, welche die überseeischen Wirtschaftsinteressen und Bedürfnisse des deutschen Handels an ein selbständiges und in allen Wechselfällen unbedingt zuverlässig arbeitendes deutsches Kabelnetz stellen müssen, dennoch aber sind dann wenigstens die hauptsächlichsten Bedingungen durch die bisherigen ausgezeichneten Leistungen der deutschen Seekabelunternehmungen erfüllt, und die erstaunlichen Fortschritte, die in nur 10 Jahren tatsächlich gemacht worden sind, müssen die höchste Bewunderung erwecken vor der Tatkraft und Energie, die darin zutage tritt und deren segensreiche Früchte, soweit sie nicht schon jetzt gereift sind, auf die Dauer sicher nicht ausbleiben werden.

Noch ist eine umfassende und erschöpfende Geschichte der deutschen Seekabelunternehmungen nicht geschrieben worden — schon der vorstehende kurze Überblick zeigt aber, daß ein solches Werk, wenn es dereinst vorhanden ist, ein neues Ruhmesblatt in der Geschichte der großen industriellen Unternehmungen Deutschlands darstellen wird.

Matthew Boulton.

Zum hundertjährigen Todestage des Begründers der Dampfmaschinenindustrie.

Von

Conrad Matschoß, Berlin.

Die Dampfmaschine, auf deren Arbeitsleistung sich die Entstehung und Entwicklung unserer heutigen Industrie zurückführen läßt, verdanken wir dem genialen Schotten James Watt. Die für die Ausführung und Einführung der Wattschen Maschine unerläßlichen wirtschaftlichen Grundlagen geschaffen, die Dampfmaschinenindustrie begründet und organisiert zu haben, ist das unsterbliche Verdienst von Matthew Boulton. Wo der Name des großen Konstrukteurs genannt wird, sollte auch der Name des großen Unternehmers nicht vergessen werden.

Ein Jahrhundert ist verflossen, seit der unermüdliche Boulton von uns gegangen ist. Die ungeheure Entwicklung der gesamten Industrie in diesem Zeitabschnitt, deren geschichtliche Betrachtung uns immer wieder auf die Bedeutung der Dampfmaschine als Betriebsmaschine der denkbar verschiedensten gewerblichen Unternehmungen hinweist, läßt uns erst jetzt ganz erkennen, welch weittragende Bedeutung der Lebensarbeit eines Boulton für unsere gesamte technische Kultur zuzuschreiben ist.

Matthew Boulton wurde am 3. September 1728 in Birmingham geboren, wo sein Vater eine ansehnliche Metallwarenfabrik betrieb. Die damals noch recht bescheidene Industrie Birminghams beschäftigte sich in erster Linie mit der Herstellung von Knöpfen, Schnallen, Uhrketten und dergleichen mehr. Nirgendwo in England gab es deshalb so viele geschickte Metallarbeiter als in Birmingham. Auf einer Privatschule erwarb sich Boulton die zu einer guten allgemeinen Bildung gehörenden Kenntnisse. Früher als sonst wohl üblich, verließ er die Schule, um im väterlichen Geschäft tätig zu sein. Nebenbei bemühte er sich, seine Kenntnisse auf verschiedenen Gebieten, vor allem in der Chemie und Mechanik zu erweitern.

Für die Fabrik wurde der junge Boulton bald unentbehrlich. Mit 17 Jahren schon führte er einige wichtige Verbesserungen in der Fabrikation ein. Mit den Schuhschnallen, die er in ansprechenden Formen aus Stahl herzustellen verstand, machte er besonders gute Geschäfte. Sie kamen sehr in Mode, als Boulton darauf verfiel, sie über Frankreich nach England einzuführen. Als „letzte französische Mode" wurden sie bald überall in England gekauft. Auf die ganze Birminghamer Fabrikation, deren Erzeugnisse damals als billig, schlecht und geschmacklos nur wenig Ansehen genossen, wirkte er äußerst günstig mit seinen Bestrebungen ein, auch auf diesem Gebiete das Beste für einen angemessenen Preis zu liefern. Er ließ es sich

angelegen sein, nach der künstlerischen Seite mit seinen Erzeugnissen geschmack-
bildend zu wirken. Er studierte die kunstgewerblichen Erzeugnisse, die im
Britischen Museum zu finden waren, er verstand es, zu dem Privatbesitz der Vornehmen des Landes Zugang zu finden und er scheute keine Kosten, um sich von
ersten Künstlern Entwürfe anfertigen zu lassen. Das alles kostete natürlich viel
Geld, aber machte sich doch wieder bezahlt, denn bald erkannte man Boultons
Waren aus der großen Masse heraus. Man fing an, sie zu beachten, und man gab

Matthew Boulton, geb. 3. Sept. 1728, gest. 17. Aug. 1809.

bald einem künstlerisch geschmackvoll durchgebildeten Gegenstand den Vorzug
vor den anderen Fabrikaten.

1759 starb Boultons Vater und hinterließ seinem Sohn ein beträchtliches
Vermögen, das zusammen mit dem seiner Frau ihm ein sorgenfreies bequemes
Leben auch fern von allem Geschäftsbetrieb gestattet hätte. Aber Boulton dachte
an Arbeiten und nicht an Ausruhen. Sein Vermögen wollte er nicht für seine per-
sönliche Bequemlichkeit, sondern für die Ausdehnung seiner Fabrik verwenden.
Der erste und beste Metallwarenfabrikant zu werden, das war sein Ehrgeiz. Seine
Birminghamer Fabrik wurde ihm zu klein. Er wollte sich ausdehnen können und
deshalb erwarb er zwei Meilen nördlich von Birmingham große Besitzungen in dem
Orte Soho und begann dort anfangs der sechziger Jahre eine neue große Fabrik mit
geräumigen Werkstätten, die, in zweckmäßiger Weise angeordnet, etwa 1000 Arbeiter

aufnehmen konnte, mit einem Kostenaufwand für Gebäude und innere Einrichtung von über 20000 £ zu errichten.

1762 war die Verlegung der Fabrik von Birmingham nach Soho beendet. Sogleich ging Boulton daran, sein Arbeitsgebiet zu erweitern. Er nahm die Fabrikation von silbernem Tafelgeschirr auf und begann prachtvolle Sachen, wie Leuchter und dergleichen in Goldbronze auszuführen. Er wollte ein Weltgeschäft begründen, und deshalb nahm er 1762 einen Teilhaber auf, John Fothergill, der zwar sehr wenig Geld mitbrachte, aber ein tüchtiger Geschäftsmann zu sein schien, der besonders auf dem Festlande gut eingeführt war. Überall wurden Vertretungen errichtet, und gleichzeitig suchte auch Boulton auf dem Festlande weiterhin künstlerisch wertvolle Anregungen für die Ausgestaltung seiner Erzeugnisse sich zu verschaffen. So sandte er Künstler nach Rom, Venedig und anderen italienischen Städten, um kunstgewerbliche Gegenstände und Zeichnungen aufzukaufen. In

Fig. 1. Boultons Fabrik in Soho.

dieser künstlerischen Richtung seiner Tätigkeit fühlte er sich besonders einig mit seinem Freunde Wedgwood, dessen Erzeugnisse aus feinem Steinzeug Boulton so bewunderte, daß er ihm einmal schrieb, er bedauere, nicht Töpfer geworden zu sein. Ja eine Zeitlang dachte er daran, tatsächlich die keramische Fabrikation aufzunehmen. Schließlich aber begnügte er sich doch, die prachtvollen Formen, die er bei den Erzeugnissen Wedgwoods fand, in Metall nachzubilden.

Damals begann Boulton auch Uhren herzustellen und bildete die Massenfabrikation hierfür aus. Aber auch besonders wertvolle astronomische Uhren ließ er herstellen, die er in London zu vertreiben suchte; er hatte aber wenig Glück damit. In einem Briefe an seine Frau beschwerte er sich über das mangelnde Verständnis der Londoner für feinmechanische Arbeit, und ironisch fügte er hinzu, daß er jedenfalls Käufer gefunden haben würde, wenn seine Uhren einen Gassenhauer spielen könnten oder wenn er einen Bär dabei hätte tanzen lassen, oder wenn doch wenigstens auf dem Zifferblatt ein Pferderennen zu sehen gewesen wäre.

Boultons Fabrikate genossen damals bereits solchen Ruf, daß er persönlich auch am königlichen Hof Zutritt erhielt. Der König und die Königin gaben ihm

Aufträge und brachten ihr Interesse für seine Fabrikation auch sonst zum Ausdruck. Von allen Seiten kamen Besucher nach Soho, um hier zu sehen, wie die
größte Metallwarenfabrik der Welt eingerichtet war, von deren Größe und Organisation man überall Wunderdinge erzählte. Im August 1767 entschuldigte sich
Boulton bei seinem Londoner Vertreter, daß er nicht sofort geschrieben habe:
„Gestern besuchten mich Lords und Ladys, heute sind Franzosen und Spanier da,
und für morgen haben sich Deutsche, Russen und Norweger angemeldet." Sein
Haus in Soho glich oft mehr einem Hotel als einem Privathaus.

Die ungewöhnlich schnelle Ausdehnung seiner Fabrikation erforderte naturgemäß sehr große Geldmittel. Boulton verkaufte einen großen Teil der ihm vom Vater
hinterlassenen Grundstücke, er griff das Vermögen seiner Frau an und borgte sich
von einem Freunde 5000 £. Schon machten sich Gerüchte breit, die seinen Kredit
angriffen. Man erzählte sich, daß mindestens 80 000 £ dazu nötig gewesen wären,
um das Geschäft in diesem Umfange zu vergrößern, und wie sollte sich eine solche
Summe verzinsen können! Ein Zusammenbruch wäre unvermeidlich. Tatsache ist
jedenfalls, daß Boulton den Umsatz seiner Firma, der 1763 7000 £ betrug, in vier
Jahren bis 1767, bereits auf 30 000 £ gesteigert hatte. 1770 beschäftigte Boulton
etwa 800 Personen. Maschinell war die Fabrik für die damalige Zeit vorzüglich eingerichtet. Zwei Wasserräder waren die Antriebsmaschinen, von denen die Walzenstühle, Polier- und Schleifmaschinen und Drehbänke angetrieben wurden.

Die Ausdehnung der Fabrik scheint doch zu rasch erfolgt zu sein. Die Schulden
fingen an, Boulton sehr unbequem zu werden. Der Zusammenbruch einer Bank,
bei dem er 2000 £ verlor, verschlimmerte seine Lage. Andere Verluste kamen hinzu.
Man schien sich einer unvermeidlichen Krise zu nähern. Seine Freunde begannen mit
großer Besorgnis in die Zukunft zu blicken. Boulton aber hielt seinen Kopf aufrecht. „Wir haben 1000 Mäuler in Soho zu füttern, pflegte er zu antworten, und es
hat soviel Arbeit und Mühe gemacht, einen so wertvollen und gut organisierten
Stamm von Arbeitern zu erziehen, daß der Fabrikbetrieb, was immer es kosten
möge, aufrecht erhalten werden muß." Die vornehmen Besucher aus aller Herren
Länder merkten dem immer zuvorkommenden Unternehmer nicht an, welch
drückende Sorgen auf ihm lasteten.

Trotz dieser riesigen Arbeitslast fand Boulton immer noch Zeit, sich mit den
ihm am Herzen liegenden Wissenschaften zu beschäftigen. Vor allem interessierte
er sich für Geologie. Er legte sich große Sammlungen von Versteinerungen und
Mineralien an. Für alle anderen wissenschaftlichen Bestrebungen, besonders soweit
sie darauf hinausgingen, die erworbene Naturerkenntnis fürs praktische Leben
nutzbar zu machen, hatte er ein gleiches Interesse. Hier wurde in erster Linie
seine Aufmerksamkeit durch die Versuche gefesselt, die darauf hinzielten, die
vorhandenen Feuermaschinen brauchbarer zu gestalten. Was eine von Wind und
Wetter unabhängige Kraftmaschine für die Industrie zu bedeuten hatte, das konnte
niemand besser beurteilen als er, der Großindustrielle, der seine wertvollen Fabrik-
einrichtungen in den trockenen Sommern oft stillstehen sehen mußte, bloß weil
seine beiden Wasserräder nicht genügend Wasser bekamen. Die Pferde, die dann
in größerer Zahl zur Aushilfe herangezogen wurden, blieben nur ein Notbehelf,
der außerdem noch sehr viel Geld kostete. Boulton begann deshalb sich in sehr eingehender Weise mit der Dampfmaschine zu beschäftigen. Zunächst dachte er daran,
eine Saverysche oder Newcomensche Pumpmaschine anzuschaffen, die nur
die Aufgabe haben sollte, das Wasser für die Wasserräder wieder auf die nötige

Höhe hinaufzuheben, übrigens eine Benutzung der Dampfkraft für gewerbliche Betriebe, die damals mehrfach in Anwendung kam und von dem berühmten Ingenieur Smeaton als besonders geeignet empfohlen wurde. 1766 finden wir Boulton in einem ausführlichen Briefwechsel mit Benjamin Franklin über die Dampfmaschine. Ohne bis dahin von Watts Arbeiten etwas zu wissen, baute er sich selbst eine kleine Versuchsmaschine, die er auch in London vorführte, wo sie viel Beifall fand und ihm den Ruf eines sehr befähigten Ingenieurs eintrug.

Bald darauf machte ihm auch Dr. Roebuck Mitteilung von den Arbeiten Watts, die naturgemäß das größte Interesse bei Boulton hervorriefen.

Dr. Roebuck war ein Unternehmer großen Stils. Er hatte die Eisenwerke zu Carron gegründet, die anfangs der siebziger Jahre schon etwa 2000 Arbeiter beschäftigten und wurde so zum Begründer der ganzen schottischen Eisenindustrie. Roebuck hatte den Wert der Wattschen Erfindung erkannt und sich

Fig. 2. Boultons Haus in Soho.

zwei Drittel des Eigentumsrechts an Watts Erfindung übertragen lassen, wofür er als Gegenleistung zunächst die bis dahin von Watt aufgewendeten Geldmittel von etwa 1000 £ erstattete und die weitere finanzielle Unterstützung versprach. Roebuck hatte dann versucht, Boulton für seine großen Unternehmungen im Berg- und Hüttenwesen zu interessieren. Boulton aber lehnte es ab, sich daran zu beteiligen, weil er gerade genug mit seinen eigenen Geschäften zu tun hatte.

1767 besuchte Watt auf einer Reise nach London zum ersten Male Soho, wo ihm sein Freund, Dr. Small, der ebenfalls mit Boulton sehr befreundet war, in Abwesenheit des Besitzers die ausgedehnten Sohoer Werke zeigte. Watt, der bei der Herstellung seiner Versuchsmaschine die größten Schwierigkeiten gehabt hatte, weil er hierfür brauchbare Arbeiter in Schottland nicht finden konnte, war überaus erstaunt über die großartigen Einrichtungen, die er hier zum ersten Male in seinem Leben zu sehen bekam. 1768 finden wir Watt zum zweiten Male auf einer Reise nach London in Soho, und hier sehen sich die beiden Männer zum ersten Male, die dazu berufen waren, die Dampfmaschine in das praktische Leben in großem Umfange einzuführen. Kennzeichnend für Boultons vornehmen Charakter ist es, daß er nach dieser eingehenden Unterredung mit Watt über die Wattsche Maschine

seine eigenen Arbeiten an der Dampfmaschine vollkommen einstellte, „denn wenn
ich meine geplante Maschine jetzt ausführen wollte," äußerte er damals zu einem
Besucher, der sich nach den Fortschritten seiner Dampfmaschine erkundigte,
„würde ich ohne Zweifel manches verwerten, was ich aus der Unterhaltung mit
Herrn Watt gelernt habe. Das, ohne seine Zustimmung zu tun, wäre aber nicht
recht."

Die Verbindungen zwischen Boulton und Watt wurden mit der Zeit enger.
Die finanziellen Schwierigkeiten, in die Dr. Roebuck durch die zu rasche Ausdehnung
seiner geschäftlichen Unternehmungen sich gestürzt hatte, legten den Wunsch nahe,
Boulton für die Ausnutzung des Dampfmaschinenpatentes, das Watt nach vielen
Mühen endlich am 5. Januar 1769 erhalten hatte, als Teilhaber zu gewinnen.
Aus dem Briefwechsel zwischen Watt und Boulton aus dem gleichen Jahre erfahren
wir auch, mit welch klarem Blick Boulton die Maßnahmen, die für die Dampf-
maschinenfabrikation in Frage kamen, beurteilte. Dr. Roebuck und Watt hatten
zuerst daran gedacht, Boulton nur das Ausführungsrecht für einen Teil von England zu geben. Aber davon wollte Boulton nichts wissen. Wenn er sich mit der
Sache befasse, dann wolle er für die ganze Welt Dampfmaschinen bauen können.
Als die beiden Beweggründe, die ihn veranlassen könnten, das neue Geschäft aufzunehmen, führt er Watt gegenüber an, zunächst die herzliche Zuneigung, die er für
Watt selbst empfinde, und dann das Vergnügen, was es ihm bereiten würde, eine
wirtschaftlich so vielversprechende Idee zur Durchführung zu bringen. Will man
die Fabrikation der Maschinen erfolgreich betreiben, dann gehört dazu, führte Boulton
weiter aus, Geld, genaue Werkstattarbeit und ausgedehnte Verbindungen. Deswegen wollte er nichts davon wissen, die Erlaubnis, Maschinen zu bauen, wie es
damals üblich war, einzelnen Mühlenbauern und Kunstmeistern gegen Zahlung
einer entsprechenden Lizenzgebühr zu überlassen. Die Ausführung der Maschine
dürfe man sich nicht aus der Hand nehmen lassen, die müsse in einer großen entsprechend eingerichteten Fabrik zentralisiert werden. Nur so würde man die Erfindung durch vorzügliche Ausführung der Maschinen zu Ansehen bringen. Erst
bei der Massenfabrikation könne man die besten Werkzeugmaschinen und die ge-
schicktesten Arbeiter verwenden, die keiner der Mühlenbauer, der nur ausnahms-
weise hier und da eine Maschine ausführen könne, zur Verfügung habe. So würde
man 20 v. H. billiger arbeiten als bei Einzelausführungen. Die Genauigkeit derartiger Werkstattarbeit aber würde sich zu der eines Mühlenbauers verhalten wie
etwa die Arbeit eines Grobschmiedes zu der eines mathematischen Instrumenten-
machers.

Zu einer engeren Verbindung zwischen Watt und Boulton kam es aber auch
noch in den nächsten Jahren nicht, da Dr. Roebuck wohl immer noch glaubte, er werde
selbst die Maschine zum Erfolg bringen können. Er irrte sich. Seine geschäftliche
Lage wurde immer schwieriger, und schließlich kam es zum vollständigen Zusammenbruch. Das sollte für Watt, der dies damals als das größte Unglück ansah, sein
größtes Glück werden. Boulton griff jetzt auf seinen 1769 Watt auseinandergesetzten
Plan zurück und lud Watt ein, Soho zu besuchen, um dort alles Nähere besprechen
zu können. Unter Roebucks Gläubigern befand sich auch Boulton mit 1200 £.
Da von allen anderen Gläubigern niemand dem Wattschen Dampfmaschinenpatent,
an dem Roebuck durch Zahlung der von Watt aufgewendeten Kosten zwei Drittel
des Eigentumsrechtes erworben hatte, irgendwelchen Wert beimaß, so war man
sehr gern damit einverstanden, daß Boulton diese Rechte auf Watts Erfindungen

gleichsam für die geliehene Summe in Zahlung nahm. Die kleine Versuchsmaschine, der „Beelzebub" genannt, wurde 1773 nach Soho geschafft und Watt selbst folgte ihr im Frühjahr 1774. Unter seiner Aufsicht und Leitung wurde die Dampfmaschine aufs neue zusammengebaut. Dank den geschickten Metallarbeitern, die ihm hier zur Verfügung standen, war der Erfolg zufriedenstellend.

Inzwischen waren bereits 6 von dem auf 14 Jahre laufenden gesetzlichen Schutz der Erfindung abgelaufen, und Boulton, der wohl sah, daß noch Jahre vergehen würden, ehe aus dieser ersten Versuchsmaschine sich ein nach jeder Richtung hin brauchbare, marktfähige Maschine entwickelt haben würde, erschienen die noch übrigen 8 Jahre für viel zu kurz, um so bedeutende Geldmittel für die neue Industrie aufwenden zu können. Deshalb machte er seine finanzielle Beteiligung von einer Patentverlängerung abhängig. Watts und seiner Freunde Bemühungen gelang es schließlich, 1775 trotz des heftigen Widerstandes der Grubenbesitzer den Patentschutz noch auf 25 Jahre, d. h. bis 1800 zu verlängern. Auf die gleiche Zeit lautete auch der geschäftliche Vertrag zwischen Boulton und Watt, dessen Hauptgesichtspunkte wir in einem Briefe von Boulton an Watt aus Soho im Juli 1776 verzeichnet finden. Der Brief, der in seiner Einleitung auch kennzeichnend ist für die Stellung, die Boulton von Anfang an zu seinem Teilhaber einnahm, lautet:

B o u l t o n   a n   W a t t.Soho, Juli 1776.

„Es ist schwierig, den Wert Ihrer Eigentumsrechte bei unserer Teilhaberschaft festzusetzen. Jedenfalls will ich ihn bestimmt bezeichnen, und ich kann wohl sagen, ich würde Ihnen gern zwei, auch 3000 Pfund für die Übertragung Ihres Drittels an dem Patent geben. Es würde mir aber leid tun, mit Ihnen einen für Sie so unvorteilhaften Handel abzuschließen, und ich würde jedes Geschäft bedauern, was mich Ihrer Freundschaft, Zuneigung und tatkräftigen Hilfe berauben würde. Ich hoffe, daß wir in Liebe und Eintracht die 25 Jahre zusammen aushalten werden, und das wird mir lieber sein, als wenn ich als alleiniger Inhaber so reich wie Nabob werden könnte.

Ich würde Ihnen gern sofort die betreffende Anweisung und den Vertrag über unsere Teilhaberschaft übersenden. Leider ist es mir unmöglich, da der Rechtsanwalt, Herr D a d l e y, plötzlich nach London gerufen wurde und ich das Aktenstück nicht vor seiner Rückkehr erhalten kann. Wenn Sie aber vielleicht mit Ihren Freunden darüber verhandeln wollen, so können Sie ihnen von folgenden Hauptpunkten eine Abschrift geben. Ich habe sie aus unserer Korrespondenz ausgezogen, und soviel ich weiß, enthalten sie das Hauptsächlichste unseres Vertrages.

1. Sie überweisen mir zwei Drittel des Patentes unter folgenden Bedingungen.
2. Ich habe die Kosten für die Versuche, für die Erwerbung des Patentes, sowie für das, was für die Maschine vom Juni 1775 gebraucht wurde, zu tragen, auch die Ausgaben für die ferneren Versuche zu bestreiten. All dies Geld ist von mir unverzinslich herzugeben und darf nicht gegen Sie verrechnet werden. Die Versuchsmaschinen sind mein Eigentum, da sie von meinem Gelde gekauft werden.
3. Ferner habe ich das Kapital, was zum Geschäftsbetriebe nötig ist, gegen übliche Zinsen vorzuschießen.
4. Der Gewinn des Geschäftes nach Bezahlung oder Abschreibung der Zinsen, der Arbeitslöhne und aller Geschäftsunkosten, soweit sie sich auf unsere

Dampfmaschinengeschäfte beziehen, ist in drei Teile zu teilen, von denen Sie einen, ich zwei Teile erhalte.

5. Sie haben die Zeichnungen zu entwerfen, die Angaben zu machen und die Leitung zu übernehmen. Die Auslagen für Geschäftsreisen ersetzt das Geschäft.

6. Ich habe die Bücher genau zu führen, dafür Sorge zu tragen, daß jährlich Abschluß gemacht wird. Ferner habe ich Sie in der Leitung der Arbeiter zu unterstützen. Geschäfte abzuschließen, sowie überhaupt alles das zu tun, was wir beide von Interesse für das Geschäft halten.

7. Ein Buch ist zu führen, worin alle neueren Übereinkommen zwischen uns zu Protokoll genommen werden, die, mit unser beiden Unterschrift versehen, dieselbe Kraft haben, wie unser Vertrag.

8. Keiner darf seinen Anteil ohne Zustimmung des anderen veräußern. Sollte einer von uns sterben oder für gemeinsame Tätigkeit unfähig werden, so soll der andere der einzige Leiter sein, ohne Kontrolle der Erben, Testamentsvollstrecker oder gesetzlichen Nachfolger. Die Bücher jedoch können von ihnen eingesehen werden, auch kann der tätige Teilhaber eine vernünftige Entschädigung für seine besondere Mühewaltung beanspruchen.

9. Der Vertrag tritt mit dem 1. Juni 1775 auf 25 Jahre in Kraft.

10. Unsere Erben, Testamentsvollstrecker usw. sind zur Beobachtung des Vertrages verpflichtet.

11. Im Fall wir beide sterben, sind unsere Erben usw. unsere Nachfolger auf Grund desselben Vertrages.

Ich wünschte mir mehr Zeit, um Ihnen alles erzählen zu können, was sich im Maschinengeschäft ereignet hat. Es soll der Gegenstand meines nächsten Briefes sein. Alles ist wohl und munter. Sie werden sich sehr freuen über den einfachen Betrieb und den ruhigen Gang unserer Sohoer Maschine."

Auf dieser Grundlage begann nun die Entwicklung der ersten Dampfmaschinenfabrik der Welt. Heiß war der Kampf, der jetzt einsetzte. Es gab keine Vorbilder, nach denen man arbeiten konnte, alles war von Grund auf neu zu schaffen. Watt übernahm die Konstruktion. Er machte die Versuche und überwachte die Ausführung. Er stellte die Maschinen selber auf und gab Anweisungen über ihre Wartung und Bedienung. Boulton unterstützte ihn auch auf diesem Gebiete nach jeder Richtung hin, denn er war nicht nur Kaufmann und Unternehmer, sondern auch ein anerkannter vorzüglicher Ingenieur. Alles wurde gemeinsam besprochen, und der eine lernte vom andern.

In erster Linie galt es die Werkstattarbeit zu organisieren. Maschinenfabriken in unserm heutigen Sinne gab es damals noch nicht. Alles war noch in der handwerksmäßigen Betriebsform. Die größte Schwierigkeit machte es, geeignete Arbeiter zu erhalten. Da aber Boulton wußte, daß von der Vorzüglichkeit der Werkstattarbeit der ganze Erfolg der Wattschen Erfindung abhing, legte er den größten Wert auf die Erziehung eines brauchbaren Arbeiterstammes. Die Handgeschicklichkeit des einzelnen Arbeiters mußte zu der Zeit, wo es weder Supportdrehbänke noch Hobelmaschinen oder Bohrmaschinen in unserem Sinne gab, besonders ins Gewicht fallen. Boulton suchte durch Einführung weitgehender Arbeitsteilung diese Geschicklichkeit planmäßig zu fördern, indem er von bestimmten Arbeitern immer nur bestimmte gleiche Teile herstellen ließ. So lernten es diese Arbeiter bald verhältnismäßig schnell und vor allem, darauf kam es an, sehr genau zu arbeiten. Aus seinen eigenen Metallwarenfabriken konnte Boulton nur einen kleinen Stamm gelernter Metallarbeiter herausnehmen. Die meisten mußte er sich erst aus ungeübten Bauernburschen heranbilden.

Der Bedarf an Leuten, die etwas von der Dampfmaschine verstanden, stieg mit ihrer Ausbreitung. Jeder, der sich bei Boulton eine Maschine kaufte, wollte auch gleich einen Maschinenwärter mitgeliefert haben. Das lag auch in Boultons Interesse, denn nur zu leicht konnte infolge ungeschickter Handhabung die Maschine versagen, und dann machte man hierfür die Firma und nicht den eigenen ungeschickten Maschinenwärter verantwortlich. So wurde die Sohoer Fabrik eine Schule für den englischen Maschinenbau, ja darüber hinaus für die ganze Welt, denn aus aller Herren Länder kamen, je mehr sich die Dampfmaschine ausbreitete, die geheimen Agenten, mit der Absicht, durch glänzende Versprechungen die geschickten kenntnisreichen Arbeiter für das Ausland zu gewinnen.

Diese planmäßige Erziehung eines Arbeiterstammes erforderte sehr viel Menschenkenntnis, Geduld und Wohlwollen. Watt wollte oft daran verzweifeln. Er war unglücklich über die „villainous bad workmen", die nur zu oft mehr tranken, als sie vertragen konnten, dann sich prügelten und von der Arbeit wegliefen. Watt kam aus dem Ärger nicht heraus und forderte oft von Boulton, er solle diese Arbeiter wegjagen. Boulton aber mahnte immer wieder, Nachsicht zu üben, denn alle diese Leute hätten ja gar keine Erziehung. „Wir können doch unsere Fabrik nicht stillstehen lassen, bloß weil wir vollkommene Leute nicht zur Hand haben. Wir müssen die Leute nehmen, wie wir sie finden, und müssen versuchen, das Beste aus ihnen zu machen."

Dem Lehrlingswesen widmete Boulton seine besondere Sorgfalt. Von Volontären, den Gentlemen-Lehrlingen, wie er sie nannte, wollte er nichts wissen. Obwohl ihm viele hohes Lehrgeld anboten, lehnte er doch alle derartigen Gesuche ab, mit dem Hinweis, daß diese jungen Herren sich in seiner Fabrik nicht wohl fühlen würden. Die Söhne seiner eigenen Arbeiter waren ihm die liebsten. Sehr interessant ist auch, daß Boulton bereits in Verbindung mit seiner Fabrik eine wechselseitige Versicherungsgesellschaft, die erste dieser Art, begründete. Jeder, der in seiner Fabrik beschäftigt war, gleichgültig, welche Stellung er einnahm, war Mitglied. Die Lehrjungen, die wöchentlich 2 s 5 d erhielten, hatten ½ d an die Kasse abzuführen. Bei einem Wochenlohn von 5 s wurde 1 d, bei einem solchen von 20 s 4 d bezahlt. Diese Einrichtungen bewährten sich sehr gut. Die Leute wurden daran gewöhnt, auch an die Zukunft zu denken, zu sparen und das Gefühl der Zusammengehörigkeit wurde geweckt.

In welch hohem Maße geschickte Arbeiter für den Erfolg der Dampfmaschine notwendig waren, daß wußte niemand besser als Watt selbst einzuschätzen. „Ohne unsere Werkzeuge und ohne unsere Arbeiter könnten wir wenig machen," pflegte er zu äußern, und Smeaton, der die Bedeutung der Wattschen Erfindung sehr wohl zu beurteilen verstand, glaubte, die Erfindung werde keinen Erfolg haben, da man keine Arbeiter finden würde, um sie in großem Maßstabe ausführen zu können. Was hatten aber Erfindungen für Wert, die man praktisch nicht ausführen konnte. An diesen Ausführungsschwierigkeiten war zwei Menschenalter vorher auch Papin mit seiner Maschine gescheitert.

Mit der Konstruktion und der Ausführung der Dampfmaschine aber allein war es nicht getan. Die geschäftliche Seite des ganzen Unternehmens war von ausschlaggebender Bedeutung, und hier fiel die gesamte Arbeit auf Boulton, denn Watt fürchtete sich vor nichts mehr als vor Geschäften und vor dem Verkehr mit fremden

Menschen. In erster Linie galt es, die großen zur Durchführung der Fabrikation
notwendigen Geldmittel zu beschaffen. Wir haben gesehen, wie stark bereits Boulton
seinen Kredit für die Metallwarenfabrik in Anspruch genommen hatte. Boulton
griff sein Vermögen an, das seiner Frau folgte, bedeutende Schuldenlasten mußten
bei seinen persönlichen Freunden und den Londoner Banken aufgenommen werden.
Was die Metallwarenfabrik verdiente, fraß die Dampfmaschine. Eine schwere Zeit
brach für Boulton heran. Das Geschäft entwickelte sich zwar, aber die Grubenbesitzer in Cornwall, an die die ersten großen Maschinen geliefert wurden, hatten
selbst kein bares Geld und bezahlten mit Anteilscheinen ihrer sich damals sehr
schlecht rentierenden Gruben. Boulton allein hatte diesen Kampf durchzufechten,
denn Watt, schon durch sein altes körperliches Leiden, die heftigen Kopfschmerzen,
die ihn oft tagelang arbeitsunfähig machten, in seiner Stimmung niedergedrückt,
war oft dem Verzweifeln nahe, er war überzeugt, daß er und Boulton noch im Schuld-
gefängnis würden enden müssen. Ebenso kleinmütig war auch der andere Teilhaber
Fothergill, der den sicheren Bankerott der Firma vor der Türe sah. Boulton, der
die Gefahr eines Sturzes wohl noch deutlicher vor Augen sah, kämpfte weiter. Man
müsse aushalten, bis bessere Tage kämen. 1780 hatte er sein Bankguthaben in
London bereits um 17 000 £ überschritten. Bis 1785 hatte er über 40 000 £ in dem
Dampfmaschinengeschäft festgelegt, eine für die damalige Zeit ungeheure Summe.
Erst jetzt begann das Verdienen. Noch einmal, 1788, brachte eine allgemeine schwere
Handelskrise das ganze Vermögen Boultons, das an den verschiedensten industriellen
Unternehmungen beteiligt war, in Gefahr. Ein schweres körperliches Leiden raubte
ihm seine geistige Widerstandskraft. Eine unsäglich trübe Zeit war für den Mann
gekommen, der jetzt im Alter von 60 Jahren trotz aller seiner Arbeit die materielle
Zukunft seiner Familie noch nicht gesichert sah. Auch dieses geschäftliche Unglück
ging vorüber, das körperliche Leiden verzog sich und Boulton bekam zugleich
seinen ganzen Unternehmungsmut wieder.

Mit der Beschaffung der für die Dampfmaschinenfabrikation notwendigen
Geldmittel ging naturgemäß Hand in Hand die Ausdehnung des Absatzgebietes.
Es galt, Aufträge hereinzuholen. Die ausnehmend großen Vorteile, die die Wattsche Maschine gegenüber den alten Feuermaschinen in wirtschaftlicher Hinsicht
bot, — sie brauchte nur etwa ein Drittel der Kohlen für die gleiche Leistung —
machten es leicht, die Maschine dort einzuführen, wo die Kohlen teuer waren. Und
das war in Cornwall der Fall, dessen tiefe Gruben die Wasserhaltungsmaschine besonders nötig hatten. 1783 waren alle Feuermaschinen bis auf eine schon durch
Wattsche Dampfniederdruckmaschinen in Cornwall ersetzt. Bis zum Sommer 1780
waren 40 Wasserhaltungsmaschinen hergestellt und verkauft worden, von denen
die Hälfte auf Cornwall entfiel. Die Einführung dieser Maschine wurde besonders
durch den so verdienstvollen Mitarbeiter Boultons und Watts, William Murdock,
den Begründer unserer heutigen Gasindustrie, bewerkstelligt. Aber auch Watt
selbst und Boulton waren oft lange Zeit in Cornwall tätig, die Maschinen aufzustellen
und die Grubenbesitzer mit den Vorteilen der neuen Kraftmaschine vertraut zu
machen.

Watt, den sein körperliches Leiden wünschen ließ, seine geschäftliche Tätigkeit
nach Möglichkeit einzuschränken, wollte sich damit begnügen, nur Pumpmaschinen
herzustellen. Aber Boulton, der die ungeheure Bedeutung der Wattschen Maschine
als Betriebsmaschine für die industriellen Unternehmungen deutlich erkannte,
drängte ihn dazu, seine Maschine hierfür einzurichten. Es gelang Watt, aus der

einfachwirkenden Hubmaschine ohne Drehbewegung die doppeltwirkende Dampf-
niederdruckmaschine mit Drehbewegung zu entwickeln. Aus der Wasserhaltung
der Bergwerke entstand so die allgemein verwendbare Betriebsmaschine, und damit
gewann zugleich das Absatzgebiet außerordentlich an Umfang. 1782 schon erbaute
Watt für John Wilkinson, den berühmten englischen Eisenhüttenmann, eine
kleine Maschine mit Drehbewegung, von deren Welle aus ein kleiner Stielhammer,
in der gleichen Weise wie vorher durch Wasserräder, angetrieben wurde. 1784 wurde
eine Ölmühle und eine Brauerei, 1785 die erste Baumwollspinnerei und 1786 die
erste Mahlmühle durch Wattsche Dampfmaschinen betrieben. In immer größerem
Umfange kam das Bedürfnis zum Ausdruck, die Dampfmaschine in allen gewerblichen Betrieben zu benutzen. „Die Leute in London, Manchester und Birmingham
sind ,steam-mill mad' ", schrieb damals Watt.

Boultons weitreichende Verbindungen brachten ihn noch mit mancherlei anderen Unternehmungen in enge Berührung. Ihm als Großindustriellen war es nicht
entgangen, welch weittragende Vorteile die damals mit so großem Erfolg durchgeführten Schiffahrtskanäle in England hatten. Ein umfangreiches Netz von
Kanälen war in wenigen Jahrzehnten geschaffen worden und hatte den Handelsverkehr außerordentlich gehoben. Boulton beteiligte sich an den Kanalunter-
nehmungen, die für ihn besonders in Frage kamen, mit sehr erheblichen Kapitalien.

Eine andere Episode in seinen geschäftlichen Unternehmungen, die Einführung
der von Watt erfundenen Briefkopiermaschine, ist für die ganze Art und
Weise, wie er seine Unternehmungen anpackte, ebenfalls kennzeichnend genug, um
hier erwähnt zu werden.

Watt war ein sehr fleißiger Briefschreiber und pflegte von allen seinen Briefen
selbst Abschrift zu nehmen. Das kostete viel Zeit. Deshalb versuchte er eine Kopier-
tinte herzustellen und geeignete Vorrichtungen zu schaffen, die ihm das Kopieren
auf mechanischem Wege ermöglichten. So entstanden 1778 die beiden heute noch
gebräuchlichen Kopierpressen. Die eine bestand aus zwei Walzen, zwischen denen
der zu kopierende Brief hindurchging, die andere war eine einfache Schraubenpresse. Die Walzenkopiermaschine wurde von Watt bevorzugt. Die Schraubenpresse führte sich zuerst allgemein ein. Watt hatte diese Erfindung zunächst geheim-
gehalten und trat erst zwei Jahre später, 1780, an die Öffentlichkeit, weil die Gefahr
bestand, daß ihm ein anderer zuvorkomme. Boulton übernahm es, auch diese
Wattsche Erfindung einzuführen. Er ließ eine Anzahl Kopierpressen herstellen
und ging nach London, wo er sie maßgebenden Geschäftsleuten und im Parlaments-
gebäude den Volksvertretern vorführte. Auch den König Georg III. verstand er
dafür zu interessieren. Man staunte überall diese neue Erfindung gebührend an,
und humorvoll konnte Boulton an Watt berichten, daß die meisten Abgeordneten zu
ihm kämen, statt in die Sitzung zu gehen, und daß der Präsident sie holen müsse,
wenn es sich um eine Abstimmung handele. Aber man hatte doch allgemein sehr
große Bedenken. Besonders die Kaufleute fürchteten, daß man diese Kopiermaschine
zu allen möglichen Fälschungen und Betrügereien würde benutzen können. Einflußreiche Männer verlangten, daß die Regierung derartige gefährliche Maschinen ver-
bieten müsse. Man schien zu glauben, daß man mit der Wattschen Kopierpresse
ungefähr alles, auch das Papiergeld, kopieren könne. Zum Glück konnte man sich
doch recht schnell davon überzeugen, daß so weit die Verwendung der Kopiermaschinen doch nicht ging. Auch der Königlichen Gesellschaft der Wissenschaft,
deren Mitglied er war, führte Boulton damals die Kopiermaschinen vor, ohne jedoch,

wie er hervorhob, mit Rücksicht auf den wissenschaftlichen Charakter die geschäftliche Seite des Unternehmens irgendwie zu berühren. Immerhin gelang es Boulton, im ersten ·Jahre· wenigstens 50 Kopiermaschinen abzusetzen. Bald stieg der Bedarf. Schließlich fing auch hier das Verdienen an.

Welchen bedeutenden Anteil Boulton an der Wattschen Erfindung hatte, war natürlich überall bekannt[1]). Man wußte, daß der einfache Mechaniker Watt ohne den Unternehmer Boulton kaum irgendwelchen Erfolg hätte haben können. Deshalb lag es nahe, daß auch eine Unmenge anderer Erfinder, an denen damals England reich war, sich an Boulton wandten, in der sicheren Hoffnung, er werde sich auch um ihre geistigen Kinder, die sie natürlich für ebenso wichtig wie die Erfindungen Watts hielten, kümmern. Da kamen die Erfinder des Perpetuum mobile, der Flugmaschinen, der Dampfwagen und vor allem auch die der rotierenden Dampfmaschinen, sie alle wollten sich helfen lassen und konnten es nicht verstehen, daß Boulton sich nicht darauf einließ.

So außerordentlich die Einführung der Dampfmaschine auch Boultons Arbeitskraft neben der Leitung seiner Metallwarenfabrik in Anspruch nahm, so fand dieser seltene Mann trotzdem noch Zeit, sich in eingehender Weise um die Verbesserung des M ü n z w e s e n s zu kümmern. Schon in den siebziger Jahren wurde seine Aufmerksamkeit hierauf gelenkt, und während der letzten 20 Jahre seines Lebens hat er sich in erster Linie hiermit beschäftigt, und zwar in so umfassender und erfolgreicher Weise, daß Watt davon sagen konnte: ,,Wenn Boulton nichts getan hätte, als das Münzwesen zu vervollkommnen, so hätte sein Name Unsterblichkeit verdient.''

Das englische Münzwesen konnte es damals nur zu gut gebrauchen, daß sich einmal ein Mann von Boultons Fähigkeiten darum bekümmerte. Falschmünzerei war fast ein regelrechtes Gewerbe. Besonders in Birmingham mit seinen zahlreichen Metallwarenfabriken verstand man es vortrefflich, für das In- und .Ausland in großem Umfange falsches Geld herzustellen. Mit den Maschinen, mit denen man Metallknöpfe mit Bild und Schrift machen konnte, konnte man auch leicht die damaligen Geldstücke anfertigen. Freilich hin und wieder hing man auch mal wieder einige Falschmünzer an .den Galgen, aber das Geschäft war doch zu einträglich, um nicht immer von neuem versucht zu werden. Bei den wertvollen Gold- und Silbermünzen lernte man allerdings bald das falsche vom rechten Geld zu unterscheiden, und ungewöhnlich glänzende Gold- und Silbermünzen erkannte man leicht als ,,Brummagem''. Aber um so eifriger fälschte man das Kupfergeld. 1753 nahm man an, daß die Hälfte alles in England umlaufenden Kupfergeldes falsch sei. Das machte sich auch darin geltend, daß man 36 s in Kupfer für 20 s in Gold oder Silber kaufen konnte. Noch 1789 konnte Boulton einmal feststellen, daß er beim Geldwechseln vom Zolleinnehmer zwei Drittel falscher Halfpennystücke erhalten hatte. Am meisten litten die Arbeiter unter diesen Zuständen, denn oft erhielten sie ihren ganzen Lohn in falschem Kupfergeld ausbezahlt.

Boulton, der als vorzüglicher Metallwarenfabrikant besonders viele Aufträge auf falsches Geld aus dem In- und Auslande erhielt, widerstand der Versuchung und wies sie zurück, ja er ging weiter und suchte alle leitenden Fabrikanten zu veranlassen, Maßregeln gegen die den gesamten Handelsverkehr schädigende Falsch-

---

1) Boultons Name wurde deshalb in erster Zeit vor allem auch im Auslande viel öfter im Zusammenhang mit der Dampfmaschine genannt als des Watts. In Deutschland reden die alten Akten oft von Boulton- (oder auch Bulton, Bolten und sogar Bohlton geschrieben) Maschinen.

münzerei zu ergreifen. Am nötigsten schien es zunächst zu sein, den Falschmünzern das Handwerk möglichst zu erschweren, das hieß, die Münzeinrichtungen technisch vollkommener zu gestalten. Schon 1774 beschäftigte sich Boulton mit dieser technischen Umgestaltung der Münzstätten, und schon damals gedachte er auch hierfür die Dampfmaschine als Betriebskraft zu benutzen. Die Dampfmaschinenfabrikation hatte aber so sehr seine Arbeitskraft mit Beschlag belegt, daß er erst 1786 dazu kam, auf diese Pläne zurückzugreifen. Die äußere Veranlassung hierzu war ein Auftrag der East-India-Company, 100 Tonnen Kupfergeld herzustellen. Dieser Auftrag kam Boulton geschäftlich um so mehr gelegen, als er vor Jahren von der Kupferminengesellschaft in Cornwall für gelieferte Dampfmaschinen ein großes Kupferlager hatte übernehmen müssen, das er nun in vorteilhafter Weise verwenden konnte.

Boulton legte in erster Linie Wert darauf, alle Münzen genau rund und von gleichem Durchmesser herzustellen. Er führte hierzu den Prägering ein und verbesserte die vorhandenen Prägemaschinen in allen Einzelheiten. Er gab den Münzen einen etwas überhöhten Rand, der in gleicher Höhe mit der Schrift war, wodurch sie sich leicht aufeinanderlegen ließen und auch im Verkehr nicht so abgenutzt wurden.

Im gleichen Jahr 1786 besuchten Boulton und Watt Frankreich, wo sie ähnliche Münzen, von P. Droz geprägt, vorfanden. Droz benutzte einen sechsfach geteilten Prägering, der sich in dem Augenblick schloß, wo der Prägestempel das Metall traf. Droz hatte auch andere Verbesserungen angebracht, die sich zu bewähren schienen, so daß Boulton es sich angelegen sein ließ, ihn gegen ein sehr hohes Gehalt für die Sohoer Fabrik zu verpflichten. Droz entsprach übrigens den Erwartungen durchaus nicht und mußte bald wieder entlassen werden, weil er sich in den Rahmen eines Fabrikbetriebes nicht einfügen wollte, und es sich auch bald herausstellte, daß seine Erfindungen und Verbesserungen nicht den praktischen Wert hatten, den er ihnen beimaß. Auch sein geteilter Prägering wurde aufgegeben, weil er schwer zu handhaben war und sich schnell abnutzte. Boulton fand eigene Konstruktionen, die sich besser bewährten, und die sich auch auf das Reinigen und Walzen des Metalls, sowie auf die Konstruktion des Prägeringes und der Rändelwerke bezogen.

Es reichte nicht aus, brauchbare Münzen herstellen zu können, es mußten auch die Aufträge hierfür eingeholt werden, das heißt, die Regierungen mußten zunächst von den großen Vorteilen, die das neue Münzverfahren bot, überzeugt werden. Der Widerstand einer am Althergebrachten hängenden Bureaukratie mußte überwunden werden, und das letzte war fast das schwierigste, besonders in England. 1787 bekam Boulton die ersten Aufträge von den Kolonien und ausländischen Staaten, und erst 1797 bequemte sich England selbst dazu, das neue Geld einzuführen. Boulton hatte sich die denkbar größte Mühe gegeben, gerade seinem Vaterlande den Vorteil guter Münzen zuerst zu verschaffen. Er überzeugte die Minister von der Möglichkeit, durch Verbesserung der Münzen die Falschmünzerei zurückzudrängen. Durch einflußreiche Freunde gelang es ihm, den König von den Vorteilen, die die neuen Münzen boten, zu überzeugen. Ebenso vermochte er dem Staatsrat, der einberufen war, um nach den besten Mitteln zu suchen, der Falschmünzerei den Boden abzugraben, die Vorteile der neuen Münzen, die er in verschiedenen Proben vorlegen konnte, zu beweisen. Boulton wies nach, daß er mit seinen neuen Einrichtungen die Hälfte der Kosten bei Herstellung des Geldes sparen könne. Sein Vorschlag wurde angenommen, aber weder Minister, Staatsrat noch der König vermochten zunächst etwas gegen die Beamten der Königlichen Münze, die durch ihren passiven Widerstand die Ausführung um zehn Jahre verzögerten. Obgleich die Königliche Münze damals nur ein Drittel des im Verkehr gebrauchten Kupfergeldes herstellen konnte, überließ sie es lieber den Fälschern, den fehlenden Betrag in Umlauf zu setzen, als daß sie „einer Privatperson gegenüber die Unzulänglichkeit einer staatlichen Einrichtung zugegeben hätte". Boulton suchte dann den Widerstand der Beamten durch die öffentliche Meinung zu überwinden. Er schickte ein Rundschreiben nebst Proben seiner Münzen an die Kaufleute und Fabrikanten, die dadurch veranlaßt wurden, zahlreiche Gesuche an das Parlament zu richten, in denen um die Einführung des neuen Geldes gebeten wurde mit dem Hinweis, daß man sich allein hiervon eine wirksame Einschränkung der Falschmünzerei, unter der der gesamte Handelsstand so sehr zu leiden hätte, versprechen könne.

Ein Glück war es für Boulton, der inzwischen große technische Anlagen zum Münzprägen getroffen hatte, daß wenigstens die Aufträge aus dem Ausland immer zahlreicher einliefen. So lieferte er u. a. 1790 und 1792 sehr viele Kupfermünzen für die französische Revolutionsregierung.

1789 begann er auch sehr schön ausgeführte Denkmünzen herzustellen, um seine Leistungsfähigkeit auf diesem Gebiete zu zeigen. Erste künstlerische Kräfte verstand er hierfür zu interessieren, die ihm geeignete Vorlagen zur Verfügung stellten. Auch viele Denkmünzen auf die Ereignisse der französischen Revolution gingen aus der Sohoer Münzstätte hervor, von denen einmal nicht weniger als 20 Tonnen an die Pariser Agenten versandt wurden.

Als sich die Herstellung von Kupfermünzen in Soho lebhaft entwickelte, drohte gerade dadurch Boulton eine große Gefahr. Der Kupferbedarf stieg so stark, daß die Kupferlieferanten, die von Boultons bindenden Kontrakten auf die Lieferung von Kupfermünzen erfahren hatten, diese Gelegenheit benutzten, um den Preis für Kupfer sehr erheblich zu erhöhen. Dadurch wurden auch die Birminghamer Metallwarenfabrikanten getroffen, die infolgedessen die Löhne ihrer Arbeiter heruntersetzten und als Grund hierfür öffentlich angaben, die Arbeiter hätten dies Herrn Boulton zu verdanken. Es kam zu schweren Unruhen in Bimingham, und es lag die Gefahr nahe, daß die aufgeregten Arbeitermassen gegen die Sohoer Fabrik, das heißt gegen Boulton, von dem all ihr Unglück herzurühren schien, mit Gewalt vorgehen würden. In einem Brief an Wilson vom 26. Februar 1792 schilderte Boulton anschaulich die gefährliche Lage:

„Die Arbeiter marschieren durch die Straßen, Kokarden auf ihren Hüten. Sie versammeln sich unter Trommelschlag, und geleitet von Unwissenheit und Mißgunst richten sie ihre Augen auf Soho."

Boulton wußte, daß es sich hier um verführte Arbeitermassen handelte. Nur das Gerede böswilliger und neidischer Konkurrenten, er allein sei Schuld an dem Steigen des Kupferpreises, konnte der Grund sein, „denn", fährt er fort, „ich betreibe kein Geschäft, das ich nicht selbst ins Leben gerufen habe, und ich habe mehr für die Birminghamer Industrie getan als irgend ein anderer. Ich gehe in keinen Klub, besuche keine politischen Versammlungen, ich gehöre zu keiner Partei, noch bin ich ein religiöser Eiferer, und ich stehe in keinen Beziehungen mit irgendwelchen Personen in Birmingham." Zu dem gefürchteten Angriff aber kam es nicht, denn es mochte wohl auch in Birmingham bekannt geworden sein, daß die Sohoer Arbeiter gut bewaffnet und entschlossen waren, die Fabrik und ihren Besitzer energisch zu verteidigen.

Über die technische Einrichtung der Sohoer Münze erfahren wir durch eine Anzahl Briefe, sowie durch eine von Boulton (1792) selbst aufgestellte Beschreibung Näheres. 1788 waren 6 Pressen in Soho im Betrieb. Bis 1792 waren noch zwei hinzugekommen, so daß die ganze Anlage, wenn sie voll beschäftigt war, jährlich 1200 Tonnen Kupfermünzen herstellen konnte. Jede der Prägemaschinen machte je nach der Größe der zu prägenden Münze 50 bis 120 Schläge in der Minute. Jedes Stück wurde in einem stählernen Prägering geprägt, sodaß man vollkommen runde und gleich große Münzen erhielt. In seiner Beschreibung wies Boulton darauf hin, daß ein zwölfjähriger Junge eine seiner Maschinen bedienen könne, da körperliche Arbeit hierfür nicht erforderlich sei. Gemäß den sozialen Ansichten seiner Zeit sah er darin wohl noch einen besonderen Vorteil, „Kinder nutzbringend zu beschäftigen". Für noch größere Leistungen bis zu 200 Prägungen in der Minute hatte er besondere kleinere Maschinen konstruiert. Dabei stellte sich heraus, daß auch die Prägestöcke und die Schrift auf dem Stempel sich bei Benutzung der Maschinen viel weniger schnell abnutzten, als bei der früher allein üblichen Handarbeit.

Die Einrichtungen der Sohoer Münze bewährten sich durchaus und gestatteten Boulton, die größten Aufträge anzunehmen und zur Zufriedenheit durchzuführen. Von 1797 bis 1806 wurden in der Sohoer Münze allein 4200 Tonnen englisches Kupfergeld hergestellt. Jetzt war man mit den neuen Münzen so sehr zufrieden, daß man Boulton den Auftrag gab, eine neue Königliche Münzstätte auf Tower-Hill zu erbauen. Darin sah Boulton mit Recht die beste Anerkennung für seinen jahrzehntelang durchgeführten Kampf um die Verbesserung des Münzwesens. Die von ihm selbst eingerichtete und mit seinen Maschinen ausgestattete Königliche Münze galt lange Zeit als Muster für alle derartigen Anlagen. Bis 1882 sind hier Boultons Maschinen im Betriebe gewesen.

Ähnliche große Münzstätten hat Boulton dann noch in Rußland, Spanien, Dänemark, Mexiko und später auch in Kalkutta und Bombay eingerichtet. Der Erfolg, der ihm schließlich auch auf diesem Gebiete beschieden war, hat ihm in seinen letzten Jahren nach dem harten Kampf besondere Genugtuung bereitet.

Die Lebensarbeit Boultons, die hier kurz geschildert wurde, legt Zeugnis ab von einer unermüdlichen Arbeitskraft, verbunden mit ungewöhnlicher Begabung, durch die allein alle diese unendlichen Schwierigkeiten überwunden werden konnten. Boulton wird uns als ein bewunderungswürdiger Organisator geschildert, der mit einem Scharfblick für alle Einzelheiten einen umfassenden Überblick vereinte. Von lebhaftem Temperament und immer zukunftsfroh fühlte er sich inmitten seiner Schöpfungen am wohlsten. Er hatte seinen Arbeitsplatz mitten in der Fabrik. Es wird erzählt, daß er ein so genaues Empfinden für das Arbeitsgeräusch hatte, daß er jede Veränderung sofort empfand und als Anzeichen dafür, daß etwas nicht in Ordnung sei, auffaßte, um dann sofort Abhilfe zu schaffen. Dabei war er durchaus kein einseitiger Geschäftsmann. Er war mit den ersten Gelehrten und Künstlern seiner Zeit bekannt. Er liebte die Gesellschaft. Sein Haus stand allen hervorragenden Persönlichkeiten offen. Die berühmtesten Namen seiner Zeit standen auf seiner Freundesliste.

Während Watt mit dem Ablaufen seines Vertrages 1800 aus der Fabrik schied, vermochte Boulton es nicht, sich von der geschäftlichen Tätigkeit zurückzuziehen.

Für ihn war Ruhe, Verzicht auf sein Lebenselement, gleichbedeutend mit Tod.
Wenn auch das hohe Alter und seine Beschwerden manchmal vor gar zu eifriger
Tätigkeit warnten, und wenn auch oft Watt bat, doch endlich auszuruhen, Boulton
blieb seiner Schöpfung treu bis zum Tode. 1809 warf ihn ein altes Leiden auf das
Krankenbett, von dem ihn am 17. August 1809 ein friedlicher Tod erlöste. Watt
wurde von dem Tode seines Mitarbeiters und besten Freundes, dem er den geschäft-
lichen Erfolg seiner Erfindung allein zu verdanken hatte, auf das tiefste erschüttert.
Er schrieb damals an Boultons Sohn und Nachfolger:

„Wie sehr wir auch unseren eigenen Verlust beklagen mögen, wir müssen anderseits auch daran denken, welche quälenden Schmerzen er so lange hat erdulden

Fig. 3.   Kirche zu Handsworth, wo Boulton, Watt und Murdock begraben sind.

müssen, und uns zu trösten suchen in der Erinnerung an seine Tugenden und hervorragenden Eigenschaften. Wenige Menschen haben seine Fähigkeiten besessen und
noch wenigere haben sie so angewandt, wie er es getan hat. Nehmen wir seine
Leutseligkeit, seine Großmut und seine Liebe zu den Freunden, so haben wir
einen Charakter, der selten seinesgleichen hat. Das war der Freund, den wir verloren haben, auf dessen Liebe wir stolz sein können, während Sie sich rühmen dürfen,
der Sohn eines solchen Vaters zu sein."

In der Kirche zu Handsworth ruht Boulton neben Watt und Murdock. Die
Grabschrift, an deren Fassung Watt beteiligt war, lautet[1]:

---

[1] s. Samuel Smiles, Lives of Boulton and Watt, London 1865; dem auch der Stoff
zu der Darstellung, sowie die Unterlagen für die Abbildungen entnommen wurden. Außerdem wurde benutzt: Muirhead, The mechanical inventions of James Watt, London 1854,
3. Band.

Sacred to the Memory of
Matthew Boulton, F. R. S.
By the skilful exertion of a mind turned to Philosophy and Mechanics,
The application of a taste correct and refined,
And an ardent spirit of enterprize, he improved, embellished, and extended
The Arts and Manufactures of his country,
Leaving his Establishment of Soho a noble monument of his
Genius, industry, and success.
The character his talents had raised, his virtues adorned and exalted.
Active to discern merit, and prompt to relieve distress,
His encouragement was liberal, his benevolence unwearied.
Honoured and admired at home and abroad,
He closed a life eminently useful, the 17th of August, 1809, Aged 81,
Esteemed, loved, and lamented.

Kurze Mitteilungen.

Zur Vorgeschichte der Bagdadbahn.

Unter den großen Verkehrsprojekten der neuesten Zeit steht seit langen Jahren die Bagdadbahn für uns Deutsche in der vordersten Reihe. In technischer, wirtschaftlicher und allgemein politischer Hinsicht gehört das Bagdadbahn-Unternehmen, dessen Zustandekommen hauptsächlich dem verstorbenen Georg von Siemens zu danken ist, zu den interessantesten, ja, man kann sagen: spannendsten Unternehmungen der Gegenwart. Nachdem im Juni 1908 der zeitweilig stark in Frage gestellte Weiterbau, der Bau über den Cilicischen Taurus bis nach Mesopotamien hinein endgültig sichergestellt ist und nachdem im Frühjahr 1909 die Fortführung der Bahn über den bisherigen Endpunkt Bulguslu hinaus wirklich in Angriff genommen worden ist, dürfte das zeitweise ins Stocken gekommene internationale Interesse an dem deutschen Bahnunternehmen wieder stark anschwellen und durch Jahre nicht mehr von der Tagesordnung verschwinden. Demgemäß erscheint es angebracht, sich einmal kurz mit der Vorgeschichte dieser großartigen Idee bis zum Dezember 1899 zu beschäftigen, die verhältnismäßig wenig bekannt ist.

Als erster Vorläufer des deutschen Bagdadbahn-Projekts muß der bereits 1833 auftauchende Plan des britischen Obersten Chesney, eine Eisenbahn von der Mündung des Orontes zum Euphrat zu bauen, betrachtet werden, zumal Chesney einen Dampferanschlußverkehr an die Bahn empfahl, der den Warenaustausch vom und zum Persischen Golf, einschließlich Indiens, vermitteln sollte. In jener Zeit war der Plan um so großartiger erdacht, als ja die Eisenbahnen erst soeben als öffentliches Verkehrsmittel das Licht der Welt erblickt hatten und den meisten europäischen Staaten noch völlig unbekannt waren. Auch ist zu berücksichtigen, daß damals vom Suezkanal noch nicht die Rede war, daß vielmehr der Verkehr zwischen Europa und Indien sich noch durchweg ums Kap der Guten Hoffnung herum abspielte. Die geniale Idee wurde für kurze Zeit teilweise verwirklicht: der Dampferverkehr auf dem Euphrat nämlich wurde tatsächlich ins Leben gerufen, freilich mußte er wegen der argen Vernachlässigung der Deiche und der unerträglichen türkischen Zollplackereien schon sehr bald wieder eingestellt werden. Aus diesem Grunde kam auch die geplante Bahn nicht über das Projekt auf dem Papier hinaus.

Der Chesneysche Plan lebte jedoch wieder auf, als es sich in den 60er Jahren zeigte, daß Lesseps' Suezkanal-Projekt, allen Anfeindungen und Verleumdungen zum Trotz, die es als einen Riesenschwindel oder als eine Narrheit brandmarkten, seiner Verwirklichung entgegenging. In der Besorgnis, daß der Verkehr mit Indien, der bisher in englischen Händen gelegen hatte, sich nun großenteils dem französischen Kanal zuwenden werde, wurde Chesneys Idee als eine Art von Trumpf aufs neue ausgespielt, jedoch in einer bemerkenswerten, neuen Form. Ein Ausschuß des britischen Unterhauses beriet über die Herstellung einer Bahn, die in Iskenderun (Alexandrette), also etwas nördlich von der Orontesmündung, beginnen und über Antakje, Haleb und Diarbekr nach Bagdad verlaufen sollte. Schon damals wurde, von Sir Henry Rawlinson, eine in der Folge noch mehrfach diskutierte großzügige Erweiterung dieses Planes in die Debatte geworfen: der Vorschlag einer vom Mittelmeer bis nach Nordindien führenden Bahn Alexandrette—Bagdad—Teheran—Kandahar—Schikarpur. Demgegenüber empfahl der britische Hauptmann Cameron, zunächst einmal eine (inzwischen zustandegekommene) Dampferlinie einzurichten, die von Bagdad den Tigris hinab und durch den Persischen Meerbusen nach Kurratschi und anderen indischen Hafenplätzen im Anschluß an die geplante britische Bagdadbahn führen sollte. Ein solches Konkurrenzunternehmen zum Suezkanal erwies sich aber bald als unnötig, weil die Engländer, nachdem sie sich anfangs mit der sonderbaren Absicht getragen hatten, einen zweiten englischen Parallelkanal durch den Isthmus von Suez zu stechen, die erste sich bietende Gelegenheit benutzten, um den Lessepsschen Suezkanal aus einem französischen in das englische Unternehmen zu verwandeln, das er bis auf den heutigen Tag geblieben ist.

. Dennoch lebte der von Rawlinson in die Welt gesetzte Gedanke einer großen südasiatischen Überlandlinie (die, wie bekannt, bis auf den heutigen Tag noch nicht zustandegekommen ist) in verschiedenen Gestalten immer wieder auf. Der englische Ingenieur Haughton modifizierte 1880 Rawlinsons Idee, indem er einer Bahn das Wort redete, die mit dem späteren deutschen Bagdadbahn-Projekt schon fast identisch war: er empfahl nämlich die seit 1856 von Skutari nach Angora laufende Bahn quer durch Kleinasien zu verlängern und sie alsdann in der früher empfohlenen Weise nach Bagdad und weiter über Teheran und Kandahar nach Schikarpur zu führen. Dieser Plan fand jedoch bei Haughtons Landsmännern sehr wenig Gegenliebe, denn man wies darauf hin, daß eine am Bosporus beginnende Bahn nach Mesopotamien und Indien weit mehr den deutschen und österreichischen als den britischen Interessen dienen werde. Die gleiche Befürchtung knüpft bekanntlich auch an die am Bosporus beginnende deutsche Bagdadbahn an und stellt den Hauptanlaß zu Englands unfreundlicher Behandlung dieses großartigen Verkehrsplanes dar.

In der Folgezeit ist die Idee einer südasiatischen Überlandbahn noch mehrfach in verschiedenen Gestalten aufgetaucht, doch kehrte der Haughtonsche Vorschlag, die Bahn am Bosporus beginnen zu lassen, aus den angegebenen Gründen im Inselreich nicht wieder. Statt dessen wurden, nachdem 1882 England festen Fuß in Ägypten gefaßt hatte, andere Pläne erörtert, bei denen die politische Zweckmäßigkeit die wirtschaftliche unbedingt überwog. Der Wunsch, eine britische Brücke vom britischen Ägypten zum britischen Indien zu schlagen, der im letzten Vierteljahrhundert ein Grundton der englischen Politik war, äußerte sich auch in den neuen Verkehrsprojekten englischer Staatsmänner und Ingenieure. Zu wiederholten Malen wurde der Gedanke einer Bahn von Ägypten nach Indien sehr ernstlich erwogen, die etwa auf dem Wege Port Said—Basra—Kerman—Nuschki—Quetta verlaufen sollte. Noch vor wenigen Jahren trat kein Geringerer als der Vizekönig von Indien, Lord Curzon, energisch für die Herstellung einer derartigen Bahn ein. Auch

dieses Projekt ist bisher nicht verwirklicht worden, weil einmal die Türkei wenig dafür übrig hat, die mit Recht alle von ihr erbetenen Bahnkonzessionen in erster Linie unter dem Gesichtspunkt der strategischen und politischen Bedeutung betrachtet, und zweitens, weil das gesicherte Zustandekommen der deutschen Bagdadbahn die Port Said—Quettabahn überflüssig und sogar wirtschaftlich unmöglich gemacht hat. Bevor dies aber feststand, wurde durch den ausgezeichneten englischen Eisenbahningenieur Moreing auf das riesenhafte Projekt der Bahn zwischen Ägypten und Indien ein noch viel riesenhafteres aufgepfropft, das alles bisher Dagewesene übertraf. Moreing wollte eine britische Bahn vom Nil bis zur Mündung des Jangtsekiang schaffen, einen Schienenweg Alexandria—Schanghai, als Gegenstück und Trumpf auf das in Rußland ausgegebene Schlagwort: Petersburg—Peking, dessen Befolgung zur Erbauung der Großen Sibirischen Bahn führte. Im ,,Nineteenth Century" erörterte Moreing seinen nach allen Seiten gründlich durchdachten Vorschlag, der darauf hinauslief, daß von Alexandria bzw. Port Said eine Bahn über Basra und Bender Abbas nach Kurratschi und weiterhin durch Nordindien nach Chittagong und durchs Bergland von Upper Burma nach Mandalay am Irawadi verlaufen sollte, um von dort über Kunlong in einem schwierigen Gebirgsdurchbruch an den Jangtse und ferner an diesem Fluß entlang bis nach Schanghai sich zu erstrecken. Die gesamte Bahn wäre 11 050 km lang geworden, also noch beträchtlich umfangreicher als die Sibirische Bahn der Russen, die von Tscheljabinsk bis Wladiwostok nur 6108 km umfaßt. Etwa 8000 km Bahn hätten nach dem Moreingschen Plan neu gebaut werden müssen, der Rest, größtenteils durch die Bahnlinien in Nordindien und die Strecke Mandalay—Kunlong dargestellt, war bereits vorhanden[1]).

In ihrem östlichen Teil ähnelte die Moreingsche Bahn stark einem anderen Projekt, das man schon anfangs der 70er Jahre sehr besprochen hatte und das eine fortlaufende Überlandbahn zwischen Westeuropa, Indien und China schaffen wollte, und zwar auf dem Wege Paris—Moskau—Bombay—Peking. Diese Idee, die gewissermaßen eine Vereinigung zwischen der heutigen Sibirischen Bahn, der 1905 eröffneten russischen Orenburg—Taschkentbahn und dem Moreingschen Vorschlag

---

[1]) Genaueres über diese Bahn, wie auch über das deutsche Bagdadbahn-Projekt, bietet mein soeben erschienenes Buch ,,Bahnen des Weltverkehrs" (Leipzig 1909 Joh. Ambr. Barth; S. 129—149).

darstellte, erregte 1873 auch das Interesse eines Ferdinand v. Lesseps, der nach Vollendung seines großen Werkes auf dem Isthmus von Suez nach neuen Taten dürstete. Lesseps beschäftigte sich sogar so eingehend mit dem Projekt, daß er bereits seinen jugendlichen Sohn Viktor nach Asien sandte, um die vorteilhafteste Führung der in Aussicht genommenen Bahn über den Himalaya und durch das schwierige Gebirgsland von Kaschmir ausfindig zu machen. Auch dieser schöne Plan zerschlug sich jedoch, da Mittelasien noch zu wenig der Kultur erschlossen und dem russischen Willen untertan war und da außerdem England damals, wie heute, eine asiatische Überlandbahn von Europa (d. h. also von Rußland) nach Indien auf das bestimmteste ablehnte. So fand denn Georg Siemens, als er in den 90er Jahren das Bagdadbahn-Unternehmen im Namen der deutschen Industrie und des deutschen Handels ins Leben rief, zwar viele Pläne für Überlandbahnen vor, aber noch keine Anlage, welche eine noch so bescheidene Realisierung dieser Pläne bedeuten konnte. Von allen Vorläufern der deutschen Bagdadbahn hatten lediglich die sorgfältigen Trassierungspläne, die der Schwabe Wilhelm Pressel, wie für die europäische, so auch 1872 für die asiatische Türkei entworfen hatte, einen wirklichen Wert. Wenn nunmehr die deutsche Bagdadbahn dereinst zustande gekommen sein wird (die Tatsache selbst erscheint nahezu gesichert), so werden damit voraussichtlich alle anderen Pläne zur Schaffung von Überlandbahnen zwischen dem Mittelmeer (bzw. dem Bosporus) und dem Indischen Ozean ein für alle Male hinfällig werden.

Dr. R. Hennig.

Zur Geschichte der optischen Telegraphie in Deutschland.

„Der Telegraph ist eine Maschine, die von den Franzosen benutzt wird, während andere Nationen untersuchen, ob diese Erfindung neu oder alt sei!" Mit diesen bitter-sarkastischen Worten kennzeichnete Archenholz im Dezember 1794 in der Zeitschrift „Minerva" den Stand der optischen Telegraphie in Europa am Ende des 18. Jahrhunderts. Das Wort war speziell auf Deutschland gemünzt und behielt für dieses Land seine Berechtigung unglaublicherweise noch fast 4 Jahrzehnte hindurch. Als ältester optischer Telegraph auf heute deutschem Boden, der für dauernde Benutzung eingerichtet war, ist, wie Postrat

Sautter im „Archiv für Post und Telegraphie" (Jahrg. 1901, Nr. 23 und 24) nachgewiesen hat, die Linie Metz—Mainz zu betrachten, die auf Befehl Napoleons im Frühjahr 1813 hergestellt und am 29. Mai desselben Jahres dem Betrieb übergeben wurde. Allerdings berührten auch schon die 1794, in der allerersten Zeit der Chappe-Telegraphie, geschaffenen Telegraphenlinien Paris—Landau und Paris—Straßburg streckenweise Gebiete, die heute zum Deutschen Reich gehören, aber die genannte Strecke Metz—Mainz war doch die erste, die in ihrem ganzen Verlauf über ein Gelände führt, das gegenwärtig deutscher Boden ist. Von den deutschen Staaten und Gemeinwesen entschloß sich jedoch bis 1832, wo endlich Preußen sich seine erste optische Telegraphenlinie schuf (Berlin—Magdeburg, angelegt auf Grund einer Kabinettsordre vom 21. Juli 1832, eröffnet — jedoch nur für amtliche Depeschen — im November 1832), kein einziger, aus eigener Initiative einen Telegraphen herzustellen, der dauernd zwischen bestimmten Orten einen Nachrichten-Schnellverkehr vermitteln konnte. Angesichts der außerordentlich großen und allgemein anerkannten Erfolge, die der Telegraphendienst Chappeschen Systems seit 1794 dauernd, am meisten aber während der Regierungszeit Napoleons, zu verzeichnen hatte, muß diese Schwerfälligkeit der deutschen Staaten (einschließlich Österreichs) überaus befremdlich erscheinen, um so mehr, als England und Schweden schon 1795, Spanien 1800, Dänemark 1802, Italien 1810 Archenholz' Spott widerlegt und den optischen Telegraphen Einlaß gewährt hatten, ebenso sogar schon Indien und Ägypten im Jahre 1823. Gerade in Deutschland hätte man eine frühzeitige Einrichtung großzügiger optischer Telegraphenlinien um so eher erwarten sollen, weil auf deutschem Boden ein besonders großer Teil der Erfindungen und Versuche angestellt worden war, welche die optische Telegraphie erst lebensfähig machten. Hier war zur Zeit des Siebenjährigen Krieges (das Jahr steht nicht fest) durch den Leibarzt des Grafen Carl von Bentheim-Steinfurt († 1780), Christoph Ludwig von Hoffmann, in Burgsteinfurt ein optisches Telegraphensystem erfunden worden, das „in Schönbusch auf der Anhöhe bei Burghorst" ausgeführt und erprobt wurde. Über das System selbst ist wenig bekannt geworden; es scheint aber, als habe eine Schrift, die v. Hoffmann 1782 in Münster i. W. über seine Erfindung veröffentlichte, eine gewisse Anregung zu Claude Chappes erfolgreichen Ideen gegeben. Auf deutschem Boden hatte ferner der gelehrte Hofrat Böckmann in Karlsruhe am 22. November 1794 das erste „Geburtstags-Glückwunschtelegramm" zum Wiegenfest des Markgrafen Karl Friedrich von Baden aus einer Entfernung von 1½ Wegstunden nach Karlsruhe signalisiert, und nahezu gleichzeitig, am 30. Oktober 1794, hatte der Hamburger Senator Guenther öffentlich den Vorschlag gemacht, zwischen Hamburg und Kuxhaven einen optischen Telegraphen zur rascheren Übermittelung von Börsennachrichten einzurichten. Im Februar 1795 erschien ferner in Wielands „Neuem teutschen Merkur" ein Aufsatz von Böttiger: „Was thun die Teutschen für die Telegraphie?"

Obwohl somit zweifellos gegen Ende des 18. Jahrhunderts die Aufmerksamkeit der Gebildeten in Deutschland mannigfach von der Möglichkeit einer optischen Telegraphie in Anspruch genommen und von dem großen Nutzen dieser Verkehrsverbesserung überzeugt war, scheint eine über das Versuchsstadium hinausgehende, praktische Anwendung der Erfindung in Deutschland damals nicht stattgefunden zu haben. Jedenfalls sind alle Bemühungen, auf deutschem Boden ältere, für ständigen Gebrauch bestimmte optische Telegraphenlinien nachzuweisen, als die preußischen von 1832 bzw. die Metz—Mainzer Linie von 1813, vergeblich gewesen.

Um so unbegreiflicher und auffälliger ist eine Notiz in des Deutsch-Amerikaners Tal. P. Shaffner Werk „The telegraph manual" (New York 1859, S. 29/30), wonach schon 1798 in Frankfurt a. M. ein optischer Telegraph in Benutzung gewesen sein soll, von dem sonst in der Literatur nirgends die Rede zu sein scheint. Man würde die Bemerkung Shaffners ohne weiteres für unglaubwürdig erachten dürfen, aber da er ausdrücklich erklärt, er selbst habe in Frankfurt eine Zeichnung des Telegraphen in Händen gehabt, und da er auch eine Wiedergabe dieser Zeichnung bringt, aus der hervorgeht, daß es sich um ein durchaus selbständiges, wenn auch dem Chappeschen nachgebildetes System handelte, so verdient die Behauptung doch vollste Beachtung. Da der Zeichnung ein genauer Alphabetencode für die Verständigung beigegeben ist, ist es wahrscheinlich, daß der geheimnisvolle Apparat nicht nur für Versuchszwecke, sondern für den praktischen Gebrauch des Alltagslebens erdacht worden war —— aber wann, von

wem, für welchen Zweck? Die Frage bleibt offen . . .

Es erscheint unbegreiflich, daß über einen öffentlichen Telegraphen von so großer Bedeutung in der ganzen zeitgenössischen Literatur keine Silbe veröffentlicht sein sollte. Die Vermutung ist daher nicht von der Hand zu weisen, daß die von Shaffner aufgefundene Zeichnung nur einen Entwurf darstellt, dessen

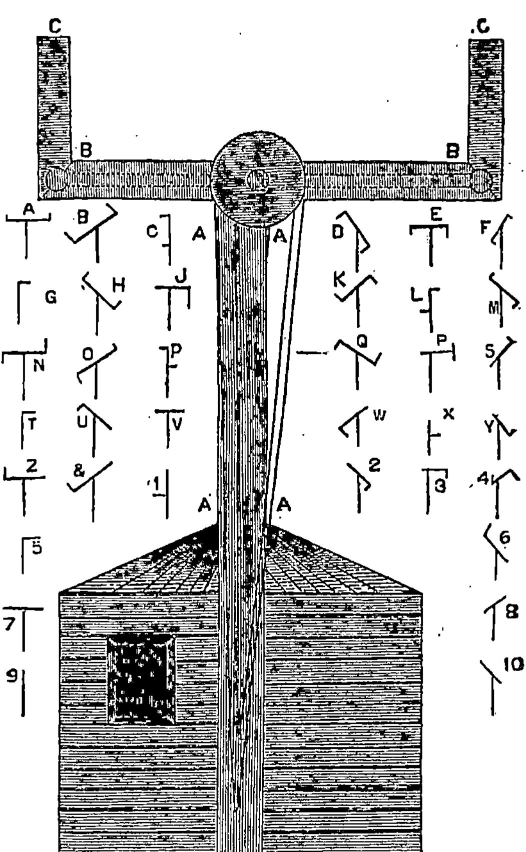

Fig. 1. Frankfurter Telegraph 1798.

endgültige Verwirklichung niemals zustande gekommen ist. Auch als Entwurf wäre aber die Zeichnung interessant und wertvoll, wegen der ebenso geistvollen wie einfachen Art der vorgeschlagenen Verständigung.

Es wäre für die Geschichte der Telegraphie von hohem Wert, wenn sich nähere Einzelheiten über den Frankfurter Telegraphen von 1798, sowie über die Art und den Umfang seiner Verwendung feststellen ließen. Leider aber sind bisher alle Bemühungen nach dieser Richtung erfolglos geblieben, auch Nachfragen in Frankfurt selbst, obwohl die Nachforschun-

gen noch nicht als abgeschlossen zu betrachten · findung berichtet uns ein vor kurzem erschiene-
sind. Eine Reproduktion der Abbildung aus nes Buch ,,Thomas Alva Edison, sixty years
dem schwer zugänglichen Buch Shaffners of an inventors life" von Francis Arthur Jones.
findet sich in meinem, 1908 in Leipzig (Joh. Oft etwas zu reichlich mit allerhand Geschicht-
Ambr. Barth) erschienenen Buch ,,Die älteste chen ausgeschmückt, hat es seinen geschicht-
Entwickelung der Telegraphie und Telephonie" lichen Wert in der im Vorwort erwähnten Tat-
(sie ist in Fig. 1 wiedergegeben), während sache, daß Edison selbst und seine Mitarbeiter
sonst in den Arbeiten zur Geschichte der Tele- dem Verfasser über die Erfindungen berichtet
graphie in Deutschland der bemerkenswerte haben. Das zehnte Kapitel des Buches be-
Hinweis Shaffners allgemein übersehen wor- schäftigt sich mit dem Phonographen, der wohl
den zu sein scheint.   Dr. R. Hennig. zu den am meisten bewunderten Erfindungen
Edisons zu rechnen ist, und der nicht zum
wenigsten dem großen Erfinder damals den

Zur Erfindung des Phonographen.

Beinamen ,,der Zauberer von Menlo Park"
eingetragen hat. Edison selbst hat in seiner
Durch die Tageszeitungen ging kürzlich knappen, klaren Weise über die Entstehung
die Notiz, daß Carusos Gewinn bei der ame- der Erfindung 1887 in der
,,North American Review"
berichtet:

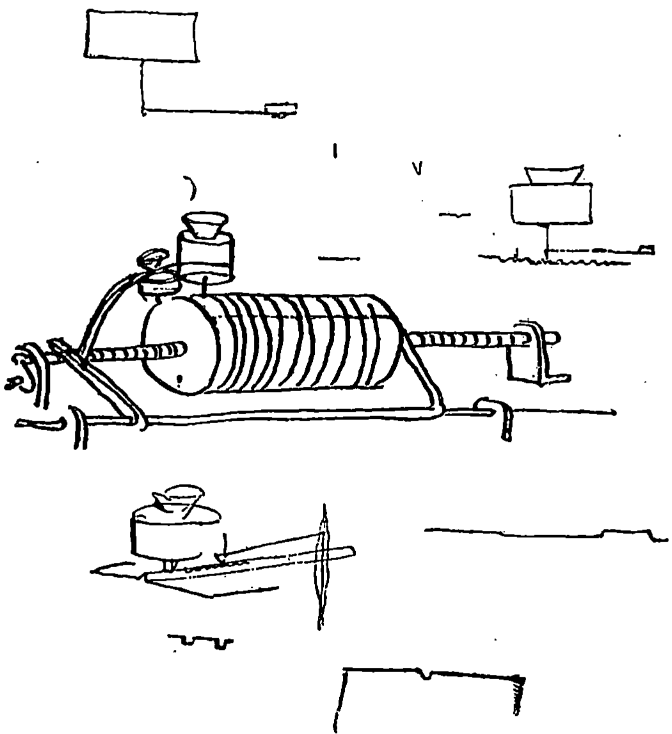

Fig. 2.   Edisons erste Skizzen zum Phonographen.

,,Der Phonograph",
schreibt er, ,,zeigt uns,
daß die menschliche Spra-
che den Gesetzen der Zahl,
der Harmonie und dem
Rhythmus unterworfen
ist, und durch diese Ge-
setze sind wir jetzt im-
stande, alle Arten von
Tönen und alle artikulier-
ten Äußerungen bis zu den
feinsten Schattierungen
und Schwingungen der
Stimme in Linien oder
Punkten aufzuzeichnen,
die den durch die Lippen
erzeugten Lauten voll-
ständig entsprechen. Wir
können nun durch diesen
Apparat auch wieder diese
Linien und Punkte zum
Klang der Stimme, der
Musik und zu allen anderen
Tönen umwandeln, die von
ihm aufgenommen wur-
den, einerlei, ob sie für
uns hörbar oder unhörbar
waren. Denn es ist sehr
interessant, daß, während

rikanischen Grammophongesellschaft, die aus- der tiefste Ton, den unser Ohr aufnehmen kann,
schließlich das Recht auf Vertreibung der sechzehn Schwingungen in der Sekunde enthält,
Carusoplatten besitzt, im vergangenen Jahre der Phonograph zehn oder noch weniger auf-
nicht weniger als 240 000 Mark betragen nehmen kann. Er kann dann die Töne soweit
habe. Daraus kann man sehen, zu welch wirt- erhöhen, bis wir die Aufnahme hören können.
schaftlicher Bedeutung es heute der Phono- In der gleichen Weise kann der Phonograph
graph und die mit ihm entstandene Industrie Schwingungen, die so hoch sind, daß wir sie
gebracht hat. mit unserm Ohr nicht mehr hören können,
Über die sehr interessante Entstehung dieser aufnehmen und sie dann nach Verringerung
nun auch schon über dreißig Jahre alten Er- der Tonhöhe wiedergeben, so daß wir schließ-

lich die Aufnahme dieser unhörbaren Schwingungen vernehmen können.

Um das Aufzeichnen von Klängen noch deutlicher zu machen, möchte ich auf ein oder zwei Punkte näher eingehen. Uns allen ist aufgefallen, mit welcher Genauigkeit auch die schwächsten Meereswellen, die Sinuslinie, die sich von den kleinen sich kräuselnden Wellen bei ihrem Fortschreiten bildet, dem Ufersand einprägen. Ebenso bekannt ist die Tatsache, daß Sandkörner, die auf eine glatte Fläche von Glas oder Holz auf oder in der Nähe eines Klaviers gebracht werden, je nach den Schwingungen der gespielten Melodie sich

apparat in Verbindung stand, vorbeigeführt wurde. Hierbei fand ich, daß, wenn der Zylinder mit dem mit Vertiefungen versehenen Papierstreifen schnell umgedreht wurde, durch diese Vertiefungen und Erhöhungen ein summendes Geräusch entstand, ein musikalisch rhythmischer Ton, einem undeutlich gehörten Gespräch vergleichbar. Dies brachte mich darauf, eine Membran an der Maschine anzubringen, die die Schwingungen oder Klangwellen meiner Stimme, wenn ich zu dem Apparat sprach, aufnehmen sollte, um sie auf ein auf dem Zylinder angebrachtes eindruckfähiges Material zu übertragen. Der

Fig. 3.   Der erste Phonograph.

in verschiedenen Linien oder Kurven anordnen. Diese Beispiele zeigen, wie leicht die Teilchen eines festen Stoffes von leichten Flüssigkeits-, Luft- oder Klangwellen beeinflußt werden. So bekannt diese Erscheinungen auch waren, haben sie doch erst vor wenigen Jahren mir den Gedanken eingegeben, daß die Klangwellen einer menschlichen Stimme einen ebensolchen Eindruck auf irgendein Material hervorrufen könnten, wie die Flut auf den Ufersand. Meine Entdeckung, daß dies möglich sein könnte, kam mir ganz zufällig, als ich mit Versuchen beschäftigt war, die sich auf ganz andere Gegenstände bezogen. Ich arbeitete an einem Apparat, der die Zeichen der Morseschrift aufnehmen sollte, die auf dem Papier eingedrückt waren und zwar sollte das Telegramm auf einen andern Stromkreis selbsttätig übertragen werden, indem es unter einem Aufnahmestift, der mit einem Stromschluß-

Stoff, der für den sofort angestellen Versuch benutzt wurde, war mit Paraffin getränktes Papier und die Ergebnisse, die ich damit erhielt, waren ausgezeichnet. Die Eindrücke auf dem Zylinder, wenn er schnell bewegt wurde, wiederholten die ursprünglichen Wellen, die aufgenommen wurden, gerade als ob die Maschine selbst spräche. Ich sah sofort, daß die Aufgabe, die menschliche Sprache so aufzuzeichnen, daß man sie auf mechanischem Wege, so oft man wollte, wiederholen könnte, damit gelöst war."

Wesentlich zur schnellen erfolgreichen Ausführung der Idee Edisons hat sein damaliger Mechaniker John Krusei beigetragen, der, von ihm beauftragt, die Erfindung nach der ersten Skizze, Fig. 2, auszuführen, den ersten Phonographen angefertigt hat, Fig. 3. Dieser erste Apparat wird heute als wertvolles Stück im Kensington-Museum in London aufbewahrt.

Es wird erzählt, daß Krusei ihn in dreißig Stunden ununterbrochener Arbeit hergestellt habe.

Der Apparat sah noch recht roh und ungeschlacht aus, die Walze, die mit Staniol belegt war, wurde von Hand gedreht. Erwartungsvoll wurde zum erstenmal der Phonograph in Betrieb genommen und staunend hörten die Anwesenden die Maschine sprechen. Sie entsprach den Erwartungen. Das erste Patent wurde in den Vereinigten Staaten am 19. Februar 1878 (Nr. 200 521) erteilt. Noch etwas früher, am 30. Juli 1877, aber hatte Edison in England sein Patent (Nr. 2909) erhalten. Kaum hatte sich der Apparat als brauchbar erwiesen, wurde natürlich auch das Patent angefochten. Man begann sich auch „literarisch" mit dem Phonographen zu beschäftigen, und diese denkbar einfachste Maschine führte zu so verwickelten Beschreibungen, daß Edison, als sie ihm vorgelegt wurden, lachend zugeben mußte, daß er sich nie hätte träumen lassen, wie schwierig die Sache eigentlich gewesen sei.

Mit diesem ersten Apparat begann der Werdegang des Phonographen. Von seinen ersten anspruchslosen Wiedergaben brachte man es nach und nach zu Reproduktionen von Instrumental- und Vokalmusik, die anfangen, auch einem verwöhnten Geschmack mehr und mehr zu genügen.

Die Hauptschwierigkeit lag darin, brauchbare und dauerhafte Walzen zu finden. Eine Zeitlang wurden in Edisons Laboratorium fast alle nur denkbaren Stoffe durchprobiert. Schließlich kam man zu stearinsaurer Soda (stearate of soda), die allen Erwartungen entsprach. Die jetzige Edisonwalze besteht aus einer unsern Seifen ähnlichen Mischung.

Edison hat sich auch vor dreißig Jahren schon in höchst bemerkenswerter Weise über die Zukunft des Phonographen, wie er sie sich damals dachte, ausgesprochen. Er glaubte, daß man den Phonographen in erster Linie im Geschäftsleben benutzen werde, und man fängt tatsächlich heute an, ihn zum Diktieren von Briefen zu verwenden. Edison meinte auch, daß man vor Gericht die Aussagen in die Maschine sprechen lassen würde, daß die Schriftsteller sich seiner bedienen würden, und daß der Setzer nach dem Phonographen setzen werde. Die Redner würden den Vorteil haben, daß sie ihre Reden gleichzeitig in hundert Städten halten könnten. In Blindenanstalten und Krankenhäusern werde man den Phonographen als Vorleser, im Unterricht als Sprachlehrer verwenden können. Er fährt dann weiter fort: „Der Phonograph wird unzweifelhaft in großem Umfange für musikalische Zwecke benutzt werden, sowohl für Vokal- als auch Instrumentalmusik, und er wird vielleicht auch als Lehrer dienen. Er wird das Kind in den Schlaf singen, uns sagen wie viel Uhr es ist, uns zu Tisch rufen, und dem Liebhaber sagen, wenn es Zeit ist, die Tür von draußen zuzumachen. Er wird als Familienarchiv sehr wertvoll sein, denn er wird die Sprache unserer Lieben aufbewahren und oft die letzten Worte der Sterbenden aufzeichnen. Den Kindern wird er zu Puppen verhelfen, die wirklich sprechen, lachen, weinen und singen, und zu nachgemachten Hunden, die bellen, zu Katzen, die miauen, zu Löwen, die brüllen und zu Hähnen, die krähen. Er wird die Stimme unserer großen Männer aufbewahren, so daß künftige Generationen den Reden eines Lincoln oder Gladstone lauschen können. Endlich wird der Phonograph das Telephon vervollkommnen und das gegenwärtige System der Telegraphie umstürzen."

Von den Versuchen, den Phonographen im Telephonbetrieb zu verwenden, erzählt uns der Verfasser eine recht lustige Geschichte. In San Francisco hatte man in den Fernsprechzentralen Phonographen eingebaut, die von selbst in Tätigkeit traten, sobald ein Teilnehmer eine Nummer verlangte, die besetzt war. Sie riefen dann mit einer Stimme, der man es anhörte, daß sie sich nie aus der Ruhe bringen lassen würde, immer eintönig: „Besetzt, bitte später rufen". Diese technische Neuerung aber hat sich nicht durchführen lassen, da die Teilnehmer durch diesen Gleichmut des vermeintlichen Telephonbeamten zu nervös wurden.

Mit der weiteren technischen Vervollkommnung eroberte sich der Phonograph von Jahr zu Jahr immer weitere Kreise. In Europa wurde er 1888 zuerst im Krystallpalast in London in größerer Öffentlichkeit vorgeführt. Alle Welt staunte darüber, wie es menschlichem Erfindungsgeist gelungen war, „die Sprache gefangen zu nehmen". Die Zeitungen brachten lange Berichte, und phantasievolle Schriftsteller erzählten Wunderdinge von dem, was alles mit dem Phonographen zu erreichen sein werde. Jetzt entdeckte man auch, daß schon zwei Schriftsteller diese Erfindung vorausgesagt hatten.

Im gleichen Jahre wie in England wurde durch Edisons Mitarbeiter Dr. Wangemann auch der erste Phonograph nach Berlin gebracht, wo er besonders das weitgehende Interesse des deutschen Kaisers, der ihn sich mehrfach im Schlosse vorführen ließ, erregte.

Heute ist der Phonograph ein der ganzen Kulturwelt bekannter, in seiner übermäßigen

Anwendung innerhalb unserer Großstädte zuweilen auch gefürchteter Apparat, ja, bis in die Länder, die nur hier und da von kühnen Reisenden erreicht werden, ist er schon gedrungen. 1897 hat er sogar der Hauptstadt des Dalai Lama seinen Besuch gemacht, wo man seine praktische Verwendungsmöglichkeit als Gebetmaschine sogleich erkannt haben soll. Daß heute neben seiner unterhaltenden Tätigkeit auf musikalischem Gebiet auch die Wissenschaft immer mehr daran denkt, ihn sich nutzbar zu machen, das beweisen die begründeten Phonographen-Archive, in denen neben der Sprache berühmter Persönlichkeiten auch Dialekte und Sprachidiome untergehender Stämme dauernd aufbewahrt werden.

C. Matschoß.

Ein Kugellager aus dem Jahre 1818.

Die in Fig. 4 dargestellte Benutzung eines Kugellagers fand ich auf der mir von Prof. Roch in Freiberg zur Verfügung gestellten Originalzeichnung des berühmten sächsischen Kunstmeisters Christian Friedrich Brendel (geb. 1776, gest. 1861) in Freiberg. Die Zeichnung trägt die Überschrift: ,,Durchschnittszeichnung von einer hohlen Göpelwelle mit feste stehender Spindel, zum Gebrauch bey der Koenigl. Porzellan-Manufactur Meißen, entworfen von C. F. Brendel im Monat May 1818.'' Bei der großen Bedeutung, die heute den Kugellagern zukommt, dürfte diese vielleicht erste Konstruktion (ältere Entwürfe oder Ausführungen sind mir

bisher nicht bekannt geworden) besonders interessieren. Über Brendel selbst und seine Arbeiten auf dem Gebiete des Dampfmaschinenbaues habe ich kurz berichtet in meiner: Entwicklung der Dampfmaschine, Berlin 1908, Bd. I, S. 162 und 494. Ferner finden sich wertvolle Angaben über Brendel in: Wappler, Oberberghauptmann Trebra und die drei ersten sächsischen Kunstmeister Mende, Baldauf und Brendels Mitteilungen des Freiberger Altertumsvereins, Heft 41.

C. Matschoß.

Gußeiserne Krane in Oberschlesien aus dem Anfang des vorigen Jahrhunderts.

Der Kampf der Baustoffe im Maschinenbau ist ein besonders interessantes Kapitel in der Entwicklungsgeschichte der Maschine. Das 18. Jahrhundert endete mit dem Sieg des Eisens über das Holz auch auf diesem Gebiet. 1800 unternahm es James Watt, auch den letzten hölzernen Teil seiner Dampfmaschine, den Balancier, aus Gußeisen herzustellen. Gußeisen trat überall an die Stelle von Holz, auch bei Konstruktionen, wo wir

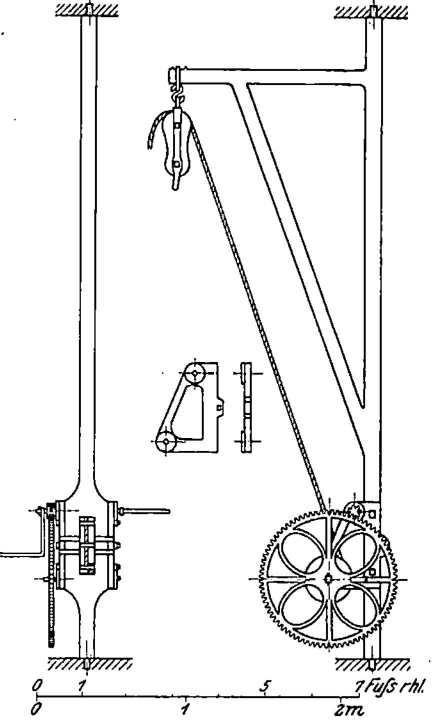

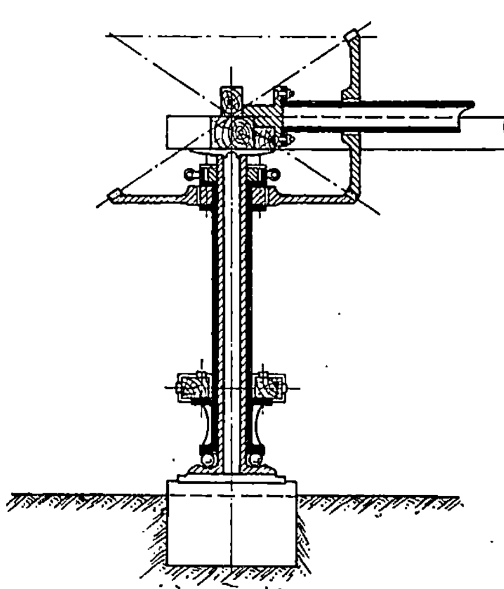

Fig. 4. Göpel mit Kugellager 1818.

Fig. 5 bis 8. ,,Eiserner Kran zu Malapane 1805.''

18*

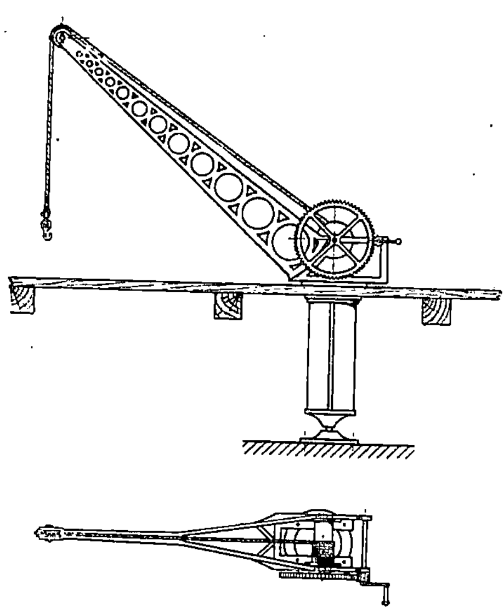

Fig. 9 und 10. Gußeiserner Kran um 1824.

heute uns nur seine Verwendung aus dem Mangel an brauchbarem Schmiedeeisen erklären können. Die in den Fig. 5 bis 12 abgebildeten Krane stammen aus der so reichen Sammlung alter Zeichnungen des Königlichen Oberbergamts Breslau. Die Fig. 5 bis 8 zeigen einen gußeisernen Kran der Königlichen Hütte

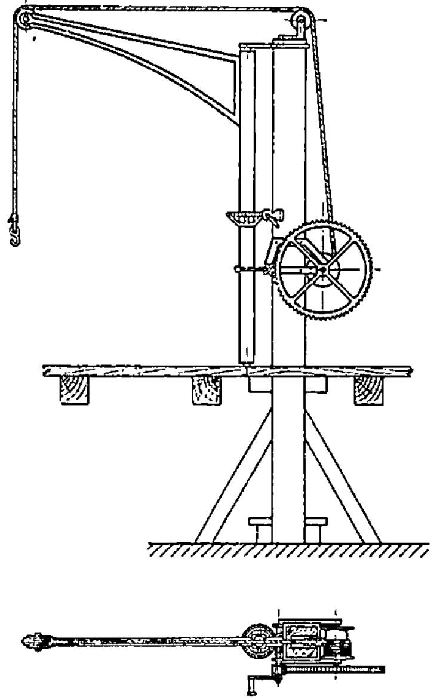

Fig. 11 und 12. Gußeiserner Kran um 1824.

zu Malapane. Die Zahnräder ähnelten damals in der Anordnung ihrer Arme usw. noch sehr den von den Turmuhren her bekannten Zahnradkonstruktionen.

Kennzeichnend für den damaligen Maschinenbau sind auch die in Fig. 9 bis 12 dargestellten Konstruktionen. Die Originalzeichnung trägt die Unterschrift: „Gezeichnet Lauer. Copirt Gaertner 1824." Bei Fig. 11 ist der gußeiserne Drehkran mit einer feststehenden starken Holzpfoste verbunden. Die Drehung des Krans sollte mit Hilfe von Schnecke und Schraubenrad erfolgen, eine Konstruktion, die auf der Zeichnung sehr wenig vertrauenerweckend aussieht.

C. Matschoß.

Zur Berufsgeschichte des Ingenieurs.

Einen wertvollen Beitrag zur Berufsgeschichte des Ingenieurs gibt uns der englische Ingenieur William Fairbairn in der Vorrede zu seinem Buch „Treatise on Mills and Millwork" (zweite Auflage, London 1864). Fairbairn war wie selten einer geeignet, uns von dem Leben und Treiben des englischen Millwright zu erzählen.

Am 19. Februar 1787 zu Kelso als Sohn eines Landwirts geboren, mußte er sich schon mit 14 Jahren sein Geld selber verdienen. Zuerst war er Maschinenmeister auf einer Kohlengrube bei Newcastle, 1811 finden wir ihn dann auf der Wanderschaft in London bei dem berühmten Mühlenbauer Rennie, dann bei Penn. 1816 fing er auf eigene Rechnung an, in Manchester Maschinen zu bauen, wobei er zunächst für die Spinnereien tätig war. Aber er blieb nicht dabei stehen, bald nahm er den Schiffbau auf, und 1831 konnte er sein erstes eisernes Schiff vom Stapel lassen. Nicht minder hervorragende Arbeiten schuf er auf dem Gebiet des Dampfmaschinen- und Dampfkesselbaues, und ebenso gehörte er im Eisenkonstruktionsfach zu den angesehensten Fachmännern. In seinen jungen Jahren Arbeiter, dann ein handwerksmäßiger Mühlenbauer, entwickelte er sich zum hervorragenden Ingenieur, der sich in erster Linie auf großangelegte, von ihm selbst durchgeführte wissenschaftliche Versuche stützte und die damalige technische Literatur um nach jeder Richtung hin wertvolle Werke bereicherte, die vielen Ingenieuren die Möglichkeit gaben, von seinen vielseitigen Erfahrungen Nutzen zu ziehen. Was Fairbairn uns von seinem englischen Millwright erzählt, gilt zum Teil auch von unserem deutschen Mühlenbauer, den wir auch unter dem kennzeichnenden Namen „Mühlenarzt", und soweit sich seine Tätigkeit auf die Bergwerksmaschinen erstreckte, als „Kunstmeister" kennen.

Fairbairn erzählt in seiner packenden Weise:

„Der Mühlenbauer der alten Zeit war fast der einzige Vertreter des Maschinenbaus. Er war die unübertroffene Autorität, wo immer es galt, Wind und Wasser als Antriebskraft für irgend einen Betrieb zu benutzen. Er war der Ingenieur der Gegend, in der er lebte, eine Art von „Hans-in-allen-Gassen", der ebensogut an der Drehbank, dem Ambos und der Hobelbank Bescheid wußte. Auf dem Lande, fern von der Stadt, hatte er alle diese Handwerke auszuüben, und so wurde er zum Typ für einen scharfsinnigen, etwas ruhelosen, gutmütigen Burschen, der zu allem zu gebrauchen war und ähnlich wie die Zunftgesellen der alten Zeit im Lande von Mühle zu Mühle herumzog und die alte Anfrage „Kessel zu flicken?" sinngemäß auf die viel wichtigeren Reparaturen an Maschinen übertrug.

Der Mühlenbauer des letzten (18.) Jahrhunderts war also ein herumziehender Ingenieur und Mechaniker von hohem Ruf. Er konnte gleich gut und genau mit Axt, Hammer und Hobel arbeiten, er konnte drehen, bohren und schmieden so schnell und sicher, als ob er auch in diesen Handwerken aufgewachsen sei, Er konnte einen Mühlstein ausrichten und schärfen mit der gleichen oder größeren Genauigkeit wie der Müller selbst. Zu all diesem holte man ihn und selten vergebens, da er bei Ausübung seines Berufes fast immer auf sich allein angewiesen war. Im allgemeinen konnte er recht gut rechnen, wußte etwas von Geometrie, Nivellieren und Vermessen, und manchmal verstand er auch etwas von angewandter Mathematik. Er konnte Geschwindigkeit, Stärke und Leistung der Maschinen berechnen, konnte Aufrisse und Querschnitte zeichnen und konnte Gebäude, Leitungen und Kanäle bauen in all den Ausführungen und unter all den Bedingungen, die sein Beruf verlangte. Er konnte Brücken bauen, Kanäle anlegen und eine Menge Arbeiten ausführen, die jetzt von Bauingenieuren getan werden.

So sahen die Männer aus, die bei uns die meisten technischen Anlagen bis Mitte und Ende des letzten Jahrhunderts entworfen und ausgeführt haben. Wenn sie auch gesellschaftlich nicht so gewertet wurden als wir, so hat es doch kaum eine nützlichere und selbstständigere Menschenklasse gegeben als unsere ländlichen Mühlenbauer.

Die gesamte technische Kenntnis des Landes war in ihnen gleichsam vereinigt, und so-

lange sie ruhig und besonnen waren und sich weiter zu bilden suchten, sah man auf sie allgemein als auf Männer von besonderen Fähigkeiten und beträchtlicher Intelligenz. Leider kam es nur zu häufig vor, daß die frühzeitige Berufsarbeit, das ewige Umherziehen und die Versuchung lustiger Kameraden den jungen Mühlenbauer zu Ausschreitungen führten, die seine guten Fähigkeiten lähmten. Seine technischen Fertigkeiten und seine Stellung im praktischen Leben waren leicht geeignet, ihn zu selbstbewußt zu machen, und rücksichtslos wies er die Zumutung zurück, mit einem untergeordneten Handwerker zusammen zu arbeiten, oder selbst mit einem, der ebenso geschickt war wie er selbst, wenn er nicht als Mühlenbauer geboren und erzogen war[1]). Ich erinnere mich eines alten Mühlenbauers, der seinen Arbeitgeber beleidigt hatte und, um das zu beschönigen, daran erinnerte, er habe sich doch auch herabgelassen, sogar mit Zimmerleuten zu arbeiten, um ihm gefällig zu sein.

Die Einführung der Dampfmaschine und die Schnelligkeit, mit der sie neue Gewerbe schuf, war ein schwerer Schlag für die besondere Stellung der Mühlenbauer, da sie eine neue Klasse von Konkurrenten in Gestalt von Drehern, Maschinenschlossern und Ingenieuren mit sich brachte. Trotz der so ungeheuer gesteigerten Nachfrage nach der Einrichtung von Mühlen aller Art, und trotz des Ansporns, der hierdurch auch den gewerblichen Betrieben auf dem Lande zuteil wurde, ging es mit dem Stand des Mühlenbauers abwärts, er wurde immer mehr zu einem gewöhnlichen Handwerker. Er selbst jedoch glaubt nach wie vor an seine besondere Stellung, und ich hoffe, er wird noch lange der Vertreter einer höheren Klasse von Maschinenbauern sein, denen die Allgemeinheit sehr verpflichtet ist für viele unserer ersten und größten technischen Verbesserungen.

Ernste und vielleicht nicht immer unbegründete Anschuldigungen sind gegen die Mühlenbauer als Berufsklasse erhoben worden, bei näherer Prüfung aber meine ich, daß sie doch nicht so berechtigt sind, wie einige Leute uns glauben machen wollen. Ich bin im Gegenteil überzeugt, daß keine Klasse von Handwerkern so intelligent ist oder härter arbeitet als der Mühlenbauer, oder die gesünder urteilt in der Ausübung ihrer mannigfachen Pflichten, die die Ausführung ihrer Arbeit mit sich bringt. Es ist wahr, daß sie in früheren Tagen

---

[1]) Wenn einer der älteste Sohn eines Mühlenbauers war, so galt das noch bis vor kurzem (Anfang des 19. Jahrhunderts) als genügende Gewähr für Geschicklichkeit und Fleiß, einerlei, ob sie vorhanden waren oder nicht.

oft übermütig wurden und ihre Arbeit vernachlässigten, aber das bezieht sich nicht auf sie
allein, und die Ereignisse, welche ihren Stand
herabdrückten, wirkten auch erzieherisch auf
ihre Gewohnheiten ein und machten den heutigen Millwright zu einem sittlich und geistig
hochstehenden Arbeiter. Als Ganzes genommen, glaube ich, daß es heute kaum eine
vertrauens- und achtungswürdigere Klasse von
Menschen gibt. Ich sage dies aus Erfahrung,
und ich freue mich darüber.

Bevor es technische Vereinigungen gab,
pflegten die Mühlenbauer solche für sich zu
bilden. Sie versammelten sich gewöhnlich am
Sonnabendabend in einer Wirtschaft. Oft
wurden hier lange Diskussionen über Maschinenbau und Konstruktionsregeln zwischen den
streitenden Parteien mit einem Feuereifer ausgefochten, welcher nicht selten zur Feindschaft
führte, oder an Ort und Stelle durch zwar
weniger vernunftgemäße, aber eindrucksvolle
Prügel erledigt wurde. Es war eine etwas rohe
Art, die Wissenschaft auszubreiten, aber sie
war nicht schlimmer als die in den damaligen
Schulen und Seminaren ausgeübte Methode,
wo man auch mit dem Stock mangelhaftes
Verständnis und ungelehrige Geister zu heilen
suchte. Es hieß am verkehrten Ende anfangen, Wissenschaft durch die empfindlichen
Teile des Körpers zu verbreiten, anstatt sich
an die höheren Organe des Verstandes zu
wenden. Der hauptsächliche Unterschied
zwischen den Mühlenbauervereinen und solchen Schulen war wahrscheinlich der, daß die
ersteren die schlimmeren von beiden waren,
da die Rivalen unter dem Einfluß von Getränken härter trafen, als heute glücklicherweise erlaubt sein würde. Bei friedlicheren
Gelegenheiten aber war es interessant, den
Einfluß dieser Unterhaltungen auf die jungen
Leute zu beobachten und zu sehen, wie aufmerksam die Abbildungen und Kreideskizzen
betrachtet wurden, mit denen jede Partei zur
Unterstützung ihrer Beweisführung Tische und
Boden des Versammlungsraumes bedeckte.
Mit viel Recht kann man allerdings gegen
diese Versammlungen einwenden, daß die
Gemüter sich nur zu leicht dabei erhitzten.
Einen ungünstigen Einfluß übte auch der
Versammlungsort insofern aus, als der Wirt,
der bei den meisten Gelegenheiten als Schiedsmann für alle Streitigkeiten angerufen wurde,
gern die Ausdehnung der Debatten begünstigte.

Das was hier gesagt wurde, ist keine übertriebene Schilderung von der Lage der Mühlenbauer vor einigen fünfzig Jahren (um 1800).
Ihre Erziehung und Gewohnheiten waren die
ihrer Zeit. Es gab damals keine Schulen für

die arbeitenden Klassen außer den Gemeindeschulen, auch keine Bibliotheken oder Fachschulen. Nach dem üblichen Unterricht im
Lesen, Rechnen und Schreiben war der Mühlenbauer auf sich selbst angewiesen, um das
zu lernen, was er zu seinem Beruf brauchte.
Daher zeigte sich sein Wert meistens fern vom
Hause, wenn er ohne allen Beistand die Konstruktion und Ausführung einer Arbeit übernehmen mußte. Dann wurde seine Energie
wachgerufen, und bei vielen Gelegenheiten entfaltete er Fähigkeiten, geeignet, den Nutzen
seiner Auftraggeber zu fördern und seine Aufgabe gewissenhaft und geschickt zu lösen.

So kam der echte Mühlenbauer leicht dazu
— und das war oft ein Fehler —, an seinen
eigenen Ansichten und seiner Stellung zu sehr
fest zu halten und eifersüchtig jede Einmischung
und Hilfe anderer zurückzuweisen.

Er besichtigte und prüfte den Grund und
Boden, auf dem er arbeiten sollte, Richtscheit
und Meßleine in der Hand, und stand oft
stundenlang, sehr zum Ärger seines Auftraggebers, ehe er sich entscheiden konnte, was
am besten zu tun sei. Nach dieser Einleitung
war seine Entscheidung endgültig. Er nahm
seine Maße, zog seine Linien und begann im
Verlauf von einem oder zwei Tagen seine Arbeit
mit einer Energie, welche gewöhnlich zu den
besten und befriedigendsten Ergebnissen
führte.

Ein anderer Zug dieser Berufsklasse, den
man nicht vergessen sollte, ist das warmherzige Empfinden und der Edelmut, die ihr
gewöhnlich eigen waren, und die sich besonders gegen ältere oder bedürftige Kameraden äußerten. In Werken der Barmherzigkeit
und Hilfsbereitschaft hat der Mühlenbauer
allezeit seine angeborene Gutherzigkeit bewiesen. Er mag oft zu sorglos und leichtsinnig gewesen sein, aber er war fast immer
freigebig, und ich kenne keine andere Klasse
von Menschen, die großherziger und hilfsbereiter gewesen wäre.

Und doch haben die Mühlenbauer trotz
dieser guten Eigenschaften sich selbst geschadet und auch die Allgemeinheit belästigt.
Hierher gehören ihre häufigen Streitigkeiten
mit ihren Arbeitgebern, entweder wegen Lohnerhöhung oder um irgendwelche eingebildete
Vorrechte, die sie zu erlangen oder einzuführen
suchten. Sie haben Unterstützungsvereine für
Alte und Bedürftige und solche, die durch
Krankheit oder andere Ursachen arbeitsunfähig geworden sind. Unglücklicherweise
sind diese mit Gewerkschaften verbunden, die
die Aufgabe haben, das zu erhalten, was sie
als ihre Rechte betrachten, Rechte, die sie

sich oft einbilden und die wenig geeignet sind, ihren Stand zu heben und ihre Sonderinteressen zu fördern.

Ich habe es für notwendig gehalten, diese kurze Beschreibung der Gewohnheiten und des Charakters von Menschen zu geben, die mit ihrer Geschicklichkeit und Ausdauer soviel für den Fortschritt der Technik getan haben, und deren Arbeiten noch jetzt einen großen Einfluß auf die technischen Fortschritte des ganzen Landes ausüben. Ich bin vielleicht besser hierzu berufen wie viele andere, da ich mit ihnen seit meiner Jugend verbunden war. Deshalb möge mich eine Erfahrung von einigen fünfzig Jahren beim Leser dafür entschuldigen, daß ich diese Schilderung hier eingeflochten habe."

Edwin Reynolds, geb.1831, gest.1909.

Aus den Reihen der großen amerikanischen Ingenieure, denen die neue Welt ihren raschen industriellen Aufschwung verdankt, hat am 19. Februar 1909 der Tod Edwin Reynolds hinweggenommen, dessen Name dauernd mit der Entwicklung der Kolbendampfmaschine verbunden bleiben wird[1]).

Reynolds wurde am 23. März 1831 zu Mansfield, einer kleinen Stadt im nordöstlichen Connecticut, geboren; seine Vorfahren waren vor zwei Jahrhunderten aus England eingewandert. Sein Vater betrieb die Landwirtschaft, bei der Reynolds, nachdem er bis zu seinem 16. Jahre die Schule besucht hatte, ihm half, um bald darauf Stellung anzunehmen. Durch einen Zufall kam er in die Industrie. Er arbeitete zunächst drei Jahre in einer kleineren ländlichen Maschinenfabrik praktisch. Hier lernte er, wie er später sagte, wohl nicht den Maschinenbau, wie wir es heute verstehen, sondern „wie man Sachen ausführen kann, ohne die Mittel und Werkzeuge zu haben, die man zur Ausführung eigentlich brauchte". Neben freier Kost und Wohnung verdiente Reynolds damals jährlich 30 Dollar, brachte es aber im dritten Jahre schon bis zu 60. Nach Beendigung seiner Lehrzeit begann er seine Kenntnisse und Fähigkeiten in den verschiedensten Maschinenfabriken zu erweitern. Die Mannigfaltigkeit seiner Tätigkeit ließ nichts zu wünschen übrig, heute baute er Werkzeugmaschinen, morgen Dampfmaschinen, Pumpen, Steinbearbeitungsmaschinen usw. Der Krieg mit den Südstaaten zwang ihn zunächst, seine bisherige Stellung aufzugeben. Er benutzte die Zeit, um im Osten, in Boston und Neuyork sich umzusehen. Hier war er als Konstrukteur und Zivilingenieur besonders mit dem Bau von Spezialmaschinen tätig.

Inzwischen war man in der amerikanischen Industrie mehr und mehr auf Reynolds aufmerksam geworden. Man sah in ihm den Mann, der große technische Kenntnisse mit der Fähigkeit, sie brauchbar zu verwenden und sie geschäftlich auszunützen, verband. So kam es, daß die Corliss Steam Engine Company in Providence, die damals zu den größten und bedeutendsten Fabriken der ganzen Welt zählte, ihm eine leitende Stellung anbot. Reynolds griff zu und nach vier Jahren wurde ihm die Leitung der gesamten Werke übertragen, eine Stellung, die er bis 1877 inne hatte. Viele hatten versucht, ihn in dieser Zeit für andere Unternehmungen zu gewinnen, doch stets vergebens, bis er endlich 1877 mit einem Male die technische Leitung von E. P. Allis & Co. in Milwaukee Wis. übernahm. Man konnte das zunächst kaum begreifen, denn die Firma war damals fast ganz unbekannt. Technisch nicht auf der Höhe, beschäftigte sie kaum 150 Arbeiter. Wie konnte selbst die erste Stellung in einer solchen Firma einen Mann reizen, der in der angesehensten Fabrik des ganzen Landes als Erster tätig war? Die Gründe lagen wohl vor allem darin, daß Reynolds auf die Dauer seiner eigenen technischen Überzeugung Corliss gegenüber nicht Geltung verschaffen konnte. Der weltberühmte Corliss hatte sich an seine Autorität auf dem Gebiete des Dampfmaschinenbaues sehr stark gewöhnt und konnte schwer begreifen, daß ein anderer sich einbilden könne, seine Maschine lasse sich wesentlich verbessern. Reynolds dagegen war überzeugt, daß die Corliss-Maschine zu ihrem eigenen Vorteile sich wesentlich vereinfachen lassen müsse und das eine, so in entsprechender Weise umgeänderte Corliss-Maschine und unter Anwendung richtiger geschäftlicher Grundsätze, einen sehr großen Erfolg haben müsse. Er wollte die Probe auf das Exempel machen und dazu schien ihm die neue Firma geeignet, da die Inhaber ohne eigene technische Kenntnisse nur zu gern bereit waren, ihm vollständig freie Hand zu lassen.

Was hier Reynolds in rastlosem Bemühen technisch und kaufmännisch geschaffen hat, ist durch die heutige Stellung der Firma, die zu den größten und bedeutendsten Amerikas gehört, genügend gekennzeichnet. Die Reynolds-Corliss-Maschine entwickelte sich zu einer der bekanntesten Großdampfmaschinen. Reynolds verwandte bei der Landdampfmaschine auch

---

[1]) Ausführliche Angaben s. Power, New York, Vol. 30, Nr. 9, 1909, S. 421.

schon die Verbundwirkung vom Jahre 1878 an und baute später auch Dreifach-Expansionsmaschinen. Er war auch der erste, der in Amerika die langsamlaufende Großdampfmaschine unmittelbar mit der Dynamomaschine kuppelte; auf dem Gebiet der Wasserwerksmaschinen hat er hervorragende Erfolge erzielt, die sich in den Zahlen über den Verbrauch an Kohle bezogen auf das gehobene Wasser ausdrücken. Auch sehr große leistungsfähige Zentrifugalpumpen hat er mit viel Erfolg frühzeitig verwandt. In dem Gebiet der Erzaufbearbeitung haben sich besonders die von ihm konstruierten Pochwerke infolge ihrer sehr vermehrten Leistungsfähigkeit schnell eingeführt, nicht minder sind seine großen Gebläsemaschinen und die riesigen Dampfmaschinen, die er für die gewaltigen elektrischen Zentralen Amerikas geschaffen hat, bekannt geworden.

Aber Reynolds war nicht nur ein großer Konstrukteur, sondern er war auch ein außergewöhnlich tüchtiger Geschäftsmann; die Vereinigung dieser beiden Eigenschaften machen seine großen Erfolge begreiflich.

Ende 1905 gab Reynolds seine Tätigkeit auf. Als Zivilingenieur, gesundheitlich schon sehr geschwächt, verlebte er die letzten Jahre in seiner prachtvollen Besitzung zu Milwaukee. Geehrt von seinen Mitbürgern und Berufsgenossen starb er hier am 19. Februar 1909.

C. Matschoß.